House Framing

기문당

서 문

몇 년 전 강의 의뢰를 받은 나는 교육생들이 무엇을 궁금해하고 무엇을 어려워하고 있는지에 대해 생각하며 이 책을 정리하게 되었다. 그리고 그들과 함께한 시간 동안 내가 처음 입문했을 때 궁금해했던 것들이 새롭게 떠올랐으며, 그들이 무엇을 궁금해하는지 알 수 있는 좋은 시간들이었다.

이 책은 현장에서 일하는 목수의 입장에서 정리했다.

전문가라는 것은 그 분야에서 최선을 다하는 사람을 일컫는 말이라고 생각한다.

이처럼 현장에 대해 말할 수 있는 현장 전문가들이 많은 책을 쓰고, 그 기술을 널리 공유하는 전문가가 많아졌으면 한다. 이 일을 처음 시작했을 때에는 목조주택이 좋아서 시작했지만 현장에서 벌어지는 많은 어려움들과 여러 번 부딪히면서, 그 방법과 근거를 찾는 데 많은 노력과 시간을 보내야만 했다.

국내에서는 전혀 찾아볼 수 없는 교재와 설령 책이 있다 해도 현장과는 많은 괴리감을 갖는 듯한 내용을 볼 때마다 과연 누구를 위해 쓴 책인가? 하는 생각을 하며, 지금 현장에서 일하고 있는 나에게 필요한 책은 없는가라는 생각에 실망도 하곤 했다.

나 역시도 그 누군가가 내가 필요로 하는 책을 빨리 만들어 주길 바랐고, 그날이 빨리 오기만을 기다렸다. 하지만 그것은 해가 거듭할 수록 그 일을 내가 직접 하는 것이 가장 빠를 것이라는 결론에 이르렀고, 현장에서 매번 새로운 상황에 부딪쳐 고민할 때마다 그림을 그리고 그 해답을 찾아 메모해 놓았던 것이 오늘날과 같이 책으로 만들어졌다는 것에 대해 주위 사람들도 놀라고 나 역시 놀라고 있다.

이처럼 책이라는 것은 뛰어난 학식과 덕망을 가진 분들만이 쓰는 소유물이 아니고, 그 분야의 전문가라면 골조, 전기, 설비, 지붕, 단열, 내장마감, 외장마감 등 실제로 현장에서 많은 경험과 노하우(Know how), 그리고 전문기술을 경험한 분들이 진정한 그 분야의 전문가라고 생각한다. 그리고 그 분들이 쓴 책들이 그 기술을 배우려는 많은 사람들에게 현장을 가장 실감나게 전달해 줄 수 있는 좋은 전문서적이 될 것이라고 생각한다.

목조주택과 관련하여 미국과 캐나다에 많은 전문서적들이 있다. 그러나 수많은 서적의 양보다 놀라운 것은 많은 서적들 가운데 목수들은 목수들의 책을 정리해 썼고, 설비공은 설비책을, 전기공은 전기책을, 그리고 엔지니어나 감리자는 본인의 전문 분야를 다룬 전문서적을 썼다는 것이다.

이처럼 현장에서 일을 하고 있는 뛰어난 전문가들이, 그 분야의 전문가가 되고 현장을 알고 싶어하는 많은 사람들에게 도움이 될 수 있도록 많은 기술과 노하우를 책이라는 것을 통해 공개해 공유했으면 하는 바람이다.

저 자

Content

■공구(Tools)

■자재(Structural Material)

Tyvek Tyvek

공구

TOOLS

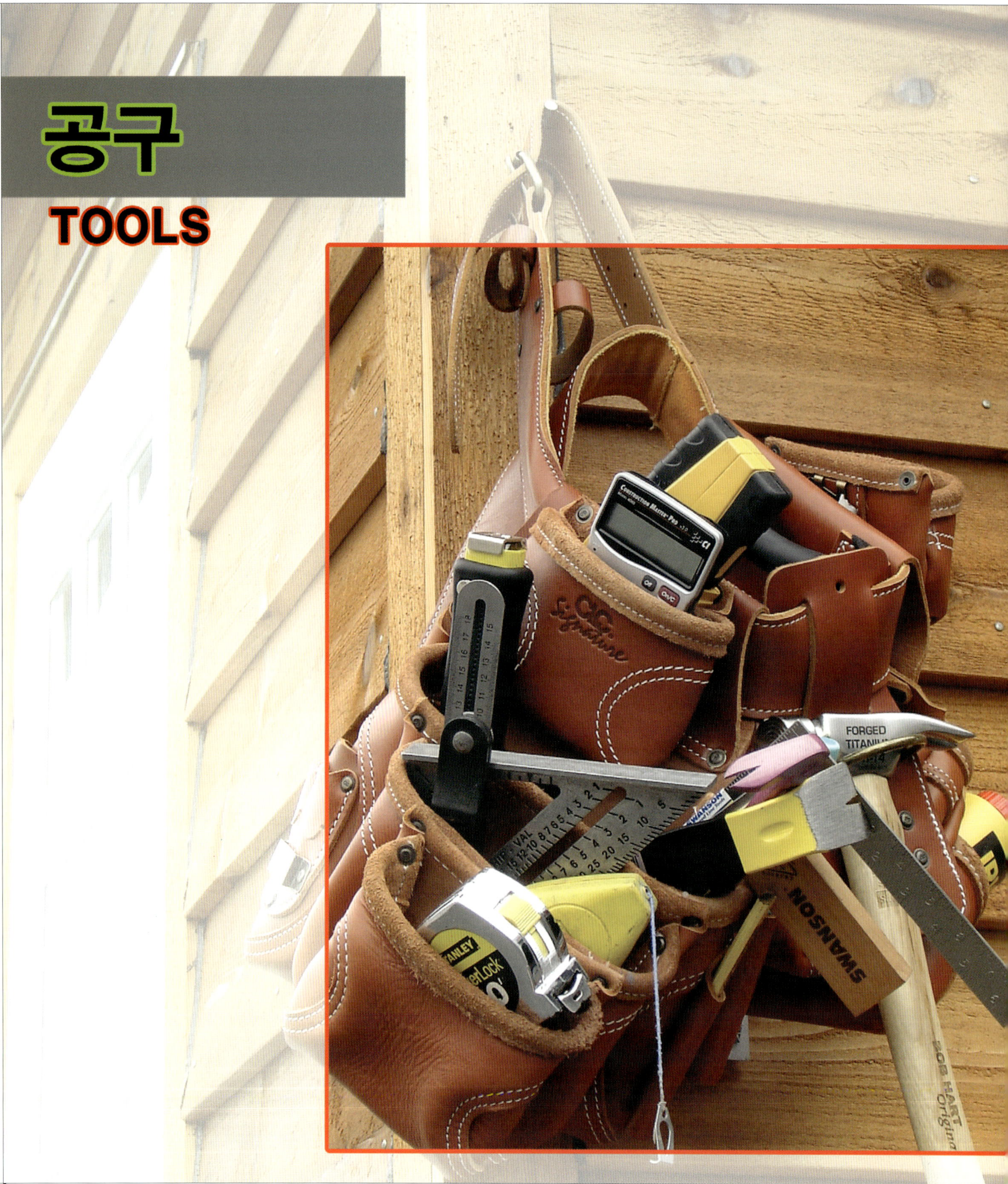

복 장

보안경 (Goggle)

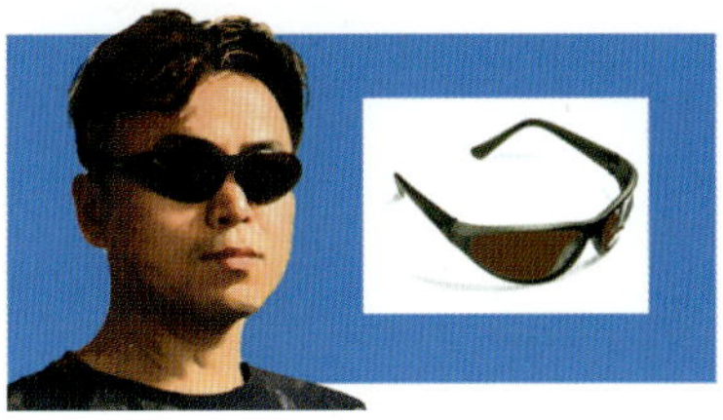

보안경은 작업을 할 때 반드시 착용해야 한다.

나무를 자르거나 합판을 자를 때는 매우 높은 집중력을 필요로 하는데, 톱밥이나 이물질이 눈에 들어가면 순간적으로 당황하여 자칫 안전사고로 이어질 수 있으므로 반드시 보안경을 착용하는 것을 생활화해야 한다. 보안경은 여러 가지 디자인이 있으나 눈 주위가 밀착되고 가벼운 것이 좋다.

보안경 렌즈는 약간의 색이 있는 것이 눈의 피로를 덜어준다.

장갑 (Glove)

장갑은 작업을 하면서 나무나 합판 등을 잡을 때 미끄럽지 않게 해주고, 약품처리된 목재로부터 피부를 보호해 준다. 장갑은 우리가 일반적으로 목장갑이라 부르는 것을 많이 사용하는데, 이것을 그냥 사용하기 보다는 장갑의 엄지와 검지 부분을 잘라내고 사용하는 것이 좋다. 많이 사용하는 엄지와 검지 손가락을 노출시켜 목재의 면을 직접 만져 확인함으로써 면을 정확하게 맞출 수 있다. 초크라인(Chalk Line)작업을 할때에는 실을 잡기가 쉽고 전동공구를 사용할 때도 스위치의 작동을 부드럽게 할 수 있어 좋다.

특히, 테이블 쏘(Table saw)를 사용해 목재를 자를 때는 손끝이 톱날에 가까이 접근하게 되는데, 이때 톱날이 회전할 때 나오는 바람을 손끝으로 느낄 수 있어 작업을 진행하면서 작업자의 경각심을 높여 더욱 안전한 작업을 할 수 있도록 해준다.

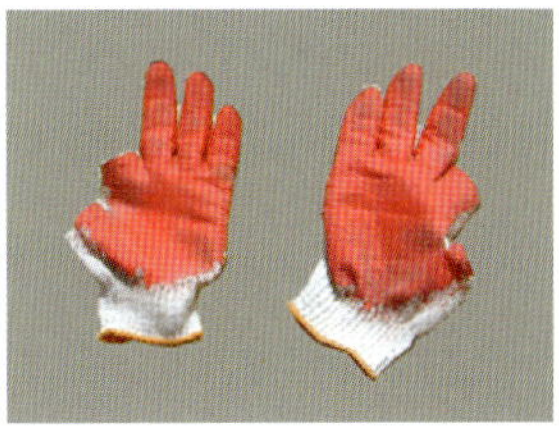

장갑은 엄지와 검지를 잘라내고 사용한다

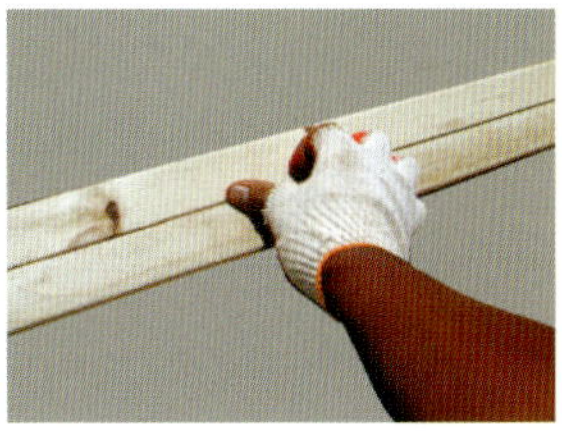

면을 정확하게 맞출때 사용

초크라인 작업시 사용

스킬쏘(Skil Saw) 사용시

안전화

안전화는 작업을 하는 동안 발을 편안하게 해주고 발을 보호하는 역할을 한다. 그러기 위해서는 안전화의 발끝과 바닥에 쇠가 있는 것을 착용해야 한다. 운동화보다는 다소 무겁고 디자인이 못하다는 이유로 안전화를 신지 않는 경우가 있는데, 이런 이유로 안전화를 신지 않아서는 안 된다.

안전화는 못에 찔리는 것을 방지하기 위해 바닥과 앞굽에는 쇠판이 있다. 그러나 그 외에 다른 용도로도 사용된다.

벽체를 만들면서 완성된 벽체를 세우기 위해서는 손가락이 벽체 밑으로 들어 갈만한 공간을 필요로 하는데 이럴 경우에 손을 집어 넣을 수 있도록 임시로 안전화의 앞쪽 끝에 있는 쇠 위에 벽체를 올려 놓을 수도 있다.

이렇게 벽체를 세우려고 할 때도 필요하지만 벽체를 세운 후에도 안전화는 또다른 역할을 한다. 벽체를 세운 후 양손은 벽체를 잡고 있기 때문에 다른 공구를 사용하기 힘든데, 이럴 때 벽체 아래부분을 안전화의 앞굽으로 걷어차 벽체의 아래부분을 맞추는 역할도 함께 한다.

[안전화 단면]

이렇듯 안전화는 발로 사용하는 망치역할도 함께 한다. 그리고 무엇보다도 작업하는 동안 작업자의 마음을 편안하게 해 작업에만 몰두할 수 있도록 집중력을 높여준다.

작업복

작업복은 가볍고 활동하기 좋은 것이 좋다.

우리나라는 4계절 중에서 여름과 겨울의 기온차가 매우 심하다. 이러한 날씨 변화로 일 자체가 힘들다고 느끼기 보다는 무덥고 추운 날씨가 작업자를 더욱 힘들게 하는 경우가 많다. 이는 그만큼 날씨의 변화가 작업능력을 현저히 떨어 뜨린다는 것이다.

이러한 기후로부터의 피해를 덜기 위해서는 여름에 노출되는 피부에 반드시 자외선 크림을 바르고, 머리에는 안전모나 작업모를 쓴다. 상의는 반팔티셔츠를 입고 하의는 반바지를 입는 경우가 많은데 활동하기 편하고 통풍이 잘되긴 하지만 그만큼 노출에 의한 안전사고에 항시 신경을 써야 한다.

겨울철에는 머리에 털모자를 써 외부의 찬공기로부터 체온을 보호하고, 상의는 긴팔 티셔츠 위에 소매부분이 없는 조끼를 입는 것이 좋다. 조끼는 몸을 따뜻하게 보호해 주면서도 팔은 활동적으로 움직일 수 있으므로 작업하기에 매우 좋다.

대부분 겨울철에는 점퍼 등을 입고 작업하는 경우가 많은데, 이것은 몸을 무겁게 만들기도 하고 자주 사용되는 팔동작을 둔하게 해 작업자의 피로감과 능률을 떨어뜨린다.

하의는 가볍고 활동하기 편안하며 체온을 보호해 주는 스키복바지가 좋다.

여름 작업복

겨울 작업복

스키복바지 외에도 트레이닝복도 겨울철 작업복으로는 안성맞춤이라 할 수 있다.

이상은 개인의 복장에 대해 알아보았다.

작업을 하다보면 다른 작업자들과 함께 일을 하는 경우가 자연스럽게 발생하는데 이런 경우에는 함께 일을 해오던 사람들과 작업을 하는 것이 아니기 때문에 사고의 위험도가 높다. 그래서 함께 일하는 작업자와 다른 작업자들간에 서로 지켜야 할 안전수칙들이 있다.

안전수칙

1. 목재에 못이 튀어나와 있는 것은 작업자들 모두가 발견하는 대로 바로 구부려 놓는다. 특히, 본인 외에는 알지 못하는 경우가 많으므로 본인이 한 것은 직접 못을 구부려 안전한 곳에 놓는다.
2. 윗쪽에서 일을 하는 작업자는 물건을 던지거나 내려놓으려고 할 때 반드시 큰소리를 질러서 아래쪽에 있는 사람에게 알린 후 내려 놓는다.
3. 사용하지 않고 불안하게 세워져 있는 자재나 물건 등은 반드시 한쪽으로 치워놓거나 작업에 방해가 되지 않는 곳에 정리해 놓는다.
4. 작업을 하기에 불안한 자세나 위치라고 생각될 때는 작업을 강행하지 말고, 작업을 멈춘 후 좀더 안전하게 작업준비를 한 이후에 작업을 시작한다. 대부분 이 작업을 귀찮다고 생각하여 생기는 안전사고가 많다.
5. 목조주택에는 다른 공정에서 볼 수 없는 새로운 공구들이 많은데, 이러한 모든 공구들을 호기심으로 다루어서는 안 되고, 숙련자의 설명을 숙지한 후에 사용하도록 한다.
6. 공구를 사용하면서 문제가 생겼을 때에는 본인이 직접 해결하기 보다는 경험이 많은 현장 전문가에게 도움을 받는다.
7. 작업자가 위험하다고 본인이 느끼거나 위험한 상황을 목격했을 때에는 하던 작업을 멈추고 안전하게 작업

할 수 있도록 조치를 한 이후에 작업을 진행한다.

8. 작업을 할 때 일정한 체력을 유지하도록 한다. 체력을 120% 발휘하기 보다는 작업을 시작해서 마칠 때까지 80% 정도의 체력으로 꾸준한 속도와 체력을 고르게 유지하는 것이 좋다. 단기간 내에 끝나는 공사라 하더라도 장기적인 체력안배가 필요하다.
9. 작업을 하면서 하루에 2회 이상은 작업을 멈추고 주변정리 시간을 갖는 것이 좋다.
10. 작업자는 작업장 주변을 항상 정리해가며 작업을 한다. 작업을 마친 후에 별로 치울 것이 없을 정도로 작업을 한 주변은 그때그때 청소와 정돈을 해가며 작업하는 것이 다른 작업자의 피해를 줄이고, 본인의 안전에도 도움을 준다.
11. 목조주택은 주로 산속에서 작업하는 경우가 많은데 항상 2인 이상이 작업을 함으로써 갑자기 생길 수 있는 안전사고에 대처를 하거나 주변에 알릴 수 있도록 준비되어야 한다.

개인공구

개인 공구 명칭와 위치

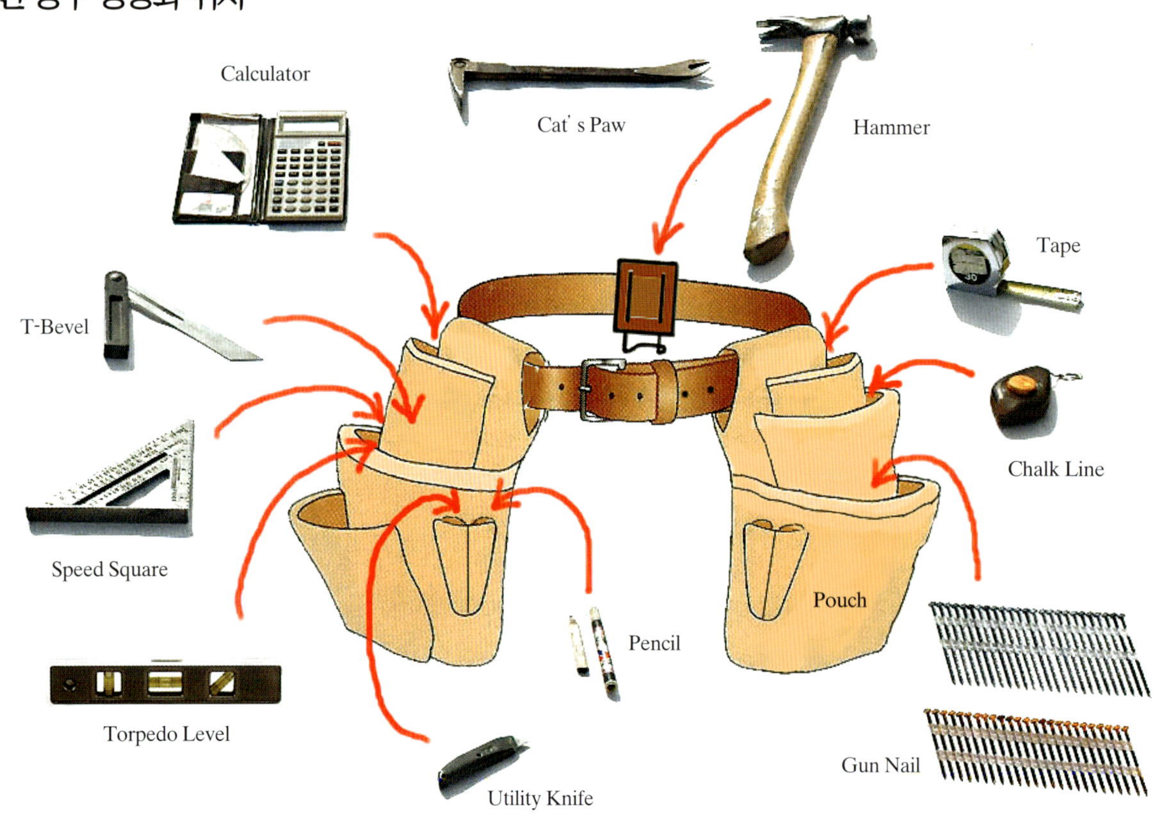

망치 (Hammer)

목조주택을 짓는데 있어 못을 박는 역할은 주로 망치나 못총(Framing gun)이 그 역할을 한다. 그 중에서도 망치는 못을 박는 역할보다는 주로 못을 빼거나 때려 맞추는데 많이 사용한다. 그러므로 목조주택용 망치는 21OZ(온스) 정도의 무게가 좋다.

OZ(온스) : 야드-파운드법의 질량부피의 단위. 질량단위의 경우 기호는 OZ이며 1OZ=1/16Lb(파운드)=28.35g이다.

(21OZ=595.35g)

① 못 빼는 법 : 목조주택 골조용 망치는 일반 망치와 생김새가 달라서 못을 빼는 방법도 약간의 차이가 있다. 망치를 못 사이에 끼워넣고 좌우로 움직여 못을 빼거나 망치 밑에 나무를 고여 지렛대 원리를 이용하여 못을 빼는 것이 쉽다.

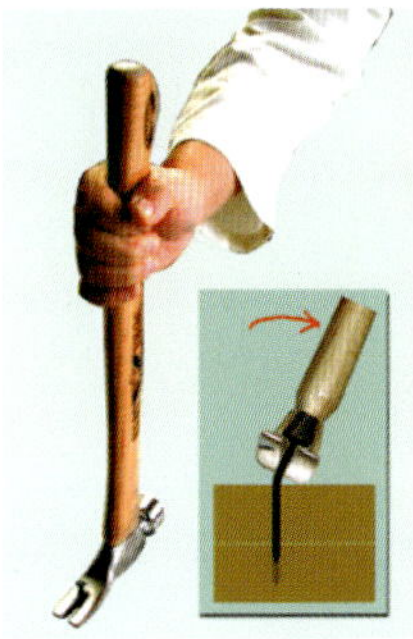

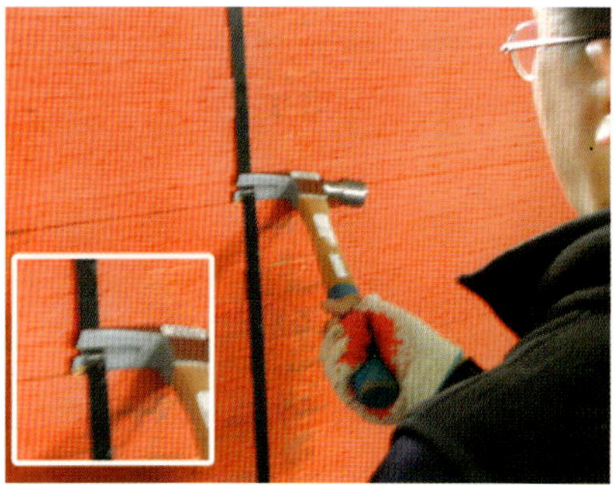

② 밴딩 끊는 법 : 구조용 합판이나 목재의 밴딩을 끊을 때는 망치 사이에 밴딩을 끼워넣고 위로 올려 끊는다. 이때, 끊어진 밴딩이 얼굴로 향할 수 있으므로 보안경을 착용하고 안전거리를 유지하는 것이 좋다.

휴대용 못뽑기 (Cat's Paw)

휴대용 못뽑기는 못을 빼는 용도로 사용되고 벽체작업을 할 때 지렛대로 사용하기도 한다.

① 못 빼는 방법

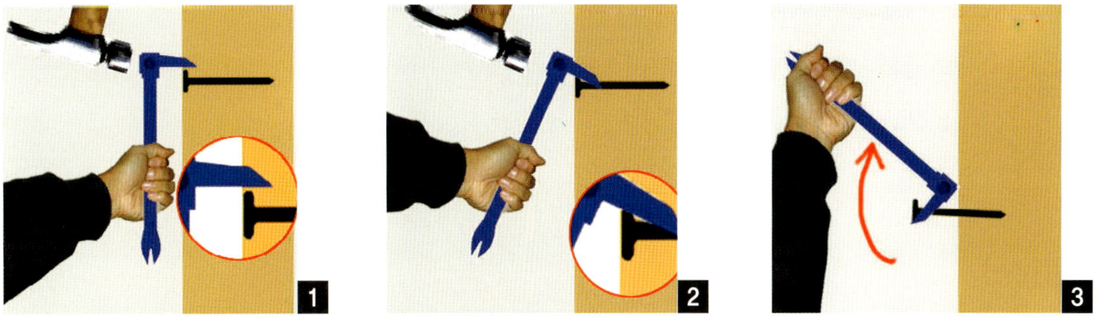

못뽑기의 끝부분을 이용하여 못머리 주위를 먼저 수직으로 박는다. (그림 1)

대각선으로 한 번 더 박아 못머리가 걸리도록 한다. (그림 2)

못뽑기를 위로 올려 못을 빼낸다. (그림 3)

스피드 스퀘어 (Speed Square)

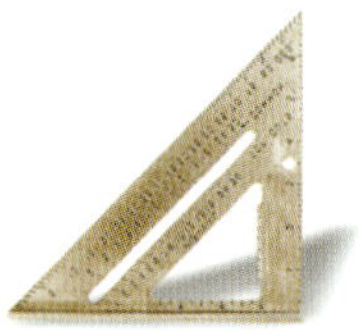

스피드 스퀘어는 선을 직각으로 그릴 때 가장 많이 사용한다. 이 외에도 일정한 간격으로 선을 긋거나 지붕 서까래의 각도를 잴 때도 많이 사용한다.

특히, 지붕의 경사각을 표시하고, 지붕을 이해하는데 있어 스피드 스퀘어는 많은 내용을 담고 있는데, 이것은 지붕에서 자세히 알아보도록 하겠다.

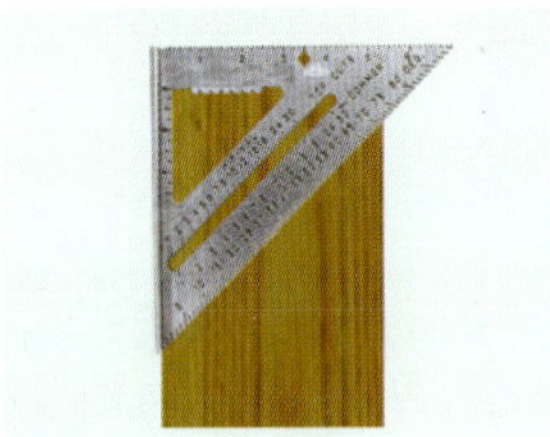

직각 확인

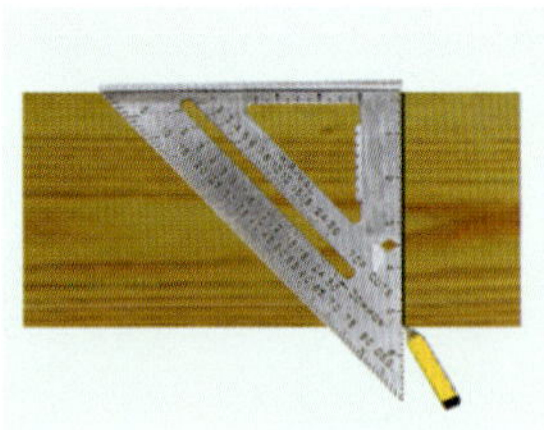

직각 표시

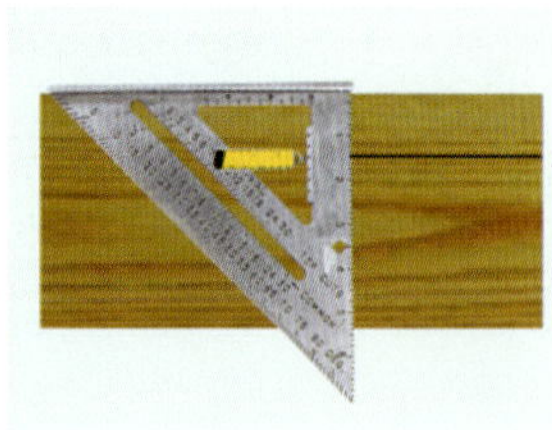

일정한 간격 표시

지붕각도 표시

초크라인 (Chalk Line)

먹물을 사용하는 먹줄과는 달리 초크라인은 초크(Chalk) 분말가루를 사용한다.

나무나 합판 또는 건물의 *레이아웃(Layout)을 할 때 주로 사용하는데 임의의 긴 연장선을 필요로 할 때도 사용한다. 초크라인을 사용할 때는 초크가 잘 묻어나오도록 초크 통을 가볍게 연속적으로 두드리며 사용한다.

레이아웃(Layout) : 바닥이나 지면 또는 깔도리(Plate)위에 그려지는 위치 배정 표시

비 또는 눈이 내려 목재나 합판 등이 젖어 있는 경우에는 사용하지 않는 것이 좋으며, 사용했을 경우에는 맑은 날 젖은 초크를 교체해 주고, 실은 엉키지 않도록 햇볕에 잘 말려서 다시 사용한다.

초크 (Chalk)

초크는 초크라인 속에 넣어 사용하는 것으로서, 빨간색과 파란색이 주로 많이 사용되며, 함께 일하는 작업자들간에 색깔을 다르게 사용하는 것이 좋다. 선이 잘못 그려져 수정을 필요로 하거나 잘 보이지 않을 때는 다른 색을 사용하여 선을 구분하고 수정할 수 있기 때문이다.

줄자 (Tape)

줄자는 *피트(Feet)자를 사용하는 것이 좋다. 목조주택에 쓰이는 모든 자재, 합판 및 철물, 그리고 기타 부속 및 마감재 등이 피트(Feet) 단위로 만들어졌기 때문에 피트를 사용함으로써 그 치수가 다른 부재와 만났을 때 수치상으로 정확하게 맞아 떨어지는 것을 확인할수 있다. 뒤에 소개될 내용들을 보며 점차 그 내용을 이해하도록 해보자.

피트(Feet) : Foot의 복수.
원래는 사람발의 길이로 부터 유래된 길이의 단위
1Foot = 12inch
= 304.8mm

줄자의 길이는 25피트와 30피트를 주로 많이 사용하는데 그 중 25피트 보다는 30피트가 좋다. 이것은 국내에서 지어지는 주택들 대부분의 벽길이가 25피트가 넘고 30피트 미만인 경우를 현장에서 많이 경험했으며 정확한 통계에 의한 것은 아니다.

KNOW HOW

줄자 잡는 법

줄자를 사용한 후 자를 집어넣을 때는 케이스 속으로 직접 들어가도록 내버려 두면 자 끝부분에 충격을 주기 때문에 자의 수명을 짧게 하는 원인이 된다. 이런 경우에는 엄지와 검지로 자를 잡아서 중간 중간에 들어가는 속도를 줄여주고 완전히 케이스 속으로 들어가기 전에 한 번 더 충격을 완화시키는 것이 자를 오래 사용하는 방법이다. 비 또는 눈이 왔을 때 자를 사용하게 된 경우에는 반드시 자를 모두 꺼내어 기름걸레로 닦아 주는 것이 좋다.

줄자상식

스팬테이블(Span Table) : 벽,기둥, 보 등의 지지구조물 간의 지지할수 있는 최대거리를 나타낸 표

줄자 상식 1 : 줄자의 앞부분에는 홈이 있는데, 이것은 자를 걸기 위해 못머리 만큼의 홈을 파놓은 것이다.

줄자 상식 2 : 줄자의 앞부분을 보면 고리부분이 약간의 움직임이 있는 것을 볼 수 있는데. 이것은 줄자를 벽체에 걸어 당겨서 사용하거나 아니면 벽체에 닿도록 밀어서 사용할 때 생기는 두께의 오차를 없애기 위한 것이다.

줄자 상식 3 : 줄자에는 일정한 간격으로 검은색 다이아몬드 표시가 되어 있다. 이것은 19.2인치 간격마다 표시되어 있으며, 목재에 관한 스팬테이블(Span Table)을 보면 그 중 12인치, 16인치, 19.2인치, 24인치 중 하나로 구조재의 간격을 나타내며, 자주 사용되지 않아 작게 표기되어 있다.

① 눈금 보는 법

현장에서 실제로 작업을 하는데 있어 가장 중요한 것은 줄자의 눈금을 보고 정확하게 읽는 것이다. 정확한 길이를 재서 불러주고, 그 길이로 정확하게 자르고 그 자재에 의해 집이 만들어지기 때문에 자의 눈금을 보고 읽는 것에 대해서는 누구나 항상 정확해야만 한다. 또한 현장에서 일을 처음 배우는 사람이 가장 먼저 알아야 하는 것도 줄자를 보는 법이다.

② 줄자 보는 법

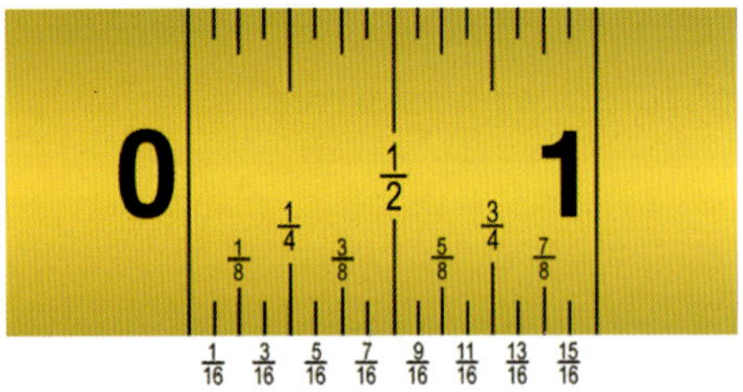

0~1인치 사이의 눈금

줄자의 눈금중 1인치는 16개의 작은 눈금으로 나누어져 있다. 이것이 1/16인치이고, 1인치를 8등분한 것이 1/8인치이고, 1인치를 4등분 한 것이 1/4인치, 그리고 1인치를 2등분한 것이 1/2인치이다. 눈금을 보면서 보다 빠르고 정확하게 읽기 위해서는 1/16, 1/8, 1/4, 1/2의 눈금 크기를 비교하여 읽을 수 있도록 숙련하는 것이 중요하다.

③ 피트(Feet)와 인치(Inch)

피트는 걸음을 걸을 때 한 보폭의 길이를 나타낸다. 이것을 1피트라고 하고, 1피트는 12인치이다. 영국의 산업혁명 때부터 쓰기 시작하여 미국으로 확산된 피트, 인치 단위는 밀리미터 단위에 익숙한 우리로서는 불편하게 느껴지기 마련이다. 그러나 시계가 12에서 1시로 넘어가는 것에 대해서는 불편하게 생각하는 사람이 없는 것처럼 피트와 인치의 12진법도 얼마나 빨리 익숙해지느냐가 목조주택을 빨리 배우고 이해할 수 있다 하겠다.

피트 (Feet)와 인치 (Inch) 표기법

- 1인치가 12개이면 1피트이다.
  - · 12인치=1피트
- 인치가 13개이면 1피트 1인치이다.
  - · 13인치=1피트 1인치
- 피트의 영문표기는 Feet 또는 Ft.로 하며, 숫자에 붙여서 표기할 때는 “ ′ ”로 표기한다.
  - · 2 Feet=2′
- 인치의 영문표기는 Inch 또는 In.로 하며, 숫자에 붙여서 표기할 때는 “ ″ ”로 표기한다.
  - · 4 Inch=4″
- 피트와 인치를 함께 표기할 때는 피트는 앞쪽에, 인치는 뒤쪽에 표기하는데 피트와 인치 중간에는 “ - ”를 표기한다.
  - · 1피트 3과 1/4인치=1′- 3 1/4″
  - · 6피트 8과 1/8인치=6′- 8 1/8″

■ 92 5/8″ 를 직접 표시해 보자

· 표시는 일반적으로 "V"로 많이 표시하며, V자의 뾰족한 부분이 정확한 지점이라 하겠다.

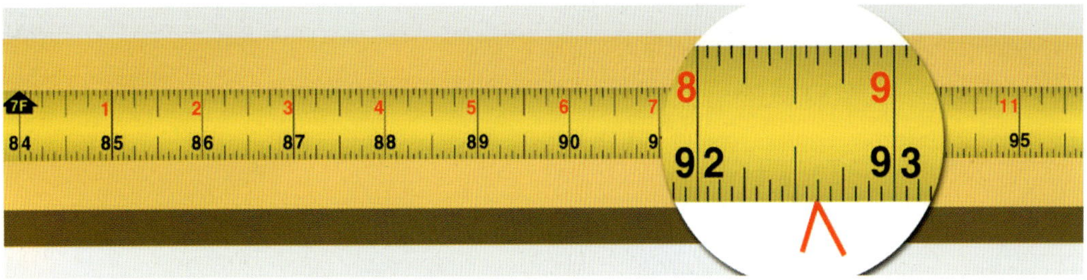

■ 6′-8 3/8″ 인치 표기법

· 아래 그림은 목재가 6′-8 3/8″ 가 맞는가를 확인하고 있는 그림이다.

(참고 : 6′-8 3/8″와 80 3/8″가 같다는 것을 확인할 수 있다.)

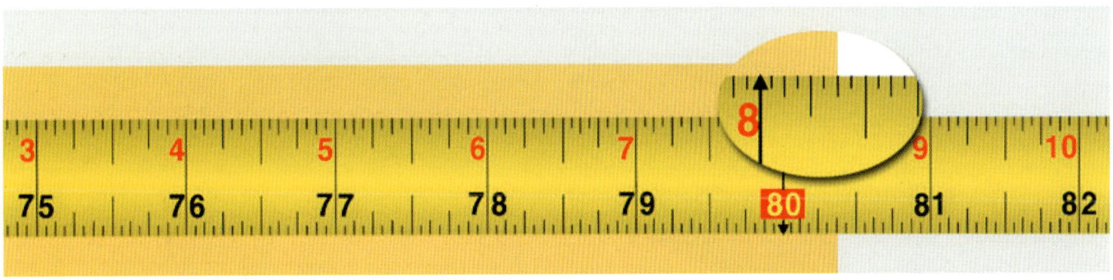

· 아래 그림에 1′-3 13/16″ 를 표시해 보자. 그리고 12 5/8″ 를 직접 표시해 보자.

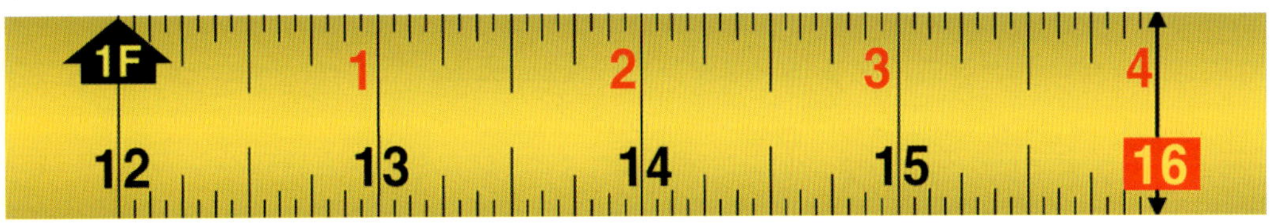

단위환산법

단위를 환산할 때는 다음에 소개할 내용처럼 일일이 계산을 해서 하는 경우가 있으나 이보다는 그림과 같이 목조주택용 계산기를 이용하면 매우 편리하다. 일반적인 단위환산 외에 지붕의 서까래(Rafter) 계산은 물론, 계단을 계산할 때도 쉽고 빠르게 이해할 수 있어서 목조주택을 공부하는 사람에게는 꼭 필요하고 권하고 싶은 계산기이며, 공학용 계산기와는 사용방법이나 기능에 차이가 있다.

[www.masterbuilder.co.kr 에서 무료로 다운로드를 받아 사용할 수 있다.]

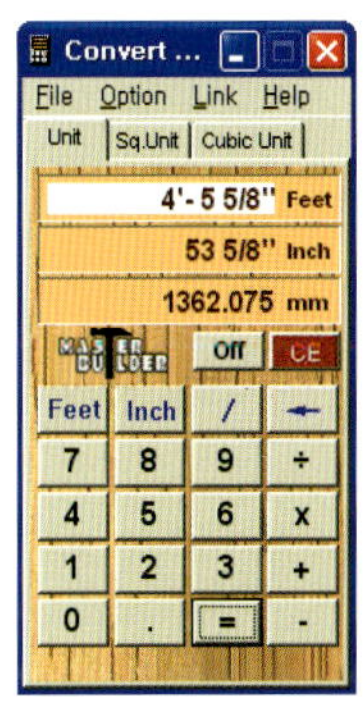

■ 밀리미터(mm)를 피트(Feet)로 바꾸었을 때

mm → feet (304.8mm → 1feet)

예) 2352.675mm를 feet로 바꾸려면?

2352.675 ÷ 304.8 = 7.71875 --- 7피트

0.71875 × *12= 8.625 --- 8과

0.625 × *16= 10

10/16 = 5/8 --- 5/8인치

7′-8 5/8″

*[12를 곱하는 것은 1피트가 12인치이기 때문이다. 피트는 인치와 달리 한 단위만을 사용하는 것이 아니고, 피트와 단위를 함께 쓴다.

*[16을 곱하는 것은 자의 눈금이 16개이기 때문이다. 좀더 정밀도를 높이기 위해서는 32 또는 64로 나누기도 하지만 일반적으로 16개의 눈금을 이용하는 경우가 가장 많다.]

■ 밀리미터를 인치로 바꾸었을 때

mm → inch (25.4mm → 1 inch)

예) 2352.675mm를 inch로 바꾸려면?

2352.675 ÷ 25.4 = 92.625 --- 92와

0.625 × 16= 10

10/16 = 5/8 --- 5/8인치

92 5/8″

■ 피트를 밀리미터로 바꾸었을 때

feet → mm (1 feet → 304.8mm)

예) 6′-8 3/8″ 를 mm로 바꾸려면?

6 × 304.8= 1828.18

8 × 25.4 = 203.2

3/8 = 0.375

0.375 × 25.4 = 9.525

1828.8 + 203.2 + 9.525

= **2041.525mm**

■ 인치를 밀리미터로 바꾸었을 때

inch → mm (1inch → 25.4mm)

예) 80 3/8″ 를 mm로 바꾸려면?

$80 \times 25.4 = 2032$

$3/8 = 0.375$

$0.375 \times 25.4 = 9.525$

$2032 + 9.525 =$ **2041.525mm**

■ 피트를 인치로 바꾸었을 때

feet → inch (1 feet → 12 inch)

예) 6′- 8 3/8″ 를 inch로 바꾸려면?

$6 \times 12 = 72''$

72 + 8 3/8″ = 80 3/8″

■ 인치를 피트로 바꾸었을 때

inch → feet (12inch → 1feet)

예) 92 5/8 를 feet로 바꾸려면?

$92 \div 12 = 7.666667$ --- 7피트

$0.666667 \times 12 = 8$ --- 8과

5/8″ --- 5/8인치

7′- 8 5/8″

전동 공구

못총 (Framing Gun)

못총은 현장에서 망치 대신 못을 박는데 사용한다. 망치로 못을 박는 것에 비해 속도가 매우 빠르고, 힘이 들지 않아 작업능률을 높여주고, 목조주택에서 강조되고 있는 못박기 규정을 보다 잘 지킬 수 있고, 많은 양의 못을 박기에 적합한 공구이다.[못박기 규정 : P.276 부록참고]

망치만을 사용해 못을박아 집을 짓는 경우에는 전체 골조공정으로 볼 때 체력이 달려 못박기 간격과 규정을 준수해 작업하기는 쉽지않다. 그러므로 못총은 목조주택 골조시공에 있어서 반드시 있어야할 공구 중 하나이다.

못총(Framing Gun)에 못 넣는 방법

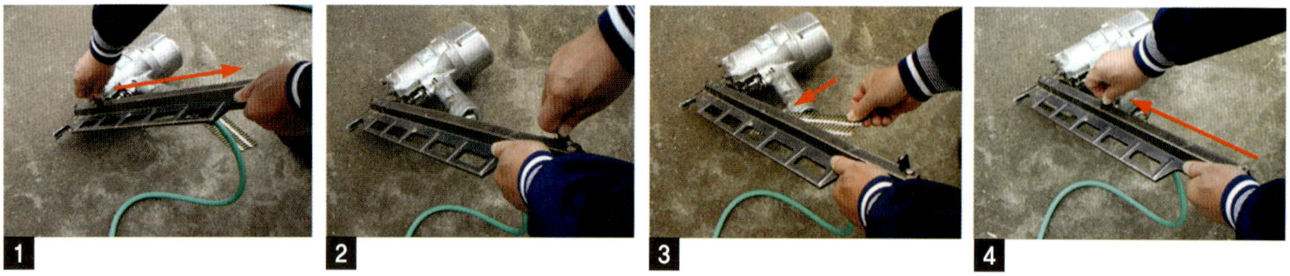

못총(Framing Gun) 잡는 방법

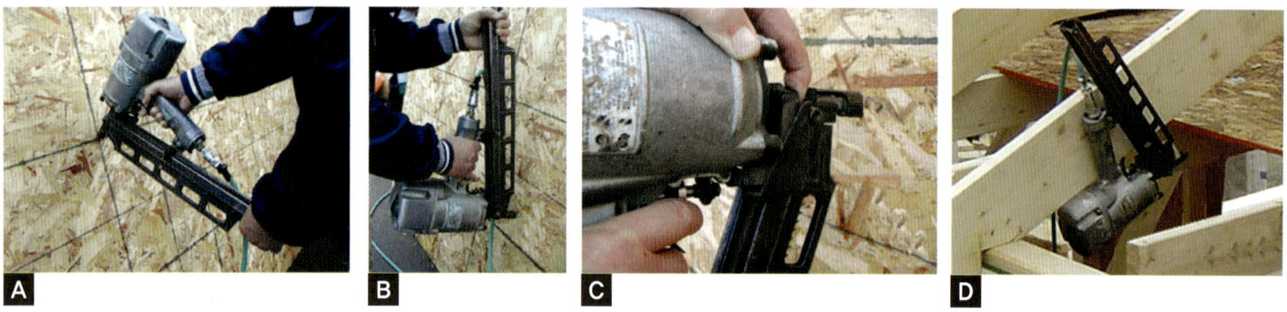

■ A. 못총을 잡을 때는 오른손으로 방아쇠가 있는 손잡이를 잡고 왼손은 못을 넣는 끝부분을 잡고 사용하는데 이것은 못총을 사용했을때 생기는 반동으로부터 손목을 보호하고, 정확한 지점에 못을 박기 위함이다.

■ B. 거꾸로 총을 사용할 때는 새끼손가락으로 방아쇠를 당겨 사용한다.

■ C. 임시 못박기를 할 때는 안전장치를 풀고 사용할 수 있는데, 이미 안전장치가 풀려 있는 상태이므로 사람을 향하면 매우 위험하므로 가급적 숙련자만 사용하도록 한다.

임시못박기 : 못머리가 나오도록 해 못을 쉽게빼기 위한 일시적으로 못 박는 형태

■ D. 못총에 별도의 고리를 설치하면 지붕작업이나 바닥장선 작업시 안전하고 편리하게 작업할 수 있다.

마이터 쏘 (Miter saw)

마이터쏘는 같은 크기의 목재를 여러 개 반복하여 자르거나 섬세하고 정확하게 자를 때 주로 사용한다.

마이터쏘는 작업을 시작해서 끝마칠 때까지 계속 사용하는 공구이므로 설치할 때 정확하게 설치되어야 한다.

① 설치방법

마이터쏘는 작업대 위에 고정시켜 사용하는데, 높낮이를 정확하게 맞춰야만 보다 정확한 재단을 할 수 있다.

A

B

C

■A. 작업테이블 받침대와 마이터쏘 받침대의 높이가 일치하도록 맞춘다.

■B. 높낮이가 맞는지 수평높이에서 확인한다. 가급적 작업테이블보다 마이터쏘가 낮게 설치되지 않도록 한다. 낮게 설치되는 경우에는 목재가 잘리면서 톱날과 목재가 물려 튕겨 밀려 나오는 경우가 있으므로 매우 위험하다. 이런 경우를 대비하여 마이터쏘 높이와 작업테이블 높이를 같게 하거나 약간 높게 설치하는 것이 좋다.

■C. 높이를 정확하게 맞춘 후에는 앞쪽과 뒤쪽에 못을 박아 흔들리지 않게 마이터쏘를 고정시킨다.

② 자르는 방법

목재를 자를 때는 목재의 긴 쪽이 왼쪽에 오도록 하고, 톱날로부터 안전거리를 유지한 후 오른손으로 마이터쏘를 공회전 시킨 후 서서히 자른다. 그런데 이런 경우만 있는 것이 아니고 목재의 긴 쪽이 마이터 쏘 오른쪽에 놓여져 잘라야 하는 경우도 있다. 이때는 손의 위치를 바꾸어 오른손으로 목재를 잡고, 왼손으로 마이터 쏘를 사용해 자른다.

톱날은 공회전이 된 후 앞뒤로 움직여 자르고 가능한 한 번에 목재를 자르지 말고 두세번에 걸쳐 앞뒤로 움직여 자르는 것이 좋다.

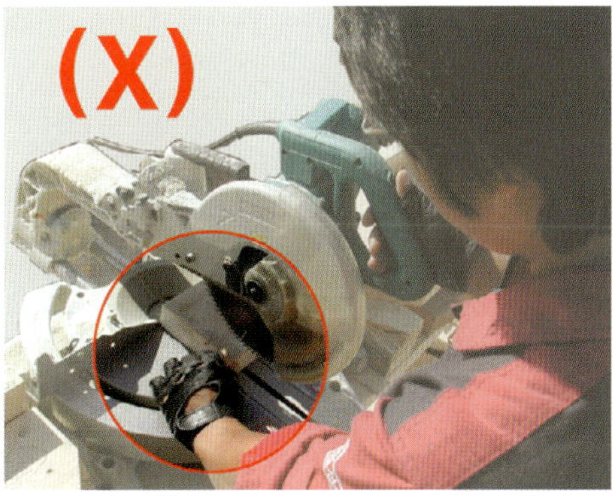

③ 짧게 잘라야 하는 경우

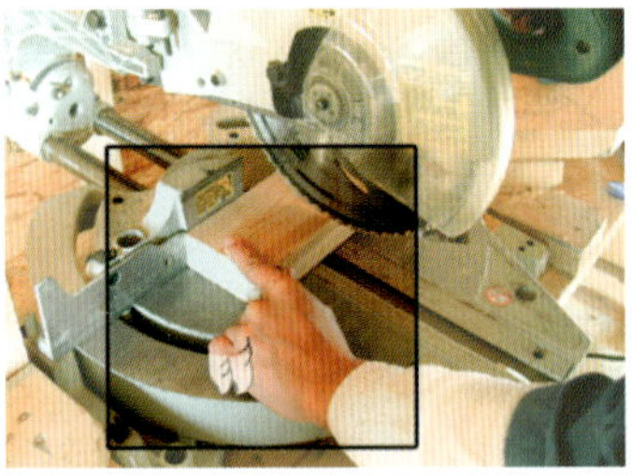

마이터쏘로 목재를 짧게 잘라야 할 때는 매우 위험하다. 따라서 이 경우에는 마이터 쏘 바닥 틈새에 새끼와 약지손가락을 끼워 넣고 엄지와 검지는 나무토막을 가볍게 잡고 자른다. 이렇게 틈새에 손가락을 끼워 넣는 이유는 목재가 톱날에 물려 튕겨나갈 때 목재를 잡고 있던 손가락이 누르는 힘에 밀려 톱날로 빨려 들어가는 것을 막기 위함이다.

스킬 쏘 (Skil saw)

마이터 쏘(Miter saw)가 한 곳에 고정되어 사용하는 전동톱이라고 한다면, 스킬 쏘는 휴대와 이동이 가능한 전동톱이다. 마이터 쏘처럼 고정되어 있지 않아 다칠 위험이 높으므로 사용할 때는 주의가 필요하다.

스킬 쏘는 목재나 합판을 자른 후에도 멈추기 전까지 계속 공회전을 하고 있어서 톱날이 멈추기 전까지는 위험하다고 할 수 있다. 그러므로 가급적 톱날의 방향은 바닥으로 향하도록 엎어 놓는 것이 좋다.

〈참고 : 스킬쏘는 특정회사의 제품명이지만 일반 원형톱(Circu;ar Saw)과 톱날방향과 사용방법이 다르며 목조주택에 많이 사용하는 공구이다. 이책에서는 일반 원형톱과 구분하기 위해 스킬쏘(Skil Saw)라 칭하도록 하겠다. 정확한 명칭은 웜 드라이브쏘(Worm drive Saw)이다.

① 직각 잡는 법

구조재를 정확하게 자르기 위해서는 스킬 쏘의 밑판과 날이 직각이 되도록 스피드 스퀘어를 사용하여 주기적으로 확인 · 점검하는 습관이 필요하다.

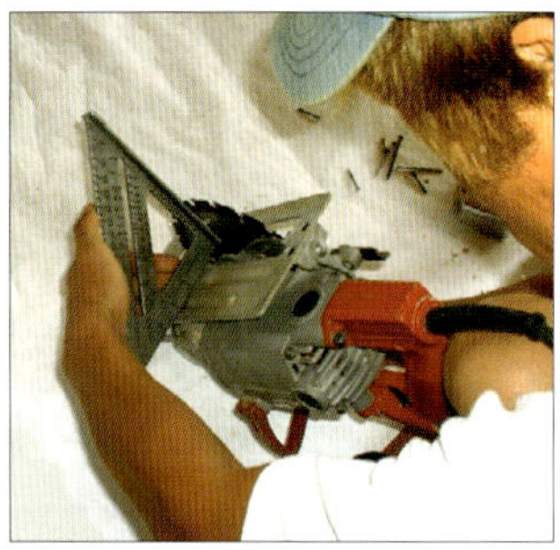

▶ 날을 최대로 뺀 다음 스피드 스퀘어를 사용해 직각을 확인하고 있다.

② 톱날 높이를 조절하는 방법

스킬 쏘는 구조재를 자를 때와 합판을 자를 때 날높이를 다르게 해야 한다. 일반적인 목재를 자를 경우에는 톱날을 모두 빼내어 사용하고, 합판을 자를 때는 합판두께보다 1/8인치 정도 나오도록 해 사용한다.

구조재를 자를 때

합판을 자를 때

③ 구조재를 자를 때

스킬 쏘로 목재를 자를 때는 거의 다 자를 때쯤 잘려나간 목재가 아래로 쳐지면서 톱날에 물려 순간적으로 톱날이 뒤로 밀려 나오는 경우가 발생하는데, 이때 자칫 잘못하면 다리에 치명적인 상처를 입히는 경우가 있다. 이것을 방지하기 위해서는 무엇보다 자세가 중요하다고 할 수 있다.

구조재를 자를 때는 톱날이 있는 쪽의 오른발을 한걸음 뒤로 하고, 목재는 왼발 위로 올린 다음 왼손으로 목재를 잡고 눌러준다. 그 다음에 목재를 받치고 있는 왼발의 앞꿈치부분을 들어올려 지면에 닿지 않게 올려 주면 자를 준비는 모두 된 것이다.

이제 스킬 쏘를 작동시키는데 스킬 쏘의 스위치를 당겨 공회전을 먼저 시키고, 서서히 목재에 가까이 대면서 자른다. 이때 스킬 쏘는 힘으로 밀면서 자르는 것이 아니고 들고 있는 스킬 쏘를 서서히 아래로 내려주면서 내려오는 힘으로 자르는 것이다. 목재가 잘려나간 후에 스위치의 작동을 멈추고 톱날의 회전이 모두 멈춘 후 자세를 풀어야 한다.

▲ 왼손으로 목재를 눌러 자를 부분을 지면에서 띄운다. (안전한 자세)

▲ 목재의 위치가 잘못되어 있고 왼손으로 목재를 누르고 있지 않아 자를 부위가 지면에 닿아 있다. (위험한 자세)

④ 합판을 자를 때

합판을 자를 때는 바닥에 나무를 깔고 그 위에 합판을 올려놓고 자른다. 합판도 목재를 자를 때와 마찬가지로 톱날이 물려 스킬 쏘가 뒤로 밀리는 경우가 있다.

이렇게 밀리는 것을 방지하기 위해서는 오른발을 뒤로해 안전거리를 유지하고 스킬 쏘를 양손으로 잡고 사용한다. 톱날은 합판에 대지 않은 상태에서 스킬 쏘의 스위치를 작동시켜 공회전시킨 후 선을 보면서 천천히 자른다. 이때, 스킬 쏘와 몸의 거리는 가깝지 않게 하고, 반드시 보안경을 착용하고 작업을 한다. 순간적으로 눈에 이물질이 들어갔을 때에는 당황하지 말고 스킬 쏘의 작동을 멈추고 톱날이 완전히 멈춘 후에 스킬 쏘에서 손을 놓아야 한다.

▲ 안전거리를 유지한다.(좋은 자세)

▲ 손가락과 무릎이 톱날에 너무 가까이 있다.(위험한 자세)

위에 소개한 마이터 쏘, 못총, 스킬 쏘는 목조주택에 있어 가장 많이 사용하는 공구이다. 그 외에 다른 공구들은 위의 3가지 공구에 비해 사용횟수가 적으므로 그 사용방법과 용도에 대해서는 간단하게 요약만 하겠다.

기타 공구

❶왕복톱(Reciprocating Saw)

❷콘크리트 드릴(Concrete Drill)

❸드릴(Drill)

❹임팩렌치(Impact Wrench)

❺그라인더(Grinder)

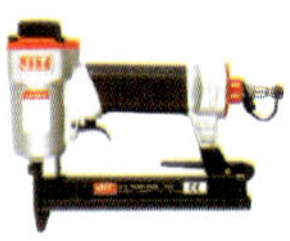

❻타카(1022)

❼충전드릴(Cordless Drill)

❽빔 커터기(Beam Cutter)

❾에어호스(Air Hose)

❿다운 트랜스(Down Trance)

⓫레이저레벨(Laser Level)

⓬컴프레서(Compressor)

⓭프레이밍 스퀘어(Framing Square)

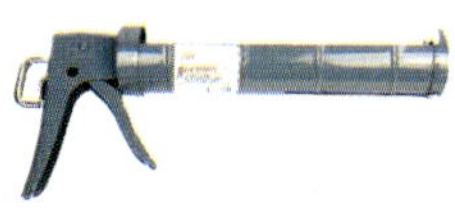

⓮글루건(Glue Gun)

⓯슬레지 해머(Sledge hammer)

⓰레벨(Level)

1. 왕복톱(Reciprocating Saw)은 손 톱(Hand saw)이 하던 일을 주로 하는데 자르거나 잘못된 곳을 뜯어내는 작업을 할 때 주로 사용한다.
2. 콘크리트 드릴(Concrete Drill)은 콘크리트 기초 위에 앵커볼트(Anchor bolt) 구멍을 뚫을 때 사용한다.
3. 드릴(Drill)은 구멍을 뚫을 때 사용하는데, 특히 토대(Plate)에 구멍을 뚫을 때 주로 사용한다.
4. 임팩트렌치(Impact Wrench)는 앵커볼트를 조이는데 사용한다.
5. 그라인더(Grinder)는 튀어나온 앵커볼트를 자를 때 주로 사용한다.
6. *타카(1022)는 씰 실러(Sill Sealer)나 투습 방수지, 단열재 그리고 지붕펠트(Felt)지를 박는데 주로 사용한다.
7. 충전드릴(Cordless Drill)은 현관문이나 창문을 고정시킬 때 주로 사용한다.
8. 빔 커터(Beam Cutter)기는 *빔(Beam)을 자르거나 장선(Joist) 및 지붕서까래(Rafter) 등의 많은 양의 부재를 한 번에 자를 때 주로 사용한다.
9. 컴프레서(Compressor)는 에어로 작동하는 공구에 에어를 공급하는데 쓰이며, 마력수는 3~4마력(HP)이 좋고, 용량은 클수록 좋다. 하지만 휴데하는데 불편할수 있으므로 50리터 정도가 좋다.
10. 에어 호스(Air hose)는 컴프레서에 연결하여 사용할 때 쓰이며, 길이는 20미터 정도의 길이로 잘라 만들어 사용하는 것이 호스를 감을 때나 펼쳐 사용할 때 적당하다.(보통 한 현장에서 4인 기준으로 작업할 때 4~5개 정도가 필요하다.)
11. 다운 트랜스(Down Trance)는 110V(볼트)용 공구를 사용할 때 사용하며, 3~5KW(킬로와트) 정도가 좋다.
12. 레이저레벨(Laser Level)은 콘크리트 기초상태를 점검하거나 수평을 맞추는데 사용되며 외부용과 내부용이 있다. 골조현장에는 외부용이 사용된다.
13. 프레이밍 스퀘어(Framing Square)는 계단을 재단할 때, 지붕 서까래(Rafter) 각도를 잴 때, 16인치 24인치 간격과 직각을 확인할 때 주로 사용한다.
14. 글루 건(Glue Gun)은 바닥장선(Floor Joist)이나 계단 작업시 합판에 접착제를 바를 때 사용한다.
15. 슬레지 해머(Sledge hammer)는 벽체를 바로잡을 때나 바닥합판을 붙일 때 주로 사용한다.
16. 레벨(Level)은 바닥이나 벽체의 수평을 잡을 때 사용하며, 4피트, 8피트의 길이를 가장 많이 사용한다.

타카(1022) : 사용하는 핀의 길이가 가로 10mm, 세로가 22mm인 타카(Tacker)

빔(Beam) : 목재나 철로된 큰 수평재로 기둥이나 내력벽에의해 지지됨.

이제까지는 개인에게 필요한 공구, 그리고 현장에서 사용할 공구들을 알아보았다.
다음은 현장에서 쓰일 골조(Frame) 자재에 대해 알아보도록 하자.

자재

STRUCTURAL MATERIALS

구조재

현장에 쓰일 골조(Frame) 자재

1. 구조재(2×4/ 2×6/ 2×8/ 2×10/ 2×12 등), 처마마감재(1×4/ 1×6/ 1×8/ 1×10 등), 토대(Mud Sill)
2. 판재-O.S.B(두께 : 1/2인치), O.S.B(T&G : 두께 3/4인치) 또는 CDX합판
3. 현관문(Entrance Door)
4. 장문(Window)
5. 못(8d/16d/Hanger nail 등)
6. 목재용 접착제(Glue)
7. 실리콘(Sealant)
8. 철물(Hanger/Post Anchor/Hurricane tie 등)
9. 실 실러(Sill sealer)
10. 합판 클립(Panel Clip)
11. 투습방수지(Housewrap)
12. 빌딩 테이프(Building Tape)

구조재
공칭치수와 실제치수

구조재는 공칭치수와 실제치수로 나눈다. 공칭치수는 치수를 호칭할 때 사용하고 실제치수는 시공하면서 실제로 적용하는 치수이다.

예를 들어, 2×4는 공칭치수로서 가로가 2인치 세로가 4인치이지만 실제치수로는 가로가 1 1/2인치 세로가 3 1/2인치이다. (참고 : 2×4는 Two by Four로 읽는다.)

공칭치수와 실제치수가 다른 이유는 제재한 목재를 실제치수에 가깝게 1차 가공한 후 4면 대패작업 *(S4S)과 *함수율 19% 이하로 건조시키면서 줄어든 치수이다.

목구조주택의 구조재로 가장 많이 사용되고 있는 수종은 더글라스퍼(Douglas Fir), 헴퍼(Hem Fir), SPF(Spruce Pine Fir) 등이 있다.

S4S : 목재의 4면이 대패질 가공이 되어있는 상태. (Surfaced Four Sides)

치수가 2×4 ~ 2×12, 1×4 ~ 1×10의 공칭치수와 실제치수는 외우도록 하자.

구조재는 이외에도 많은 규격의 목재치수가 있으나 일반적으로 많이 사용하는 것만을 나열하였다. 아래에 나열한 치수만으로도 목조주택에 시공되는 대부분의 규격을 파악해 볼 수 있다.

보통 2×(Two by)자재는 집을 짓는데 구조재로서 사용되는데 2×4 ~ 2×12까지 모든 치수가 거의 사용되고 있고, 1×(One by)는 지붕 처마마감용으로 많이 사용되는데 그 중 1×8과 1×10이 일반적으로 많이 사용되고있다. 기둥재로는 4×4와 6×6를 많이 사용하고 있으며, 공학용 목재로는 아이 조이스트(I-Joist)와 글루램(Glulam), LVL(Laminated Veneer Lumber) 등이 사용되고 있다.

함수율(Moisture Content) : 목재에 함유된 수분의양. 절대건조 상태의 목재무게에 대한 백분율로 표시함.

2×(Two by)자재

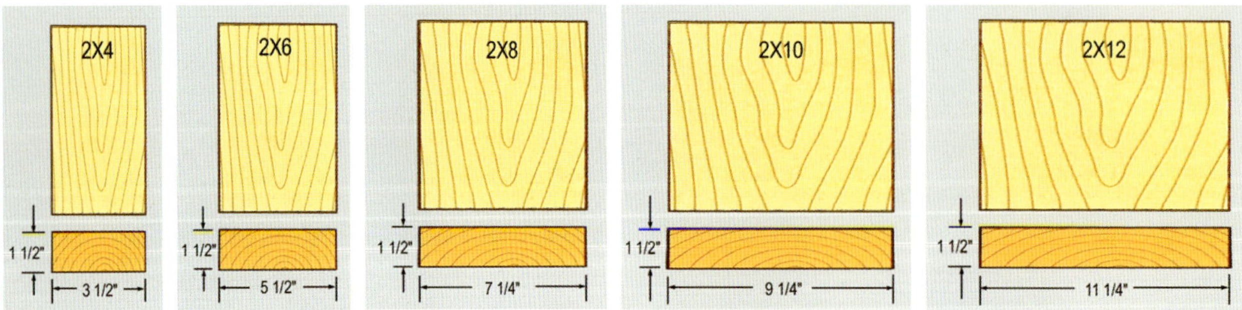

1×(One by)자재

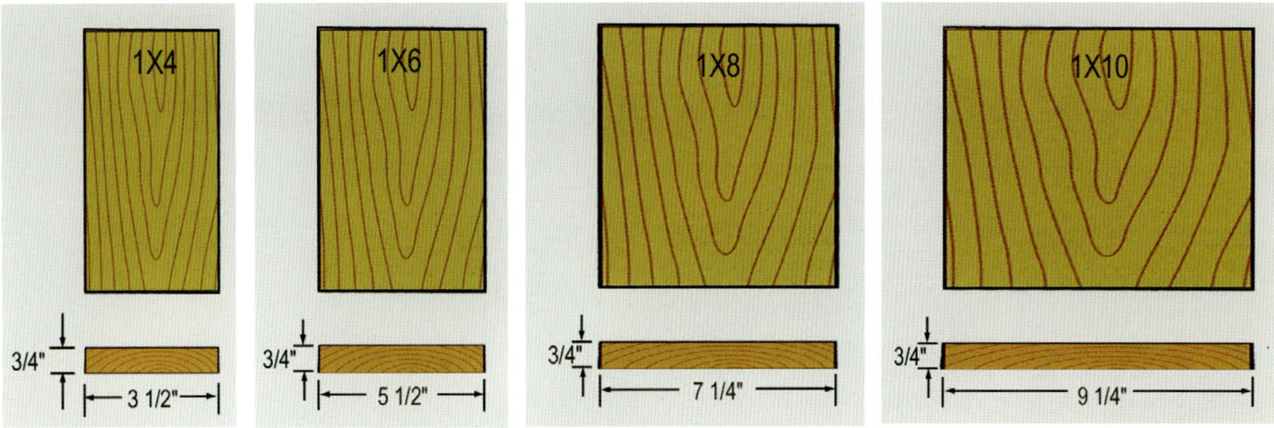

4×(Four by)자재

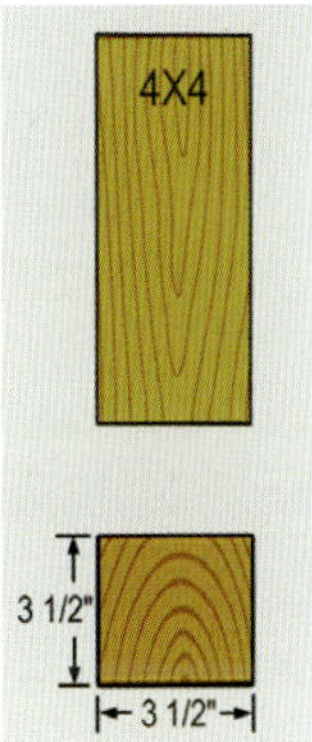

◀4×(Four by)는 4×4 ~ 4×12까지 있다.

(보기) 4×6=3 1/2″×5 1/2″

4×12=3 1/2″×11 1/4″

6×(Six by)자재

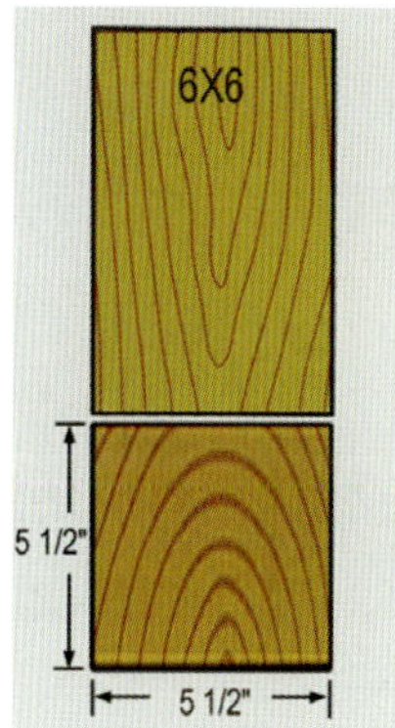

6×(Six by)는 6×6 ~ 6×12까지 있다.▶

(보기) 6×8=5 1/2″×7 1/4″

6×10=5 1/2″×9 1/4″

예) 2×4×14 는 가로 1 1/2인치, 세로 3 1/2 인치, 길이 14피트를 말한다.

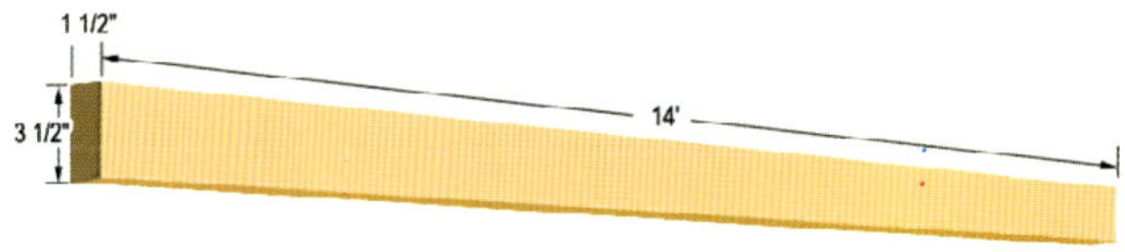

목재 등급

목재 등급은 육안등급과 기계등급 두 가지로 나눈다.

육안등급 (Visually graded lumber)

목재를 가공하는 과정에서 검사관에 의해 육안으로 목재의 품질을 구분하는 것이 육안등급이다.

육안등급 체계의 목재를 구분하는 방법은 다음과 같다. 규격재는 두께가 2~4인치이고 폭이 2인치 이상인 목재를 말하며, 이것은 다시 4가지로 나누는데 구조 경량골조용, 스터드용, 경량골조용, 구조 수평부재용으로 나눈다.

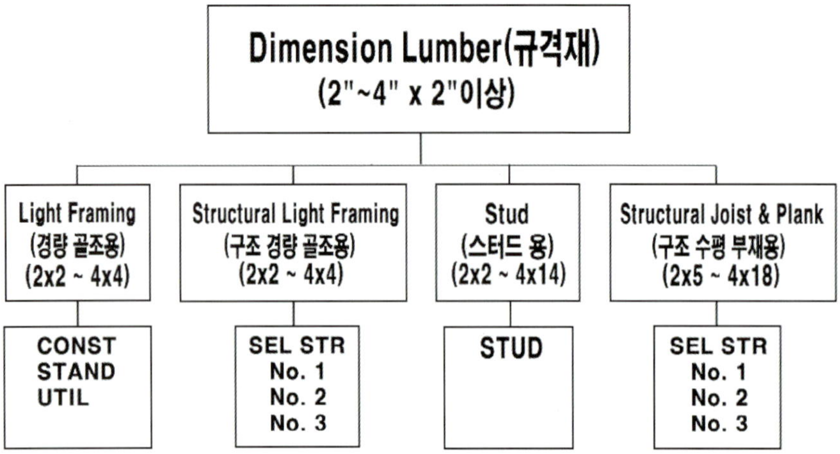

■ 경량골조용(Light Framing) : 2×2부터 4×4까지의 목재가 있다. 이 제품군에서 2×6는 구할 수 없고 등급은 Const.(Construction)과 Stand(Standard & better), Util.(Utility) 등급의 3가지가 있다. 위의 3가지(구조 경량골조용/스터드용/경량 골조용)는 모두 수직부재로만 사용 가능한 것이다. 그러나, 그중 Util등급은 수평부재로서의 엄격한 규정이 따른다.〈그림참고〉

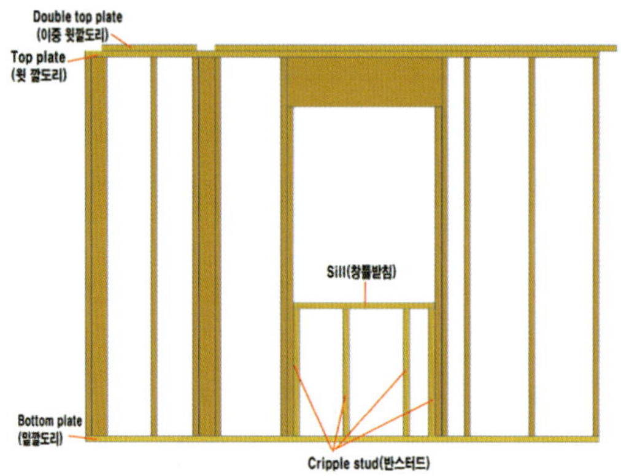

■ 구조 경량골조용(Structural Light Framing) : 2×2부터 4×4까지의 목재가 있다. 이 제품군에서 2×6는 구할 수 없고 등급은 최상급(SELECT STRUCTURAL)과 No.1, No.2, No.3 등급의 4가지가 있으며 경관거리표(Span Table) 의한 2×4목재가 이 제품군에 포함된다.

■ 스터드용(Stud) : 2×2부터 4×14까지의 모든 목재가 있으나 반드시 10피트 미만으로만 사용이며 그 이상의 이 제품군에는 2×4, 2×6, 2×8, 2×10, 2×12 … 4×14까지 구할 수 있다. 그러나 현장에서 2×4, 2×6만을 사용하는 것은 구조적으로 그 이상의 부재를 사용할 필요가 없기 때문이다. 길이인 경우에는 보막이를 설치한다.(하중을 받는 벽체인 경우)

■ 구조 수평부재용(Structural *Joist & Plank) : 2×5부터 4×18까지의 모든 목재가 있다. 이 제품군에서 2×4는 구할 수 없다. 다시 말해 2×4는 장선용으로 사용할 수 없는 부재라는 것을 뜻한다. 등급은 최상급(SELECT STRUCTURAL)과 No.1, No.2, No.3등급의 4가지가 있다. 구조수평부재용(Structural Joist & Plank)은 바닥장선이나 지붕 서까래용으로 사용 할 수 있는 수평부재이다.

조이스트(Joist) &프랭크(Plank) : 장선을 세워서 설치할때를 Joist 라하고, 눕혀서 설치했을때를 Plank라고 한다.

기계 등급 (Machine stress-rated graded lumber)

기계를 이용하여 목재의 최대강도 상태를 점검해 등급을 매긴 것을 기계등급이라 한다.

모든 구조재에는 하중을 지탱하는 목적으로 사용되기 위해 목재 하나하나마다 공인된 기관으로 부터의 등급도장이 찍힌 목재만을 사용하도록 건축법규에 명시하고 있다. 이렇듯 목재에 찍혀 있는 등급을 보면 그 목재에 대해 가장 잘 알 수 있는데 그 내용들에 대해 알아보도록 하자.

1. 제재소 등록번호
2. 등급 관리기관
3. 등급

경량골조용 (플레이트, 스터드에 사용) : 2X2~4X4	구조수평부재용 (장선, 서까래, 헤더에 사용) : 2X5~4X18
CONST(**CONST**RUCTION)	SEL STR (**SEL**ECT **STR**UCTURAL)
STAND (**STAND**ARD & BETTER)	No.1
UTIL(**UTIL**ITY) – 스터드 사용불가	No.2
STUD(**STUD**)	No.3

함수율 : 목재의 무게에 대한 목재내에 존재하는 수분무게의 비율

4. 건조상태

S-GRN(**S**urfaced-**GR**EE**N**)	함수율 19% 초과
S-DRY(**S**urfaced-**DRY**) : 자연건조	함수율 19% 이하
KD(**K**iln **D**ry) : 인공건조	
MC-15(**M**oisture **C**ontent **15%**) : 자연건조	함수율 15% 이하
KD-15(**K**iln **D**ry-**15%**) : 인공건조	

5. 수종

DOUGLAS – FIR
HEM-FIR
※HEM-FIR(N) NORTH : 북미산(캐나다산)
S-P-F(Spruce Pine Fir)

방부목

콘크리트 기초바닥과 목재가 맞닿는 곳은 콘크리트 기초에서 올라오는 수분을 막고 단열성능을 높이기 위해 실 실러(sill sealer)를 사용하고 그 위에 토대(mud sill)를 사용한다.

토대의 경우 국내에서는 방부목을 사용하는데 방부목은 그 쓰이는 약품에 따라 수용성 방부제와 유용성 방부제, 그리고 크레오소트계 방부제로 나누어진다. 유용성 방부제와 크레오소트계 방부제는 사람이나 동물의 피부접촉시 인체에 해가 되는 독성이 함유되어 있으므로 우리나라에서는 사용할 수 없다.

가장 많이 사용되고 있는 방부제로는 수용성 방부제 C.C.A(Chromated Copper Arsenate : 크롬화비산동)라는 약품처리를 한 방부목을 가장 많이 사용해왔으나 C.C.A(크롬화비산동)에도 약간의 독성이 함유되어 있어 이보다 독성이 없는 것은 A.C.Q(사기암모늄동)의 방부제를 사용한 방부목을 사용하도록 규정하고 있다..

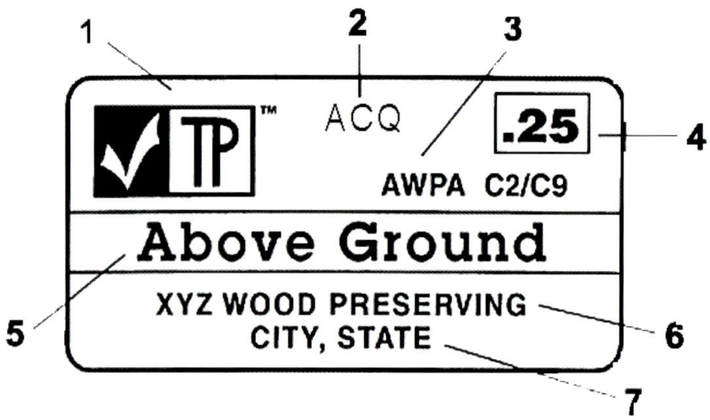

1	TP (Timber Products Inspection)	ALSC(American Lumber standard committee) 인가기관의 상표
2	ACQ	사용 방부처리약제 이름
3	AWPA	AWPA(전미 목재보존협회) 규격
4	.25	보존수준
※5	Above Ground	적합한 노출 조건(지표면 위에 사용 가능)
6	XYZ WOOD PRESERVING	처리 회사명
7	CITY, STATE	공장 위치

※5) ① Above Ground : 방부목을 지표면 위에 사용하는 경우에 사용.
② Ground Contact : 방부목이 지표면과 닿는 경우에 사용.
③ Permanent Wood Foundation : 방부목을 지표면 속에 묻는 경우 사용. .

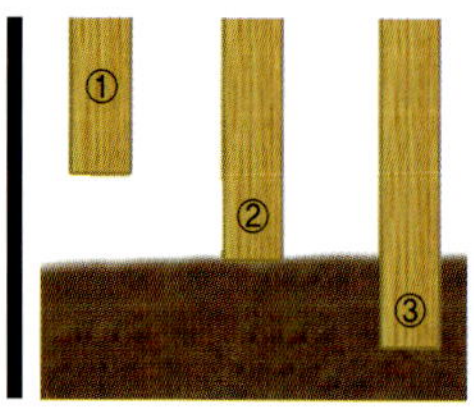

판 재

O.S.B (Oriented Strand Board)

현장에서 사용하고 있는 O.S.B합판은 너비가 2인치이고, 길이가 3인치 정도 되는 나무조각들을 서로 교차하여 액체 페놀수지나 분말페놀로 접착해서 만든 것으로서, 일반 구조합판과 강도나 두께가 거의 동일하다.

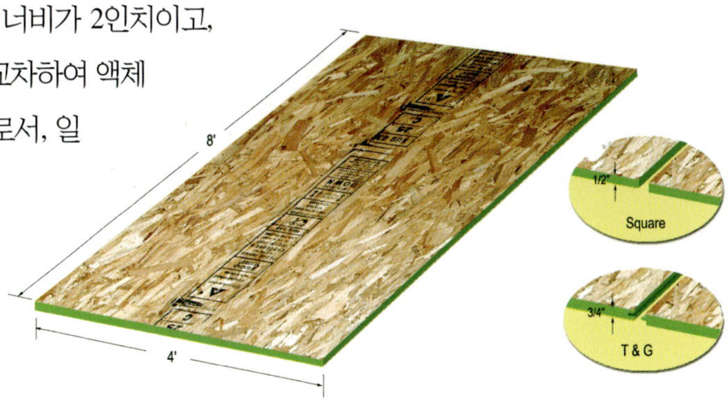

이러한 구조용 합판은 가로 4피트, 세로 8피트를 가장 많이 사용하고, 두께는 1/2인치의 스퀘어(square)방식과 3/4 인치두께의 T&G (Tongue & Groove)방식을 많이 사용한다.

1/2인치 두께를 가진 합판은 일반적으로 건물의 벽과 지붕에 많이 사용하며, 3/4인치(T&G)합판은 바닥합판용으로 많이 사용한다.

O.S.B 합판에는 다음과 같은 내용들이 있다.

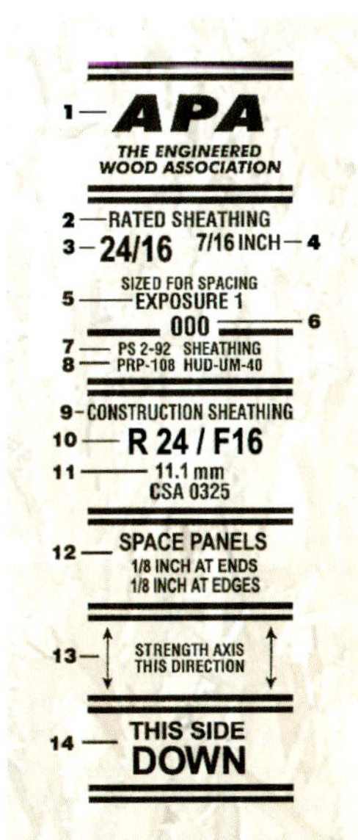

1. APA(America Plywood Association) 인증기관
2. 성능표시

   APA RATED SHEATHING : 경골목구조의 바닥, 벽, 지붕덮개용으로 만들어진 판재(주거용, 상업용)

   APA RATED SIDING : 덮개재료에 사이딩(Siding)의 기능까지 겸해서 사용할 수 있는 판재

   APA RATED STURD-I-FLOOR : 경골목구조의 바닥덮개용으로 만들어진 판재(주거용, 상업용)
3. 경간 등급

   24-지붕 사용시 서까래의 간격이 최대 24인치까지 합판 설치를 허용함.

   16-바닥 사용시 장선의 간격이 최대 16인치까지 합판 설치를 허용함.

   (앞의 숫자는 지붕, 뒤의 숫자는 바닥을 나타내며 벽체의 합판 사용여부는 지붕수치와 동일하다. 스터드 간격을 최대 24인치까지 했을때 합판 설치를 허용하고 그 미만인 12인치, 16인치에도 사용가능하다.)

4. 합판 두께 (단위:인치)

5. 노출 내구성 (등급)

Exterior : 외부 또는 수분에 영구적으로 노출 가능한 등급(영구적, 외장용).

[O.S.B에는 "Exterior" 등급은 없다.]

Exposure 1 : 외부로부터 수분을 보호하고, 습도에 오랫동안 노출된 경우에도 적합(외부덮개용)

Exposure 2 : 외부로부터 보호된 상태의 구조에 적합(내부용)

Exterior등급은 판재로써의 외장재 기능을 가진다.

Exposure1등급은 일시적으로 사용가능한 외부 노출용으로는 사용이 가능하나 영구적인 외장재로써의 기능은 가지지 못한다.

Interior : 실내용 접착제로 만들어졌으며 실내작업에 적합(완전 내부용)

6. 제조업체 번호

7. PS-2 O.S.B제품기준(92는 제작년도), (※PS-1은 구조용 합판[CDX] 제품기준)

8. (APA's Performance Rated Panel Standard) - 제품기준서

9. 구조용 합판

10. R(Roof) 24는 지붕 사용시 최대 24인치까지 허용함.

F(Floor) 16은 최대 16인치까지 허용함.

11. 합판 두께(단위 : mm)

12. 합판과 합판의 간격을 *END쪽과 EDGE쪽을 1/8 인치 간격을 두어야 함.

13. 합판의 강축방향(모든 구조재는 강축방향과 직각이 되게 설치되어야 한다.)

14. 지붕합판 작업시 미끄러지지 않도록 글씨가 있는 면을 아래로 향하게 설치하라는 지시.(합판설치시 앞뒷면의 성능 차이는 없음)

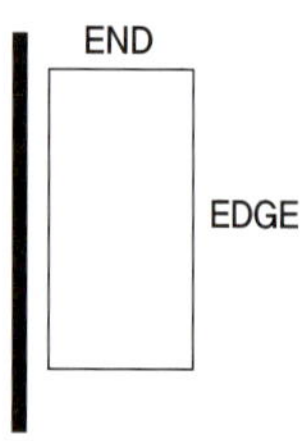

CDX합판 (Plywood)

CDX라 함은 단판으로 되어 있는 단판 C등급과 D등급을 앞면과 뒷면에 외부용 접착제(X:엑스)로 접착시켜 만든 합판이다. 앞면과 뒷면에 D단판보다 한단계 우수한 C단판을 사용한 CCX와 CDX만을 예를 든다면 모두 외장형으로 가능하며 CCX가 CDX보다 한 단계 더 우수한 합판이라고 할 수 있다.

C - 앞면(Face)

D - 뒷면(Back)

X - 외부(Exterior)용 접착제 사용(페놀 또는 레코시놀 접착제 사용)

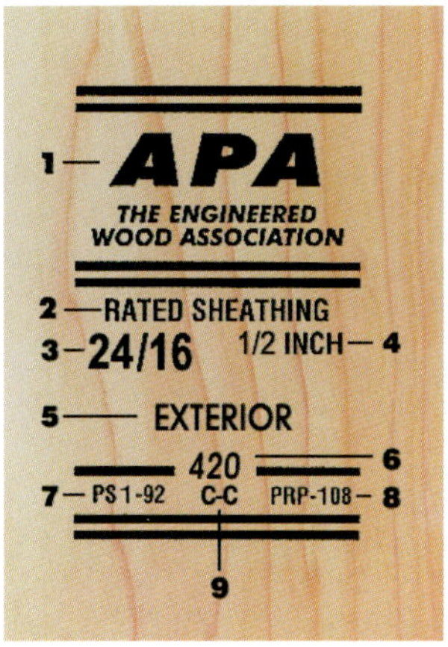

※ 합판용 단판의 등급

N	특별히 제작되는 천연무늬결의 단판으로서, 구조용으로는 사용되지 않는다.
A	옹이가 없고 매끈한 표면의 단판으로서 4′×8′ 단판의 경우에는 18개까지 깨끗하게 마무리되도록 수선한 것은 A등급으로 포함될 수 있다.
B	썩음이 없고, 단단한 단판으로서 산옹이는 섬유방향으로 직경 1인치까지 허용되고 수선의 개수는 등급에 제한을 두지 않는다.
C-plugged	C등급 단판의 한 종류로서 C등급보다 더 엄격한 품질의 제한을 받는 단판이다.
C	직경 1인치 내에 옹이구멍이 허용되며 드물게 나타나는 옹이구멍의 경우에는 식성 1 1/2인치까지 허용되는 단판으로, 외장용 합판으로 허용되는 최저등급 단판이다.
D	직경 2 1/2인치 이내의 옹이구멍이 허용되며 드물게 나타나는 옹이구멍의 경우에는 직경 3인치까지 허용되는 단판으로 외장마감용 합판으로는 사용할 수 없다.(Exposure 1등급)

1. APA(America Plywood Association) 인증기관

2. 성능표시

APA RATED SHEATHING : 경골목구조의 바닥, 벽, 지붕덮개용으로 만들어진 판재(주거용, 상업용)

3. 지간 등급

24-지붕 사용시 서까래의 간격이 최대 24인치, 벽체사용시 스터드 간격이 최대 24인치 일때 합판설치를 허용함.

16-바닥 사용시 장선의 간격이 최대 16인치까지 설치를 허용함.

4. 합판 두께 (단위:인치)

5. 노출 내구성 (등급)

Exterior : 외부 또는 수분에 영구적으로 노출 가능한 등급(영구적 외부용).

[O.S.B에는 "Exterior" 등급은 없다.]

6. 제조업체 번호
7. PS-1 .단판 제품기준 (92는 제작년도), (※PS-2은 O.S.B합판 제품기준)
8. (APA's Performance Rated Panel Standard) - 제품기준서
9. C-C 단판사용

핑거조인트(Finger Joint) : 두 부재를 지그재그로 짜 맞추어 긴 부재로 만든 마구리이음.

공학용 목재

글루램 (Glulam)

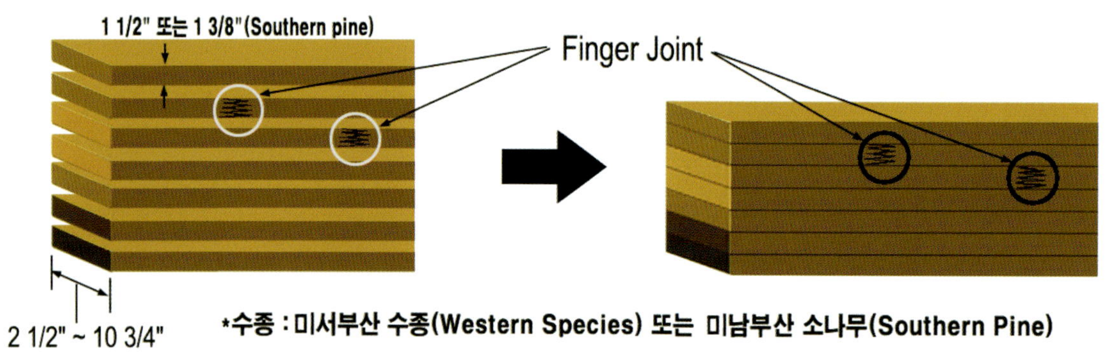

램스(Lams) : 층재. "Laminations"의 약자.

공칭치수 2인치 두께 이하의 제재목을 접착하여 만든 제품으로 *핑거 조인트(Finger joint)이음을 함으로써 *램스(Lams)라고 하는 긴 길이의 소재로 접착제를 사용하여 적층 · 접착시킴으로써 우수한 강도와 내구성을 갖고, 동시에 미적인 부분을 최대한 살릴 수 있는 공학용 목재이다.

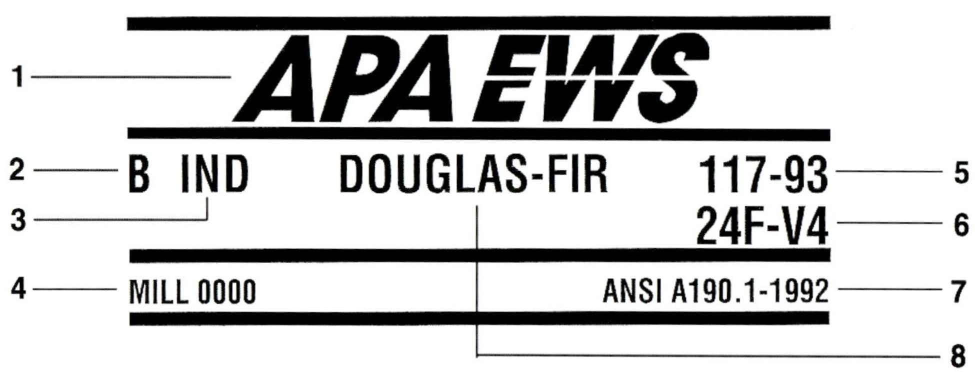

1	APA EWS	인증기관 (American Plywood Association Engineered Wood Systems)
※2	B	Structural use : B, CB, C, T
※3	IND	외관등급 : IND, ARCH, PRE, FRM
4	MILL 0000	공장 제재소 고유번호
5	117-93	Applicable laminating specification
6	24F-V4	구조 등급
7	117-93	제품기준
8	DOUGLAS-FIR	수종/ 수종군

※2) B : Simple span bending member
C : Compression member
T : Tension member
CB : Continuous or cantilevered span bending member

※3) 외관등급

외관등급	특성
인더스트리얼(INDUSTRIAL)	노출되지 않는 곳이나 외관이 중요하지 않은 곳에 사용 / 기성품(Stock beams)
아키텍쳐럴(ARCHITECTURAL)	노출시켜 사용 / 기성품(Stock beams) Smooth, attractive finish
프리미엄(PREMIUM)	외관이 가장 중요한 요소일 때 사용 / 주문생산품(Custom order)
프레이밍(FRAMING)	노출되지 않는 곳에 사용 / 기성품(Stock beams) 2×4또는 2×6벽체에 폭이 맞도록 생산됨

① 비균형보(Unbalanced Beams)

*인장축(Tension zone)과 *압축축(Compression zone)에 서로 다른 휨강도를 가지고 있으므로 상단부에 "TOP"이라고 표시되어 있음.

*심플스팬(Simple span)에 주로 사용되도록 고안된 제품.

인장(Tension) : 서로잡아 당기는 작용이나 당기고 있는상태

압축 (Compression) : 줄어드는 작용이나 서로 밀고있는 상태

심플스팬 (Simple Span) : 지점에서 지점으로 연결되는 최대길이

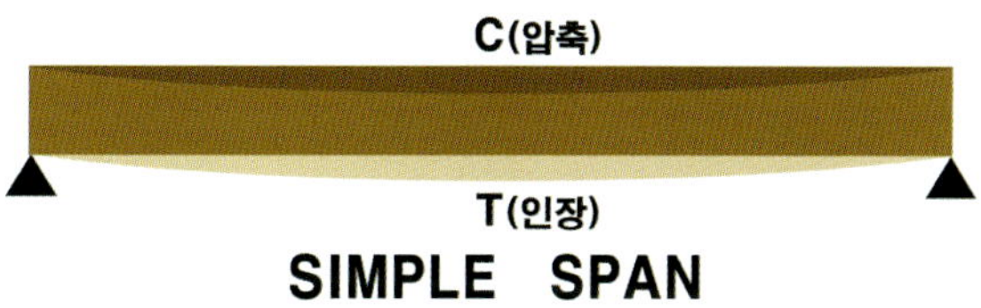

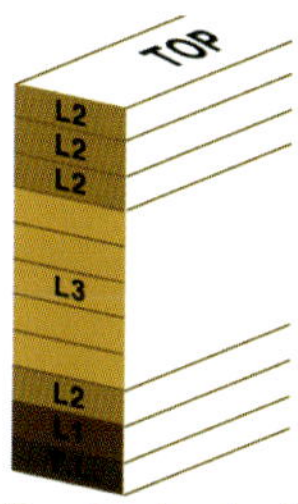

T.L.=Tension Lamination
(인장 나무판)

② 균형보(Balanced Beams)

빔(Beam)의 중심 높이를 기준으로 서로 대칭으로 만들어진 제품.

부재의 상단부나 하단부에 인장응력(Tension)이 작용할 수 있는 연속길이(Continuous Spans)나 외팔보길이(Cantilever Spans)에 주로 사용.

외팔보(Cantilever) : 지점으로 부터 내민 보 또는 기타 구조물

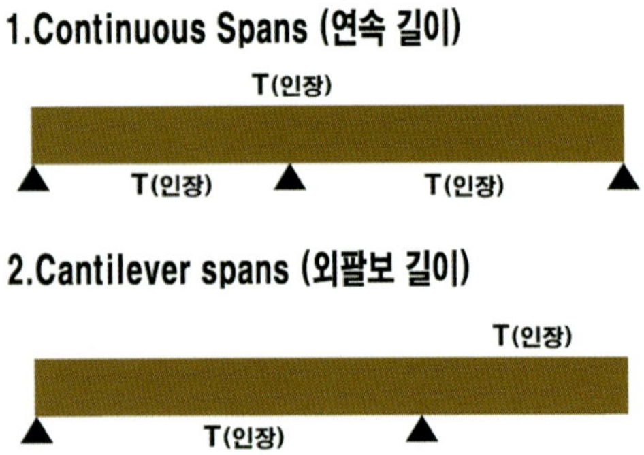

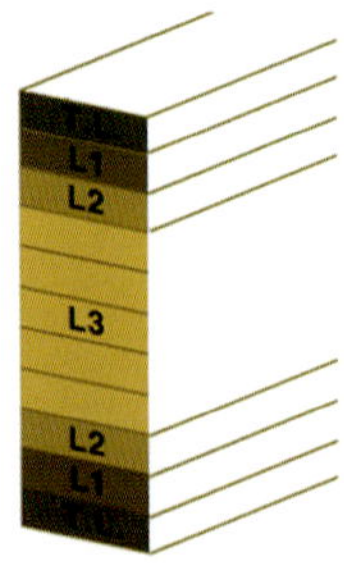

심플스팬(Simple span)에도 사용될 수 있으나 자원의 효율적인 사용 측면에서 볼 때 균형보를 사용하는 것보다 비균형보로 사용하는 것이 바람직하다.

아이 조이스트 (I-Joist)

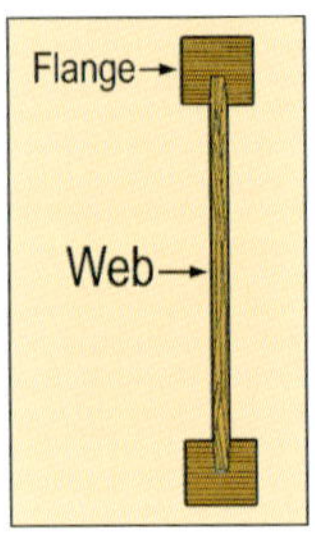

아이 조이스트는 플랜지(Flange) 부분은 LVL(Laminated Veneer Lumber)로, 웹(Web) 부분은 합판 및 구조용 판재로 이루어졌으며, 함수율이 12%로 만들어졌기 때문에 고른 평형상태로 이루어져 틀어짐이나 휨 등의 변형이 거의 없다.

아이 조이스트(I-Joist)에는 다음의 내용들이 있다.

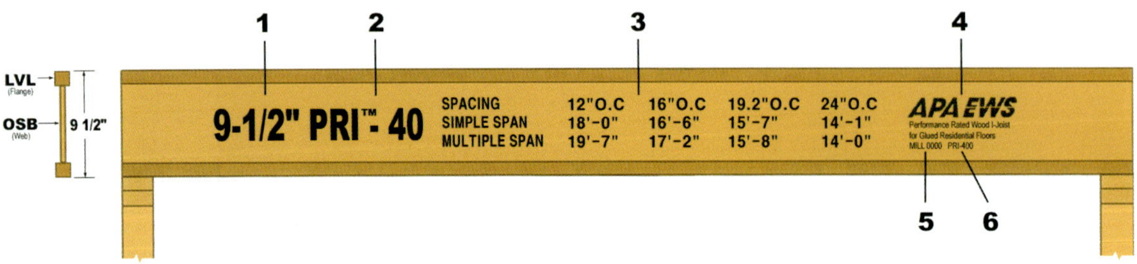

1. 9 1/2″ : 아이 조이스트 실제치수 폭

2. PRI™ - 40 : 강도(Performance Rated I-joist, TM : Trade Mark)

(PRI 뒤의 숫자는 제품의 등급을 나타내는 수치이다. 예를 들어, 헴퍼(Hem-fir)라는 수종에는 1등급과 2등급이 있는 것처럼 아이 조이스트에도 그 등급이 나무의 폭에 따라 PRI 20~60 또는 PRI 20~80까지의 등급이 있으며, 숫자가 높을수록 강도가 높다.)

3. 경간거리표

경간거리 : 지점과 지점 사이의 거리 또는 간격을 말함

SPACING(간격)	12″O.C	16″O.C	19.2″O.C	24″O.C
SIMPLE SPAN	18′ - 0″	16′ - 6″	15′ - 7″	14′ - 1″
MULTIPLE SPAN	19′ - 7″	17′ - 2″	15′ - 8″	14′ - 0″

간 격 (SPACING)

- 심플 스팬(SIMPLE SPAN) : 지점에서 지점으로 연결되는 최대길이
- 멀티플 스팬(MULTIPLE SPAN) : 지점과 지점이 연결되는 사이에 벽체가 하나 이상 놓일 경우에 위치와 관계없이 가능한 최대길이

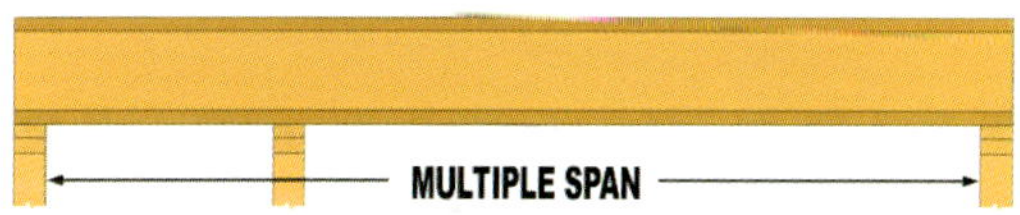

예를 들어, 9 1/2인치의 아이 조이스트를 16인치 간격으로 설치했을 경우 심플 스팬(Simple Span)인 경우에는 최대 16피트 6인치까지 가능하고, 멀티플 스팬(Multiple Span)인 경우에는 최대 17피트 2인치까지 가능하다.

4. APA EWS(American Plywood Association Engineered Wood Systems)

performance Rated Wood I-Joist for Glued Residential Floors : 주거용 바닥장선

5. MILL "0000" : 공장 제재소 고유번호(고유이름)

6. PRI - 400 : APA 아이 조이스트 제품기준서

(APA가 아닌 타회사 제품은 PRI가 아니고 다른 표기로 되어있음)

못 박기

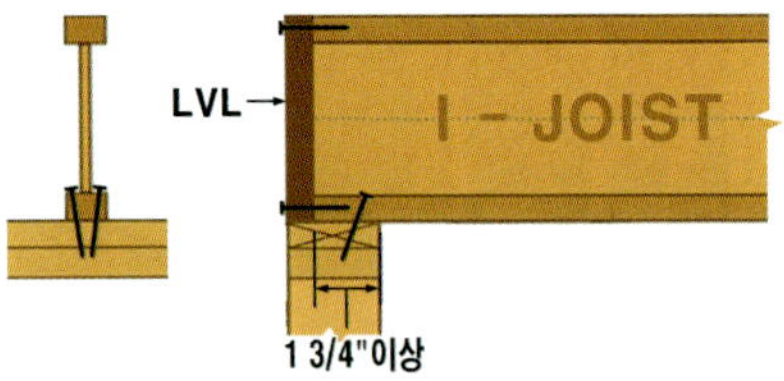

*끝막이 장선(Rim Joist)으로는 LVL이나 아이 조이스트가 사용되어야 하고, 아이 조이스트는 벽체 위에서 1 3/4인치 정도 겹쳐야 하며, 못은 12d 이상의 못을 사용한다.

끝막이 장선 (Rim Joist) : 장선의 가장자리 끝면에 설치되는 장선

d : 못 길이의 부호, 페니(Penny) 라고도 함

구멍뚫기 규정

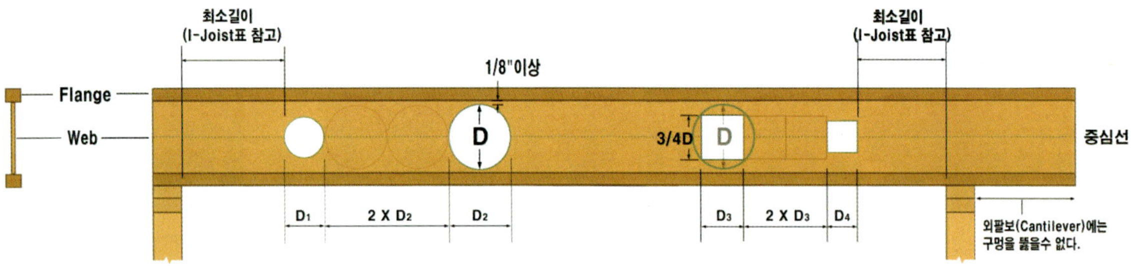

아이 조이스트의 구멍뚫기는 일반적으로 사용하는 제재목 2×10, 2×12의 구멍뚫기와는 완전히 다르다. 일반적인 장선(Joist)인 경우에는 중앙의 1/3 부분을 절대 뚫어서는 안 되지만 아이 조이스트는 오히려 1/3 지점에 구멍을 뚫을 수 있으나 벽체와 인접한 곳에 구멍을 뚫어서는 안 된다.

아이 조이스트에 구멍을 뚫을 때는 가급적이면 아이 조이스트의 중앙선 부근에 구멍을 뚫는 것이 좋으며 벽체와 인접한 부분에 구멍을 뚫을 때는 아이 조이스트의 규격에 따라 다른데 이것은 아이 조이스트 표를 참고로 확인해 보도록 하자.

MINIMUM DISTANCE FROM FACE OF ALL JOIST SUPPORTS TO CENTER OF HOLE – Single or Multi-Span

Joist Depth	Joist Designation	Minimum Distance from Inside Face of Any Support to Center of Hole (ft - in.)															Span Adjustment Factor
		② Round Hole Diameter (in.)															
		2	3	4	5	6	6-1/4	7	8	8-5/8	9	10	10-3/4	11	12	12-3/4	
	PRI-20	0'-6"	1'-0"	2'-0"	3'-6"	4'-6"	5'-0"										11.08
	PRI-30	1'-0"	2'-0"	3'-0"	4'-6"	5'-6"	6'-0"										12.5
① 9-1/2"	PRI-40	③ 1'-0"	2'-0"	3'-0"	4'-0"	5'-0"	5'-6"										12.75
	PRI-50	1'-6"	2'-6"	4'-0"	5'-0"	6'-6"	7'-0"										13.42
	PRI-60	2'-0"	3'-0"	4'-0"	5'-0"	6'-6"	7'-0"										14.17
	PRI-20	0'-6"	0'-6"	1'-0"	1'-0"	2'-0"	2'-6"	3'-6"	5'-0"	6'-0"							11.08
	PRI-30	0'-6"	0'-6"	1'-0"	2'-0"	3'-0"	3'-6"	4'-6"	6'-6"	7'-6"							12.5
	PRI-40	0'-6"	0'-6"	1'-6"	2'-6"	3'-6"	4'-0"	4'-6"	6'-0"	7'-0"							14.75
11-7/8"	PRI-50	0'-6"	0'-6"	1'-0"	2'-6"	4'-0"	4'-6"	5'-6"	7'-0"	8'-0"							13.42
	PRI-60	0'-6"	1'-6"	3'-0"	4'-0"	5'-0"	5'-6"	6'-6"	8'-0"	9'-0"							16.42
	PRI-70	0'-6"	1'-6"	3'-0"	4'-6"	6'-0"	6'-6"	7'-6"	9'-0"	10'-0"							15.33
	PRI-80	2'-0"	3'-6"	4'-6"	6'-0"	7'-0"	7'-6"	8'-6"	10'-0"	11'-0"							18.17
	PRI-40	0'-6"	1'-0"	2'-0"	3'-0"	4'-0"	4'-0"	4'-6"	5'-6"	6'-0"	6'-6"	8'-0"	9'-6"				16.33
	PRI-50	0'-6"	0'-6"	1'-0"	1'-0"	1'-0"	1'-6"	2'-6"	4'-6"	6'-0"	6'-6"	8'-6"	10'-0"				13.42
14"	PRI-60	0'-6"	1'-0"	1'-0"	1'-6"	3'-0"	3'-6"	4'-6"	6'-0"	7'-0"	7'-6"	9'-0"	10'-6"				16.42
	PRI-70	0'-6"	0'-6"	1'-0"	1'-0"	2'-6"	3'-0"	4'-0"	6'-0"	7'-0"	8'-0"	10'-0"	11'-6"				15.33
	PRI-80	0'-6"	2'-0"	3'-0"	4'-6"	5'-6"	6'-0"	7'-0"	8'-6"	9'-6"	10'-0"	11'-6"	13'-0"				19.92
	PRI-40	0'-6"	0'-6"	1'-0"	1'-0"	2'-0"	2'-0"	3'-0"	4'-0"	4'-6"	5'-0"	6'-0"	7'-0"	7'-0"	9'-0"	10'-6"	16.42
	PRI-50	0'-6"	0'-6"	1'-0"	1'-0"	1'-0"	1'-6"	1'-6"	1'-6"	2'-0"	2'-6"	5'-0"	6'-6"	7'-0"	8'-6"	11'-0"	13.42
16"	PRI-60	0'-6"	0'-6"	1'-0"	1'-0"	1'-0"	2'-0"	2'-0"	3'-6"	4'-6"	5'-0"	6'-6"	8'-0"	8'-6"	10'-6"	12'-0"	16.42
	PRI-70	0'-6"	0'-6"	1'-0"	1'-0"	1'-0"	1'-6"	1'-6"	3'-0"	4'-6"	5'-0"	7'-0"	8'-6"	9'-6"	11'-6"	13'-0"	15.33
	PRI-80	0'-6"	0'-6"	1'-0"	2'-0"	3'-6"	4'-0"	5'-0"	6'-6"	7'-6"	8'-0"	10'-0"	11'-0"	11'-6"	13'-6"	15'-0"	19.92

Notes:
1. Above tables may be used for I-joist spacing of 24 inches on center or less.
2. Hole location distance is measured from inside face of supports to center of hole.
3. Distances in this chart are based on uniformly loaded joists that meet the span requirements in Tables 2, 3, and A2 in this product-use guide.
4. For continuous joists with more than one span, use the **longest** span to determine hole location in either span.

예를 들어, 아이 조이스트를 9 1/2인치의 강도 PRI-40을 사용 (①)하고, 2인치의 구멍 (②)을 뚫을 경우에는 벽체에서 최소 1피트 이상 (③)을 띄워서 구멍을 뚫어야 한다.〈표 참고〉

구멍과 구멍을 근접하게 뚫어야 하는 경우에는 큰 구멍의 지름에 두 배가 되는 위치에 뚫어야 한다.

최대로 구멍을 뚫을 수 있는 크기는 아이 조이스트의 웹(Web) 길이를 1/4인치 이상 남겨놓고 자를 수 있다.

즉 1/4인치를 반으로 나눈 1/8인치를 위와 아래에 각각 띄우고 구멍을 뚫을 수 있다. 아이 조이스트에 4각형의 구멍을 뚫을 때는 원형으로 뚫을 수 있는 최대 지름의 3/4까지 뚫을 수 있으며, 그 옆에 인접하게 4각형을 뚫을 때는 원형을 뚫을 때의 조건과 마찬가지로 4각형의 최대 지름에 두 배가 되는 위치에 구멍을 뚫을 수 있다. 구멍은 4각으로 구멍을 뚫기 보다는 원형으로 뚫는 것이 좋다.

4각인 경우에는 원형과 달리 정확하게 구멍을 뚫어야 하며, 구멍을 뚫으면서 톱날이 기준치 이상을 잘라서는 안 되기 때문이다.〈그림 참고〉

A B C D

아이 조이스트의 구멍을 뚫을 때 주의사항

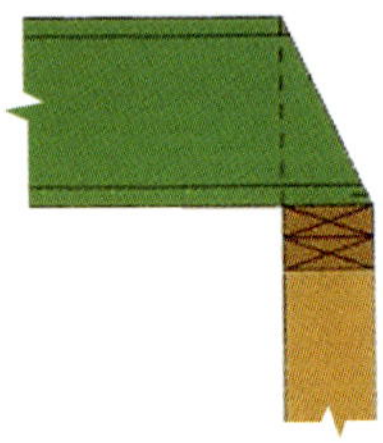

A. 벽체 위에 구멍을 뚫어서는 안 된다.(구멍뚫기 규정 참고)

B. 아이 조이스트는 벽체의 폭 이상을 잘라서는 안 된다.(왼쪽그림 참고)

C. 아이 조이스트의 끝은 일반 제재목으로 사용할 수 없다. 아이 조이스트와 제재목은 함수율이 다르므로 수축과 팽창이 있을 때 같은 치수인 경우라면 함수율로 인해 그 치수에 차이가 생길 수 있으므로 아이 조이스트는 생산부터 제재목과 차이를 두고 만들어진다. 그래서 끝막이 장선(Rim Joist)으로 일반제재목은 사용할 수 없으며 아이 조이스트의 끝은 LVL을 사용하거나(그림 a), 아이 조이스트를 끝막이 장선(Rim Joist)으로 사용하는 경우에 벽체 위에서 최소 1 3/4인치 이상 걸칠 수 있는 길이가 확보되어야 하고(그림 b), 끝막이 장선을 설치하지 않고 보막이(Blocking)로 끝막이 장선 역할을 대

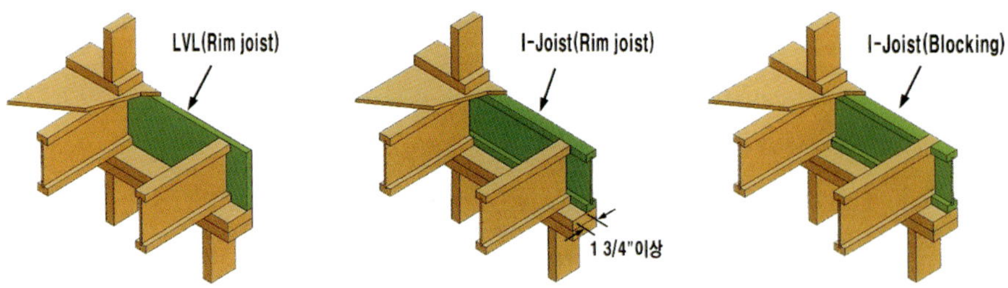

a. LVL 사용 (Rim joist) **b. I-Joist 사용 (Rim joist)** **c. I-Joist 사용 (Blocking)**

신하는 방법이 있다.(그림 c)

D. 아이 조이스트의 플랜지(Flange)는 절대 잘라서는 안 되며, 4각형의 네모모양으로 구멍을 뚫을 때는

톱날이 구멍 크기 이상으로 크게 잘라서는 안 된다.

LVL (Laminated Veneer Lumber)

LVL은 단판을 적층시켜 접착하여 만든 것으로 글루램(Glulam)이 가로로 적층을 시킨 것과는 반대로 LVL은 세로로 접착시켜 만들어졌다. LVL과 글루램은 12%의 함수율 조건으로 만들어져 함수율이 고른 평형상태로 유지되며, 치수의 변화가 거의 없을 만큼 최소화되어 만들어진다.

경간거리가 길어야 하는 상가나 커다란 구조물이 많은 곳에 사용하는 경우가 많고, 일반제재목에 비해 휘어지거나 틀어짐 등의 변형이 적어 글루램과 함께 그 사용량이 점차 늘어나고 있다.

구멍뚫기

LVL은 스팬(Span)을 1/3로 나눈 지점과 LVL의 깊이(Depth)를 1/3지점으로 나눈 A지점과 B지점으로 나눈다.

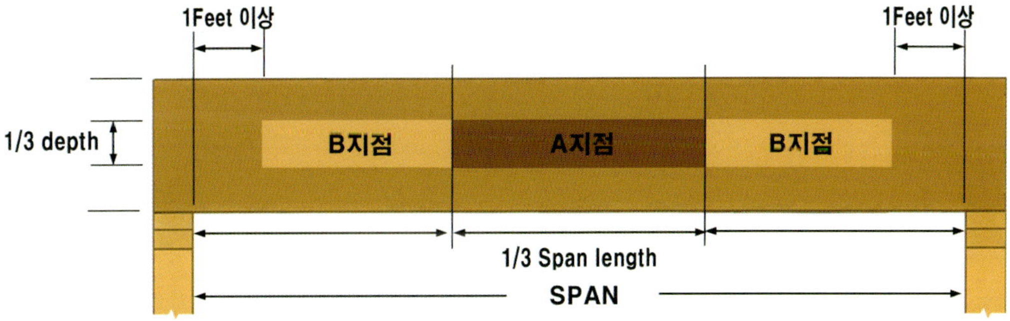

A지점은 1 1/2인치 이하의 구멍을 3개까지 뚫을 수 있고, B지점은 2인치 이하의 구멍을 4개 이하까지 뚫을 수 있다. A, B지점 모두 스팬(Span)의 1/3지점과 깊이(Depth)의 1/3지점에서만 이루어져야 하며, 각각 A, B지점 안에서의 구멍과 구멍의 간격은 아이 조이스트의 규정과 같이 큰 구멍의 두 배 이상 위치에서만 가능하며, 벽체에서 1피트 내에는 구멍을 뚫어서는 안 된다.

LVL을 겹쳐서 사용할 때 (못박기와 앵커볼트 고정)

〈못으로 고정〉

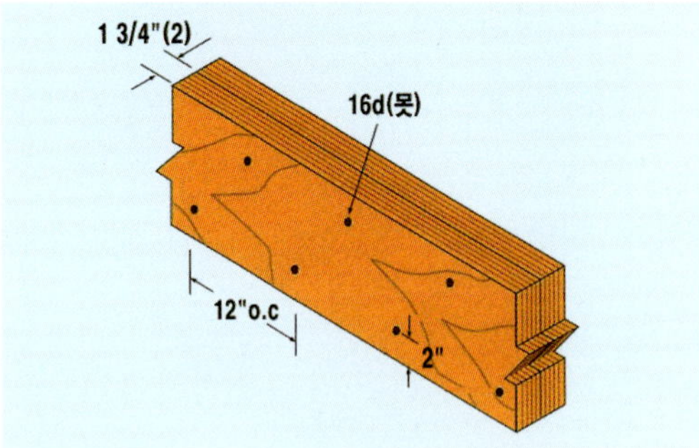

〈앵커볼트로로 고정〉

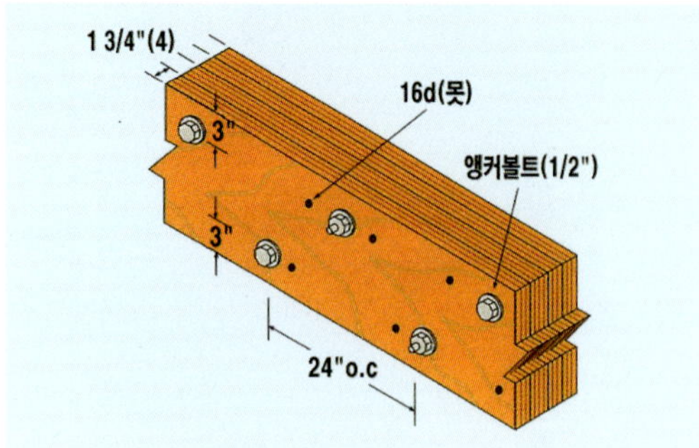

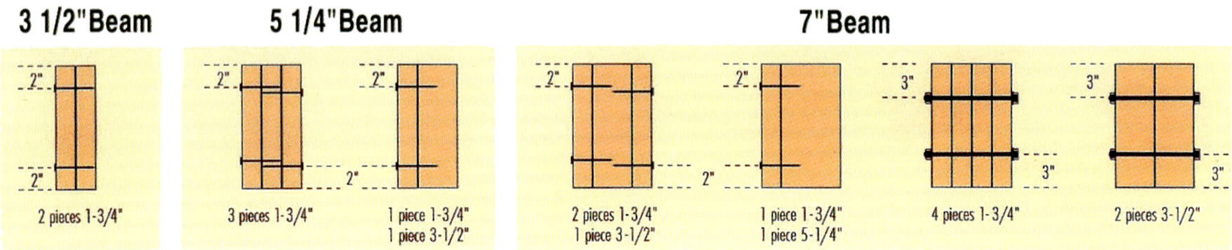

〈못으로 고정〉

LVL을 겹쳐 사용할 때는 16d의 못을 사용하여 LVL의 위와 아래에 각각 2인치의 여유를 두고 12인치 간격으로 못을 박아서 사용한다.

〈앵커볼트로 고정〉

LVL을 여러 개 겹쳐 사용할 때는 16d의 못으로 먼저 고정시킨 후 지름이 1/2 이상의 앵커볼트를 LVL의 위와 아래에 각각 3인치의 여유를 두고, 24인치 간격으로 설치한다.

못

못의크기

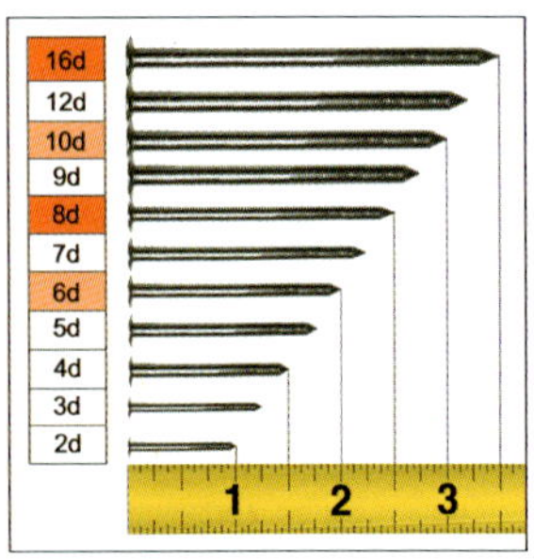

목조주택을 제대로 시공하려면 구조재의 선택도 중요하지만 어떤 크기의 못을 사용하는가 역시 중요하다. 규정에 맞는 크기의 못을 사용해야만 이 태풍이나 지진에 의한 자연재해의 피해를 줄일 수 있기 때문이다. 못의 크기는 2d~60d까지 그 두께와 길이도 다양하지만 일반적으로 가장 많이 사용하는 크기는 6d, 8d, 10d, 16d이다.

그 중에서도 가장 많이 사용하는 것은 8d와 16d이다. 8d는 주로 합판을 박는데 많이 사용하며, 16d는 구조재를 박는데 주로 사용한다. 못은 우리가 쉽게 볼 수 있는 보통 못도 있지만 에어공구를 사용했을 때의 못은 그 모양이 조금 다르다. 못이 담겨 있는 못상자를 보면 자세한 정보를 알 수 있는데, 아래 그림에 소개한 것을 통해 알아보도록 하자.

① 못의 길이

② 못머리 상태

③ 못의 지름(두께)

④ 못 몸통 상태(민자, 꽈배기, 링)

⑤ 못 표면처리 상태

⑥ 사용 가능한 못총 모델

⑦ 못 수량(Box당)

못의 특징

못총에 사용하는 못의 크기는 일반못과 같지만 각도가 약간 기울어져 있고, 못 끝에서 못의 절반 부분까지는 접착제가 칠해져 있으며 못이 목재에 박힐 때의 순간 마찰열로 나무속에서 굳어 달라붙도록 만들어져 있다. 못과 못 사이에는 중간부분에 플라스틱이나 종이로 못이 연결되어 한 번에 25개 정도로 묶여 사용하도록 만들어졌다.

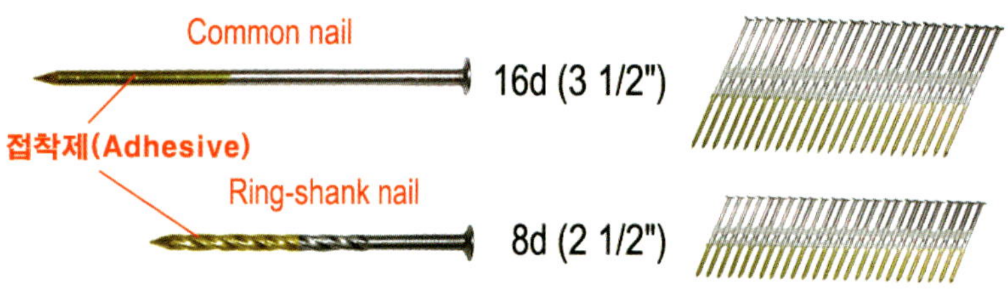

못 표면처리

■ 무도금(Bright) : 도금을 하지 않음.

■ 전기아연도금(Electro Galvanized, EG) : 못 표면이 균일한 것에 비해 도금두께가 얇다.(비가 많이

오고 염분의 농도가 높은 해안지역에는 적절치 않음)

■ 기계아연도금(Mechanical Galvanized, MG) : 전기아연도금보다 도금두께에 의한 편차가 적고 못표면이 균일하다.

■ 용융아연도금(Hot Dip Galvanized, HDG) : 도금두께가 가장 두꺼우나 표면이 거칠고 두께편차가 있다.

못박기 방식

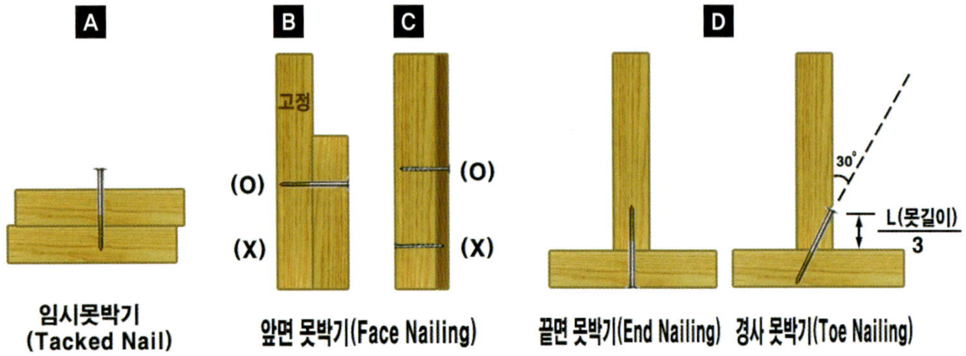

■ 임시 못박기(Tacked Nail) : 나중에 못을 빼기 위해 못을 박는데 특히, 밑깔도리(Bottom plate)와 윗깔도리(Top plate)를 임시 못박기(Tacked Nail)를 하여 고정시킬 때 많이 사용한다(그림 A)

■ 앞면 못박기(Face Nailing) : 두꺼운 부재끼리 못을 박는 경우와 얇은 부재와 두꺼운 부재를 박는 경우가 있다. 두꺼운 부재끼리 못을 박을 때는 고정되지 않은 곳에서 고정된 쪽으로 못을 박아야 한다(그림 B). 얇은 부재와 두꺼운 부재를 못을 박을 때는 얇은 쪽에서 두꺼운 부재쪽으로 못을 박아야 한다(그림 C).

■ 경사못박기(Toe Nailing) : 끝면 못박기가 가능하지 않은 경우에 사용하는데 경사못박기는 끝면 못박기에 비해 그 힘이 절반밖에 되지 않는다. 즉 끝면 못박기로 2개의 못을 박았다면 경사못박기는 4개의 못을 박아주어야 같은 힘을 발휘할 수 있는 것이다(그림 D).

못박기 규정

목재를 연결할 때 요구되는 못의 수와 크기에 대한 기준으로 부재별로 못의 수나 크기는 물론 못박기 방식과 못의 간격에 대한 자세한 내용은 IBC(International Building Code) 법규에 포함하고 있다.

※못박기 기준((IBC의 TABLE 2304.9.1 (Fastening Schedule))-부록 참고

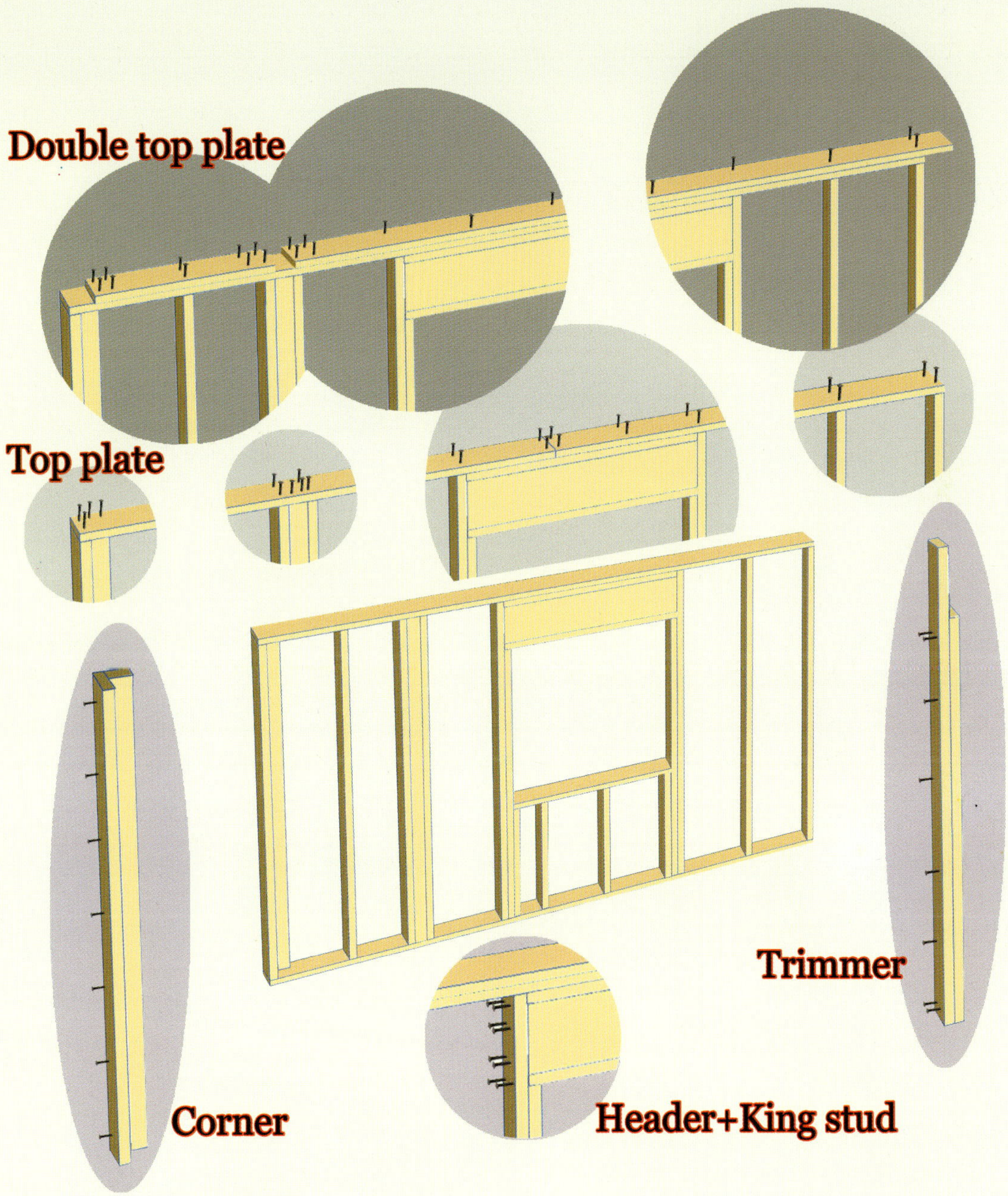
Double top plate
Top plate
Corner
Trimmer
Header+King stud

콘크리트 기초

FOUNDATION

자재 위치

자재 놓을 자리 점검

현장에는 많은 자재들이 도착하여 놓이게 되는데, 이것들이 미리 현장에 놓여 있는 것 보다는 앞으로 자재를 어떻게 배치하여 작업을 할 것인가를 예측한다음 자재를 받아 놓는 것이 좋다. 그러기 위해서는 앞으로 지어질 벽체와 장선, 지붕에 대해 미리 예측하고 작업공간과 동선을 미리 현장에서 파악해야 한다.

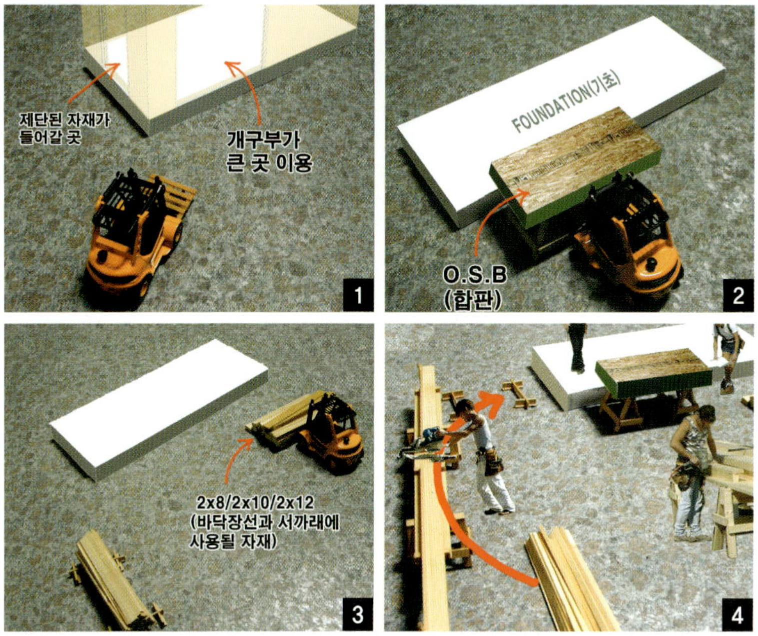

일반적으로 집모양이 다르고 현장 환경이 달라 항상 똑같이 적용하기는 쉽시 않지만 다음에 나열한 6가지는 일반적으로 현장에서 적용할 수 있는 것들이다.

자재가 도착하기 전에 예측해야 할 사항

- 자재를 실은 트럭과 지게차가 들어 올 진입로를 예측한다.(그림1)
- 자재를 지면에서 띄울 받침목을 준비한다.
- 도면을 보고 1층에서 개구부가 가장 큰 곳에 합판과 목재가 놓일 수 있도록 준비하고, 콘크리트 기초높이 보다 높게 올려놓는다(그림 2)
- 현관문 쪽은 가급적 자재가 놓이지 않도록 한다.
- 바닥장선이나 지붕에 쓰일 자재는 가급적 넓은 공간이 확보된 곳에 놓이도록 한다. 그러나 현장과 너무 떨어지지 않도록 한다.(그림 3)
- 마이터 쏘(Miter saw)를 이용해 자른 목재는 콘크리트 기초 위에서 쉽게 사용할 수 있도록 기초와 수직이 되도록 놓는다.(그림 4)

이렇게 자재가 모두 준비되었다면 이제부터 무엇을 할 것인가를 고민하지 말고 일을 시작해보자.

이 책은 현장에서 4~5인이 일하는 것을 기준으로 하고 있다.

현장에서 일을 할 때 일반적으로 4~5인이 한 팀(Team)을 이루는 경우가 많은데, 이는 불필요한 인원이 없이 4~5인 모두가 일에 참여할 수 있기 때문이다.

예를 들어, 내가 지금 벽체를 만들고 있다면 다른 사람들은 내가 하고 있는 작업의 다음 공정을 준비하고 있거나 만드는 공정을 지원하는 작업이 함께 이루어지고 있어야 한다. 그러면서 지금 작업공정에 뒤쳐지고 있지는 않은지 다른 사람의 작업진도를 지켜보며 작업을 해야 한다.

이렇게 하여 작업이 진행되고 끝이 났다면 다음 작업을 준비하면서 집이 만들어져 가는 것에 재미를 느껴야 한다.

일을 마칠 때 즈음에는 다음날 작업할 것을 미리 점검하고 계산하며 정리하는 습관을 가지는 것도 반드시 필요하다.

홀스(Horse)제작

쏘 홀스(Saw horse) 만드는 방법

쏘 홀스(Saw horse)는 현장에서 만들어져 집이 완성될 때까지 다른 작업자들도 유용하게 사용한다. 특히 골조공정이 끝나고 석고보드를 천장에 붙일 때는 쏘홀스 위에 올라가 작업을 하는데, 작업자의 키가 평균 170~175cm라고 볼 때 머리 위로 석고보드를 올려놓고 작업하기에 가장 적합한 높이이다.

쏘 홀스(Saw horse)는 한 현장에서 보통 두 세트 정도가 필요하다. (개수로는 4개)

머리 부분 : 2″×4″×36″=5EA (10EA)

다리 부분 : 2″×4″×30″=4EA (8EA)

지지대 부분 : 2″×4″×16″=2EA (4EA)

조립 순서

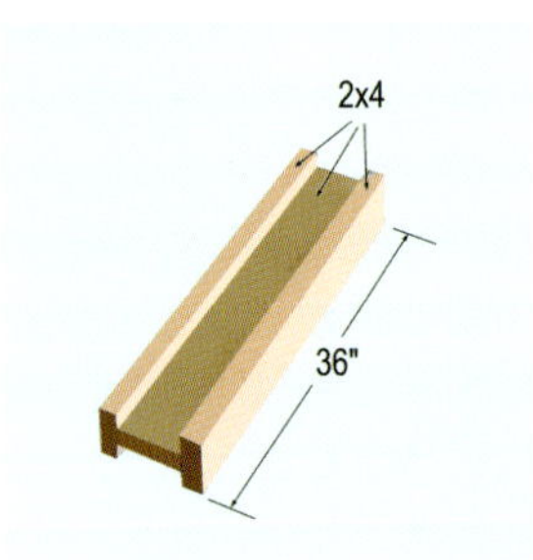

1

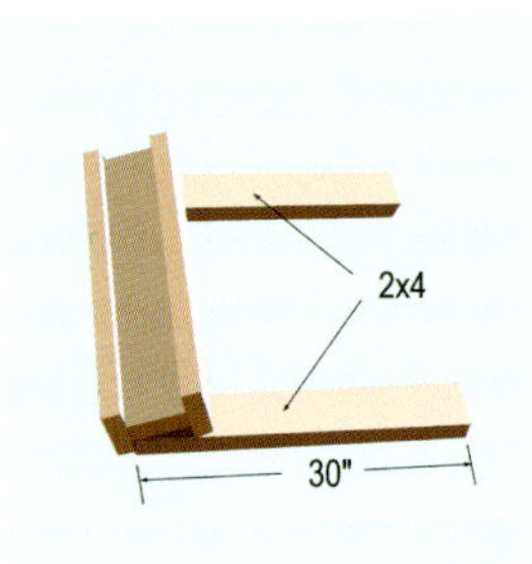

2

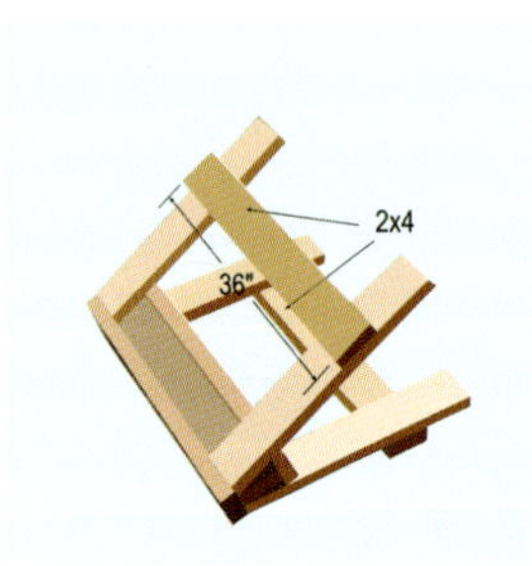

3

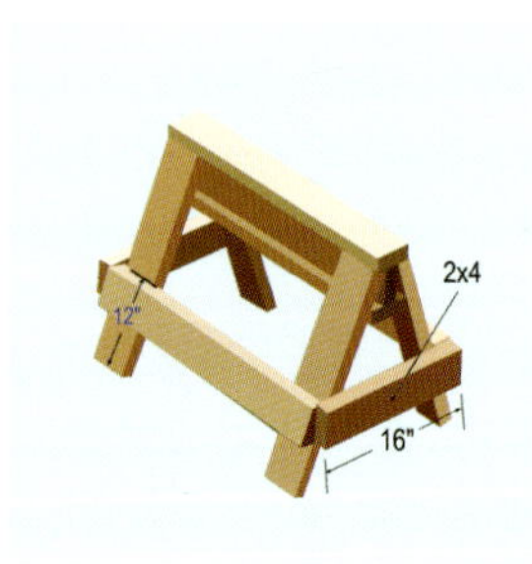

4

레프터 홀스 (Rafter horse) 만드는 방법

레프터 홀스(Rafter horse)는 여러개의 긴 부재를 올려놓고 정돈해 자를때 가장 많이 쓰이는데, 4개가 한 세트이며 보통 한 현장에 3~4세트 정도가 필요하다.

2″×6″×17 3/4″=1EA (4EA)

2″×6″×8″=2EA (8EA)

조립 순서

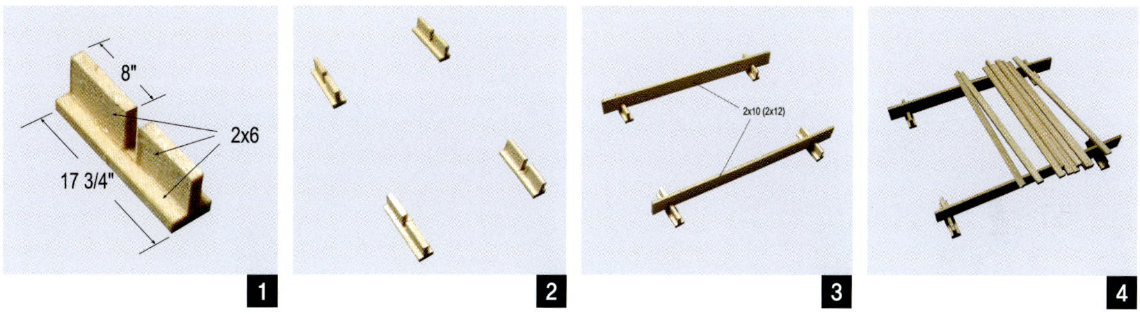

마이터 쏘 작업대 (Miter saw Table) 만드는 방법

마이터 쏘 테이블은 쏘 홀스 위에 2×10목재를 올리고 그 위에 2×4를 이용해 마이터쏘의 높이와 맞추고 그 위에.2×10을 설치해 만든다.

마이터 쏘 작업대는 스터드(Stud)나 보막이(Blocking)등과 같이 같은 크기의 부재를 여러개 반복해 자를때 주로 사용되므로 정교하게 설치되어야 한다.

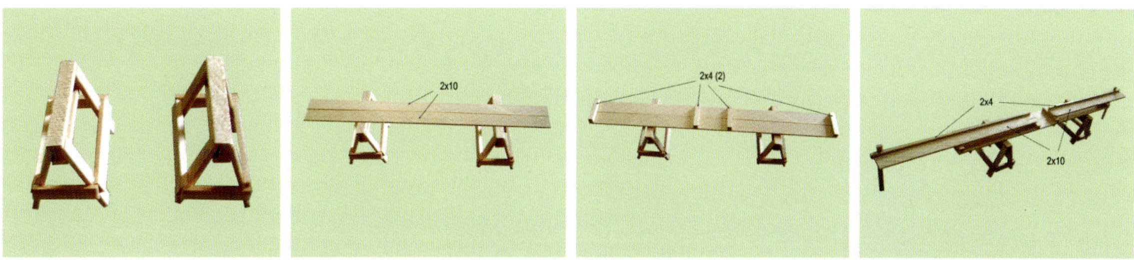

콘크리트 기초(Foundation)

이제 집을 짓기 위한 모든 준비는 끝났다.

골조를 세우기 전에 시공되는 콘크리트 기초에 대해 알아보도록 하자.

콘크리트 기초는 골조를 시작하기 전에 이루어진 공정이지만 기초의 수평상태와 직각상태, 그리고 현관과 욕실상태를 반드시 미리 점검해야 한다. 그러기에 앞서 먼저 콘크리트 기초에 대해 알아보도록 하자.

콘크리트기초의 종류

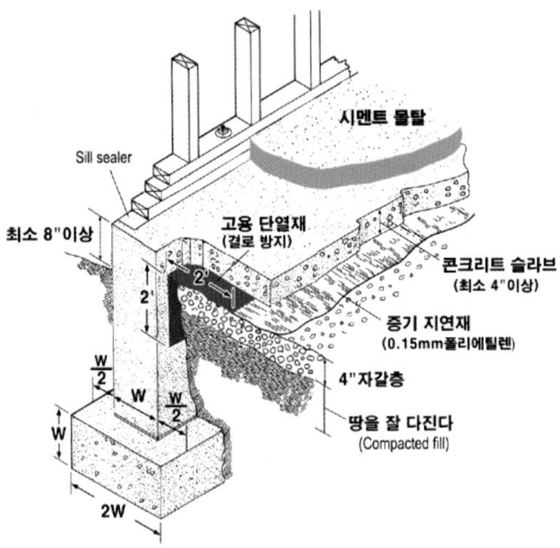

Slab on grade (습식공법)

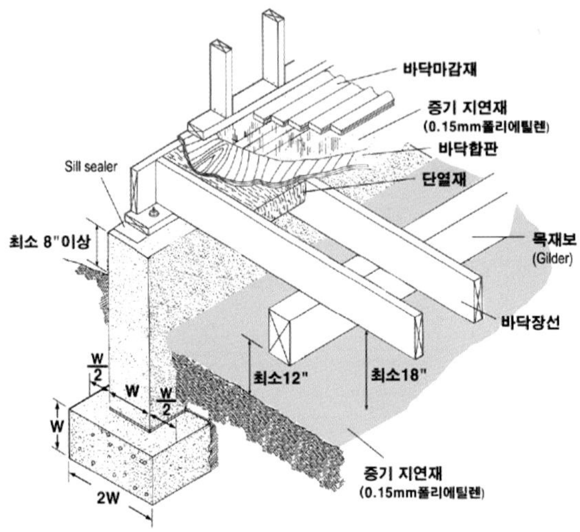

Crawl space (건식공법)

목구조 주택의 기초 바닥은 슬래브 기초(Slab on grade)방식과 크롤 공간(Crawl space)방식이 있는데, 국내의 경우 목재보다는 시멘트가 많이 생산되고, 바닥은 온돌난방을 하고, 욕실은 습식으로 사용하는 문화적 차이로 인해 슬래브 기초방식을 많이 사용한다.

슬래브 기초 방식은 바닥에 흙을 잘 다지고, 그 위에 4인치 정도의 자갈층으로 깐 다음 흙으로부터 수분이 자갈층 위로 올라오는 것을 막기 위해 0.15mm 두께의 폴리에틸렌 필름을 증기지연재로 깔아준다. 그리고 그 위에 콘크리트 슬래브를 4인치 이상의 두께로 덮어준다.

이때, 콘크리트 기초벽의 안쪽 부분에 2피트의 길이로 바닥면 쪽과 기초벽에 고용 단열재를 설치하는데 이것은 겨울에 땅이 얼거나 내부에 난방을 가동하지 않았을 때 외부로부터의 결로를 막기 위해서이다.

크롤 공간방식은 1층의 바닥을 콘크리트로 하지 않고 목조를 이용하여 바닥을 시공하는 방법으로 바닥장선아래의 공간으로 기어다닐수 있어 배관 수리작업이 손 쉽고 내부 설계 변경이 손 쉬운 편이다.

크롤공간 방식은 바닥 장선을 기초벽 위에 설치하고 지면에서 최소 18인치 이상을 띄우고, 목재보

(Gilder)로부터는 최소 12인치 이상을 띄워야 한다. 이러한 슬래브방식과 크롤 공간방식에는 공통적으로 기초판과 기초벽이 설치되는데, 다음과 같은 엄격한 기준이 있다.

콘크리트 기초의 크기

기초판과 기초벽에 대한 최소 크기

층수	기초판 폭(A)	기초판 두께(B)	기초벽 두께(C)	지표면~기초판 까지 깊이(D)
1층 + 지붕	12″(305mm)	6″(153mm)	6″(153mm)	12″(305mm)
2층 + 지붕	15″(381mm)	7″(178mm)	8″(203mm)	18″(457mm)
3층 + 지붕	18″(457mm)	8″(203mm)	10″(254mm)	24″(610mm)

우리나라의 경우 제주도를 제외한 다른 지역에서는 겨울에 땅이 어는 지역이므로 각 지역에 해당되는 동결선을 반드시 지켜 동결선 밑으로 최소 1피트(12인치) 이상의 지점에 기초판이 놓이도록 시공한다. 건물의 하중을 지지하는 기초판은 언 땅에 세우지 말아야 하며 만일, 언 땅에 설치할 경우 하중으로 인한 압력에 의해 시공 후 내구력이 떨어져 침하될 우려가 있기 때문이다.

동결선 표: 295쪽 참조

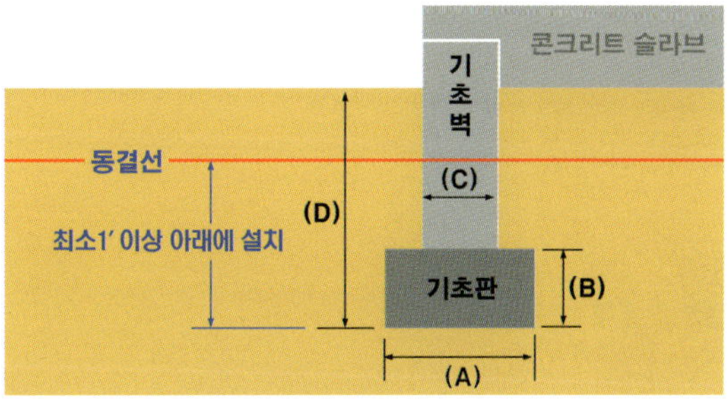

※내부 내력벽에 대한 독립기초 허용범위 : 독립기초의 폭과 길이는 표의 기초판 폭(B)의 두 배이고, 독립기초와 독립기초의 간격은 최대 6피트 이내이여야 한다.

콘크리트 기초 점검사항

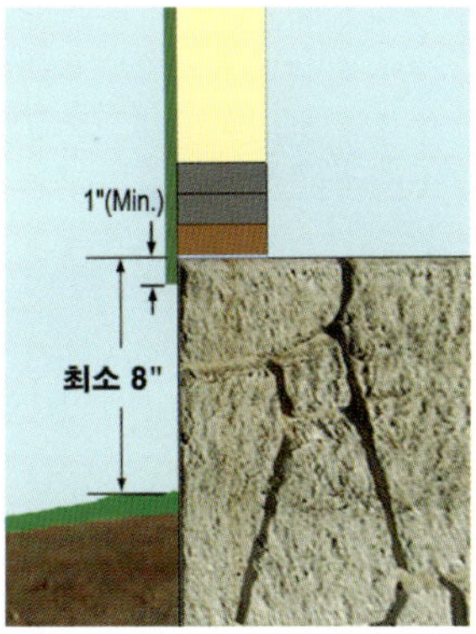

목조주택을 시공하기에 앞서 현장에서 가장 먼저 점검해야 하는 일이 콘크리트 기초이다. 기초 전체의 수평 수직상태, 직각상태, 앵커볼트상태를 점검해야 한다. 콘크리트 높이는 지면에서 최소 8인치 이상을 띄워야 하는데, 데크(Deck)를 하기 위한 곳은 지면에서 3피트 가량 띄워야 데크 작업을 할 때 데크 기둥이 땅속에 묻히는 것을 방지할 수 있다. (방부목의 노출조건에 따라 달라질수 있음)노출되는 기초벽은 특별한 마감을 염두에 두지 않았다면 기초벽을 문양이 있는 것으로 하는 것도 경제적인 방법이될 수 있다.

콘크리트 기초 수평 잡는 방법

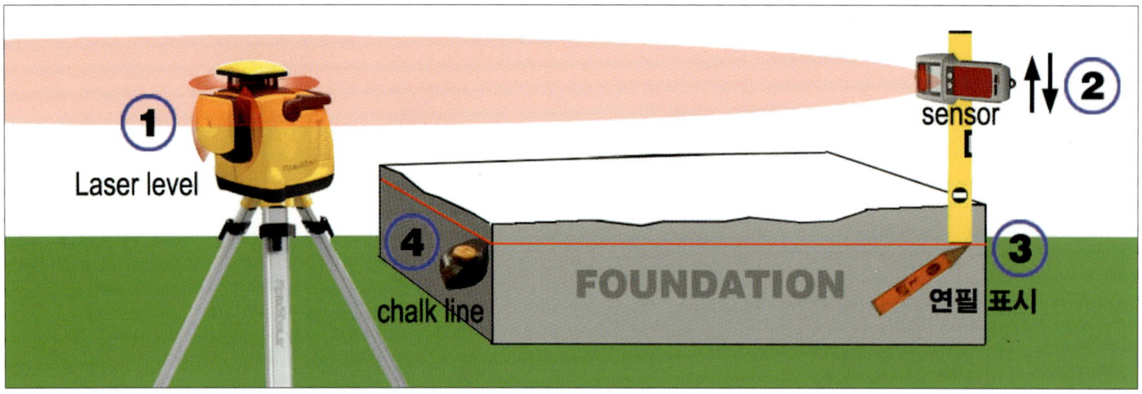

① 콘크리트 기초의 모서리를 모두 감지할 수 있는 곳을 찾아 레이저 레벨(Laser level)을 설치하고, 작동시킨다.(다른 작업자가 건드리지 않도록 주의시킨다.)

② 레이저 레벨용 센서기를 사용하여 레이저 레벨이 감지하는 위치에 센서기를 고정시킨다.

③ 센서기가 위치한 곳의 아래 부분에 연필로 표시를 하고, 이 작업을 콘크리트 기초 각각의 모서리에 모두표시한다.

④ 표시된 부분을 모두 초크라인(Chalk Line)을 이용하여 기초 전체에 수평 기준선을 그린다.

⑤ 콘크리트 기초 위에서부터 초크라인까지의 길이를 재서 가장 높은 부분을 찾아낸다.(가장 높은 부분을 기준으로 낮은 부분에 모자란 높이만큼 차이를 점검한다.) 예를 들어,

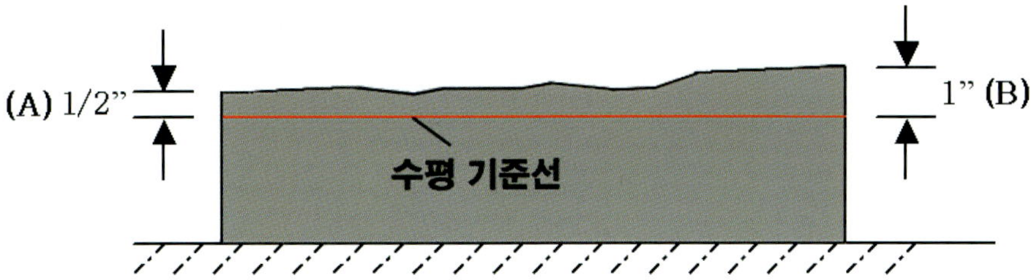

위의 그림에서 1 인치가 콘크리트기초 전체 중 가장 높은 곳(B)이라고 가정하면 나머지 부분(A)을 1/2 인치 만큼 쐐기(Shim)를 괴어 높이를 맞춘다.

이때 내벽이 외벽보다 콘크리트기초 높이가 더 높은 경우가 있다.

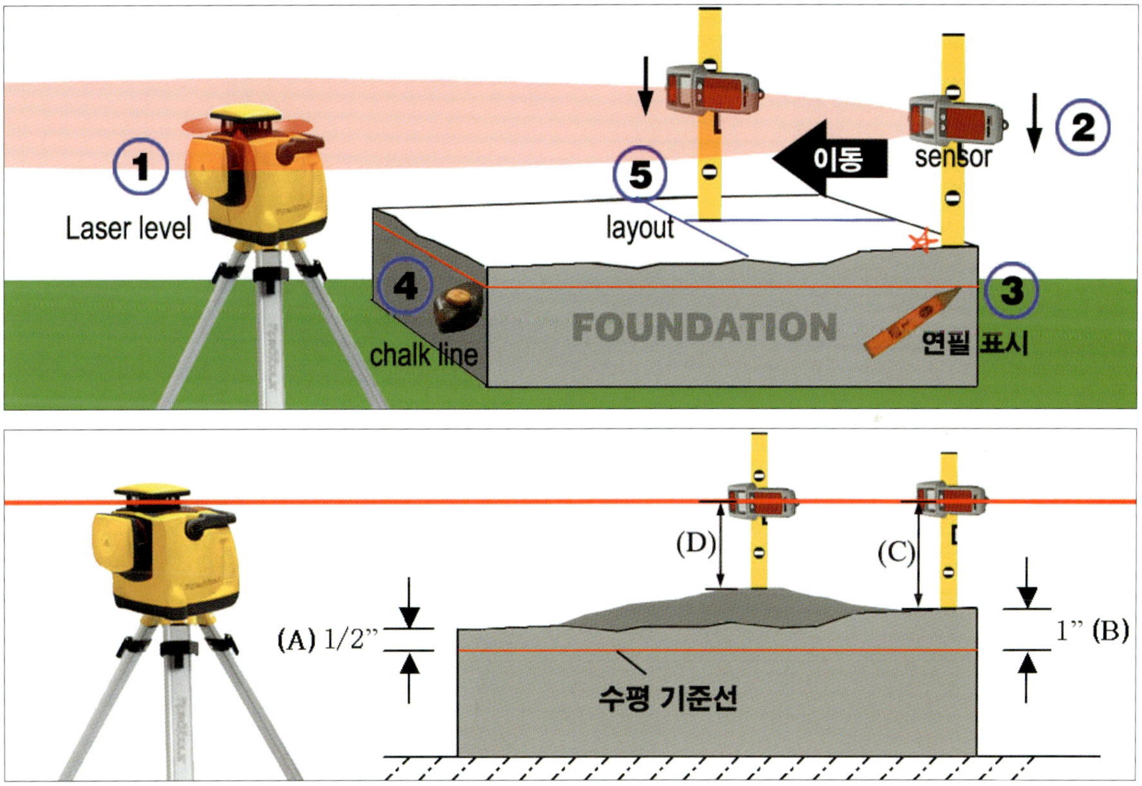

이때는 외벽에서 가장 높은 곳에 센서기의 아래 부분을 콘크리트 기초 위에 올려놓고 센서기를 레이저 레벨이 감지하도록 아래로 내려 맞춘 후 고정시킨다. 그리고 내벽이 놓일 부분, 즉 레이아웃(Layout) 위에 센서기를 올려놓고 가장 높은 곳을 찾는다. 이 지점을 (D)지점이라고 할 때 수평기준선을 기준으로 가장 높았던 (C)지점 높이에서 (D)지점의 높이를 뺀다.

예를 들어, (C)−(D)=1/2 인치라고 가정하면 (A)지점에는 (B)지점에서 (A)지점 높이를 뺀 길이 1/2 인치를 (C)에서 (D)를 뺀 길이와 더해서 (A)지점을 높여준다.

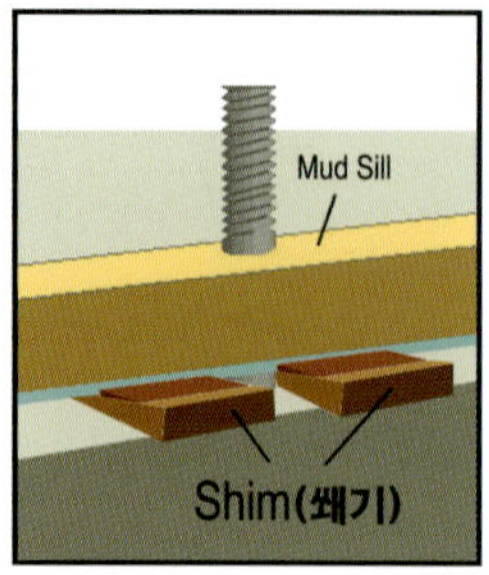

쐐기(Shim)는 시다(Cedar)나 방부처리가 된 나무를 사용한다. 쐐기는 나뭇결 방향대로 한 쪽 끝이 뾰족하게 삼각형 모양이 되도록 얇게 잘라서 만들거나 기성품을 사용하는데, 토대(Mud Sill)와 콘크리트 기초 사이의 틈새에 양쪽으로 끼워 넣는다.(쐐기를 넣는 작업은 레이아웃이 끝나고 토대와 이중밑깔도리 작업을 마친 후에 하는 것이 좋다.)

쐐기(Shim)를 괸 후 빈 공간은 시멘트 모르타르를 사용하여 빈틈없이 꼼꼼히 메워준다.

이때, 토대는 콘크리트기초에 2/3이상을 결쳐 설치되야한다.

※미국의 시공회사에서는 일반적으로 콘크리트 기초의 오차가 1인치 이상인 경우에는 하자가 발생한 것으로 간주하여 다시 작업하도록 요구한다. 이처럼 콘크리트 기초의 정확한 수평은 집 전체의 품질과 공정에도 많은 영향을 미치므로 1인치(2.54㎝) 이상 차이가 나지 않도록 시공되어야 한다.

고정 볼트

앵커볼트는 콘크리트 기초 바닥에서 최소 7인치 이상 묻혀 있어야 하고, 직경 1/2인치 이상의 두께를 사용해야 한다.

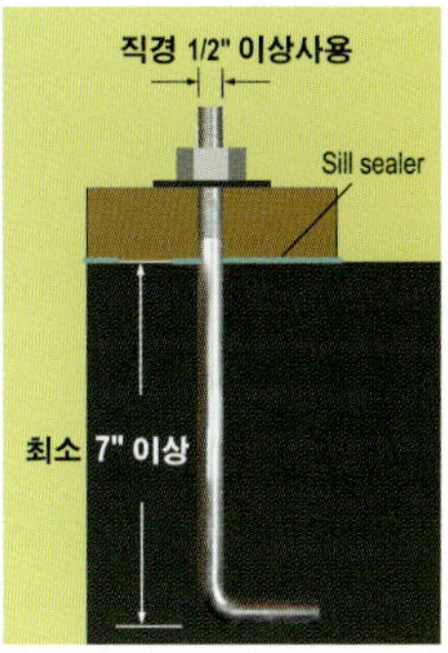

고정볼트 간격

고정볼트는 콘크리트 타설을 하기 전에 미리 설치하거나 타설을 하면서 설치를 하는데 고정볼트를 심을 때는 몇 가지 지켜야 할 규정이 있다.

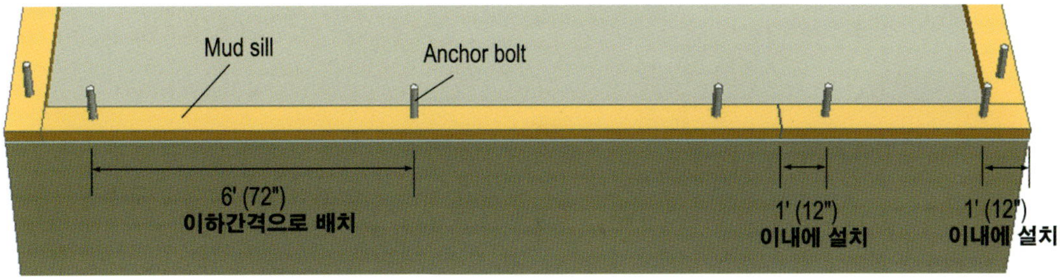

고정볼트는 토대(Mud sill) 끝에서 12인치 이내에 설치되어야 하는데, 외벽 플레이트가 설치되고, 그 위에 얹혀질 플레이트가 서로 교차되는 것을 감안하면 외벽인 경우 2×4가 놓여질 때는 7~12인치 이내에 설치되어야 하고, 2×6 벽체가 놓여지는 경우에는 11~12인치 이내에 설치하는 것이 토대를 기초 위에 올려 레이아웃을 할 때 볼트가 걸리지 않아 좋다.

고정볼트와 고정볼트의 간격은 최대 6피트 간격 이하로 배치하고, 한 개의 토대(Mud sill)에는 토대길이가 6피트 이하라 하더라도 2개 이상의 고정볼트가 설치되어야 한다.

고정볼트 바로잡기

고정볼트는 콘크리트가 양성된후에 토대가 정확한 위치에 구멍이 뚫릴수 있도록 기울어져 있는 고정볼트를 바로 잡는다.

이때, 고정볼트를 바로 잡기 위해서 망치로 작업을 하기 보다는 파이프등을 사용해 충격을 가하지 않고 바로 잡는것이 좋다.

레이아웃

LAYOUT

※필요한 공구-Compressor/Miter saw/Skill saw/Framing gun/Laser level/Laser level 삼각대/Impact Wrench/Grinder/Drill/Concrete drill/타카(1022)

※필요한 자재(구조재 제외)-16d/Sill sealer

목수1 - 바닥기초 레이아웃 작업

목수2 - Plate layout 작업

목수3 - Stud/Trimmer

목수4 - Header/Backer/Corner

레이아웃(Layout)

레이아웃은 실제로 시공을 하기 전에 이루어지는 첫 작업이면서 레이아웃에 의해 모든 작업이 이루어지고 결정된다고 보면, 매우 중요하고 한치의 오차도 없이 이루어져야 하는 작업이다.

만일 오류가 있을 때에는 도면치수와 실제치수를 비교하고 기초상태를 꼼꼼히 다시 점검하며 수정해야 할 곳은 초크라인 색을 바꾸어서 쉽게 식별할 수 있도록 한다.

그리고 레이아웃을 하기 전에 콘크리트 기초를 깨끗이 청소한 다음 레이아웃을 시작해야 한다.

레이아웃 (Layout) 방법

레이아웃은 직각을 끼고 있는 두 변의 길이를 각각 제곱해서 더한 길이와 빗변의 제곱한 길이는 같다' 는 피타고라스 정리를 이용하는 것이다. 이것을 일일이 계산하지 않아도 직각 삼각형이 이루어지는 길이는 두 변이 3피트와 4피트일 때 빗변의 길이는 5피트인 경우가 있고, 빗변이 6피트와 8피트일 때 빗변은 10피트인 경우가 있다.

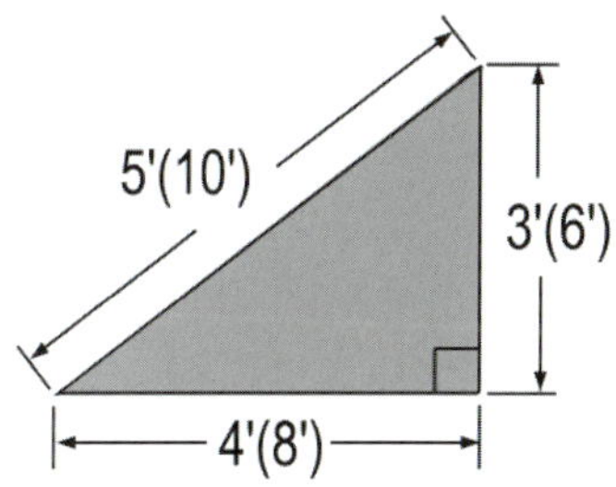

그 외에 빗변이 12피트, 16피트일 때 빗변의 길이는 20피트 역시 함께 적용이 가능한데 될 수 있으면 레이아웃을 할 때는 가장 긴 치수 방법을 사용해 오차를 줄이고 정확도를 높이는 것이 좋다.

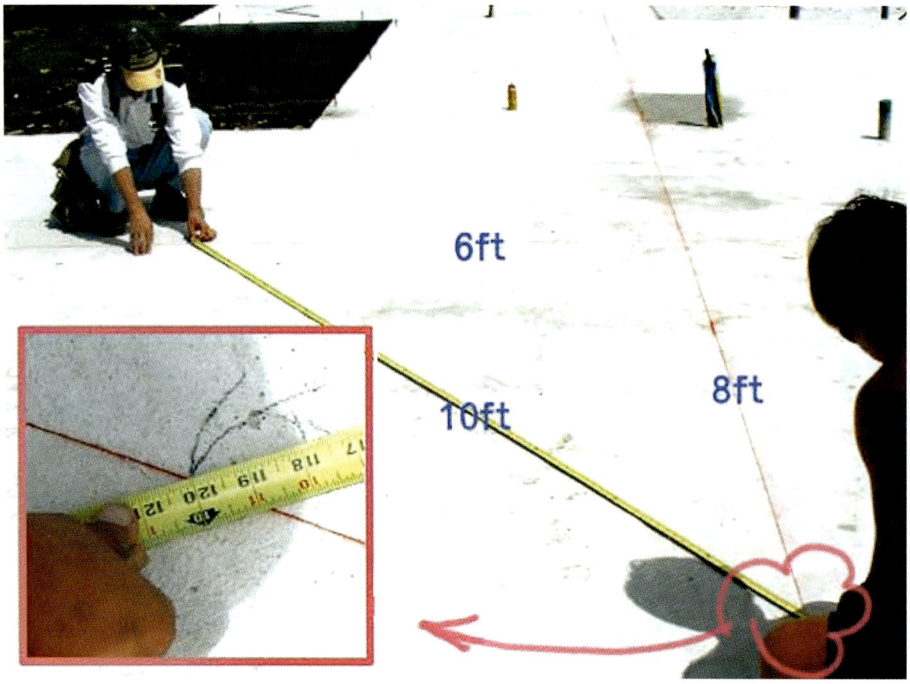

레이아웃 (Layout)순서

레이아웃은 기준선을 정하고, 다음과 같이 6피트-8피트-10피트의 길이를 이용하여 직각을 맞춘다.

직각으로 그려진 선을 기준으로 본격적인 레이아웃을 하기에 앞서 콘크리트 전체 크기를 확인해 본다.

먼저, 콘크리트 기초 위에 설치될 건물의 전체길이를 확인하고, 대각선을 재서 콘크리트 기초가 틀어져 있는 것은 아닌지 직각을 확인한다.

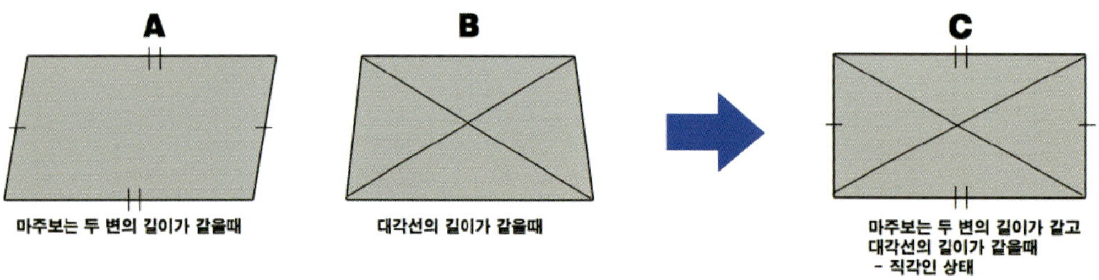

직각을 확인하기 위해서는 반드시 마주보는 두변의 길이를 확인하고 대각선의 길이를 확인하는 두가지의 경우를 반드시 확인해야만 한다. 그림 A와 B의 경우와 같이 한가지만을 확인하는 경우에는 직각이라는 것을 알 수 없고, 그림C의 경우와 같이 두가지를 모두 확인했을 때 직각인 것을 알 수 있다.

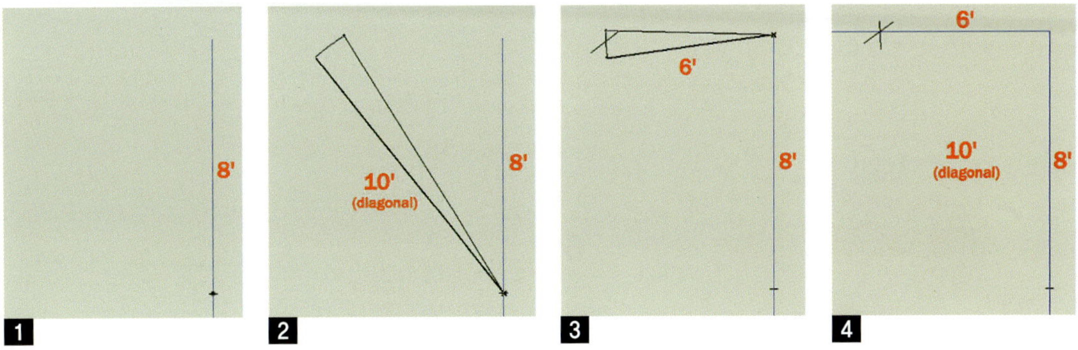

■그림1: 콘크리트 기초의 실제치수가 확인되면 임의의 기준선을 그리고 그 선을 기준으로 8피트를 표시한다.

■그림2: 표시된 8피트 지점에서 10피트의 길이를 맞추고 원을 그리듯이 축으로 6피트와 만날 영역을 여유 있게 그려서 표시한다.

■그림3: 8피트 시작점에서 6피트의 길이를 맞추고 역시 원을 그리듯이 표시해서 10피트와 교차하는 지점을 찾는다.

■그림4: 10피트와 6피트의 교차점에 선을 맞추어 그린다. 이 지점이 8피트의 직각이다. 이 시작점과 연결하여 선을 그리고 직각을 확인한다.

이렇게 그려진 직각을 기준으로 연장선을 그려 집안의 내부를 그리는데 가급적이면 부분적으로 그리기 보다는 전체를 크게 그려 나가는 것이 좋다.

레이아웃은 작업을 진행하면서 중간에 수시로 점검을 하며 작업을 해 나간다.

외벽과 내벽의 레이아웃을 하면서 주방과 욕실은 특히 도면치수에 충실하도록 한다.

이는 다른 곳에 비해 미리 설치되어 있는 설비배관과 앞으로 설치될 것과 차이가 생겨서는 안 되기 때문이다.

KNOW HOW

레이아웃이 끝난 후 비가 온다면

▲ 라인 교차점에 연필로 진하게 긋는다.

▲ 투명래커를 라인 교차지점에 뿌린다.

토대(Mud Sill)

씰 실러 (Sill Sealer)부착하기

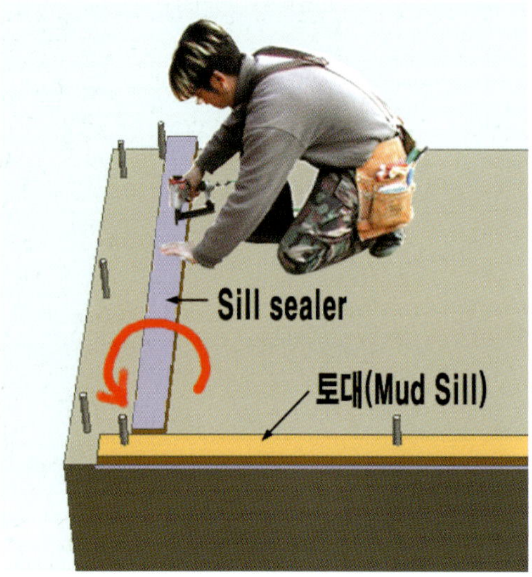

토대(Mud Sill)는 콘크리트 기초와 목구조를 연결하는 역할을 하는데, 일반적으로 방부목을 많이 사용한다. 씰 실러는 콘크리트의 수분을 목재로부터 보호하고 외부로 부터(Sill Sealer)의 공기유입을 막아 단열효과를 높이기 위해 섬유질 성분의 재료를 많이 사용한다.

씰 실러를 설치할 때는 먼저 토대에 씰 실러를 펼친 다음 타카(1022)를 이용하여 일정한 간격을 두고 목재에서 떨어지지 않도록 고정시킨다. 이때 씰 실러가 붙은 면을 뒤집어 콘크리트 면과 닿도록 하고, 레이아웃을 한 선에 목재의 끝 면을 맞춘다. 다음은 토대에 구멍을 뚫어야 하는데 구멍을 뚫기 위해서는 스피드 스퀘어를 사용하기도 하지만 아래에 소개하는 템플릿(Template)을 사용하는 것이 작업이 용이하다.

템플릿을 만드는 방법에 대해 알아보도록 하자.

토대(Mud Sill)에 구멍을 뚫기 전에 구멍이 있는 위치를 먼저 알아내기 위해서는 템플릿(Template)이 준비되어야 한다.

KNOW HOW

그라인더(Grinder)로 타카 공이 갈기

스테이플러(Stapler)를 사용하는 것보다는 타카(1022)의 공이 끝을 갈아 사용하는 것이 더 좋다. 타카(1022)의 공이 끝을 격발 스위치를 눌러 튀어 올라오게 한 후 공이 끝을 1/16 인치(2mm) 정도만 남겨놓고 갈아내어 사용한다. 이 타카(1022)로 씰 실러를 박는 것은 투습방수지(Housewrap)나 단열재(Insulation)를 고정하는 데도 아주 유용하게 쓰인다.

스테이플러 (Stapler) :

템플릿 (Template) 만들기

템플릿(Template)은 무엇인가를 본뜨는 도구를 일컫는 것으로 토대에 뚫을 구멍의 위치를 찾는데 사용되며, 그 외에 지붕 서까래(Rafter) 작업에도 사용하는 서까래 템플릿(Rafter Template)과 계단 템플릿(Stair Template)도 있는데 뒤에서 소개하도록 하겠다.

먼저, 토대에 사용하는 템플릿은 앞쪽에는 지름 1/2 인치 홈을 파고, 뒤로는 2×4벽체만큼 3 1/2 인치와 2×4벽체만큼 5 1/2 인치 위치에 볼트를 끼워 만든다.(템플릿의 앞쪽 끝의 1/2인치 홈은 앵커볼트 두께의 반지름이다.)

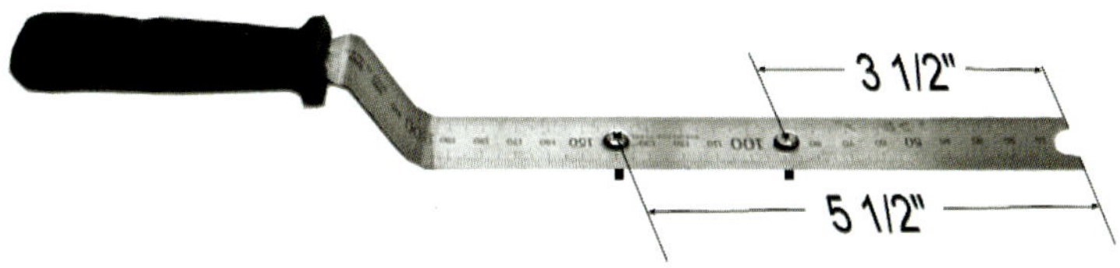

토대에 앵커볼트 구멍 뚫기

1

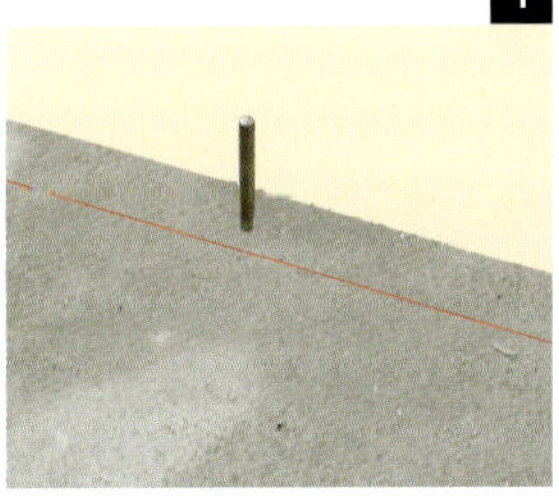

레이아웃을 한다.

2

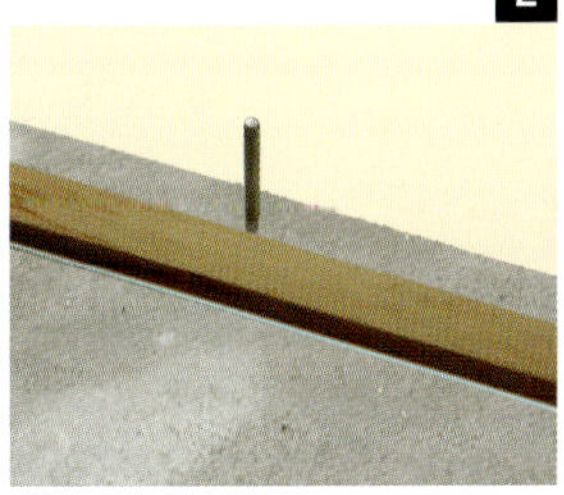

레이아웃 안쪽선에 토대를 맞춘다.

3

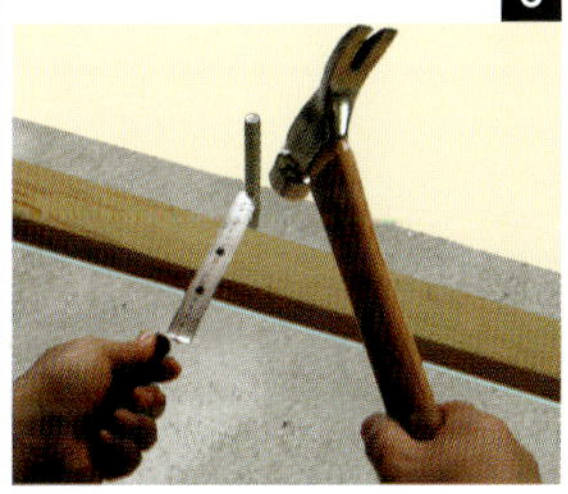

템플릿의 앞쪽을 앵커볼트에 대고 직각을 맞춘 후 토대에 자국을 남긴다.

4

자국이 생긴 부분에 구멍을 뚫고 끼워 맞춘다.

〈 실제 설치하는 모습 〉

템플릿 사용 모습

표시된 곳에 구멍 뚫기

토대를 구멍에 맞추는 모습

구멍을 뚫은 토대는 앵커볼트에 끼워 넣는데 이에 앞서 토대 위에 설치될 또 하나의 이중밑깔도리(Double bottom plate)와 서로 교차되도록 해야 한다. 바닥 토대 작업을 할 때는 토대 위에 설치할 플레이트를 교차되게 해 주어야 하는데 이렇게 작업을 하기 위해서는 작업자들간에 시작 지점과 끝 지점을 통일시키는 것이 좋다. 이러한 작업을 위해서는 콘크리트 기초 위에서 바깥쪽을 보았을 때를 기준으로 왼쪽 기초벽 끝에서 시작하여 오른쪽 끝에는 벽두께 만큼 짧게 끝나는 방법으로 통일하도록 하자.(그림 1참고)

토대 조립순서

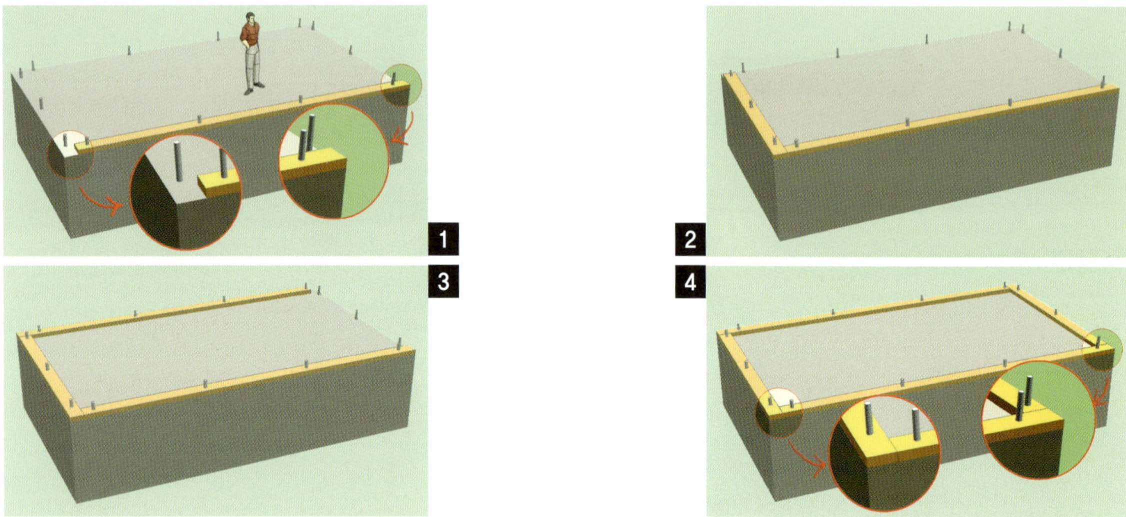

토대를 모두 설치한 후에 이중밑깔도리(Double bottom plate)를 설치하는데, 토대와는 반대로 왼쪽 끝 시작하는 쪽이 벽두께 만큼 안으로 들어오고, 오른쪽 끝 부분을 벽 끝선에 맞추어 설치한다. 이렇게 서로 토대와 교차하도록 설치한다.(이중밑깔도리 위에 설치할 밑깔도리는 다시 왼쪽에서 시작한다.)

이중밑깔도리 (Double Bottom plate) 조립순서

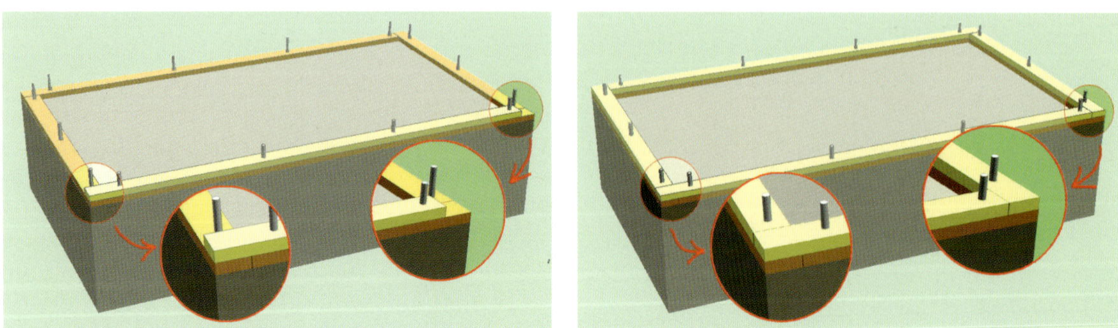

이중밑깔도리 를 설치하는 이유

깔도리를 미국이나 캐나다의 건식 목조주택과는 달리 이중밑깔도리를 설치하는 것은 바닥난방이 설치될 수 있도록 깔도리의 높이를 높여주기 위한 것이다. 국내에서는 바닥 온돌난방을 위한 습식난방을 하기 때문에 바닥난방을 위한 두께층을 만들어 주어야 한다.

깔도리를 자세히 보면 밑깔도리(Bottom Plate)와 토대 사이에 이중밑깔도리가 하나 더 있는 것을 볼 수 있다. 이것은 바닥난방을 위해 난방 마감 두께를 만들어 준 것으로 일반적으로서 한 개 또는 두 개 정도의 깔도리를 더 깔아서 높이를 조절한다.

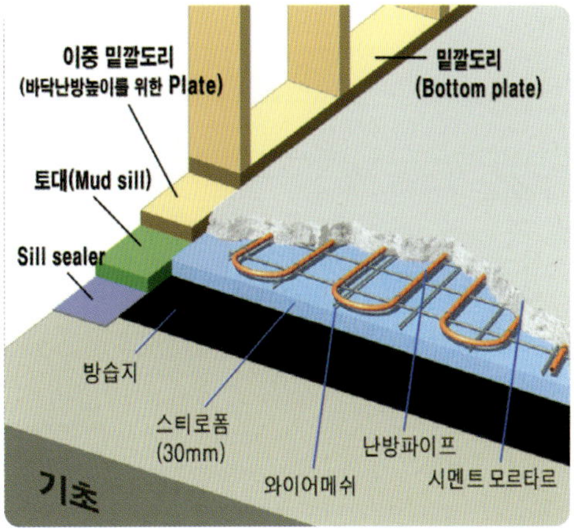

내벽 앵커볼트 설치방법

외벽에 설치하는 고정볼트와 내벽에 설치하는 앵커볼트는 설치방법과 모양이 다르다.

외벽에 고정볼트를 설치할 때는 콘크리트 기초 작업을 하면서 콘크리트가 굳기 전에 설치하였다. 그러나 내벽의 앵커볼트는 콘크리트 기초 작업을 하면서 설치하기는 어려우므로 별도로 설치해 주어야 한다.

단, 내부의 앵커볼트 작업은 보강작업이므로 설치를 꼭 필요로 하지는 않는다.

앵커볼트를 사용할 때는 먼저 토대가 설치된 상태에서 작업을 하는데, 앵커볼트를 먼저 끼우고 난 후에 토대를 설치하는 것보다는 토대를 먼저 설치하고 구멍을 뚫은 다음 앵커볼트를 박는 것이 토대의 중앙에 구멍을 뚫을 수 있고 작업을 빠르게 할 수 있다.

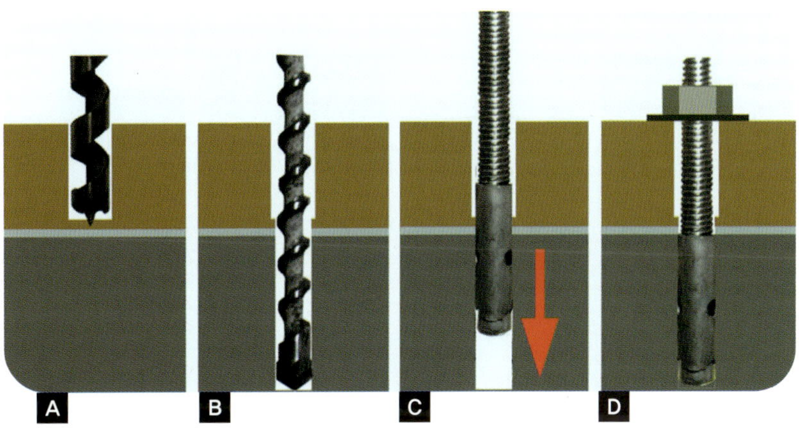

외벽에 앵커볼트 보강작업

설치 순서

1

2

3

①세트 앵커볼트를 박기 위해서는 먼저 토대에 앵커볼트보다 한 치수 큰 드릴비트로 구멍을 뚫는다.(그림 1)

② 드릴로 뚫은 구멍 속으로 콘크리트 드릴을 집어 넣어 바닥 콘크리트에 구멍을 뚫는다.(그림 2)

③ 공기(Air)를 주입시켜 구멍 속을 청소한 다음 앵커볼트를 집어 넣는다.

4

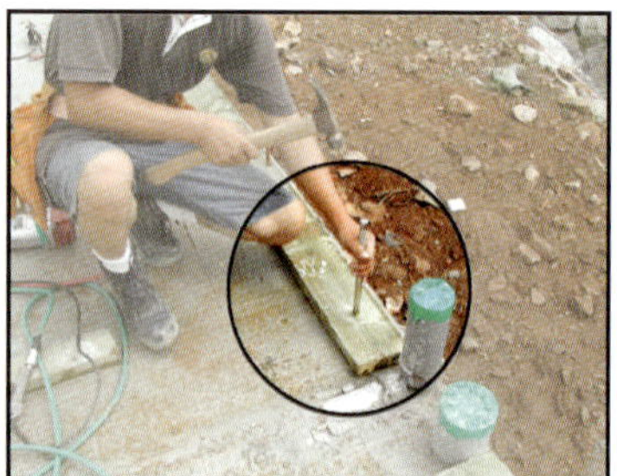

5

6

④ 세트 앵커볼트를 집어 넣는다.(그림 3)

⑤ 앵커펀치로 두드려 앵커볼트를 고정시킨다.

⑥ 볼트와 너트를 이용해 토대를 고정시킨다.(그림 4)

외벽
EXTERIOR WALL

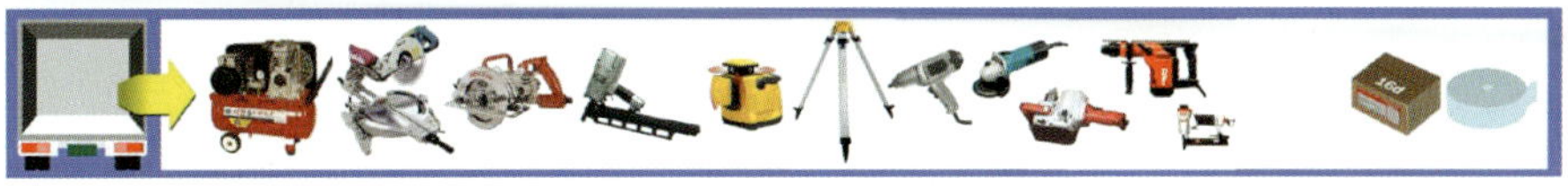

※필요한 공구–Compressor/Miter saw/Skil saw/Framing gun/Sledge hammer
※필요한 자재(구조재 제외)–16d/8d

목수 1, 목수 2, 목수 3, 목수 4 - 외벽 만들기/벽체 세우기

외벽1(EXTERIOR WALL)

플레이트 레이아웃 (PLATE LAYOUT)

레이아웃과 벽체모양

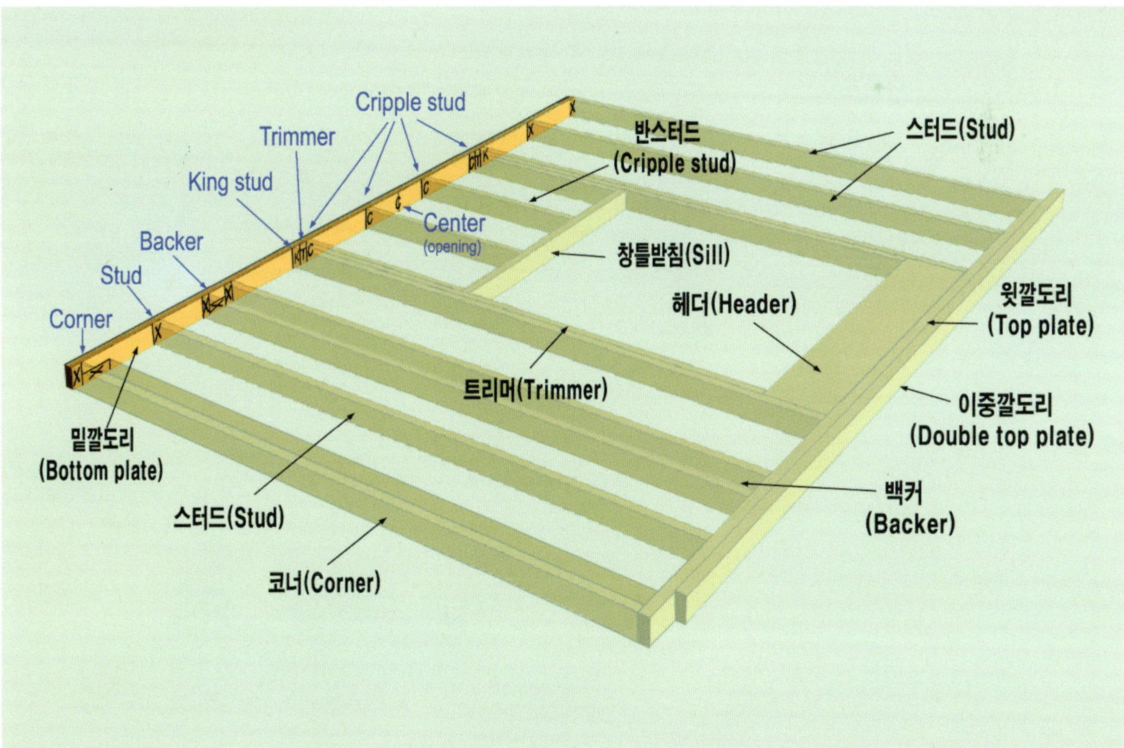

레이아웃 표기

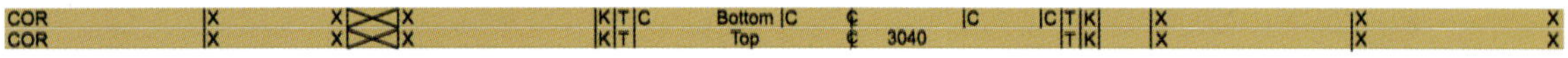

Top : 윗깔도리(**Top** plate)

Bottom : 밑깔도리(**Bottom** plate)

COR : 코너(**COR**NER)

X : 스터드(stud)

 : 백커(backer)

K : 킹스터드(**K**ing stud)

T : 트리머(**T**rimmer)

C : 반스터드(**C**ripple stud)

Ȼ : 개구부 중앙선(Center Line)

레이아웃 순서

1. 깔도리의 왼쪽끝에 코너(Corner)를 표시하고, 오른쪽 끝은 스터드(Stud)를 표시한다.
   (작업자들간에 서로 통일시킨다.)

2. 백커(Backer)를 표시한다.

3. 트리머(Trimmer)와 킹스터드(King stud)를 표시한다

4. 스터드(Stud)와 반스터드(Cripple stud)를 표시한다.

5. 깔도리의 위(Top), 아래(Bottom)를 표시한다.

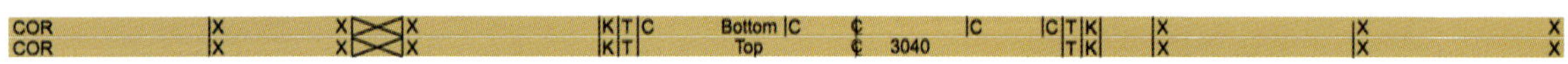

벽체 명칭

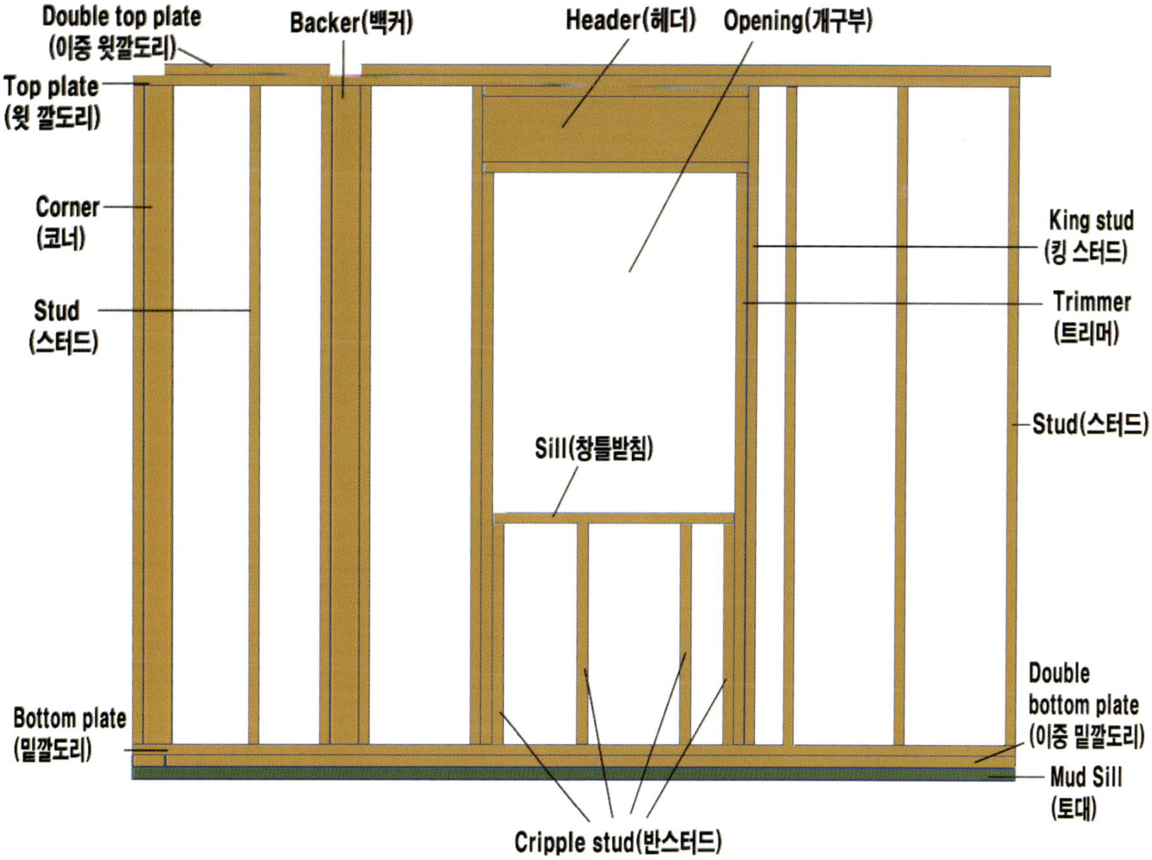

Double top plate
(이중 윗깔도리)
Backer(백커)
Header(헤더)
Opening(개구부)
Top plate
(윗 깔도리)
Corner
(코너)
King stud
(킹 스터드)
Stud
(스터드)
Trimmer
(트리머)
Stud(스터드)
Sill(창틀받침)
Double
bottom plate
(이중 밑깔도리)
Bottom plate
(밑깔도리)
Mud Sill
(토대)
Cripple stud(반스터드)

〈용어 해설〉

토대(Mud Sill) : 기초 또는 콘크리트 바닥위에 설치하는 벽체의 가장 아래 깔도리.

밑깔도리(Bottom plate) : 구조벽의 하부에 설치되는 수평재.

이중 밑깔도리(Double bottom plate) : 밑깔도리 아래에 한겹 더 설치하는 깔도리.

스터드(Stud) : 벽구조체의 수직부재. 보통 2by(실제:1½인치)두께의 목재를 사용함.

트리머(Trimmer) : 바닥, 벽, 지붕구조의 개구부를 양끝에서 지지하기위해 설치되는 구조재.

백커(Backer) : 벽받침. 칸막이벽이 부착되는 위치에 "ㄴ"자형으로 못질되어 결합된 스터드.

코너(Corner) : 두벽이 만나는 모서리에 건식벽의 받침을 위하여 "ㄴ"자 또는 "ㄷ"자형으로 못질되어 결합된 3개의 스터드.

반스터드(Cripple stud) : 벽개구부의 위 또는 아래에 설치되는 짧은 스터드.

창틀받침(Sill) : 창의 개구부 하단에 설치되는 수평부재.

윗깔도리(Top plate) : 벽체의 스터드 상부에 수평으로 설치되는 2by 두께의 각재.

이중 윗깔도리(Double top plate) : 윗깔도리위에 한겹 더 설치하는 수평부재.

헤더(Header) : 바닥, 벽, 지붕등의 개구부에서 하중을 지지하기 위해 설치하는 가로부재.

개구부(Opening) : 창문이나 문등을 설치하기 위한 열린공간.

스터드 (Stud)

목조주택은 설계에서부터 모든 자재나 길이가 모듈화되어 있어서 경제적이라고 볼 수 있다. 가장 경제적인 설계를 하는 방법은 4피트를 주모듈로 2피트를 부 모듈로 사용하는 것이다. 벽체는 스터드의 길이를 92 5/8 인치를 사용하는 것이 경제적이다.

이것을 "표준스터드"라고하는데 이미 이 길이로 잘려져 생산되고 있다.

실내벽에 설치될 석고보드의 높이를 감안하여 스터드 등급의 길이는 92 5/8 인치로 생산되고 있고, 이 길이에 의해 다른 자재들이 생산되어 가장 경제적인 집을 지을 수 있다. 스터드(Stud)는 벽체를 이루는 하나의 수직부재로써 2×4 또는 2×6를 많이 사용하며, 하중을 받는 벽체인 경우 2×4는 16인치 간격으로만 설치가 가능하고, 2×6는 스터드 간격이 16인치, 24인치 간격이 모두 가능하다.

스터드 자르기

스터드(Stud)는 집을 지으면서 가장 많이 사용하는 자재이다. 그만큼 빨리, 그리고 많이 잘라야 하는 것이다. 그러기 위해서는 마이터 쏘 위에 올려놓고 먼저 마이터 쏘가 직각인가를 확인한 다음 스터드를 자른다.(목재 길이는 92 ⅝인치는 균일한 길이이지만, 8, 10, 12, 14, 16, 18, 20피트는 균일하지 않고 조금씩 차이가 있다.

같은 치수의 스터드를 많이 자를 때는 한 개의 스터드 길이를 정확하게 재고, 그 스터드의 끝에 나무지지대를 설치하여 못을 박는다. 그리고 스터드를 자를 때 이 지지대에 밀착시켜 여러 개를 반복해서 자르는데 이때 유의해야 할 점은 나무지지대가 밀리거나 이물질이 틈새에 끼어들어 길이가 달라질 수 있으므로 자르는 중간중간에 확인을 하도록 한다.

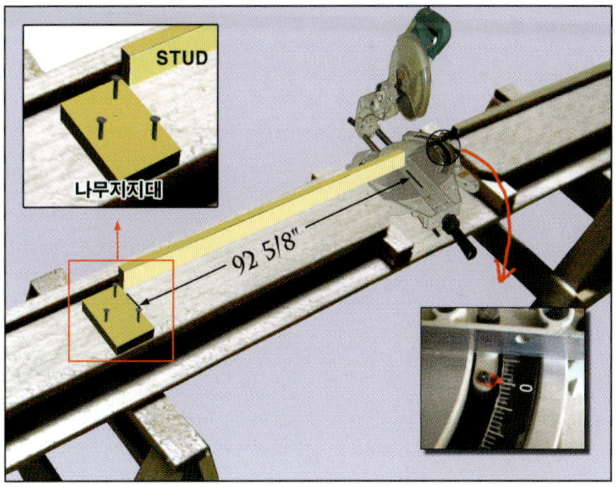

QUICK ESTIMATE : 스터드는 건물 전체 길이(개구부와 계단 등을 포함한 전체)를 16인치로 나눈다.(현장에서 빠르게 산출할 때 사용하는 방법이다.)

스터드 간격 표시

16인치 간격으로 표시하는 방법에서 시작은 15 1/4인치로 하고, 다음은 16인치 간격으로 한다. 처음 시작을 15 ¼인치로 하는 이유는 4피트 또는 8피트의 합판 끝선이 스터드 중앙에 걸리게 하기 위해서이다.

다음의 두 그림에서 시작을 15 ¼인치로 했을때와 16인치로 했을 때를 비교해 보자.

〈 15 1/4인치로 시작했을 때 〉

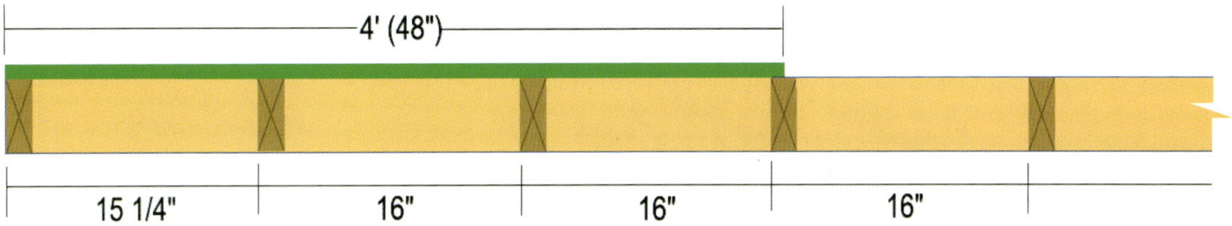

〈 16 인치로 시작했을 때 〉

16인치 간격으로 했을 경우에는 다음 그림과 같이 합판 끝선에는 스터드가 얹혀질 자리가 없다는 것을 확인할 수 있다.

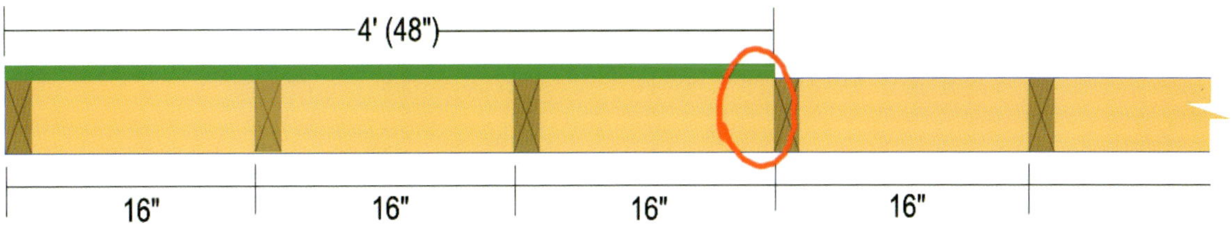

위의 두 가지를 보면 15 1/4인치로 해야 한다는 것을 확인할 수 있다. 그렇다면 왜 15 1/4인치로 시작되는가를 아래 그림으로 정리해 보면 4피트의 합판이 놓여지는 스터드가 1 1/2인치의 두께에서 절반인 3/4인치를 빼서 처음 시작에 적용을 한 것이다.

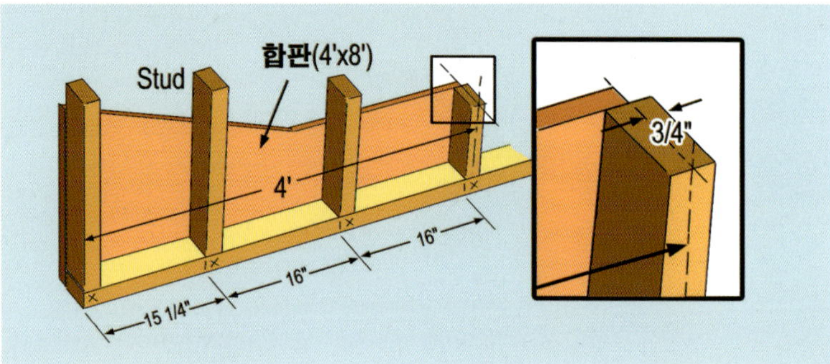

헤더 (Header)

헤더(Header)는 개구부가 생기면서 발생하는 상부의 수직하중을 보강해 주는 부재이다. 하중을 받는 내력벽용 헤더와 하중을 받지 않는 비내력벽용 헤더로 나눌 수 있다. 그러나 초창기 목조주택의 시공기술이 잘못 보급되었을 때는 헤더의 이해 부족으로 창문이나 문 등에 헤더를 설치하지 않아 과도한 변형이나 처짐 등의 결함이 발생했는데, 이는 내력벽과 비내력벽의 차이를 정확하게 구분하지 못하는 것에서 발생한 것이라 할 수 있다.

이러한 내력벽과 비내력벽의 차이에 대해 알아보자.

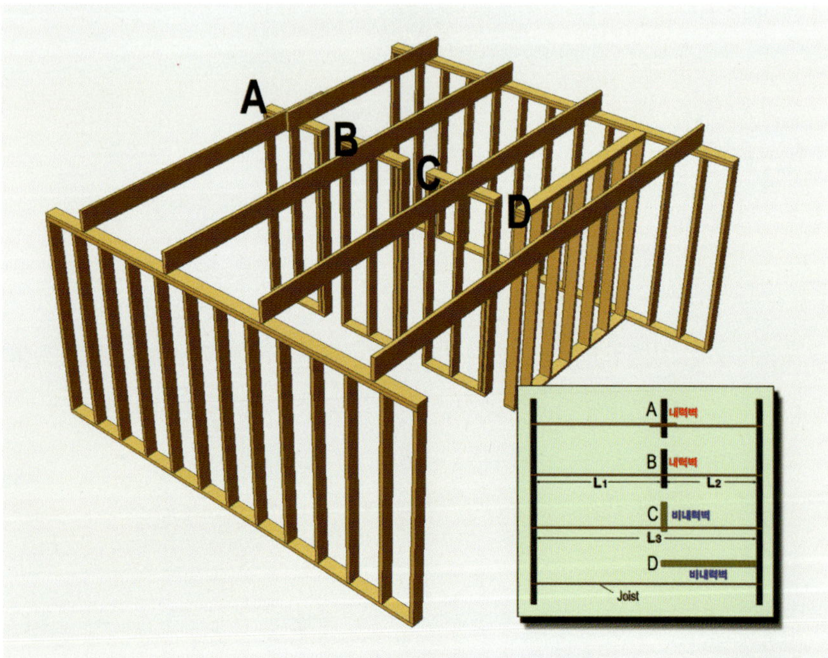

※내력벽(Bearing wall) – 건물의 바닥 또는 지붕으로부터 가해지는 하중을 지지하는 능력을 가진 벽

※비내력벽 (Non bearing wall) – 자중을 제외한 아무 하중도 받지 않는 벽

내력벽과 비내력벽

그림에서 A, B, C, D 4가지의 내력벽과 비내력벽이 있다.

■ A(내력벽) : 장선이 벽체 위에서 교차하여 하중을 지지하고 있는 경우.

■ B(내력벽) : 길이 L_1, L_2에 의해 하중을 계산하고, 그 값에 의해 장선이 정해져서 실제로 하중을 받고 있는 벽인 경우

■ C(비내력벽) : B벽체와 모양은 같으나 길이 L_3에 의해 하중을 계산해서 중간에 놓여진 벽체가 하중과 전혀 관계없는 벽인 경우

■ D(비내력벽) : 장선에 의해 지지되는 것이 없이 아무런 하중도 적용 받지 않는 경우

내력벽과 비내력벽에 의해 헤더의 모양도 달라진다.

헤더 (Header)의 종류

〈 비내력벽 헤더 〉

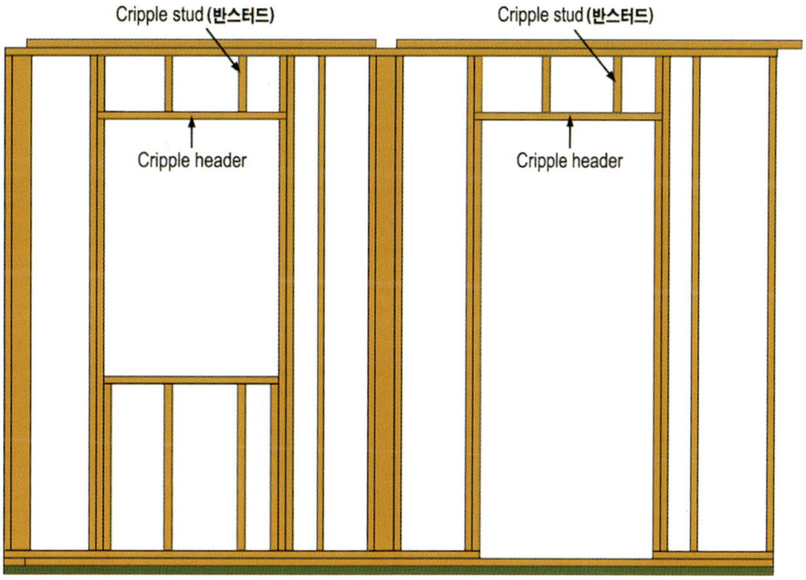

비내력벽에 사용하는 헤더를 자칫 잘못해서 내력벽도 비내력벽으로 오인하여 비내력벽 헤더를 사용하는 경우가 있다. 이로 인해 많은 문제가 발생할 우려가 있으므로 모든 헤더는 내력벽 기준으로 하는 것이 좋다.

〈 내력벽 헤더 〉

헤더의 종류는 방법과 스타일에 따라 여러 디자인이 있으나 국내에서 가장 많이 사용하는 방법으로는 2×10을 사용하고, 위와 아래에 2×4 또는 2×6을 덧대어 만들고 헤더(Header)의 위에는 반스터드(Cripple stud)를 넣지 않고 만드는 방법을 가장 많이 사용한다. 그러나, 스터드의 길이가 표준스터드 길이 이상인 경우에는 반스터드가 설치되어야 한다. 헤더는 벽체의 두께에 따라 다음과 같은 디자인으로 구분된다.

■ **2×4벽체일 때**

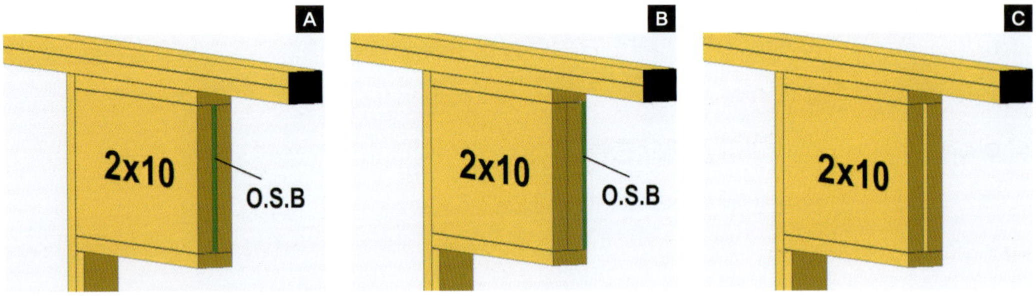

A. 2×10을 양 옆에 사용하고 사이에는 1/2 인치 두께의 합판을 넣어 단열성과 구조적인 성능이 우수하다.

B. 2×10을 겹쳐 만들고 1/2 인치 합판을 한쪽 면에 붙였다.
(이 방법은 A방법과 같다고 볼 수 있으나 한쪽 면이 거칠어서 마감작업이 A만 못하다.)

C. 2×10 두 개를 사용하여 박스형으로 가운데를 비우고 만들어졌다. 단열재를 집어넣을 수 없으므로 단열성능이 다소 떨어진다.

■ **2×6벽체일 때**

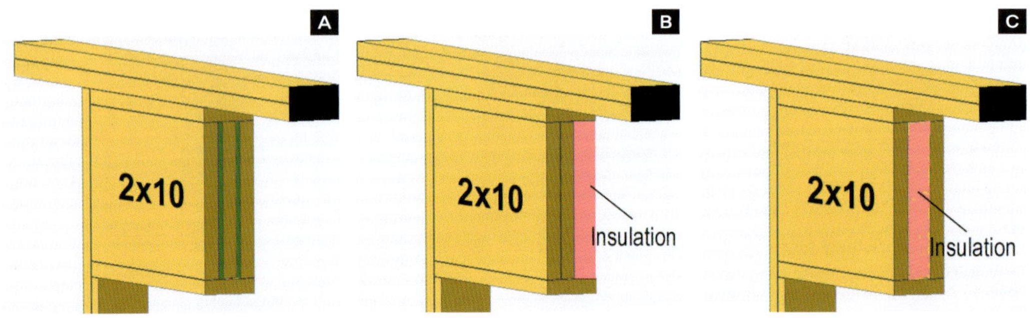

A. 2×10 세 개를 사용하고, 그 사이에는 합판을 끼워 넣어 설치를 하는 방법인데, 구조력은 매우 뛰어나지만 단열성능에서는 단열재를 채워 넣는 B의 방법 보다 단열성능이 떨어진다.

B. 2×10 두 개를 덧붙여 만들었다. 빨리 제작할 수 있는 장점이 있고, 단열재는 합판이 붙는 반대쪽 면에서 완충시킬 수 있다. 구조적인 성능이 좋고, 골조시공 후에도 단열작업이 가능하므로 효과적이다. 그러나 석고보드를 설치할 때는 위, 아래 부분 외에 헤더 중간부분에는 못을 박을 수 없다.

C. 2×10 두 개를 사용하여 박스형으로 만들었다. 박스 안에 단열재를 넣을 수는 있으나 작업공정상 단열재가 미리 준비되어 있어야 하고, 설치 후에 비가 오는 경우에는 단열재가 젖은 상태에서 시공되는 단점이 있다.

헤더 만들기

16d못을 사용하여 최소한 16인치 간격으로 못을 박고 헤더의 양끝에서 6인치 정도의 간격을 띄우고 못을 박는데 이것은 헤더가 설치된 이후 마감 몰딩작업시 마감 못과의 충돌을 막기 위함이다.

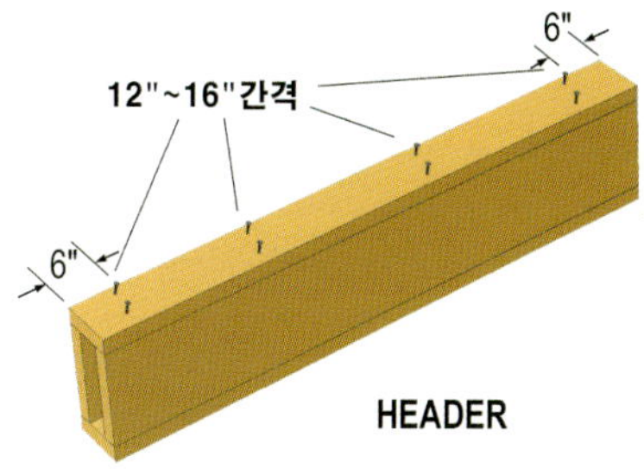

헤더와 개구부와의 관계

① 창문헤더

창문을 설치하기 위한 개구부의 크기는 일반적으로 창문크기보다 1/2인치 정도 크다.

이러한 개구부의 크기를 3040크기의 창문을 통해 알아보자

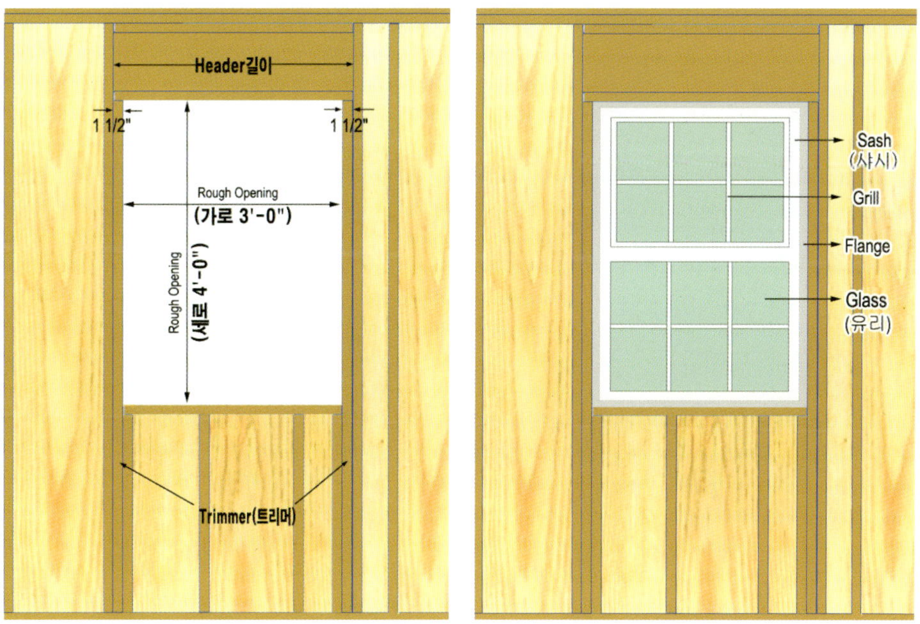

창문의 크기가 3040이 무엇인지 알아보자.

3040이란 가로가 3피트 0인치, 세로가 4피트 0인치인 창문을 말한다.

그러나 실제 창의 길이를 보면 3피트 0인치에서 1/2 인치가 짧고, 세로길이 역시 1/2인치가 짧은 것을 확인할 수 있다.

이렇게 3피트와 4피트가 가로와 세로 길이에서 짧은 이유는 현장에서 제작하는 헤더나 레이아웃의 불편함을 덜기 위해 창문크기가 1/2인치 작게 제작 된 것이다.

그러나 이것은 회사마다 다소 차이가 있고 창문의 재질에 따라서도 차이가 있으니 반드시 확인해야 할 사항이다.

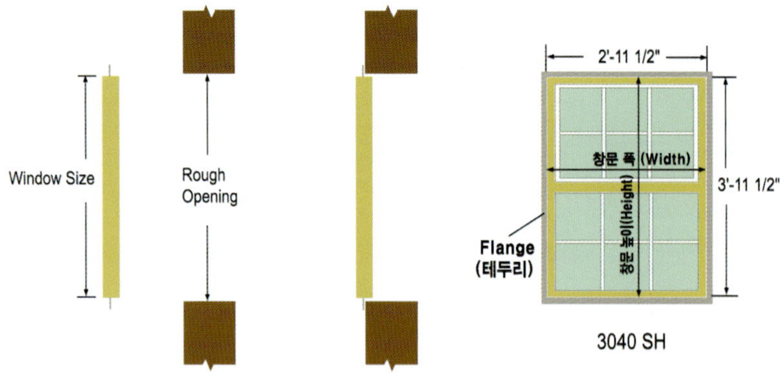

헤더(Header) 길이 구하는 방법

문) 3040창문의 헤더길이는?

3′(R.O) + 1 1/2″(Trimmer 두께) + 1 1/2″(Trimmer 두께)

= 3′- 3″(헤더길이)

패티오 도어 헤더

패티오 도어 헤더(Patio Door Header) 길이를 구하는 방법

예) 8068 Patio Door의 Header 길이를 구해 보도록 하자.

(여기서, 8068이란 가로가 8피트 0인치, 세로가 6피트 8인치를 말함.)

= 8′(R.O) + 3″(Trimmer 두께) + 3″(Trimmer 두께) = R.O + 6″

= 8′- 6″(Header 길이)

[참고 : 개구부의 크기가 6피트 이상인 경우에는 트리머(Trimmer)를 각각 2개씩 보강하고, 개구부가 10피트 이상인 경우에는 트리머를 각각 3개씩 보강해 준다.]

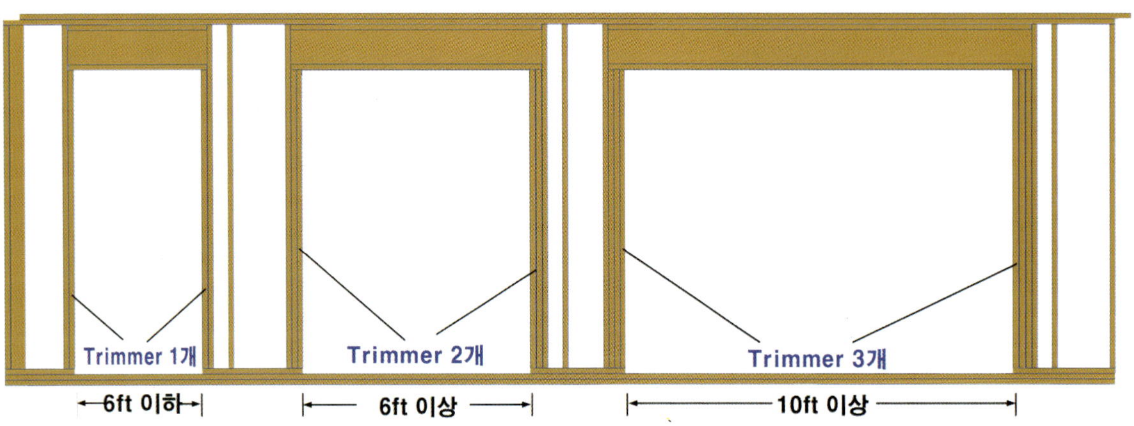

현관문 헤더

현관문 헤더 (Header) 길이 구하는 방법

현관문의 헤더 크기는 창문과는 다르다. 창문에서는 가로와 세로를 치수에 맞게 개구부(Opening)를 뚫어주면 창문이 잘 맞았지만 현관문은 가로와 세로를 치수대로 뚫어서는 안 된다. 현관문에서 말하는 가로의 크기와 세로의 크기에 대해 알아보자.

예) 3068 현관문의 헤더길이를 구해 보도록 하자.
현관문은 창문의 개구부와는 개념이 달라 3068인 경우 가로가 3피트 0인치 세로가 6피트 8인치의 개구부가 아니다.

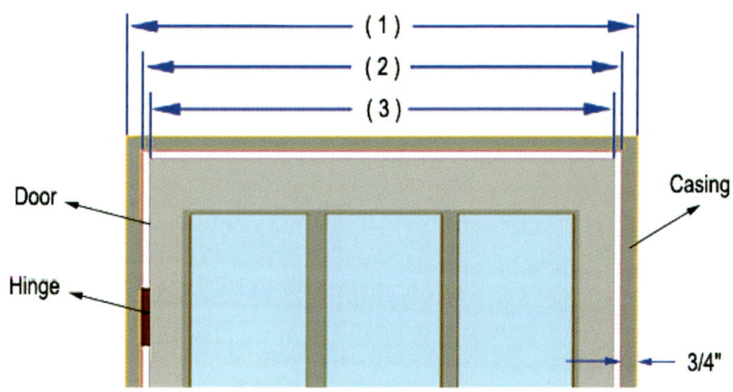

[3068 ENTRANCE DOOR]

질문) 그림에서 (1), (2), (3)번 중 3피트 0인치를 가리키는 것은 몇 번인가?

답은 (2)번이다.

양 옆의 케이싱(Casing) 두께(3/4″ + 3/4″ =1 1/2″)를 더하면 (1)번의 길이가 된다. 여기에 1/2 인치의 여유를 더해주면 개구부사이즈가 된다.

3′- 0″(Door size) + 1 1/2″(Casing 두께) + 1/2″(개구부여유치) = 3′- 2″(38″)

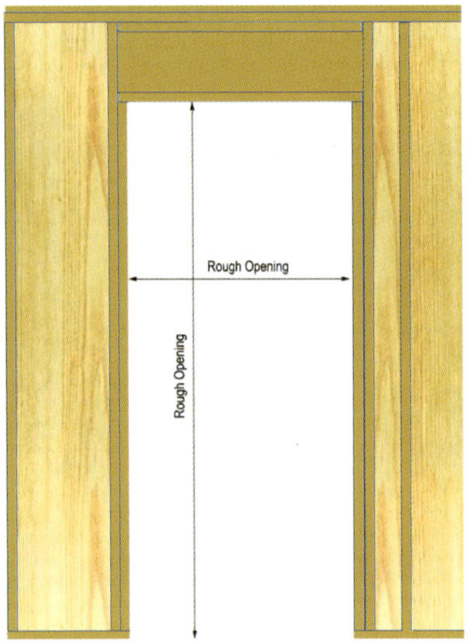

질문) 헤더(Header) 길이는?

3′-2″ + 3″ = 3′-5″ (Door R.O + Trimmer 두께 = 헤더길이)

현관문의 가로 크기에 대해 알아보았다. 실제로 레이아웃을 하면서 가로폭 크기는 표기를 하지만 세로 크기는 깔도리(Plate)에 표기를 하지 않는다.

이러한 현관문의 세로 크기는 다음의 밑깔도리(Bottom Plate)를 한단 자르면서 쉽게 개구부 크기가 만들어지는데 이 내용은 뒤에 인테리어 벽체에서 다시 언급하기로 하겠다.

헤더의 변형

헤더는 그 모양에서 약간의 차이는 있을 수 있으나 기능적인 면에서는 차이가 없다.

헤더 모양이 각각 다른 경우인데 그 차이에 대해 알아보자.

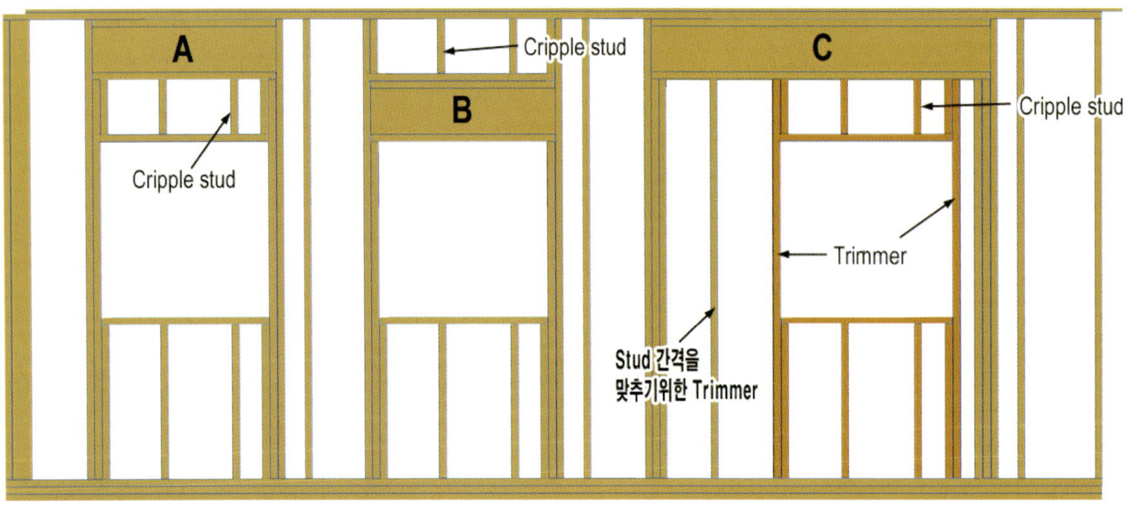

■ A헤더(Header) - 헤더가 위로 설치된 상태에서 양 옆의 트리머(Trimmer)에 의해 지지되고, 그 아래에 반스터드(Cripple stud)가 설치된 경우이다. 이 경우에는 이미 트리머에 의해 헤더의 양 옆을 지지하고 있으므로 구조적으로는 문제가 없으며, 일반적으로 스터드의 길이가 표준스터드 길이 (92 5/8")를 초과하는 경우에 사용한다.

■ B헤더(Header) - 양 옆의 트리머에 의해 지지되고, 그 위에 반스터드가 설치된 경우인데, 이 경우에도 역시 헤더 위를 반스터드가 일정한 간격으로 지지하고 있어 구조적으로는 아무 문제가 없으며, A 헤더와 같이 표준스터드를 초과하는 스터드를 사용할 때 사용하는 방법이다.

■ C헤더(Header) - 개구부가 크게 설치되어 그 아래로 트리머와 반스터드를 만들어 설치된 경우인데, 이 경우에도 트리머를 두 겹으로 한 상태에서 헤더를 지지하고 있고, 그 헤더 아래에 스터드와 트리머가 설치되어 개구부를 만든 모양이다. 이 방법 역시 구조적으로는 문제가 되지 않고 위에서 지지하고 있는 헤더 안에서 위치에 제한을 받지 않고 설치가 가능하다. 대부분 개구부의 규격이 정해지지 않았거나 창이나 문의 크기가 정해지지 않았을 때 미리 개구부를 크게 만들어 놓고 나중에 수정할 때 많이 사용하는 방법이다.

개구부 (Opening) 비교

개구부는 창문과 문, 그리고 패티오 도어(Patio Door)에 따라 약간의 차이를 보이고 있다.

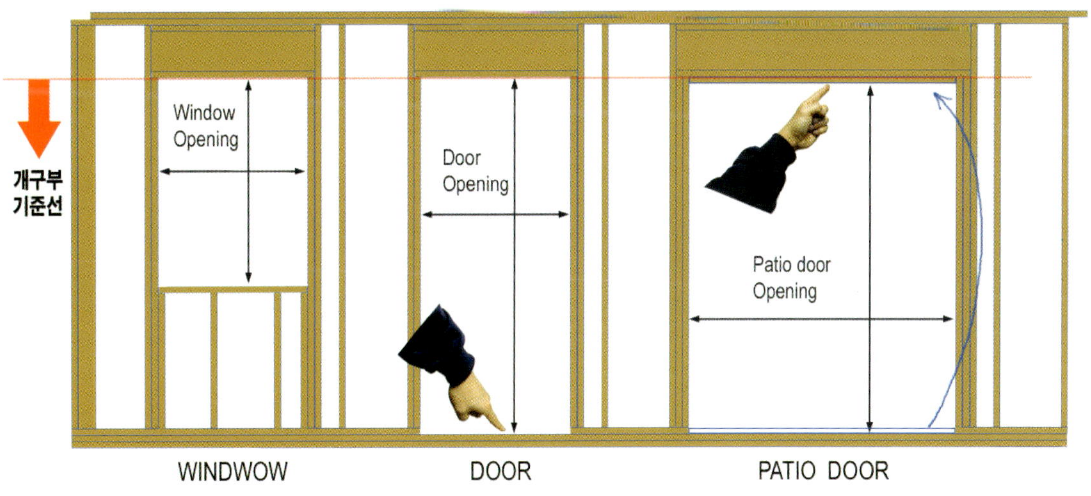

창문의 경우에는 창문 사이즈가 창문의 개구부 크기인 경우가 많지만 문의 경우에는 아래의 밑깔도리를 제거한 것이 개구부 크기가 된다. 패티오 도어의 경우에도 아래의 밑깔도리를 제거하고, 제거한 것을 개구부 위쪽에 덧댄 것이 개구부 크기이다.

패티오 도어인 경우 아래 밑깔도리를 제거해 윗쪽에 설치하는 것은 개구부의 크기는 그대로 유지하고 전체적인 높이를 1 1/2인치만큼 낮춰 바닥 온돌마감과의 높이를 맞추기 위해서 이고, 맞추지 않는다면 마감 후에 밑깔도리가 노출되어 마감이 어려워진다.

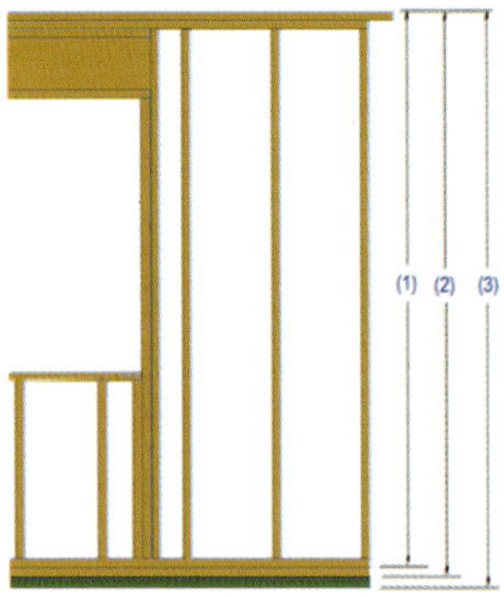

질문) 벽체란 다음 (1), (2), (3)번 중 몇 번인가?

답은 1번(Bottom plate부터 Double top plate까지)

92 5/8″ 스터드를 사용했을 때 벽체의 높이는 8′-1 1/8″ 이다. 위쪽에 1/2″ 석고보드를 붙이면 8′-0 5/8″ 가 남고 석고보드(4′×8′)를 설치했을 경우 바닥에는 5/8″의 여유가 있다.

92 5/8″스터드를 사용했을때 바깥벽에 설치할 합판(4′×8′)은 윗깔도리에 맞추어 설치했을때 밑깔도리까지 설치할 수 있어 바깥쪽에서는 합판의 상하좌우를 구조재에 모두 결속시킬 수 있다.

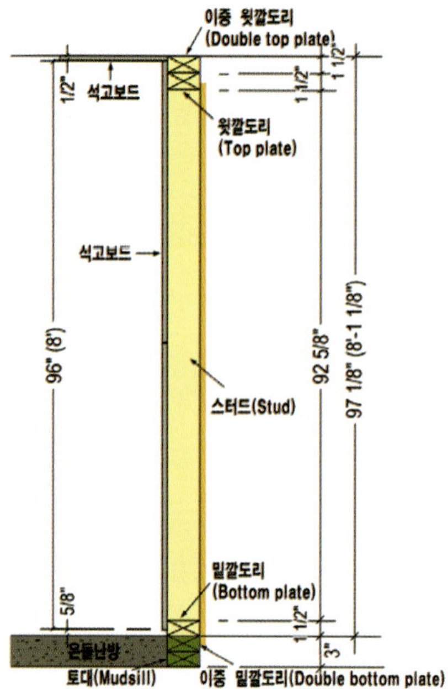

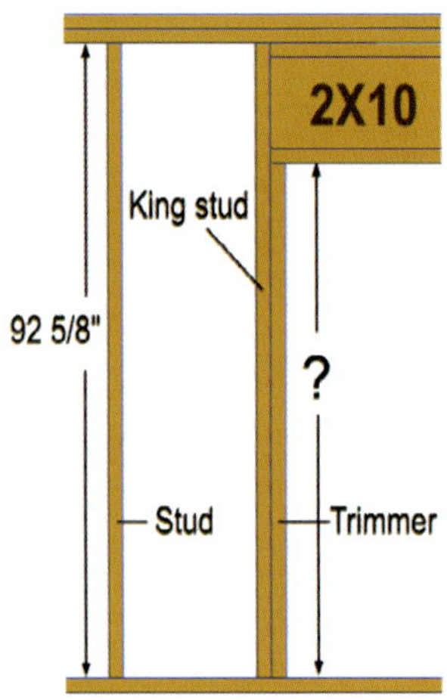

트리머 (Trimmer)

벽체의 양 옆에 헤더를 지지하고 있는 것이 트리머(Trimmer)이다. 트리머의 길이는 얼마인지에 대해 알아보도록 하자.

표준스터드인 92 5/8인치를 사용했을 경우 스터드(Stud)의 길이에서 헤더(Header)의 길이를 빼주면 트리머의 길이가 나오게 된다.

92 5/8″(스터드) - 12 1/4″(9 1/4″(2×10) + 1 1/2″ +1 1/2″)

= 80 3/8″ (6′-8 3/8″)

QUICK ESTIMATE : 트리머(Trimmer)의 수량을 산출할 때는 창문과 문의 개구부를 모두 더한 개수에 2를 곱하면 된다. 그러나 이것은 트리머(Trimmer)를 두 개나 또는 세 개로 했을 때는 달라질 수 있다.(개구부의 크기가 6피트 이상인 경우에는 한쪽에 두 개를 10피트 이상인 경우에는 3개를 적용한다.)

트리머 (Trimmer) 만들기

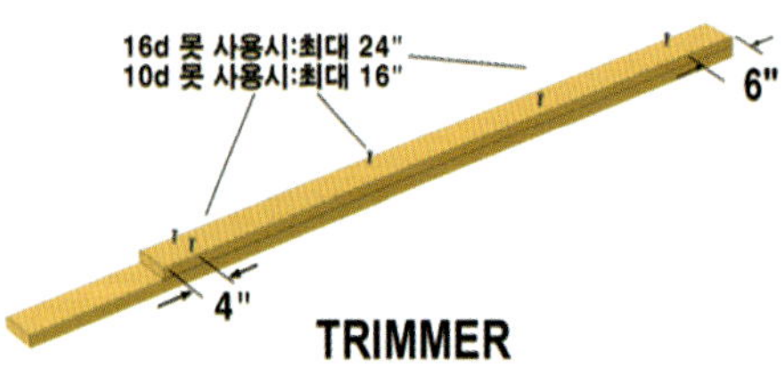

트리머(Trimmer)를 만들 때 못은 16d의 못을 사용하여 16~20인치 간격으로 못을 박고 트리머의 아래쪽에서 6인치를 띄우고 못을 박는다. 이것은 마감작업시 몰딩이나 걸레받이를 설치할 때 못이 박혀 있으면, 마감못이 박히지 않거나 구부러지는 것을 막기 위함이다.

코너 (Corner)

목조주택에서는 하나의 벽체가 만들어져 다른 벽체와 만나는 지점에 코너가 만들어진다. 이 모서리가 만나는 부분에 설치되는 코너(Corner)는 모든 벽체를 일체화시켜 주는 역할을 하며, 그 외에도 석고보드 작업시 석고보드를 설치할 수 있는 못자리를 만들어 준다. 코너는 마감작업시 갈라짐 등의 결함이 생길 수 있는 부분이므로 목재의 상태가 좋고 곧은 것으로 만든다.

〈 코너의 종류 〉

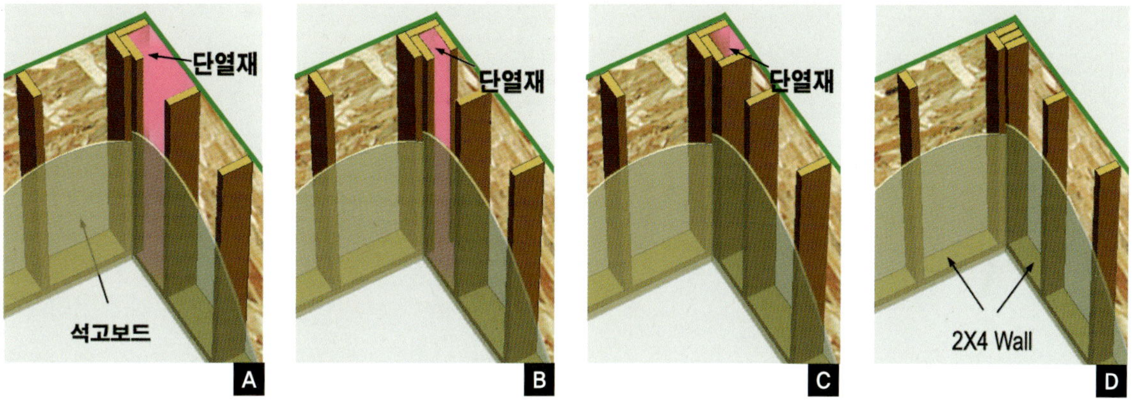

코너는 위의 4가지 타입이 가장 많이 사용되고 있다.

■A 그림 : 골조공정이 끝난 이후에 단열재를 집어넣을 수 있는 방법이다. 그러나, 바깥벽에 설치될 외장재를 볼때 코너(Corner) 모서리 부분에는 못을 박는부분이 좁다는 단점이 있고, 외장재(Siding)를 코너 모서리까지 설치하고 그 위에 코너 몰딩을 설치하는 방법을 택해야만 한다.

■그림 B : 바깥벽에 합판이 설치된 이후에도 코너부분에 단열재를 설치할 수 가 있고, 외장재의 모서리 부분에도 못을 박을 수 있어 넓은 면을 확보하면서 모서리 부분에 사이딩과 코너 몰딩 설치를 위한 작업 방식과 관계없이 모두 가능한 방법이다.

■C 그림 : 백커(Backer)와 모양이 똑같아 병행해서 같이 사용할수는 있으나 바깥쪽에 합판을 설치한 이후에는 단열재를 설치할 수 없는 단점이 있고, 합판을 설치하기전에 단열재를 넣는다 해도 공사중에 비가 온다면 단열재가 젖는 단점이 있다.

■D 그림 : 스터드를 겹쳐 만든 것으로 코너의 역할과 단열성을 함께 보강했으나 2×4벽체인 경우에 해당되는 방법이고, 2×6벽체를 사용하는 경우에는 5개를 겹쳐 만들어 사용해야 한다.

QUICK ESTIMATE : 코너개수는 벽체 개수와 같다.

코너 (Corner) 만들기

코너를 만들 때 못은 16d의 못을 사용하여 최소한 24인치 간격으로 박고, 위와 아래의 끝부분에서 6인치를 띄워 못을 박는다. 이유는 윗쪽과 아래쪽에 각각 몰딩과 걸레받이를 설치했을 때 못자리를 피하기 위함이다.

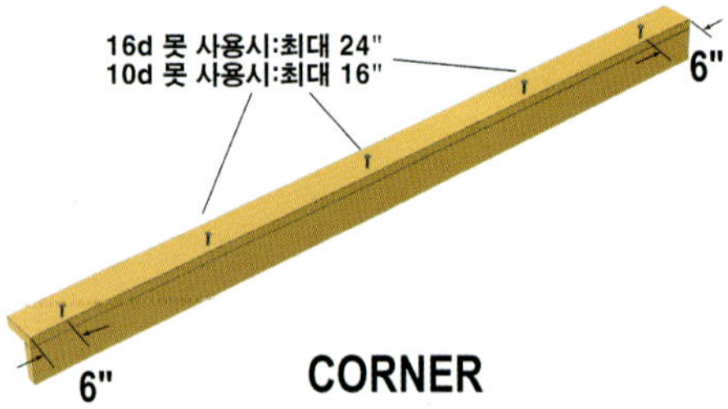

백커 (Backer)

백커(Backer)는 외벽과 내벽이 또는 내벽과 내벽이 만나는 곳에 설치되며, 두 벽체를 하나로 결속시키기 위해 스터드를 "ㄷ"자 또는 "ㄴ" 자 모양으로 만든 것이다.

백커는 2개 또는 3개 이상의 스터드로 만들어지는데, 다음의 두 가지 경우가 가장 많이 사용되고 있다.

백커 (Backer)의 종류

그림에서 A의 백커는 B의 백커에 비해 결속력이 좋지만 외벽 시공시 합판을 설치하기 전에 단열재를 넣어야 하는 불편함이 있다. B의 백커는 설치될 벽체보다 폭이 넓은 부재를 백커로 사용함으로써 골조시공을 모두 마친 후에 단열재 작업이 가능하지만 A의 백커보다 구조적인 결속력이 다소 떨어질 수 있다.

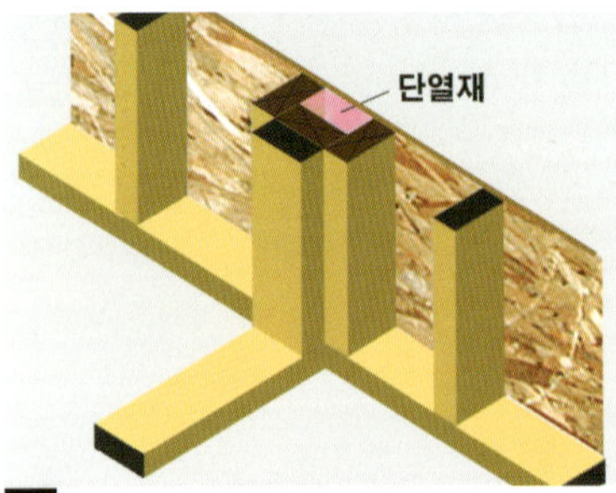

A

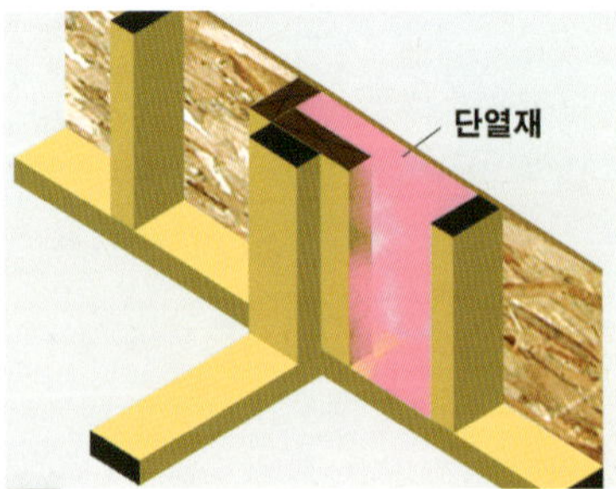

B

QUICK ESTIMATE : 백커개수는 도면에서 벽체와 벽체가 만나 "T"자 모양을 이루는 개수이다.

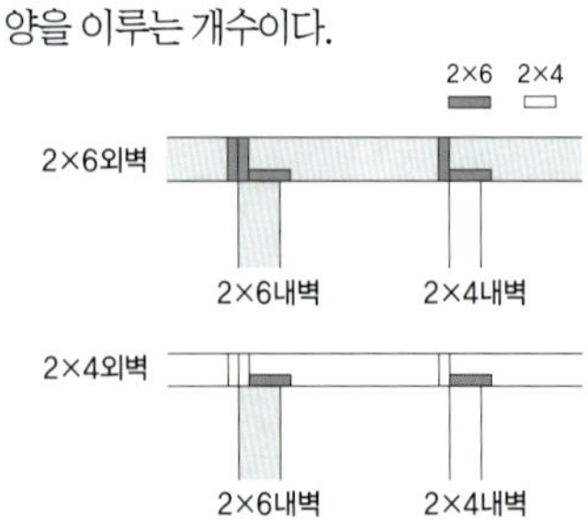

백커(Backer) 만들기

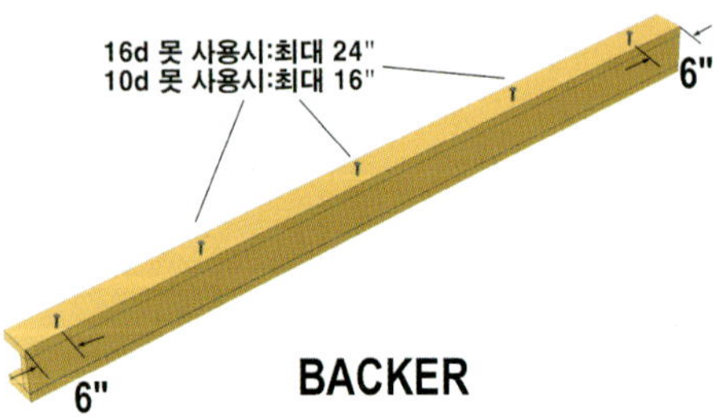

백커를 만들 때 16d의 못을 사용하여 최소한 24인치 간격으로 못을박고, 백커의 위쪽과 아래쪽에는 6인치정도를 띄워 못을 박는다.

마감작업시 위쪽과 아래쪽에 설치될 몰딩과 걸레받이를 설치했을 때 마감못과의 충돌을 피하기 위함이다.

적재위치

스터드/ 헤더/ 트리머/ 코너/ 백커 (STUD/HEADER/TRIMMER/CORNER/BACKER)

스터드(Stud), 헤더(Header), 트리머(Trimmer), 코너(Corner), 백커(Backer)를 모두 만든 후에 적재하는 위치와 방향은 작업자에게는 중요한 부분이다.

만들어진 여러 개의 자재들을 다른 위치에서 만들어져 옮겨지는 것보다 놓여질 위치에 최대한 가까운 곳에서 만들어 옮기는 것이 좋다. 그리고 앞으로 작업을 할 콘크리트 기초 위에서 쉽게 사용할 수 있도록 자재를 위치와 방향, 그리고 높이를 맞추어 주어야 한다. 콘크리트 기초 위에서 스터드와 헤더 그리고 트리머, 코너, 백커 등을 쉽게 사용할 수 있도록 먼저, 설계도면에서 개구부가 가장 큰 쪽의 위치를 찾는다.

보통 일반적으로 개구부가 가장 큰 곳은 거실의 패티오 도어(Patio Door)이다.

이곳에 자재를 쌓아 놓는 것이 가장 좋다. 이곳에 만든 자재를 쌓아두고 콘크리트 기초 벽과 직각이 되도록 놓아두고 높이가 맞지 않을 때에는 쏘 홀스(Saw Horse)를 설치해 높이를 맞춘다. 이렇게 놓여지면 외벽체가 만들어진 후에도 큰 개구부를 통해 내부에서도 계속해서 작업하기가 쉽다.

내부에서도 계속해 작업을 하면서 2층 작업시에도 외부에 있는 자재를 거실을 통해 2층으로 올려 사용하기에도 편리하다.

▲ 개구부가 큰 곳에 사용할 부재를 올려놓고 있다.

▲ 개구부를 통해 안에서도 계속 사용할 수 있다.(벽체가 완성된 후)

KNOW HOW

벽체를 조립하기 전 계획

벽체를 만들기 전에 어떤 벽체를 먼저 만들 것인가에 대해 고민을 해보자.
어떤 벽체를 먼저 만들 것인가에 대해 한번쯤 고민을 하지 않고 작업을 한다면 낭패를 보는 경우가 생길 것이다. 그림의 벽체 A, B, C, D 중 자재가 놓여 있는 위치를 고려해 첫번째로 만들 벽체를 정해야 한다.
예를 들어, A벽체 앞쪽으로 자재와 진입로가 있다면 당연히, C의 벽체를 가장 먼저 설치해야 할 것이다. 그리고 좌우의 B와 D의 벽체를 설치하고 A의 벽체를 맨나중에 설치한다. 물론, A의 벽체 개구부 앞쪽에 스터드, 헤더, 트리머, 코너, 백커가 적재되어 있어야 한다.
이와 같은 경우 내벽은 실내에서 만들어 설치한다. 그러나 실내의 공간이 비좁아 만들기가 어려운 경우에는 C의 벽체를 가장 먼저 만들어 설치하고 다음은 B, D의 순으로 만든 다음 실내벽을 만들어 설치하고 맨나중에 A의 벽체를 만드는 경우도 있다.

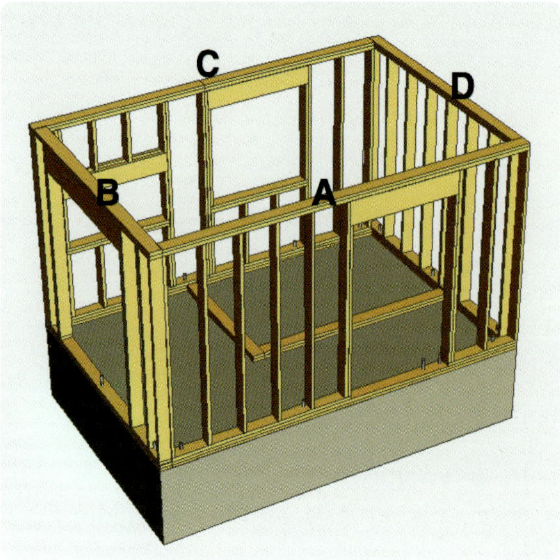

〈벽체조립순서〉

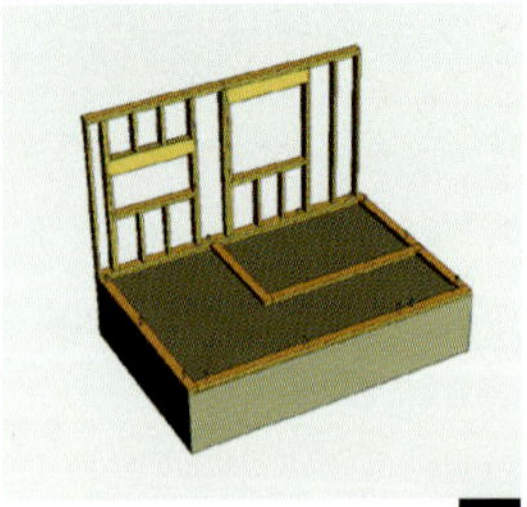
1

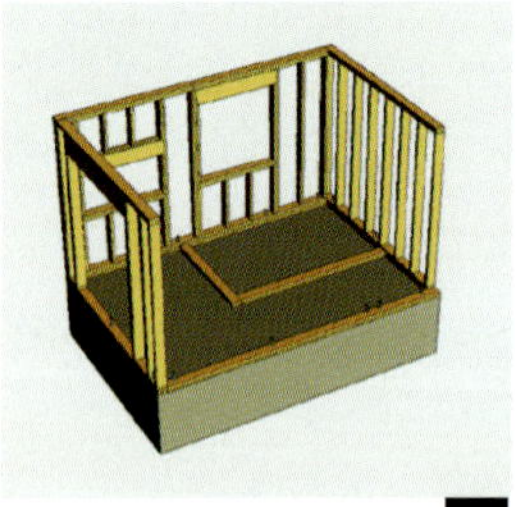
2

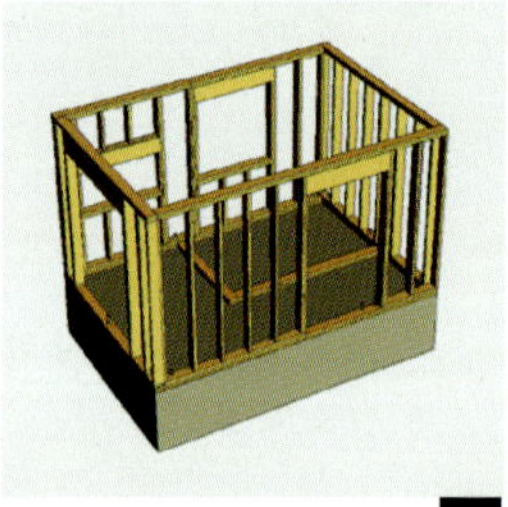
3

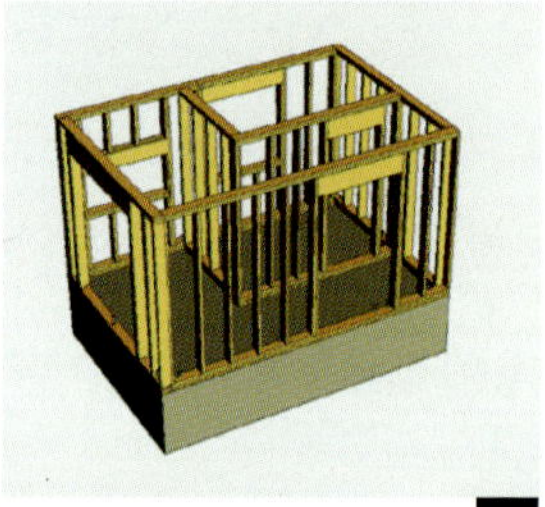
4

벽체조립

외벽만들기(투습방수지와 창문을 미리 설치하지 않는 방법)

벽체 조립순서

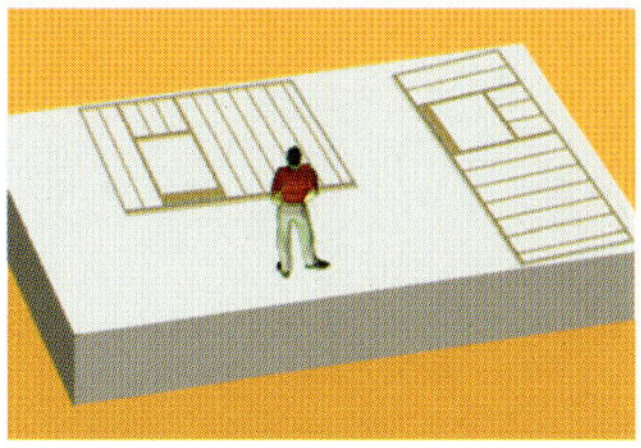

현장에서 벽체를 만들고 세우는 작업까지 모든 작업은 콘크리트 기초 위에서 이루어진다. 벽체가 세워질 위치에 놓고 제작해 벽체를 세우면 그만큼 체력과 시간을 절약할 수 있기 때문이다. 이런 점을 생각할 때 콘크리트 기초 위에서 작업했을 때 외벽 벽체는 작업자의 위치에서 거꾸로 보이게 된다. 따라서 다음 내용의 그림들은 벽체가 거꾸로 보이지만 실제로는 벽체가 완성된 후에 바로 보이게 된다.

〈이책에서는 외벽 벽체 조립순서만 그림을 거꾸로 놓았고, 다른 벽체의 설명에는 바로 그려져 있으므로 그림이 뒤집힌 것은 외벽 벽체에만 해당된다.〉

이제는 벽체 중 외벽을 만들어 보자.

외벽은 콘크리트 기초 위에서 벽체를 바닥에 눕혀서 만들고 합판을 조립한 후 바로 세우는 것이 시간을 단축시킬 수 있고, 적은 인원으로도 가능한 방법이다. 그러나 너무 벽체를 크게 만들어 작업인원으로 벽체를 세우지 못하는 경우가 생기지 않도록 적당한 크기로 만들어야 한다.

이러한 방법 외에 골조만을 먼저 제작하고, 나중에 합판을 붙여서 시공하는 방법이 있는데 이 방법은 바닥에서 합판을 모두 붙이고 벽체를 세우는 방법보다 겉으로 보기에는 속도가 빨라 보이지만 결과적으로는 크게 차이가 없고 건물의 직각이나 못박기 규정 등을 볼 때 잘 지키지 않고 시공되는 경우가 많아 좋은 방법은 아니다.

다음 그림은 벽체를 바닥에 놓고 조립했을 때의 순서이다.

1. Bottom plate와 Top plate를 준비한다.

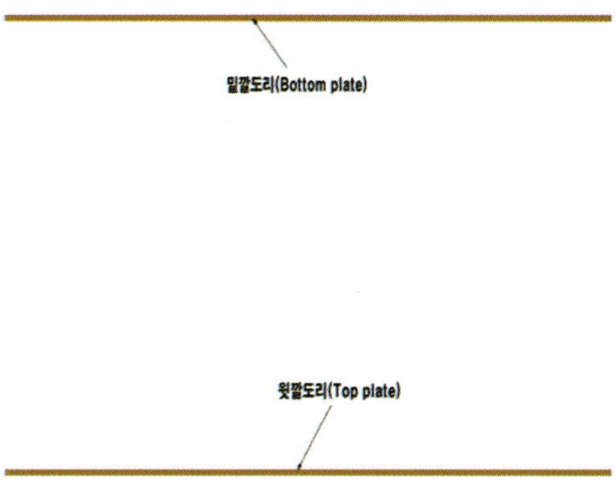

2. 밑깔도리(Bottom plate)는 기초 끝선에서 벽두께만큼 안쪽에 놓고, 윗깔도리(Top plate)는 스터드(Stud) 길이만큼 아래에 놓는다.

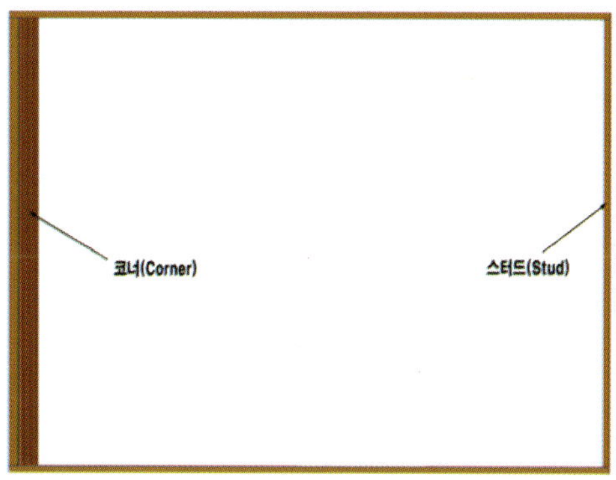

3. 왼쪽에는 코너를 오른쪽에는 스터드를 놓는다.(벽체 외곽완성)

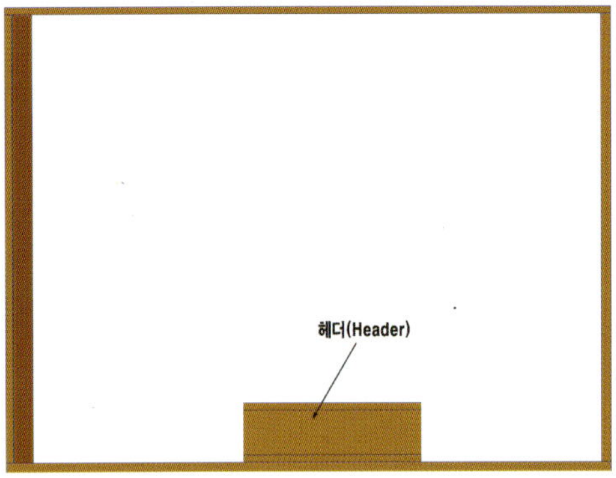

4. 윗깔도리에 헤더를 고정시킨다.

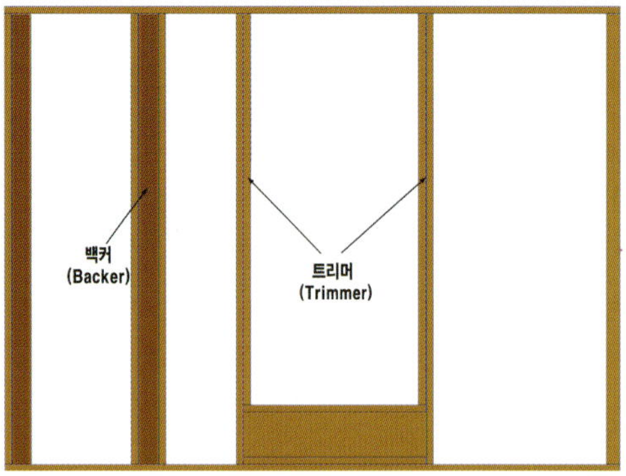

5. 헤더 양 옆에 트리머를 설치하고, 백커를 박아 고정시킨다.

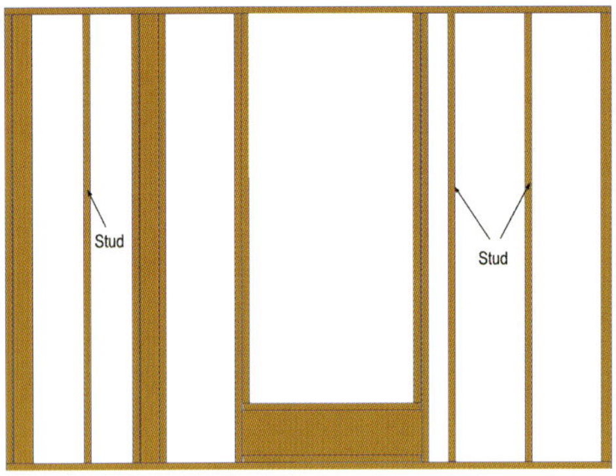

6. 나머지 스터드를 모두 박는다.

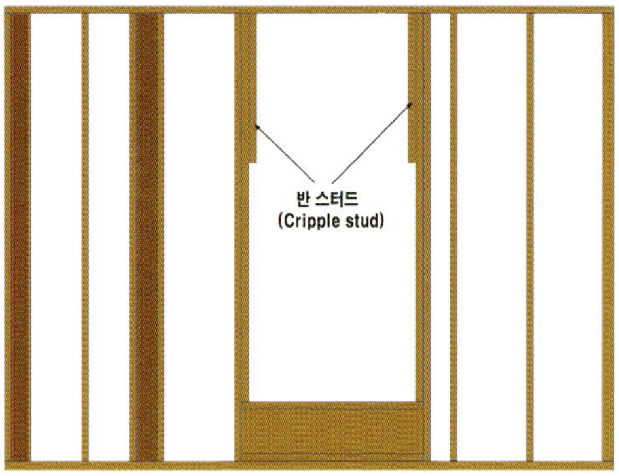

7. 트리머 양 옆에 반스터드(Cripple stud)를 박는다.

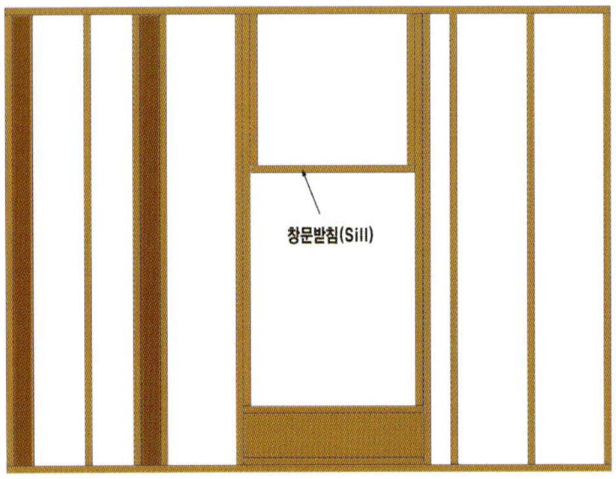

8. 창문받침(Sill)을 박는다.

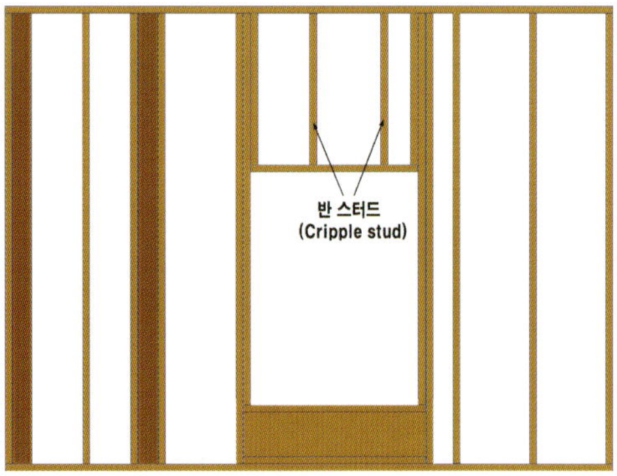

9. 나머지 반스터드를 박는다.

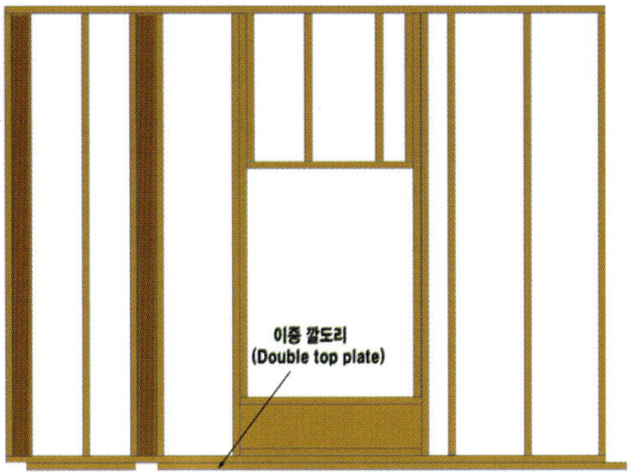

10. 이중깔도리(Double top plate)를 박는다.

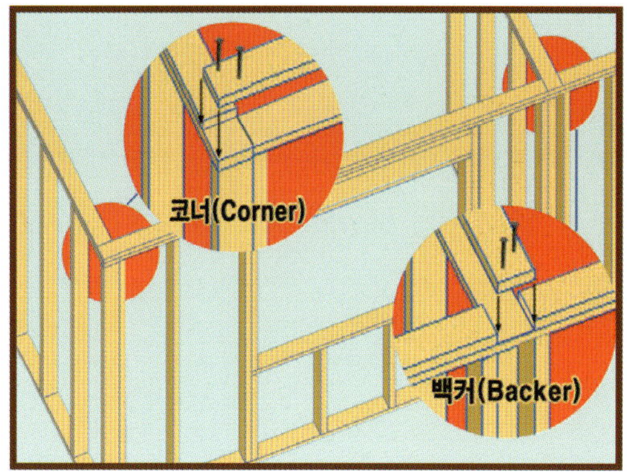

코너와 백커의 결합방법.

이중깔도리(Double top plate)가 끊어진 이음부분의 간격

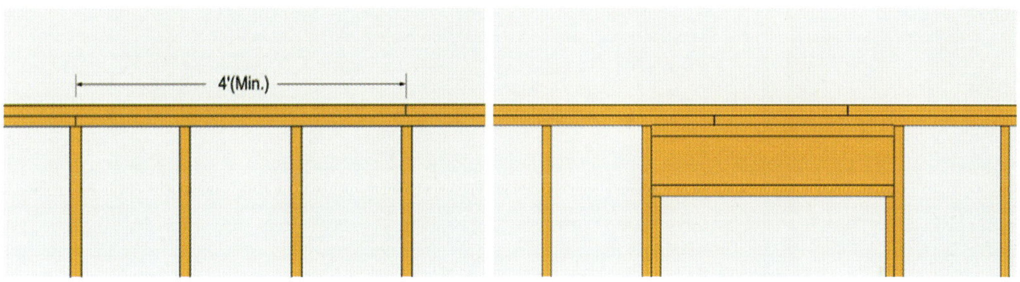

- 윗깔도리(Top plate)와 이중깔도리(Double top plate)의 연결이음매는 스터드 위에서 만나 이어져야 하며, 끊어진 이음매의 간격은 최소 4'이상되야 한다. (그림 왼쪽)
- 4'이하의 간격으로 이어져야 하는 경우에는 헤더 위쪽에서 만나 이어지는 것은 간격과 무관하다. (그림 오른쪽)

대각선 직각잡기

벽체가 만들어진 후에는 합판을 붙이기 전에 벽체의 직각상태를 확인해야 한다. 벽체의 직각을 확인하기 위해서는 벽체의 모서리와 모서리의 대각선길이를 서로 같도록 맞춰 직각이 되도록 한다.

예) 1번 줄자의 길이가 10피트이고, 2번 줄자의 길이가 12피트라고 하면(그림 1) 12피트인 쪽(긴쪽)의 모서리를 슬레지 해머(Sledge Hammer)로 때려(그림 2) 1번과 2번의 줄자 길이가 각각 11피트가 되도록 맞춘 다음 합판작업을 진행한다.(그림 3)

벽체의 대각선길이를 확인하고 있다.▶

합판 조립

합판에 못을 박을 때 못과 못 사이의 간격은 합판의 바깥부분인 경우 최대 6인치 이하로해야 하고, 합판의 안쪽은 최대 12인치 이하로 해야 한다. 이때, 합판에 사용되는 못은 8d의 못을 사용한다.

11. 코너쪽을 기준으로 시작해 합판을 박는다.

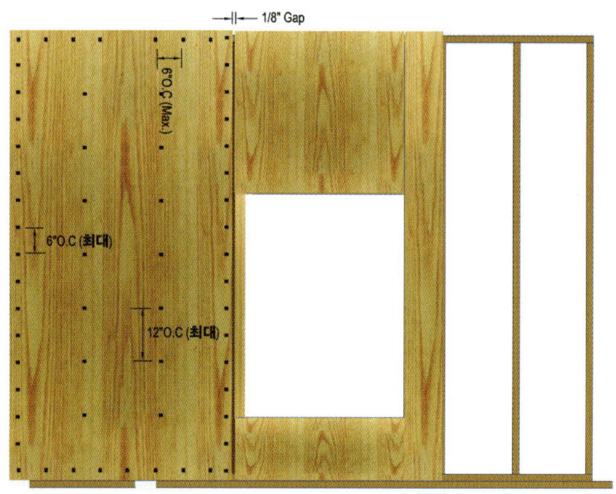

〈못박기 규정〉 합판 바깥쪽 : 최대 6인치 간격
합판 안쪽 : 최대 12인치 간격

합판 개구부 뚫기

1 2 3

합판을 붙인 후 개구부(Opening)를 뚫을 때는 먼저 아직 합판을 붙이지 않은 쪽의 개구부를 이용하여 개구부 안쪽으로 자를 집어넣어 줄자가 닿는 개구부까지의 길이를 재고 그 길이를 합판에 옮겨 표시를 한 다음 스킬쏘를 사용해 개구부를 뚫는다.

12. 오른쪽 합판 끝은 옆벽체가 세워져 만나는 부분이므로 다음 벽체 두께만큼 합판의 여유를 둔다.

13. 벽체를 세운다.(안에서 보았을 때 모습)

벽체 세우기

벽체를 세울 때는 현장인원이 들어 올릴 수 있는 만큼의 크기와 무게로 제작해야 한다. 너무 크게 제작하면 현장 인원만으로 들어 올릴 수 없고, 너무 작게 나누어 제작하면 벽체의 연결부위가 많아져 결속력이 떨어지므로 적당한 크기와 무게로 제작할 수 있도록 한다.

반원 (Half Round)창 골조 (Frame)

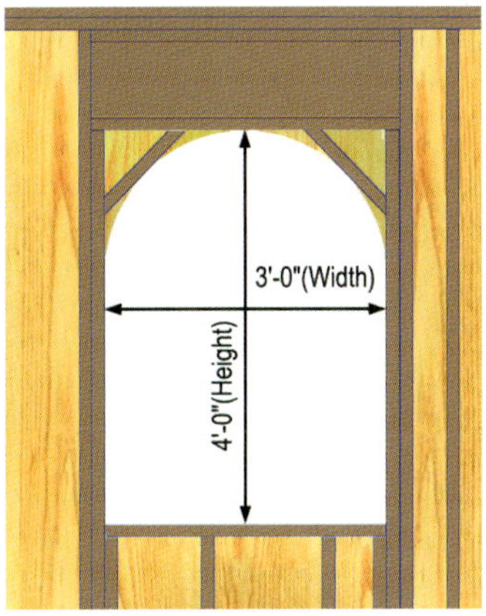

설치 전

설치 후

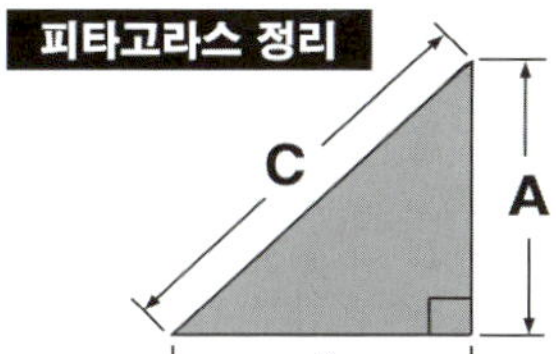

$$A^2 + A^2 = C^2$$

$$C = \sqrt{A^2 + A^2}$$

〈 대각선 길이 구하는 법 〉

반원(Half Round)창이 설치되는 부분에는 대각선으로 골조를 만들어 주어야 한다.

대각선의 길이는 얼마인가?

창문의 반지름이 18인치인 창의 밑변과 높이의 길이가 각각 18인치일 때 피타고라스의 정리를 이용한 대각선의 길이는 25 7/16인치이다.

여기에 창문의 반지름 18인치를 빼준 결과 값에 2를 곱해주면 대각선의 길이가 된다.

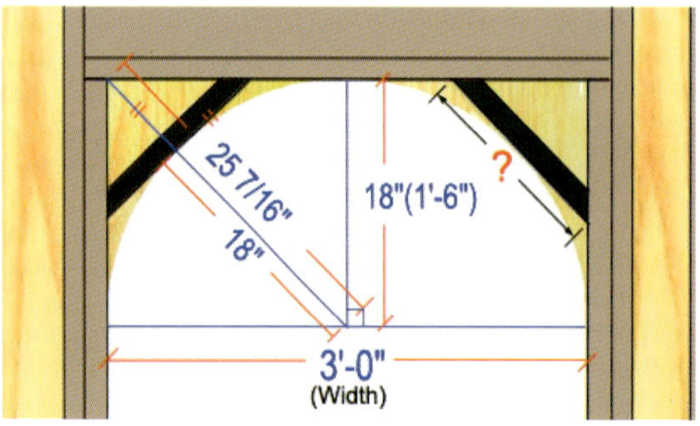

$C^2 = (18)^2 + (18)^2$

$= 25.45584(25\ \ 7/16'') - 18$

$= 7.455844(7\ \ 7/16'') \times 2$

$= 14.91169(14\ \ 15/16'')$

각도는 45도이고 긴길이가 14 15/16"이다.

앞에서는 벽체를 만드는데 창문과 투습방수지를 미리 설치하지 않고 벽체를 만들었다.

다음은 벽체에 투습방수지와 창문을 미리 설치해 만드는 방법에 대해 알아보도록 하자.

※필요한 공구–Compressor/Miter saw/Skil saw/Framing gun/타카(1022)/Impact wrench/실리콘 Gun/Sledge hammer
※필요한 자재(구조재 제외)–16d/8d/실리콘/E-Z seal/Tyvek

목수 1, 목수 2, 목수 3, 목수 4 – 외벽만들기 / 투습방수지 설치 / 벽체세우기

외벽2(EXTERIOR WALL)

외벽만들기(투습방수지와 창문설치를 미리하는 방법)

벽체 조립순서

외벽체에 미리 방습지와 창문을 설치하는 방법은 벽체를 세우기 전에 가능하며 모든 작업을 마치고 벽체를 세우는 것이다. 이 방법은 투습방수지와 창문을 미리 설치함으로써 작업의 속도를 높일 수 있으며, 특히 2층이상의 작업인 경우 외부작업을 별도로 하지 않아도 되므로 작업자의 안전에 좋다.

투습방수지 (House wrap)

투습방수지는 벽체를 완성한 후 외벽 마감재를 설치하기 전에 벽에 부착하는 것으로서, 외부로부터의 수분을 차단하고 내부의 습한 공기는 외부로 배출시켜 투습, 방수를 유지하는 역할을 한다. 이러한 투습방수지는 앞뒷면이 모두 똑같은 성능을 발휘하므로 앞뒤의 구분이 없이 사용가능하다.

투습방수지 설치방법

투습방수지는 두 가지의 설치방법이 있다.

① 외벽체를 모두 완성한 후 투습방수지로 건물 전체를 감싸는 방법

- 건물의 모서리에서 시작하고 최소 12인치 이상의 겹침을 두어, 두루마리(Roll)로 되어 있는 투습방수지를 수직으로 잡고, 표면이 벽에 밀착되도록 설치한다.
- 투습방수지의 위와 아래의 이음부분은 최소 6인치 이

상 겹치도록 해야 하고 외기의 물이 침투하지 못하도록 이음매는 투습방수지 테이프로 밀봉해 주어야 한다.

② 벽체를 바닥에 눕혀진 상태에서 투습방수지를 미리 붙이는 방법.

- 투습방수지의 설치는 벽체의 아래부분에 겹침의 여유를 두고 먼저 설치하고, 윗쪽에는 최소 6인치 이상 겹치도록 설치 한다.

이음매는 테이프를 사용하여 밀봉하고 작업시 구멍이 생겼거나 찢어졌을때도 테이프를 붙여준다.

〈투습방수지 설치 순서〉

투습방수지는 벽 끝에 겹쳐야 할 부분을 최소 12인치 이상 여유를 남겨두고 위아래의 겹침은 최소 6인치 이상이 되도록 한다. 투습방수지를 붙일 때는 스테이플러(Stapler)나 타카(1022)를 사용하는데, 합판 면에 밀착되도록 손으로 고르게 문지르면서 고정시킨다.

창문을 설치하기 위한 개구부 뚫는 법

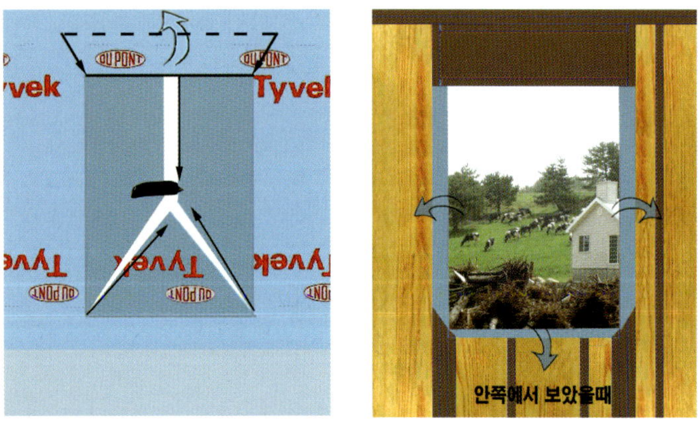

투습방수지로 덮인 창문 개구부는 창문이 설치될 모서리로 부터 가운데 방향으로 자르고 개구부의 헤더쪽은 수평 방향으로 자른다. 창문이 설치되는 헤더의 양옆모서리는 빌딩테이프를 설치한 후에 덮어주기 위해 대각선으로 미리 잘라 놓는다.

창문설치

창문 설치하는 순서

투습방수지를 뚫고 나서는 창문을 끼워 넣는다.

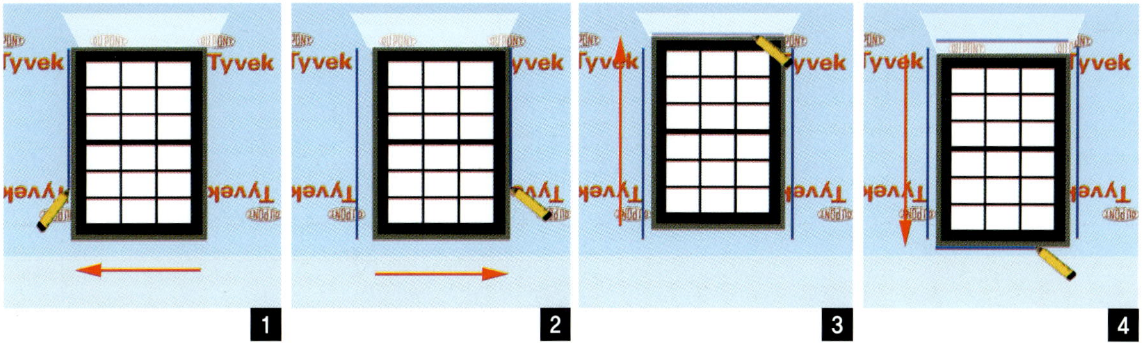

창문을 왼쪽 끝에 밀착시키고, 연필로 창문의 왼쪽 끝에 선을 긋는다.(그림 1번)

오른쪽으로 밀착시켜 오른쪽 끝에 선을 긋는다.(그림 2번)

위쪽으로 밀착시켜 윗쪽끝에 선을 긋는다.(그림 3번)

마지막으로 아래로 밀착시켜 아래쪽끝에 선을 긋는다.(그림 4번)

이렇게 4곳에 선을 그리게 되면 4각형의 선이 그러지게 되는데 이 선의 정중앙에 창문의 위치를 맞추도록 한다. 그러나 창문을 고정하기 전에 먼저 해야 할 것이 있다. 먼저, 창문을 다시 꺼내어 창문이 설치될 하단에 빌딩테입을 약간 높여 올려 붙이고, 모서리를 칼로 자른다음 안으로 접어 넣는다. 이 작업은 창문의 하단부에 습기가 차서 목재가 썩는 것을 막기 위 함이다.

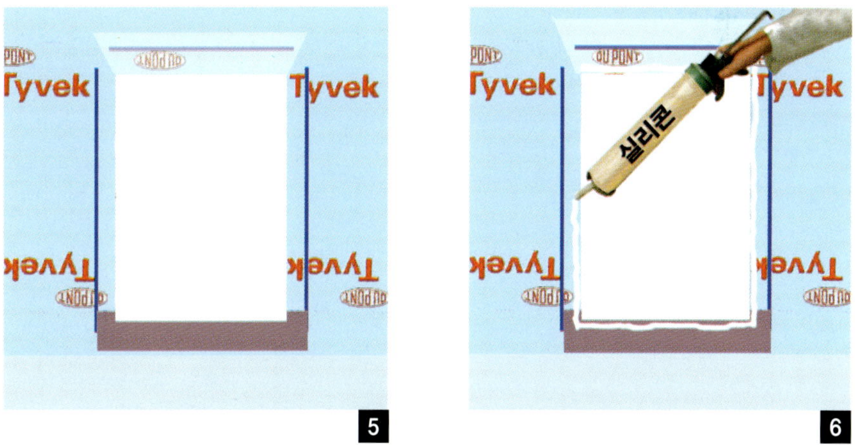

창문이 설치될 4면에 모두 실리콘(Silicone)을 칠하여 방수 성능을 높인다. (그림6번)

빌딩테이프 붙이는 순서

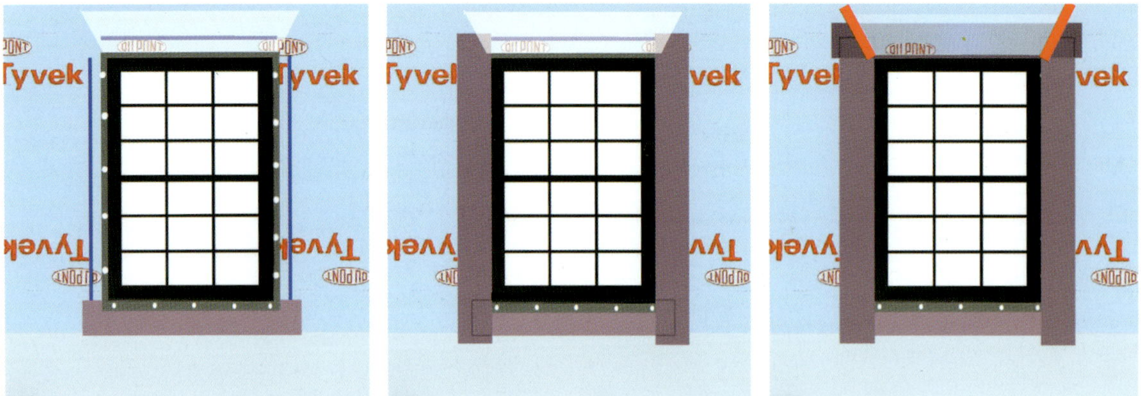

7 8 9

창문을 개구부에 넣고, 못을 박아 고정하는데 헤더부분에는 못을 박는 경우와 박지 않는 경우가 있다. 이것은 헤더의 목재수축과 팽창에 의한 창의 변형때문인데, 각 회사마다 못을 박는 규정의 차이가 있으며, 3층이하의 일반주택에서는 박는경우가 대부분이다. (그림7번)

양 옆에 붙이는 테이프는 아래 부분과 겹쳐 아래로 나오도록 하되 윗부분은 반대로 위에 붙일 테이프 위로 나오지 않게 잘라 붙인다.(그림8번)

맨 위에 붙이는 테이프는 양 옆으로 붙인 테이프보다 길게 붙여 덮을 수 있도록 길게 잘라 붙인뒤 투습방수지로 덮고 양옆은 투습방수지테이프로 붙인다.(그림9번)

이렇게 붙이는 이유는 테이프와 테이프가 겹쳐지는 부분으로 빗물이 스며드는 것을 막기 위함이다.

Half Round 창에 빌딩테이프 붙이는 방법

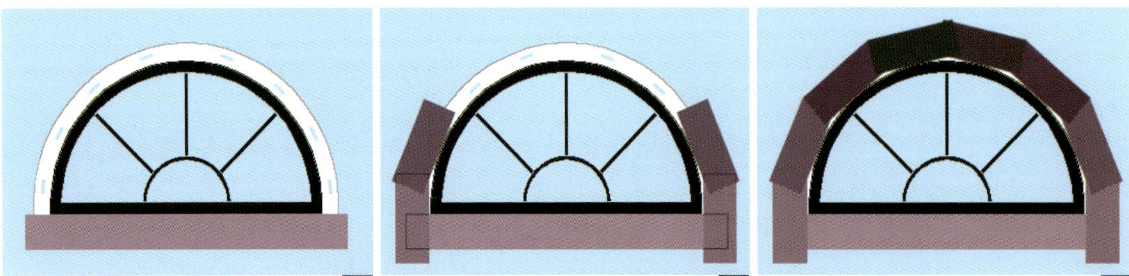

1 2 3

반원(Half Round)창에 빌딩테이프를 붙일 때는 아래부터 붙이기 시작한다.
곡선이 진 부분은 빌딩테이프를 창문의 곡선에 맞도록 일정한 크기로 잘라서
아랫부분부터 겹쳐지도록 해서 위로 붙여 나간다.

가장 윗부분은 양 옆에서 붙여 올라온 것을 모두 겹쳐 붙여질 수 있도록 한다.

벽체 세우기

이제 벽체를 세우는 것만 남았다. 벽체는 창문이 부착되어 있으므로 더욱 조심스럽게 세워야 한다. 벽체를 세우기 전에 이중윗깔도리(Double top plate) 위에 장선(Joist)의 레이아웃을 미리 해놓으면 벽체가 세워진 이후에 따로 레이아웃을 하지 않아도되므로 작업이 보다 안전하고 빠르다.

벽체를 제작할 때는 벽체를 세울 수 있는 크기만큼 제작하도록 한다.

그리고 벽체를 세우기 전에 미리 준비해야 할 것들이 있다.

벽체를 세우고 나서 연속적으로 해야 할 다음 작업에 대한 준비가 되어 있어야 한다.

임시가세 설치

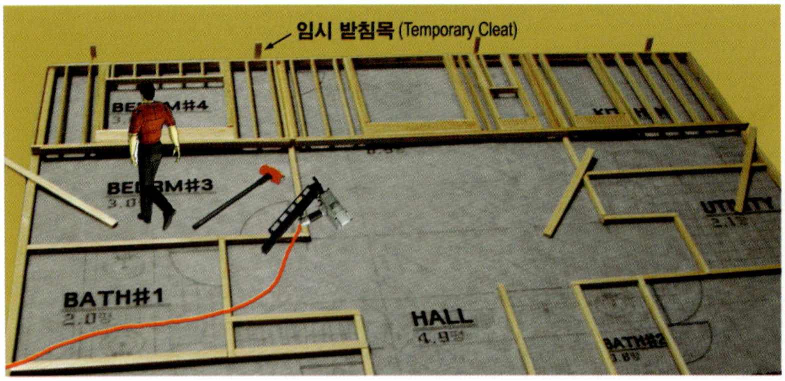

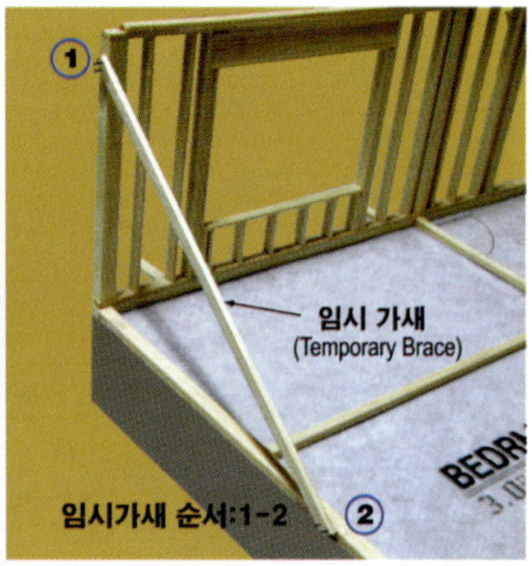

벽체를 고정시킬 임시가새(Temporary Bracing)가 벽체 양 끝에 한개이상 준비 되어 있어야 하고, 못총(Framing Gun)과 슬레이지 햄머(Sledge hammer)도 함께 준비되어 있어야 한다. 벽체를 세운 후에는 임시가새를 이용하여 벽체를 먼저 고정시키는데 못을 박는 순서는 벽체의 윗부분에 못을 박은 다음 아래쪽에 못을 먼저 박아 고정시킨다.

이때 벽체의 수직은 정확하게 맞출 필요성은 없다. 어차피 벽체와 벽체가 만나 이어지는 작업을 할 때 임시가새를 떼어내기 때문이다.

벽체 고정

〈밑깔도리(Bottom plate)에 못박기〉

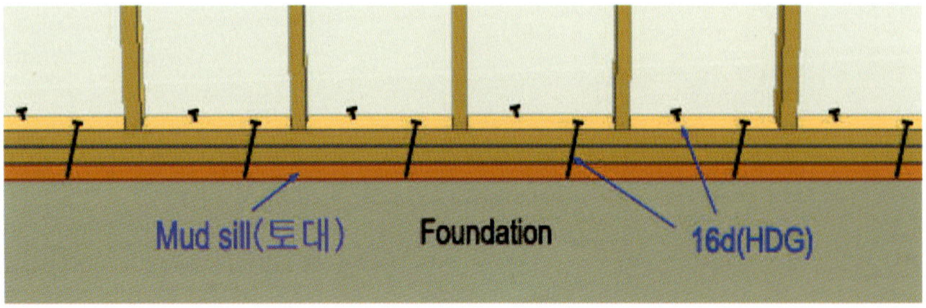

벽체가 제 위치에 놓여졌다면 연속적으로 진행되는 작업이 밑깔도리(Bottom plate)에 못을 박는 것이다.

밑깔도리의 못은 16d를 사용하고 벽체 끝에서부터 면과 길이를 정확하게 맞추면서 못을 박는다. 못은 스터드와 스터드 사이에 경사못박기로 엇갈리게 못을 박는다. 밑깔도리에 못을 박을 때는 육안으로만 확인하고 못을 박기 보다는 손끝으로 토대와 밑깔도리 면을 맞추면서 못을 박는 것이 더 정확한 작업이 될 수 있다.

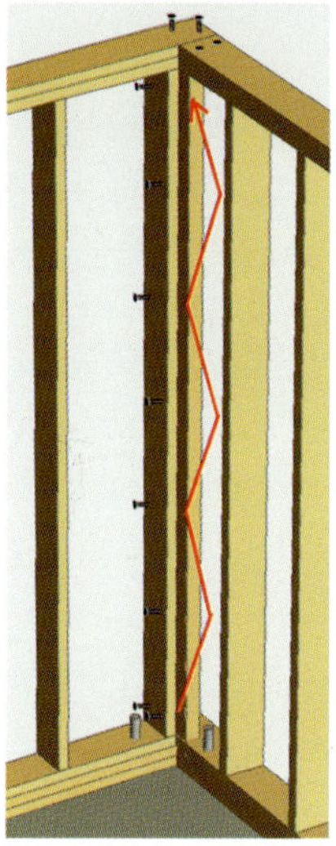

벽체를 모두 고정하고나면 옆 벽체와 만나는 곳이 생기기 마련이다. 벽체가 만나는 코너에 못을 박을 때는 맨 아래 부분부터 못을 박는다.

한치의 오차도 없이 작업을 시작하는 기준이 레이아웃이었다. 이것을 어떻게 지붕까지 오차없이 진행되도록 하는것이 빌더(Builder)가 해야 할 일이다. 따라서 가장 아래인 밑깔도리(Bottom plate)를 정확하게 육안으로 확인해 높낮이를 맞춰 가며 16d못을 사용해 지그재그로 간격을 맞추면서 못을 박는다. 두 벽체를 정확하게 간격을 맞추어 못을 박으면 두 벽체는 정확한 수직과 직각 상태를 이룬다.

맨 위의 이중윗깔도리(Double top plate)는 옆 벽체와 겹쳐지도록 못을박아 고정시킨다.

외벽에는 태풍의 영향을 받는 곳이나 지진 가능성이 있는 지역에는 철물을 이용하여 좀더 보강을 해 주어야 한다.

콘크리트 기초에 고정볼트 외에 더 많은 지지력을 보강할 때는 그림에서와 같이 홀다운(Holdown)이란 철물을 사용해 콘크리트 기초와 벽체를 고정시켜 결속력을 높여준다. 홀다운(Holdown)과 스터드를 고정할 때는 두께가 1/4인치이고, 길이가 3인치인 스크류(Screw) 볼트를 사용해 고정시킨다.

홀다운
(Hold down) :
위로 작용하는 풍력 또는 지진력에 목구조물이 저항 할 수 있도록 해주는 철물

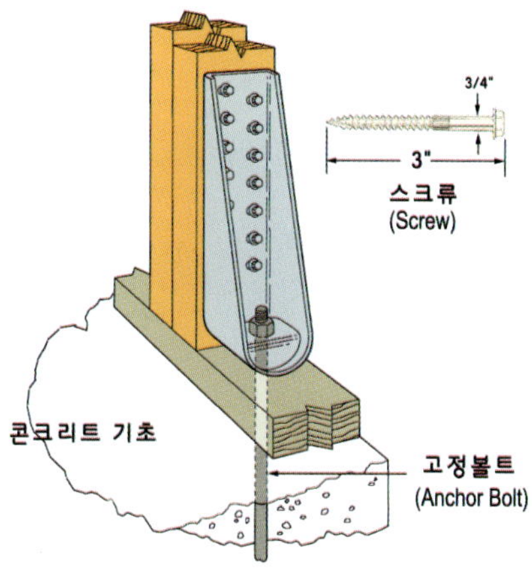

내벽
INTERIOR WALL

※필요한 공구–Compressor/Miter saw/Skil saw Framing gun/타카(1022)/Reciprocating saw/Level
※필요한 자재(구조재 제외)–16d/8d

목수 1, 목수 2 – 내벽만들기, 목수3, 목수4–벽체 레벨작업/브래싱 작업

내벽(INTERIOR WALL)

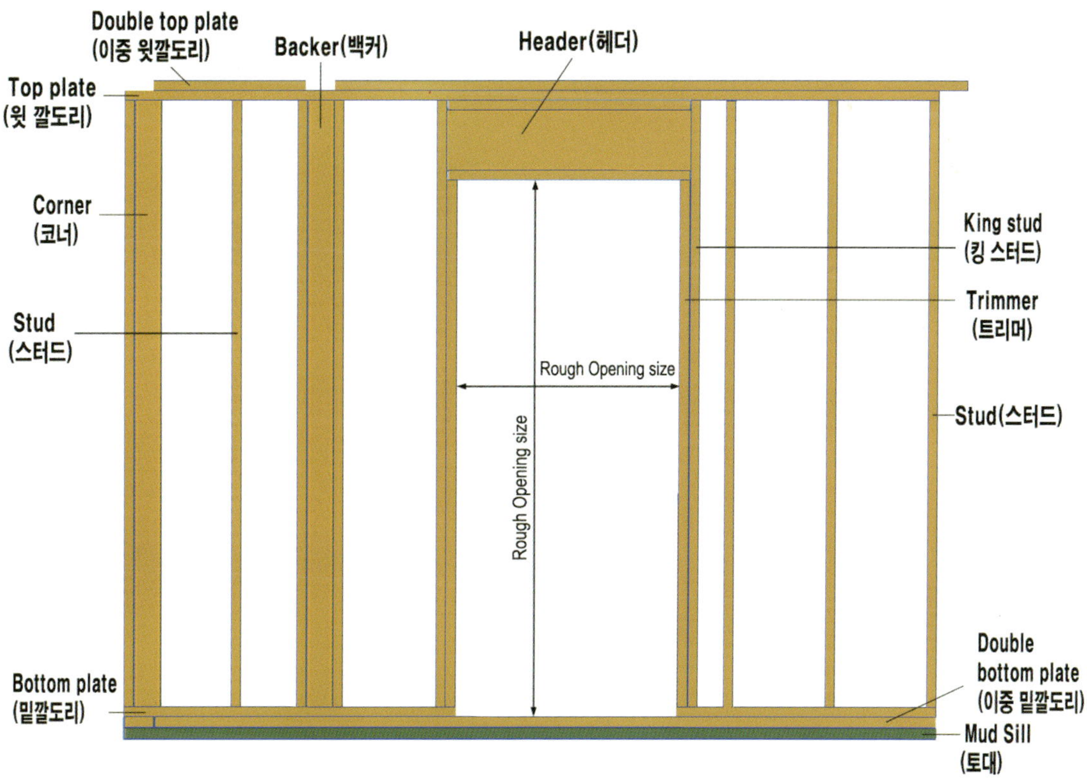

내벽 명칭

플레이트 레이아웃 (Plate Layout)

내벽 레이아웃 (Layout) 표기

Top : 윗깔도리(**Top** plate)

Bottom : 밑깔도리(**Bottom** plate)

COR : 코너(**COR**NER)

X : 스터드(stud)

 : 백커(backer)

K : 킹스터드(**K**ing stud)

T : 트리머(**T**rimmer)

₵ : 개구부 중앙(Center)

레이아웃 (Layout) 순서

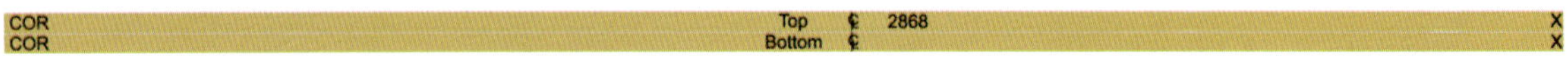

1. 개구부(Opening)의 중앙선을 표시한다.(중앙선은 창문이나 문의 중앙을 말한다.)

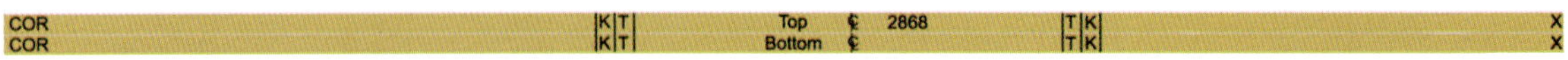

2. 트리머(Trimmer)와 킹 스터드(King stud)를 표시한다.

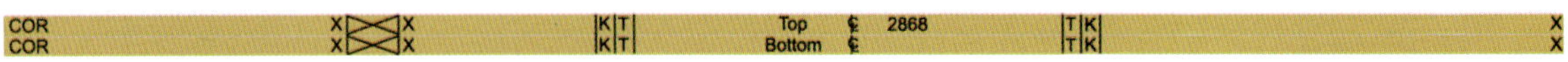

3. 백커(Backer)를 표시한다.

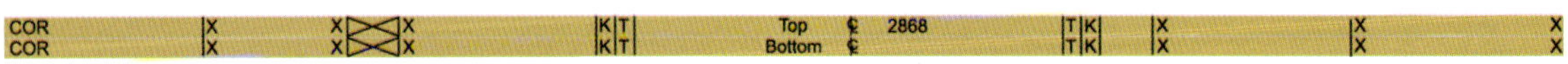

4. 스터드(Stud)를 표시한다.

실내문 (Interior Door) 개구부

실내문은 외벽에 설치하는 현관문이나 패티오 도어(Patio Door)와는 개구부의 크기 개념이 다르다.

■ 헤더(Header)길이 구하는 방법

예) 2868 실내문의 헤더 길이를 구해 보도록 하자. (실내문은 가로가 2피트 8인치 세로가 6피트 8인치 가 개구부 크기가 아니고, 문만의 크기이다.)

[질문] 아래 그림 1, 2, 3번 중 2피트 8인치를 가리키는 곳은 몇 번인가?

답은 (3)번이다.

그리고 (2)번의 헤더 잼(Header jamb)의 길이는 도어(문)보다 1/4″(1/8″+1/8″)가 더 길어 2′-8 1/4″이다.

양 옆의 잼(jamb) 두께(3/4″+3/4″=1 1/2″)를 합하고 (2)번 헤더잼(Header jamb)의 길이를 더하면 (1)번 길이가 된다.

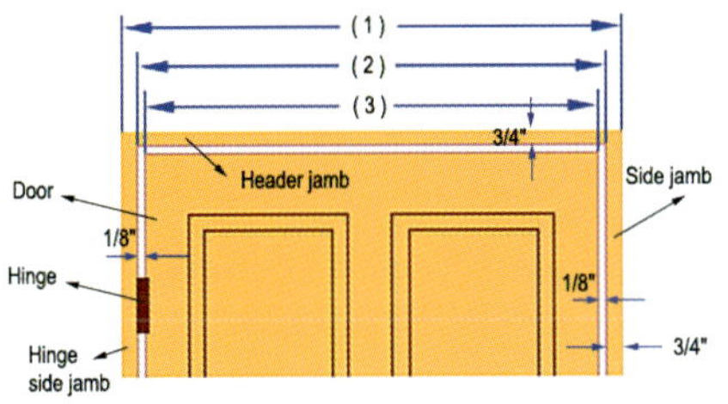

[INTERIOR DOOR 2868]

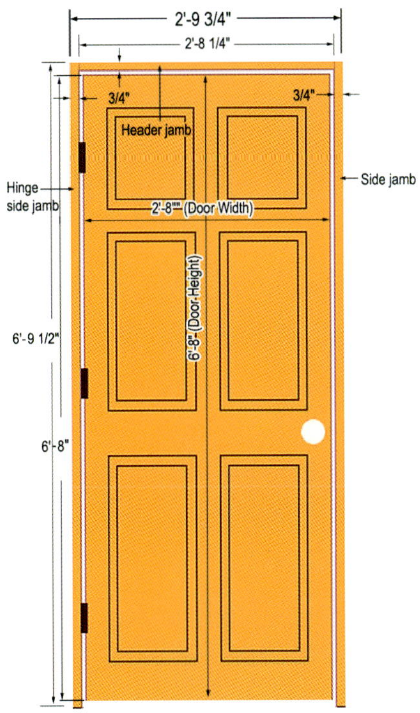

[INTERIOR DOOR 2868]

여기에 1/2″의 여유를 더해주면 개구부 길이(Rough Opening size)가 된다.

1/2″의 여유를 더해 주지 않고 3/4″ 또는 1″를 더해 주어도 되지만 1/2″ 여유를 주는 것이 일반적이다.

2′-8 1/4″(Head jamb 길이)+3/4″(Hinge side jamb 두께) + 3/4″(Side jamb두께) = 2′-9 3/4″(Side jamb을 포함한 전체 폭) + 1/2″(Opening 여유) = 2′-10 1/4″(개구부 가로 길이)

※ 개구부의 크기는 2′-10″로도 가능하다.

[질문] 헤더(Header) 길이는?

2′-10 1/4″(Door R.O) + 3″(Trimmer 두께) = 3′-1 1/4″(헤더 길이) 문높이는 6′-8″에 1 1/2″를 더한 6′-9 1/2″가 Hinge side jamb 전체높이 이다.

실질적으로 6′-9 1/2″(Hinge side jamb 높이)에서 Header jamb 두께 3/4″를 빼면 6′-8 3/4″가 되므로 6′-8″의 실내문에는 3/4″의 여유가 있는 것이다.

트리머(Trimmer)의 길이는 6′-8 3/8″이다. 그러나 문의 전체 높이는 6′-9 1/2″이다.

그렇다면 6′-9 1/2″를 가지고 있는 문이 6′-8 3/8″를 가지는 트리머(Trimmer) 속에 들어가지 않는다.

따라서, 문의 하단부 밑깔도리(Bottom plate)를 한 단 잘라내야 한다. 처음 벽체를 만들면서 모든 문의 개구부 아래 하단을 잘라낼 계획으로 만든 것인데 벽체를 완성한 이후에 잘라내는 것은 미리 잘라낼 경우 벽체의 직각 및 제작할때 어려움이 따르기 때문이다..

※2868 실내문을 넣기 위해서 문의 하단부 밑깔도리(Bottom plate)를 잘라내고 있다.

(모든 문의 하단부를 자른다.-현관문, 실내문, 실외문, 욕실, Patio Door 등)

[주의 : 실내문은 제품특성상 여러회사마다 개구부의 차이가 있어 반드시 설치할 문에 대한자료를 참고 할 것]

벽체조립

내벽 조립순서

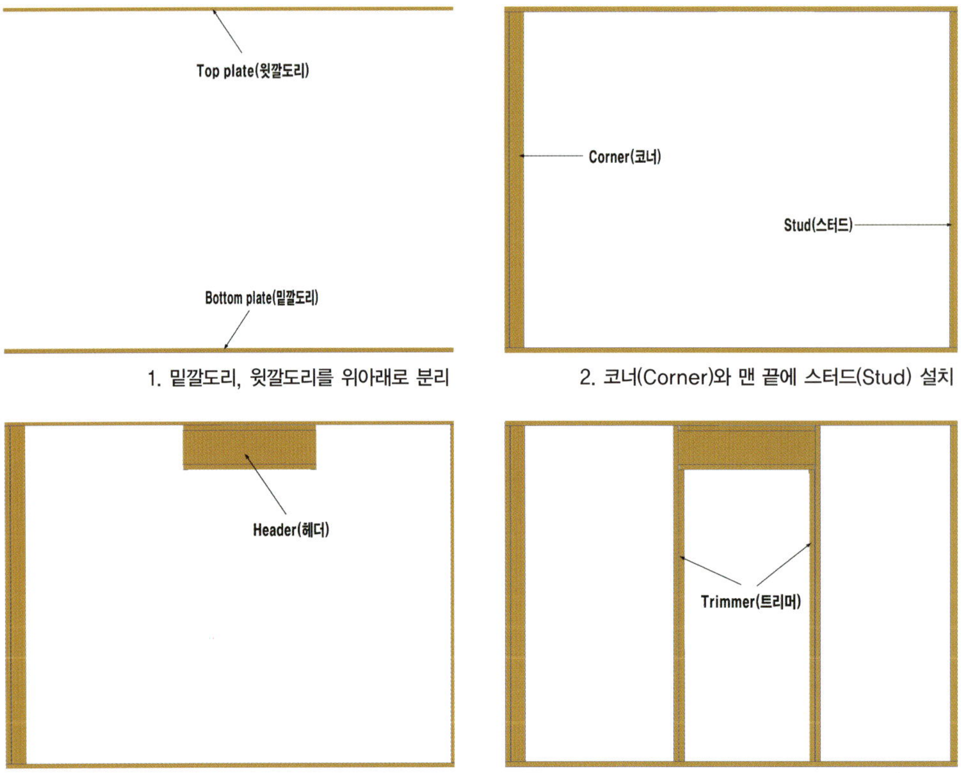

1. 밑깔도리, 윗깔도리를 위아래로 분리
2. 코너(Corner)와 맨 끝에 스터드(Stud) 설치
3. 헤더(Header) 조립
4. 트리머(Trimmer) 조립

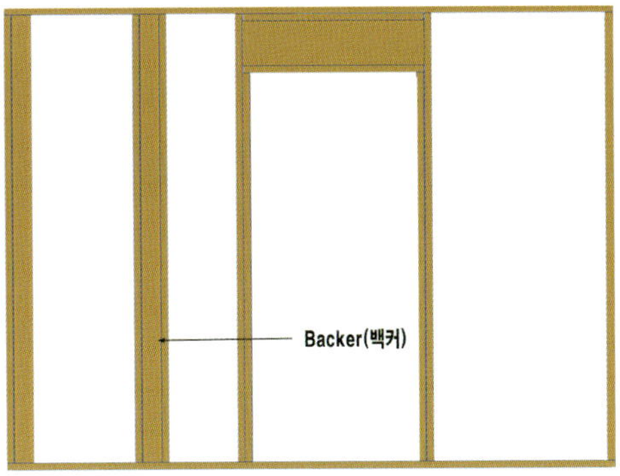

5. 백커(Backer) 조립

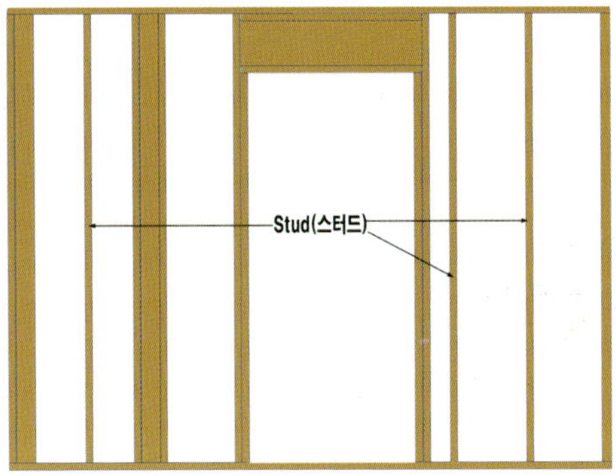

6. 나머지 스터드(Stud) 조립

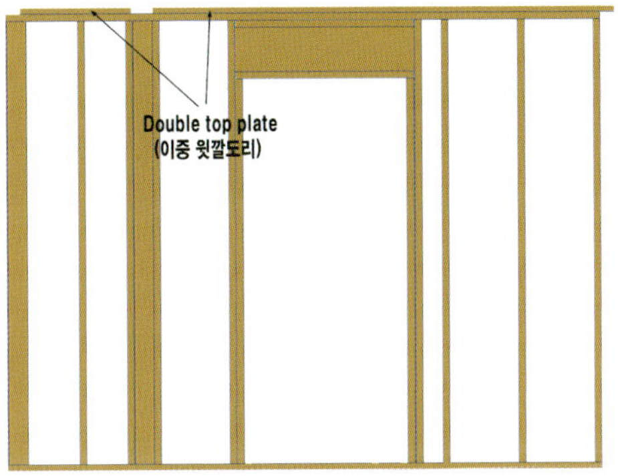

7. 이중깔도리(Double top plate) 조립

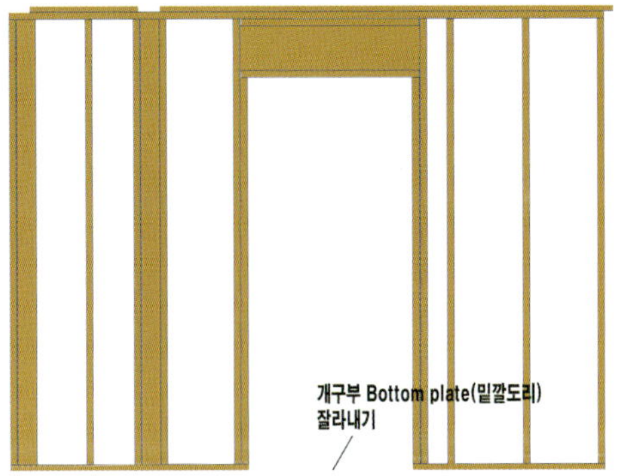

8. 실내문(Door) 밑단 자르기(벽체 설치 후)

벽체 세우기

내벽은 외벽을 만들어 보았다면 쉽게 만들 수 있을 것이다. 외벽을 만든 것에 합판과 투습방수지의 공정을 뺀 것이 내벽이다.

내벽은 외벽에 비해 제작시간도 짧게 들고 벽체에 직각을 미리 맞출 필요 없이 벽체를 조립하면서 맞추면 된다.

내벽은 주로 거실 등의 실내공간이 넓은 곳을 활용하여 조립해 만든다. 완성된 벽체는 외벽에 기대놓고, 나중에 한번에 조립을 하는 것이 좋다.

이때 조립을 하기 쉽게 나중에 조립할 것을 처음에 만들어 안쪽에 기대놓고, 바로 설치할 것은 나중에 만들어 바로 설치를 할 수 있도록 조립한다.

이렇게 만들어진 외벽과 내벽은 벽체가 휘어져 있는지 쉽게 육안으로 확인 할 수 없어 반드시 별도의 작업이 필요하다. 가장 많이 사용하는 방법은 그림에서와 같이 실을 이용해 벽체의 휘어진 부분을 찾아내는 방법이다.

외벽 (Exterior wall) 수직 잡기

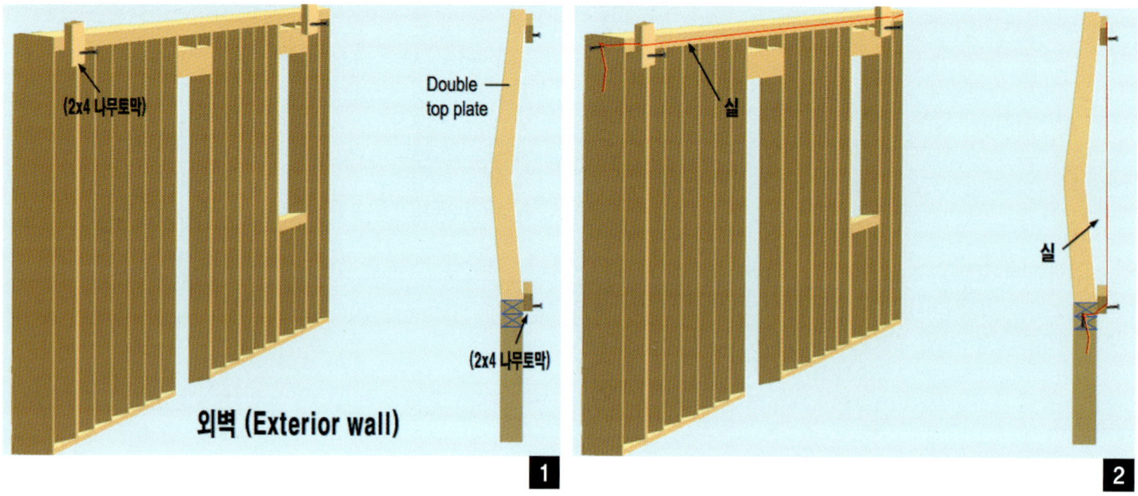

■그림1-외벽의 벽체 끝에 윗깔도리(Top plate)에 2×4 또는 2×6의 나무토막을 임시못박기 한다.

■그림2-외벽의 모서리쪽에 못을 박아 나무토막 위로 실이 지나가도록 하고 팽팽하게 실을 잡아맨다.

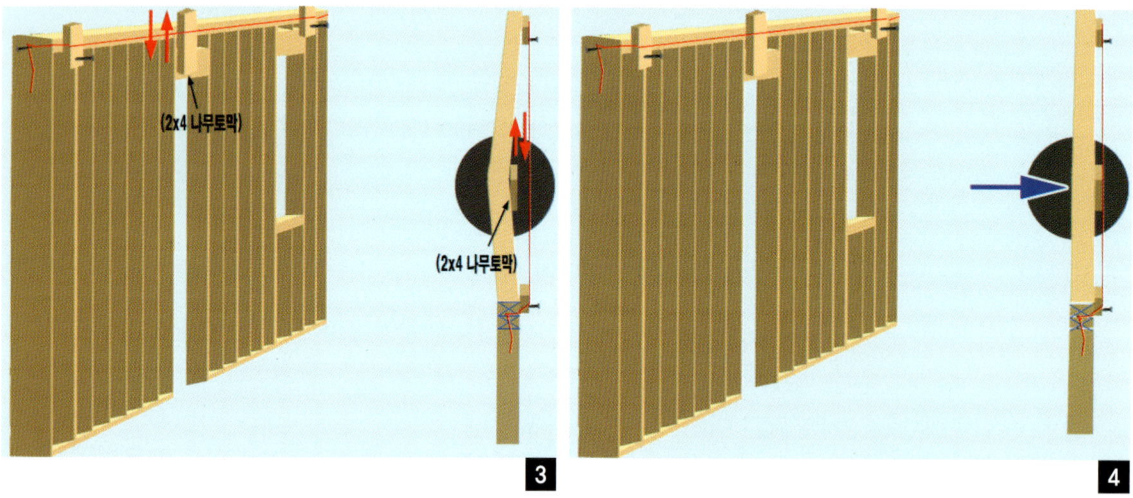

■그림3-나무토막을 이용하여 벽체의 들어간 부분에 위아래로 움직여 벽체가 얼마만큼 떠 있는지 확인 한다.

■그림4-벽체가 밀려 있는 만큼 반대쪽에서 밀어 나무토막과 실이 정확하게 닿은 지점에 임시지지대 (Bracing)를 설치하여 고정시킨다.

이렇게 벽체를 잡은 후에 다음과 같은 방법으로 벽체를 고정시킨다.

임시지지대 (Bracing) 설치하기

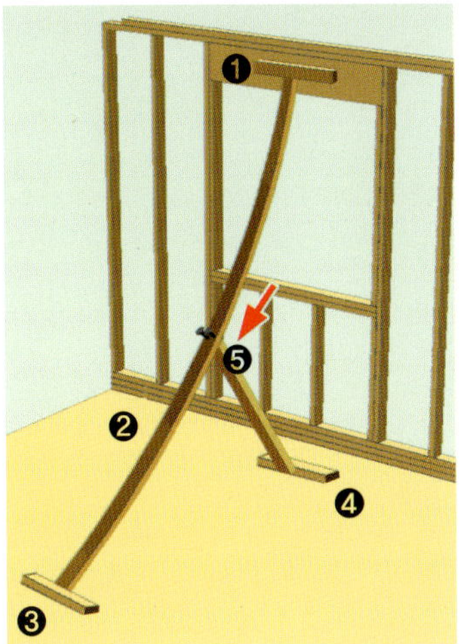

이 방법은 외벽에 임시지지대(Bracing)를 설치하는데 많이 사용하는 방법으로 먼저 헤더(Header) 부분에 임시목 ❶을 설치하고, 임시지지대 ❷가 놓여질 부분보다 약간 짧은 위치에 받침목 ❸을 설치한 후 임시지지대 ❷를 끼워 넣으면서 벽체를 민다.

반대쪽에 임시 지렛대 ❹를 대고 휘어져 있는 임시지지대 ❷를 서서히 밀어 곧게 펴면서 벽체의 수평을 잡은 다음에 임시지지대 ❷와 짧은지지대 ❺에 임시못박기를 하여 고정시킨다.

이 방법은 바닥이 목재가 아닌 경우에는 콘크리트 못을 박아 사용하고 특히, 개구부가 큰 곳에는 반드시 작업해 주어야 한다.

내벽(Interior wall) 수평 잡기

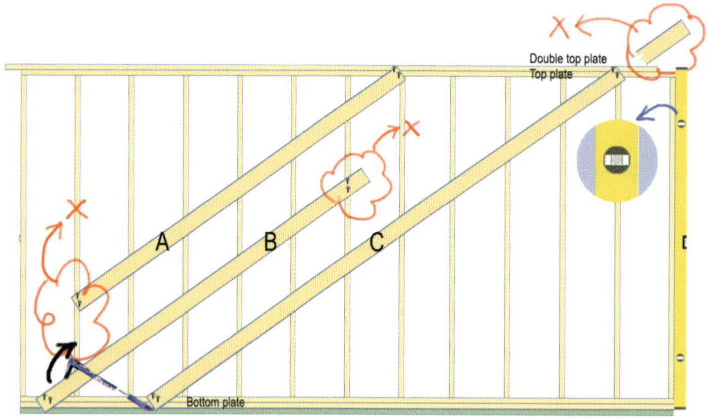

내벽은 외벽과 연결이 되어 있는 경우가 있고, 내벽과 내벽이 연결되어 있는 경우가 있는데, 두 가지 모두 다음의 방법을 사용한다.

임시지지대(Bracing)는 이중윗깔도리(Double top plate)와 윗깔도리(Top plate) 부분에 먼저 못을 박고 벽체 수평을 정확하게 맞춘 다음 밑깔도리(Bottom plate)에 못을 박는다. (C의 경우)

이때 이중윗깔도리 위로 임시지지대(Bracing)가 올라와서는 안 된다.

임시지지대가 올라오게 되면 위에서 하는 작업에 방해가 되고 장선작업을 하기 위해 결국 잘라내야 하므로 처음부터 올라가지 않도록 주의를 해 작업한다.

임시지지대(Bracing) A의 경우에서처럼 임시지지대가 윗깔도리(Top plate)와 스터드(Stud)에 의해 고정되어 있고, B의 경우는 밑깔도리(Bottom plate)와 스터드(Stud)에 의해 고정되어 있는데, 두 가지 모두 스터드의 흔들림이 있어 벽체를 고정하는 방법으로는 잘못된 방법이다.

표준 스터드(92 5/8") 보다 스터드의 길이가 길 때

스터드의 길이가 92 5/8인치보다 높게 집을 짓는 경우 가령, 스터드의 높이를 8피트, 9피트, 10피트 또는 그 이상의 길이도 사용가능하지만 92 5/8인치를 사용했을때보다 합판, 석고보드 (4′×8′)그리고 단열재를 고려했을때 비 경제적이으로 경제적인 집을 짓고자 한다면 스터드 길이를 92 5/8인치로 사용하길 권한다. 거실인 경우 위를 열린 공간으로 사용하여 스터드 길이가 10피트를 초과하는 경우에는 4피트 간격마다 보막이(Blocking)를 설치하고 보막이에 합판이 걸리도록 시공해야 한다.

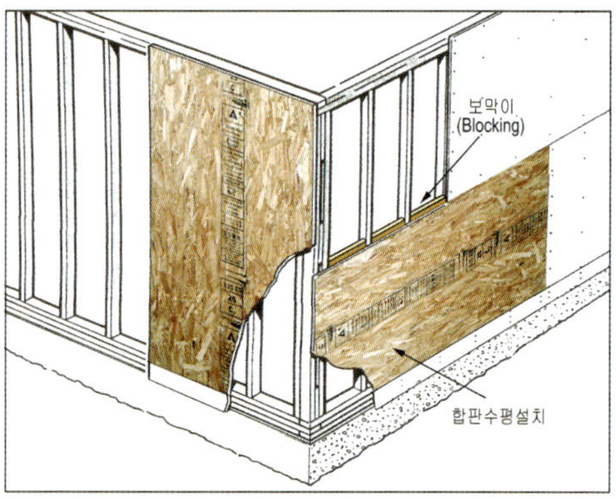

구멍뚫기 규정

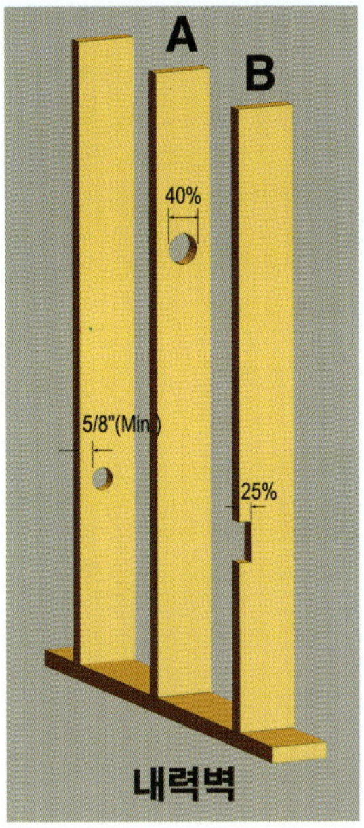

스터드에 구멍을 뚫을 때는 내력벽과 비내력벽, 그리고 스터드의 규격에 따라 차이가 있는데,

다음의 표에서 그 길이를 확인해 보자.

내력벽 (Bearing wall)

STUD	2×4벽체 (3 1/2″)		2×6벽체 (5 1/2″)	
A	40%	1 3/8″	40%	2 3/16″
B	25%	7/8″	25%	1 3/8″

하중을 받는 내력벽인 경우

예를 들어(A의 경우)

2×4 스터드인 경우 폭 3 1/2″의 40% 이상을 뚫어서는 안 된다.

3 1/2″ 의 40% 인 1 3/8″ 이상 구멍을 뚫어서는 안 된다.

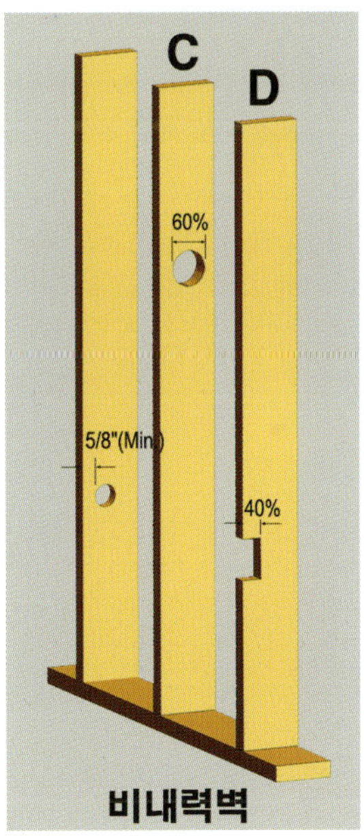

비내력벽 (Nonbearing wall)

STUD	2×4벽체 (3 1/2″)		2×6벽체 (5 1/2″)	
C	60%	2 1/8″	60%	3 5/16″
D	40%	1 3/8″	40%	2 3/16″

하중을 받지 않는 비내력벽인 경우

예를 들어(C의 경우)

2×4 스터드인 경우 폭 3 1/2″의 60% 이상을 뚫어서는 안 된다.

3 1/2″의 60% → 2 1/8″ 이상 구멍을 뚫어서는 안 된다.

구멍뚫기 규정을 지켜 구멍을 뚫은 다음에는 네일 스톱 플레이트 (Nail stop plate)를 설치해 주어야 한다.

이것은 내부에 있는 전기선을 외부의 못 등으로부터 보호해주기 위함인데 골조의 다음 공정인 석고보드 작업시 나사못으로부터 보호해 주기도하고, 나중에 몰딩작업시 타카핀으로부터 보호를 해주며, 집이 완성한 후에 액자를 걸기 위해 못을 박는 경우를 대비해 반드시 설치를 해주어야 한다.

스터드에 설치한 모습

윗깔도리와 이중 윗깔도리에 설치한 모습

Tyvek

■바닥장선(Floor Joist)

■계단(Stair)

■천장장선(Ceiling Joist)

바닥장선

FLOOR JOIST

※필요한 공구-Compressor/Miter saw/Skil saw/Framing gun/Glue gun/Sledge hammer
※필요한 자재(구조재 제외)-16d/8d/Glue/Hanger

목수 1, 2, 3-바닥장선 설치, 석고보드 받침(Drywall backing)설치, 목수 4 - 합판 나르기, 보막이(Blocking)자르기

바닥장선(Floor Joist)

바닥장선은 수평부재로 벽체 위에 올려지며 상부의 하중을 벽체에 전달하는 기능을 가진다. 일반적으로 바닥장선은 2인치의 2×(two by) 부재를 일정한 간격으로 세워 설치하며,

2×8 이상의 목재를 12인치, 16인치 그리고 24인치의 간격으로 설치한다.

일반적으로 16인치 간격이 가장 널리 적용되고는 있으나 부재의 크기나 간격, 등급, 수종 그리고 장선의 방향은 전문가의 도움을 받아 결정해야만 한다.

장선(Joist) 명칭

- ■ 끝막이 장선(Rim Joist) : 바닥장선의 끝면에 놓이는 장선
- ■ 보강장선(Extra Joist) : 상부의 하중을 지지하기 위해 특별히 보강하는 장선으로 상부에 벽체가 놓일 때 설치함
- ■ 보막이(Blocking) : 바닥장선 사이에 설치되는 나무 조각
- ■ 석고보드 받침(Drywall backing) : 석고보드를 고정하기 위해 벽이나 천장에 설치하는 나무 받침

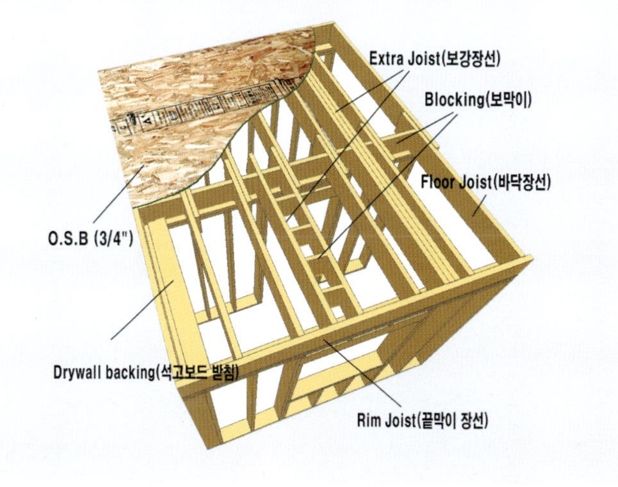

장선점검

■ 1층 벽체와 2층 벽체와의 위치관계

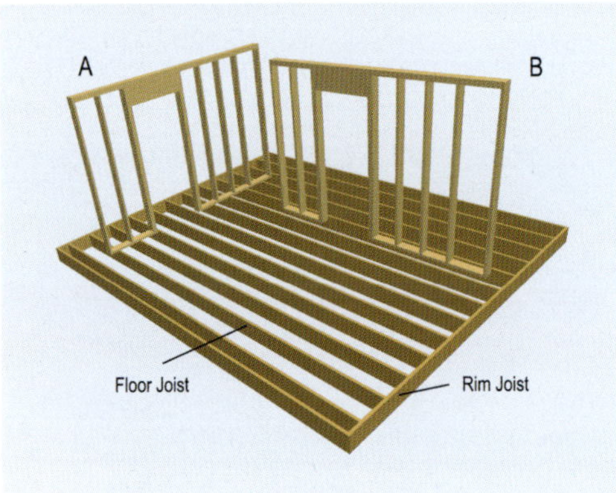

왼쪽의 그림은 바닥장선 위에 2층 실내 벽체가 놓여진 그림이다. 그림을 쉽게 이해하기 위해 바닥 합판은 생략했다. A벽체와 다르게 B 벽체는 벽체 밑에 장선이 없는 것을 확인할 수 있다. 이런 경우에는 하중을 지지하고 있는 내력벽(Bearing Wall)인 경우와 비내력벽(Nonbearing Wall)인 경우에 장선을 어떻게 보강을 해 주어야 하는지 B의 벽체를 예를 들어 알아보자.

■ 내력벽인 경우의 장선보강

하중을 받지 않는 비내력벽인 경우에는 바닥합판이 3/4인치 이상의 두께를 사용했을 경우에 별도의 장선을 보강하지 않아도 된다.(a벽체인 경우) 그러나 하중을 지지하는 내력벽인 경우 상부의 하중을 아래쪽 벽체에 전달하기 위해 장선에는 보강장선(Extra Joist)을 설치해야 한다. 설비 배관이 지나가지 않는 경우에는 바닥장선을 2개 이상 겹쳐서 하중을 받는 내력벽 아래에 설치하여 지지하도록 한다.(b벽체인 경우) 그러나 내력벽이 아래로 배관이 통과하는 경우에는 벽체폭 만큼 바깥쪽으로 양옆에 장선을 설치하고 장선과 장선사이에는 보막이(Blocking)를 24인치 간격으로 설치한다.(c벽체인 경우)

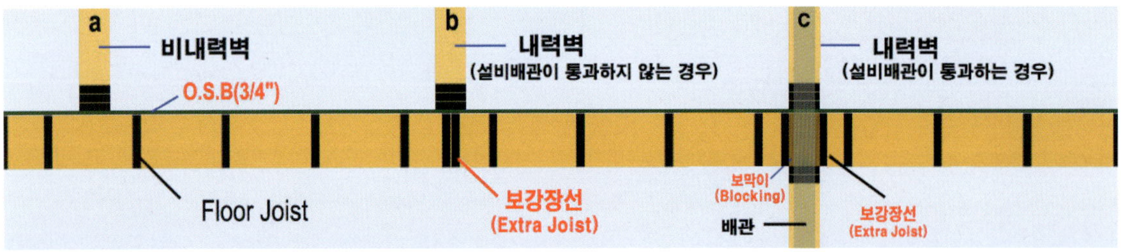

■ 변기바닥 장선

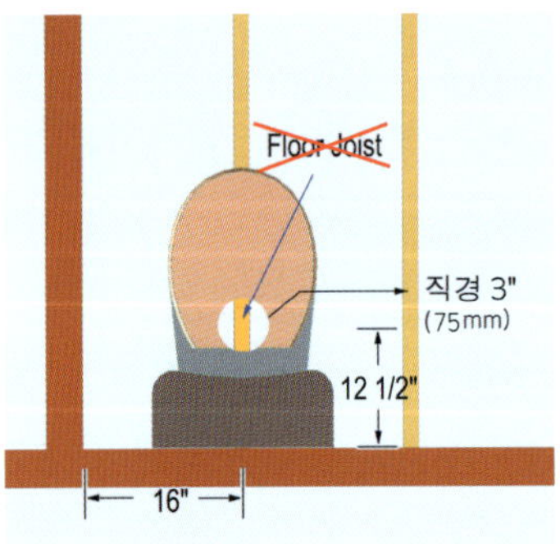

욕실변기는 변기를 기준으로 옆 벽체에서 16인치, 뒤쪽 벽체마감에서는 12 1/2인치에 직경 4인치 배관이 놓여지는 것이 가장 일반적이다. 이 위치에는 바닥장선이 놓여지지 않도록 장선의 간격이 최대 간격을 넘지 않는 범위 내에서 장선이 옮겨져야 한다. 시공자는 반드시 이것을 사전에 점검해야 하고, 설계자 또는 건축주와 사전에 변기치수와 위치에 대해 재확인되어야 한다.

■ **욕조 바닥에 장선 보강**

욕조가 놓여지는 방향에 따라 장선을 보강해 주어야 하는 경우는 다음과 같다.

그림에서 A의 욕조와 B의 욕조는 놓여지는 방향에 따라 바닥장선이 지지하는 하중이 다르다. 욕조에 물이 가득 차면 과다한 무게로 처짐이 발생할 수 있고, 이러한 하중을 지탱하기 위해서는 B욕조의 경우에는 바닥장선을 보강해 주어야 하는데 장선의 간격을 좁히거나 장선을 이중으로 보강하는 방법을 사용한다. 자세한 것은 전문가의 도움을 받는것이 좋다.

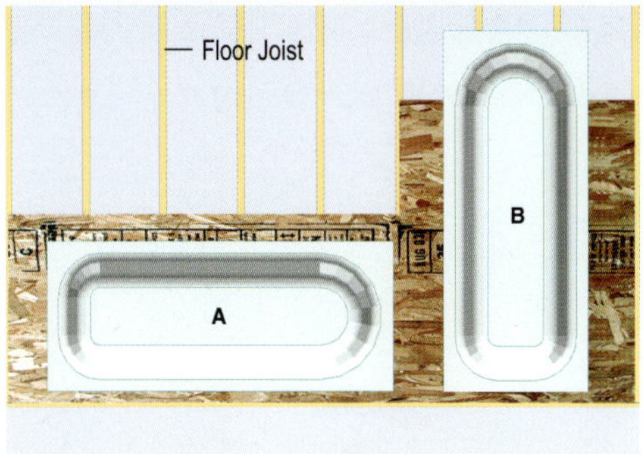

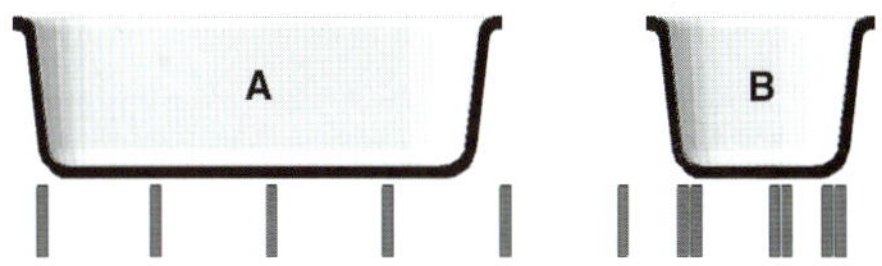

■ **배관에 의한 장선 방향**

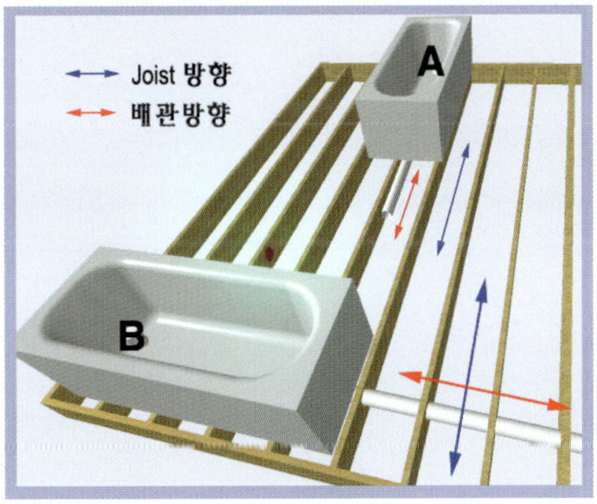

욕조의 방향과 별개로 배관과 장선과의 방향도 고려되어야 한다. 왼쪽의 그림에서 보듯이 A욕조와 B욕조는 욕조배관 방향에 따라 장선과의 방향이 차이가 나는 것을 볼 수 있다.

장선방향과 배관의 방향이 일치하는 A욕조의 경우에 비해 일치하지 않는 B욕조의 경우 장선을 배관이 모두 뚫고 지나가야 하는 경우가 발생한다. 이 점은 설계할 때 빈드시 방향과 하중이 고려되이야 하며, 욕조 역시 변기와 마찬가지로 욕조의 배관 위치에 따른 장선의 걸림이 없도록 해야 한다.

■ **장선 구멍 뚫기 규정**

바닥장선에는 배관이나 배선을 위하여 구멍을 뚫거나 홈을 파내는 경우가 있는데, 이때는 다음과 같은 규정을 준수하며 작업해야 한다.

장선을 3등분한 중앙부분은 구멍을 뚫거나 파내서는 절대 안 되며, 그 외에 장선의 끝부분에서도 1/3 이내에서만 파냄 또는 구멍뚫기 작업이 이루어져야 한다. 장선의 홈을 파내는 것은 장선두께의 1/6을 초과해서는 안 되고 폭은 1/3을 넘어서는 안 된다.

이는 장선의 위쪽부분과 아래쪽 부분에 모두 적용되며, 같은 위치의 위쪽과 아래쪽을 동시에 파내서는 안 된다. 구멍을 뚫어야 하는 경우에는 구멍의 지름은 장선두께의 1/3 이하로 뚫어야 하며, 장선의 위쪽과 아래쪽에서 최소 2인치 이상의 간격을 띄워 구멍을 뚫어야 한다.

아래 그림은 일반적으로 많이 사용하는 장선규격을 적용했을 때 구멍을 뚫는 치수이며 일반적으로 많이 사용하고 있는 2×10과 2×12장선을 적용한 치수이다.

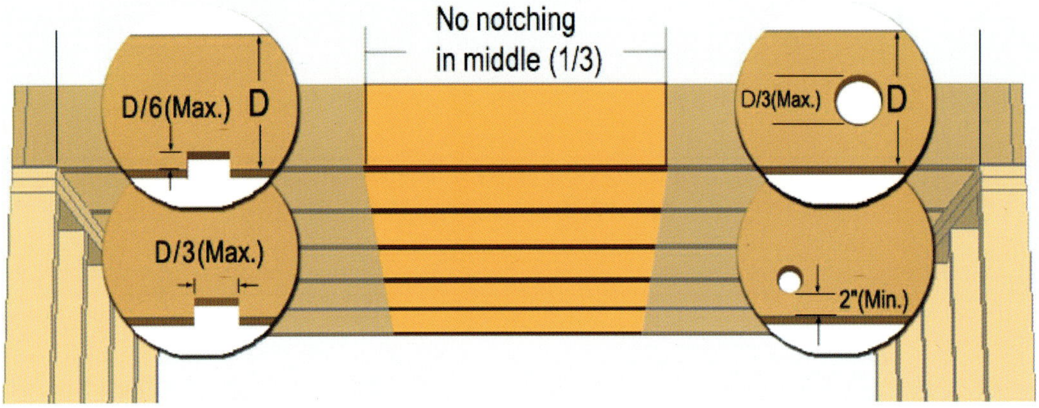

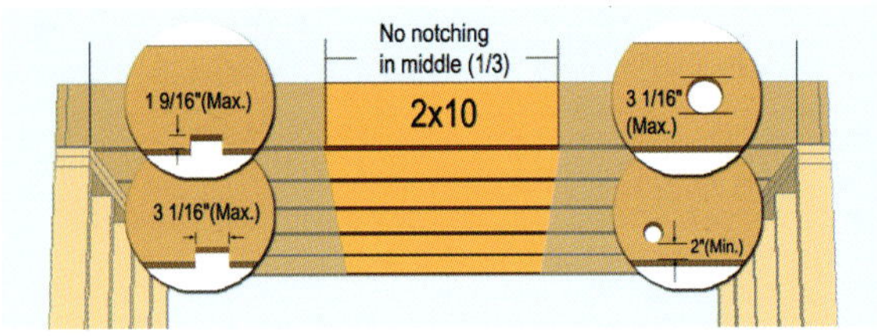

2×10 장선일 때

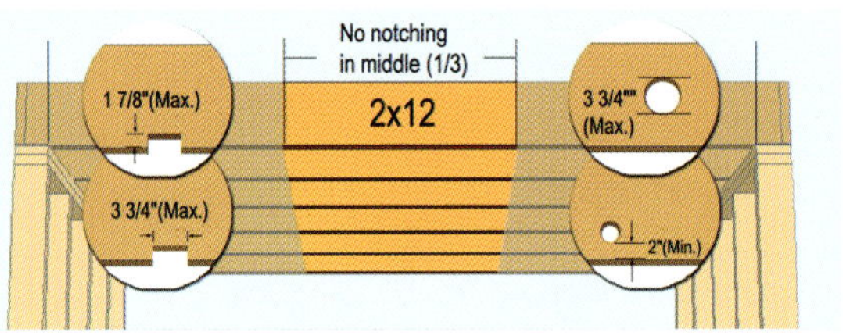

2×12 장선일 때

■ **행어** (Hanger)

장선(Joist)이 벽체나 빔(Beam) 위에 얹혀지지 않고 장선이나 빔 옆에 설치되는 경우에는 보강을 하지 않으면 구조적으로 결함이 생길 수 있으므로 이것을 보강하기 위해 행어(Hanger)를 사용한다. 행어를 고정시킬 때는 반드시 행어못(Hanger nail)을 사용해야 하며 행어못은 행어에 있는 못자리 구멍을 이용하여 경사못박기와 끝면못박기로 고정시켜야 한다.

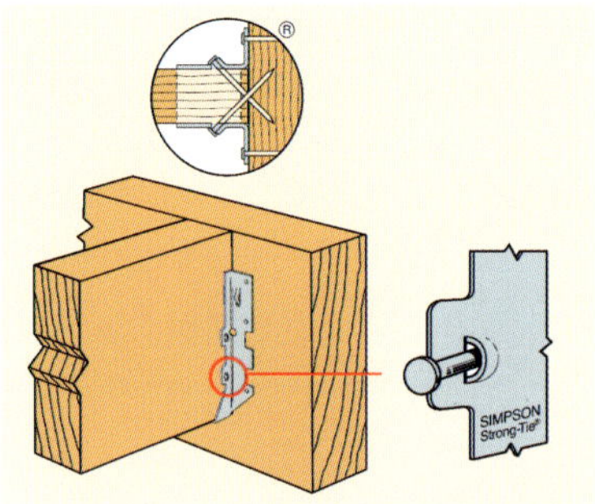

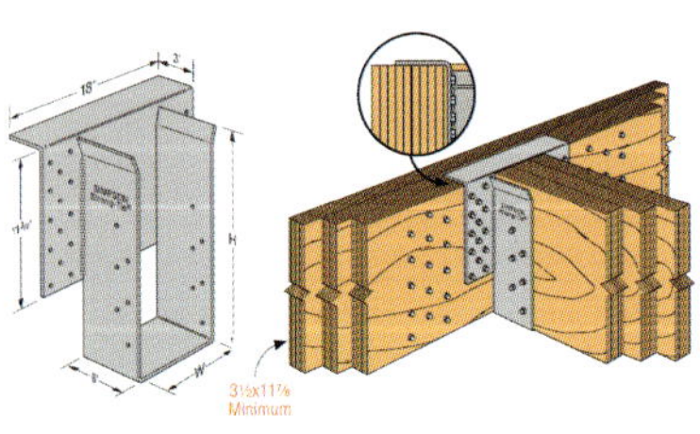

Beam 사용

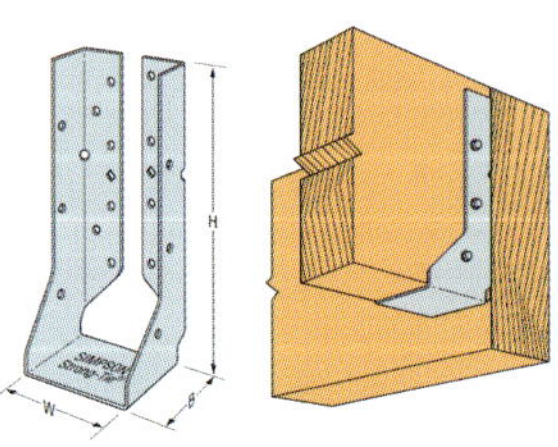

Beam끝 사용

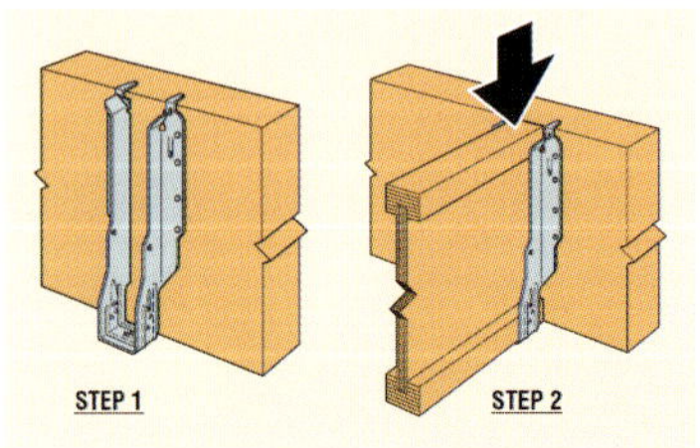

I-Joist사용

■ 장선 개구부

바닥의 개구부는 계단이나 접이사다리 등을 통과하기 위해 바닥장선을 자르는데, 그러기 위해서는 최소한으로 자르는 것이 좋으며, 이에 따른 간격과 크기에 제한을 두고 있다.

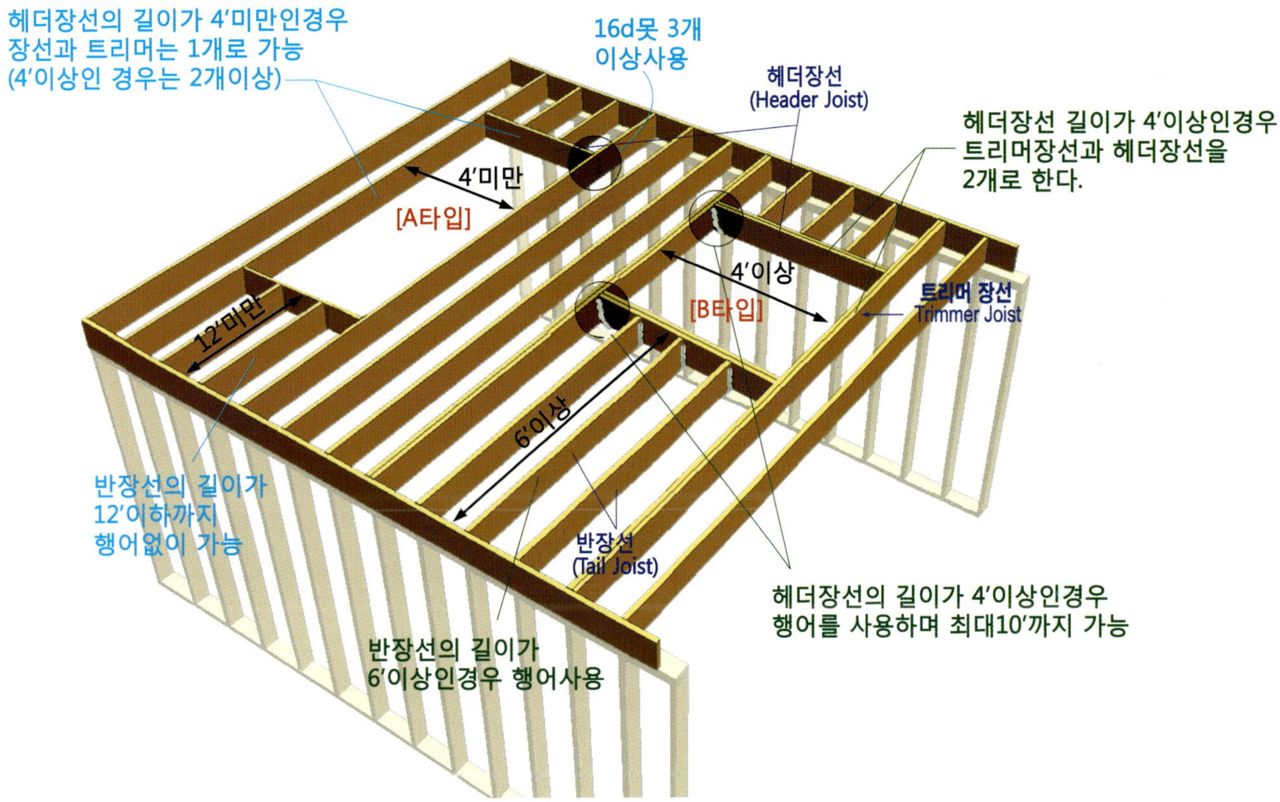

〈A방법〉

장선을 많이 자르지 않고 개구부를 만들기 위해서는 A방법과 같이 개구부의 긴 방향이 장선의 방향과 일치하는 것이 좋으며, 개구부의 헤더장선길이가 4′이하인 경우에는 장선과 헤더장선(Header Joist)이 하나만 설치되어도 가능하다.

헤더장선과 트리머장선을 고정시킬때 못은 16d를 사용하며 각각 3개씩 못을 박아 고정시키고, 반장선(Tail Joist)의 길이가 최대 12피트 이하 되는 경우에는 못으로만 고정이 가능하며 그 이상인 경우에는 장선용 행어(Hayer)를 사용한다. 이때 못은 행어못을 사용한다.

〈B방법〉

B방법과 같이 잔선을 많이 자르게 되는 경우에는 헤더장선의 길이와 반 장선의 길이에서 제한을 받는다.

헤더 장선의 경우 4' 이상인 경우에는 이중으로 하고 장선용 행어를 사용하고 최대 10' 길이까지 가능하다. 헤더 장선의 길이가 4' 이상인 경우 트리머 장선은 이중으로 보강하고 반장선의 길이가 6' 이상인 경우 장선용 행어로 보강한다.

■ 레이아웃을 하기 전에 점검해야 할 것

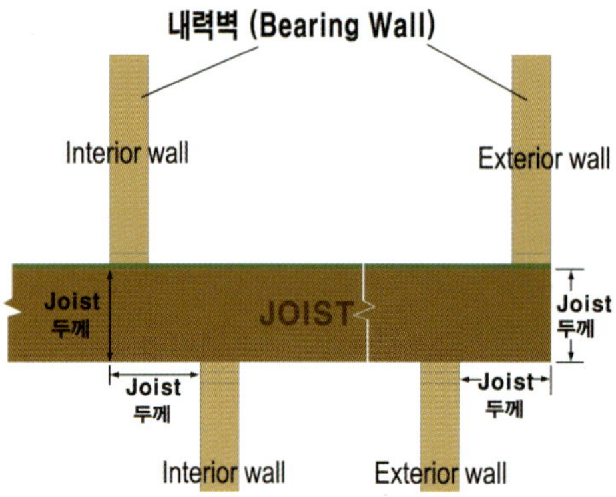

1층과 2층의 벽체간에는 벽체 방향과 위치를 고려하여 구조계산을 해야 하는데 구조계산이 필요없이 설치 가능한 경우가 있다.

2층에 있는 벽체가 하중을 지지하고 있는 내력벽인 경우라 하더라도 장선의 두께범위 내에 1층의 벽체가 있다면 외벽과 내벽 모두 별도의 하중계산이 필요없이 적용되어 설치 가능하다.

이러한 1층벽체 위에 설치되는 2층벽체를 확인하기 위해서는 1층의 벽체와 2층의 벽체가 한 도면에 교차되고, 바닥장선이 표시 되어 있으면 좋다. 만일 표기가 되어 있지 않다면 다음과 같은 방법을 사용해 1층 벽체 위에 놓여질 2층 벽체를 점검해 보자.

먼저, 1층 도면과 2층 도면을 겹쳐 1층과 2층의 외벽선을 정확하게 맞추고, 1층 도면 위에 2층 벽체를 표시해 벽체와 장선의 위치를 확인한다. 2층의 벽체를 보강하기 위한 보강장선(Extra joist)의 위치와 현장 작업을 위해 필요한 1층과 2층 벽체간의 구조적인 부분을 검토한다. 그리고 2층의 욕실 배관과 장선의 관계 역시 함께 고려해 장선의 방향과 간격에 문제가 없는지 확인한다.

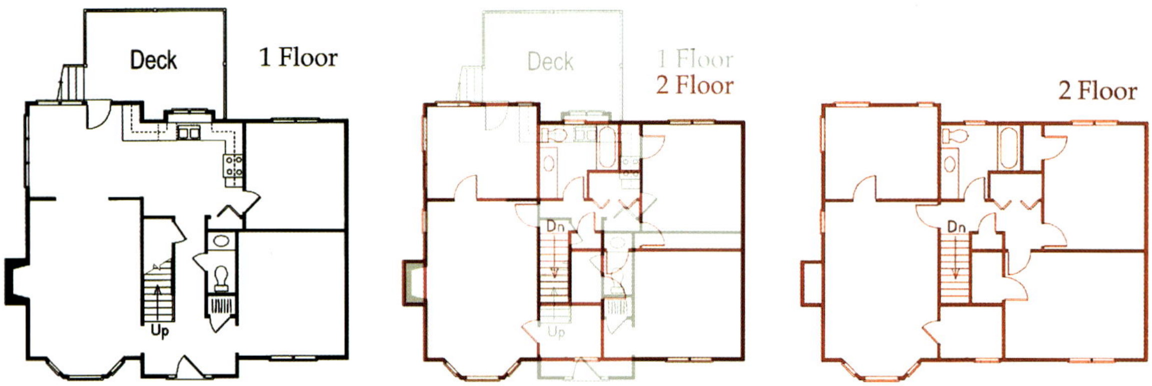

장선 자르기

장선(Joist)의 휘어진 부분 점검하기(육안 식별)

바닥장선은 자체 무게나 상부의 하중에 의해 처짐이 발생할 수 있다.

이러한 처짐을 방지하기 위해 장선을 바닥에 설치할 때는 휘어져 굽은 부분이 위로 향하도록 설치한다.

굽은 부분을 확인하기 위해서 장선의 긴방향을 눈에 가까이 대고 휘어진 상태를 구별하며, 굽은면 쪽으로 화살표를 표시하고 화살표 방향이 위로 향하도록 설치한다. 이렇게 위로 휘어져 올라온 것을 캠버(Camber)라고 한다.

캠버(Camber)

그러나 이 방법은 수십 개 또는 수백 개의 장선(Joist)을 일일이 확인해야 하는 점에서 많은 시간과 노동력이 소요된다. 따라서 다음과 같은 방법을 사용하면 편리하다.

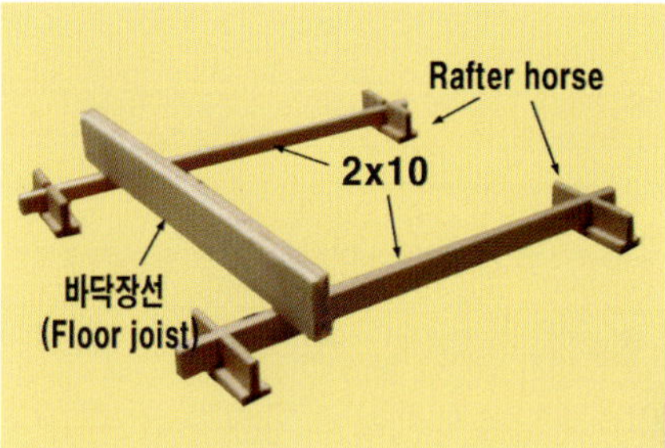

1

장선 휘어진 부분 표시하기

바닥면이 고르고 평평한 곳에 레프터홀스(Rafter horse)를 설치하고, 레프터홀스 사이에는 2×10을 10피트 정도의 길이가 되는 것으로 끼워 넣는다. 그 위에 바닥장선(Floor Joist)을 가지런히 세워서 올려놓는다.(그림 1)

2

바닥장선(Floor Joist)을 모두 올려놓고 한쪽 끝면을 맞추어 정돈한다. 너무 많은 장선을 올려놓으면 바닥을 지지하고 있는 부재가 휘는 경우가 생기므로 40~50개 정도가 적당하다.(그림 2)

3

바닥장선(Floor Joist)을 손으로 만지고 육안으로 확인하여 장선 중 올라와 있는 것을 뒤집어 전체가 통일되도록 맞춘다.(그림 3)

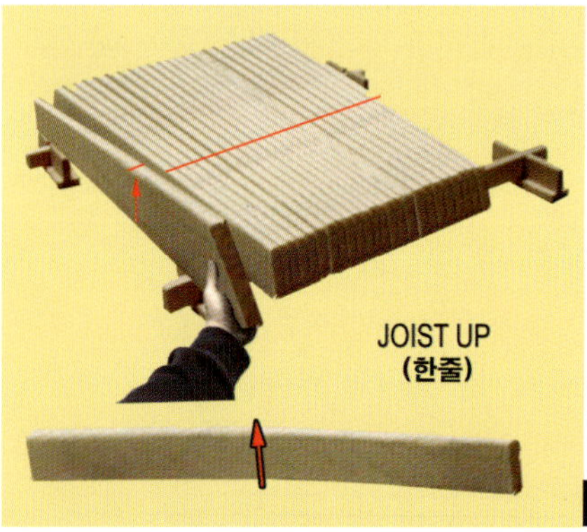

4

바닥장선 윗면이 똑같이 맞춰진 상태에서 그 중 한 개만을 꺼내 육안으로 확인하고, 위로 휘어져 있다면 나머지 장선도 모두 위로 휘어져 있다는 것을 알 수 있다. 크레용이나 유성매직으로 장선이 위로 휘어져 있으면 장선 위에 한 줄을 긋고 한줄로 그어진 선이 위로 향하도록 설치한다.(그림 4)

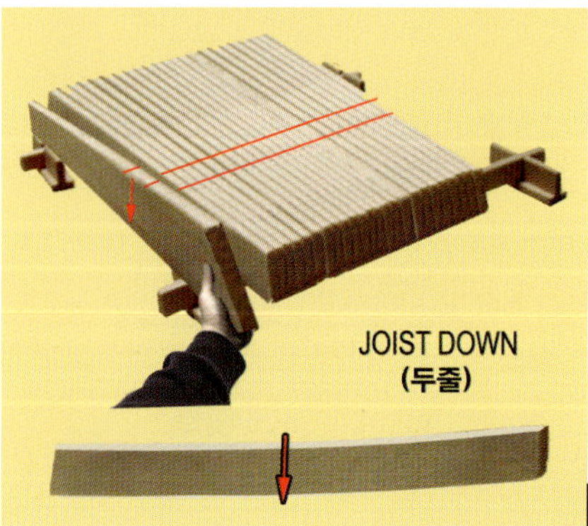

5

장선이 아래로 휘어져 있는 경우에는 크레용이나 유성매직을 사용해 두 줄을 긋는다.(그림 5)

[참고 : 바닥장선을 설치할 때 한 줄로 표시한 것은 위로 향하게 설치하고, 두 줄로 표시한 것은 아래쪽으로 향하도록 설치한다.]

장선은 같은 크기와 길이가 여러 개 설치하는 경우가 많다. 이럴 때는 빔커터기를 사용하는 것이 효과적이다.

설치된 바닥장선(Floor Joist)을 빔커터(Beam Cutter)기를 사용하여 한 번에 잘라보자.

먼저, 잘라야 할 장선의 끝선을 정돈한 다음 장선이 움직이지 않도록 레프터홀스(Rafter horse)에 나무토막으로 장선을 고정시키고 빔커터기로 장선을 정확하게 자를 수 있도록 가이드(Guide)를 설치한다.

자르기 전 빔커터기(Beam Cutter)의 톱날이 직각이 되는지를 반드시 확인하고 가이드(Guide)에 밀착시켜 서서히 자른다.

1. 장선을 고정시킨다.

2. 가이드(Guide)설치

3. 빔커터기로 장선을 자른다.

4. 길이가 다른 장선도 빔커터기(Beam Cutter)를 사용에 한번에 자를 수 있다.

장선 레이아웃 (Joist Layout)

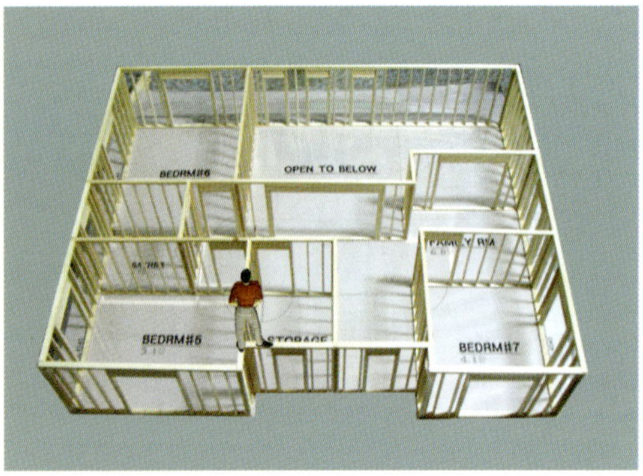

1층 바닥 콘크리트 기초 위에서의 레이아웃은 자유롭게 할 수 있었던 반면 2층 바닥 레이아웃은 이미 만들어진 1층 벽체 위에서만 다니면서 레이아웃을 해야 하는 제한이 따른다.

이런 상태에서 2층의 외벽과 내벽의 위치를 알아내고 바닥장선을 레이아웃한다는 것은 초보자는 물론 숙련자에게도 그리 쉬운 일만은 아니다.

따라서 바닥장선의 레이아웃은 끝막이 장선(Rim Joist)을 이용하는 것이 좋다. 끝막이 장선에 레이아웃을 하는 방법은 2층의 외벽과 외벽에서 내벽으로 연결되는 벽체를 표시한다. 다시말해 백커(Backer)가 있는 벽체 위치를 파악하여 끝막이 장선(Rim joist)에 직접 레이아웃하는 방법이다.

끝막이 장선 (Rim joist) 레이아웃

끝막이 장선(Rim joist)에 레이아웃을 하는 방법은 벽체에서 스터드 간격을 표시하는 것과 같은 방법으로 장선 간격이 16인치인 경우 15 1/4인치로 레이아웃을 시작해 16인치 간격으로 표시한다. 이때 끝막이 장선에 표시를 해야 하는 것은 장선의 방향과 일치하며 외벽과 만나는 내벽의 위치를 끝막이 장선에 표시를 한다. 이 지점이 보강장선(Extra Joist)이 설치될 부분이며 이 위로 2층벽체가 놓일 부분인 것이다.

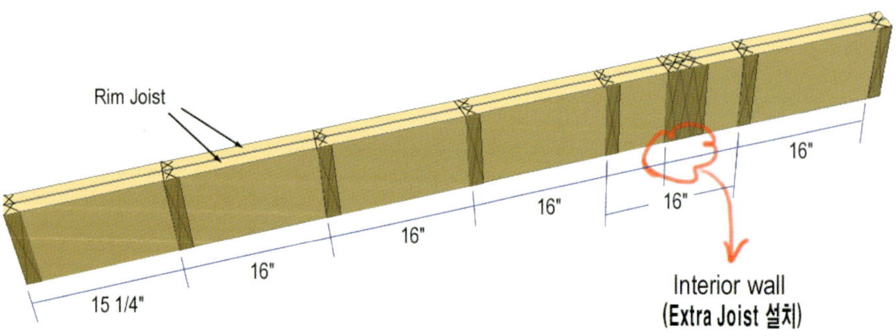

장선 설치

장선이 이어지지 않은 경우

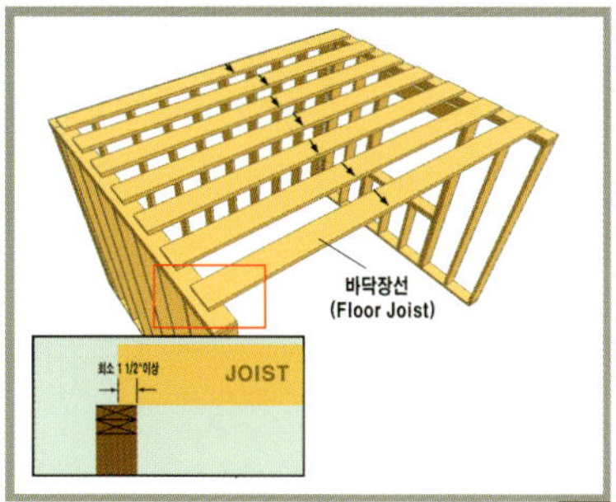

1

2

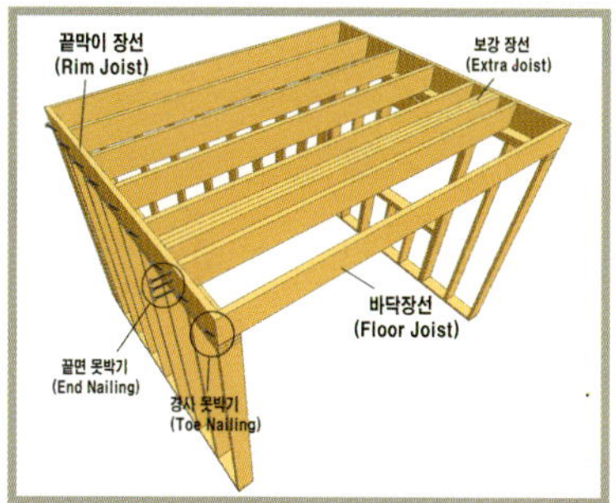

3

장선이 하나의 부재로된 경우 장선을 설치할 때는 끝막이장선이 놓일 자리를 벽체 끝에 표시해 남겨두고 장선을 모두 올려 작업한다. 이때 장선이 벽체 위에 얹혀질 수 있는 길이는 최소 1 1/2인치 이상이여야 하고, 콘크리트 기초벽 위에 얹혀질 경우에는 최소 4인치 이상이어야 한다.(그림 1)

끝막이 장선 설치를 위한 못박기는 벽체 끝선에 맞추고, 스터드 위치에서 16d못을 사용하여 경사못박기한다.(그림 2)

장선의 굽음을 확인하면서 굽음이 있는 쪽을 위로 향하도록하고 끝막이 장선과 바닥장선을 16d의 못 3개를 사용하여 끝면못박기한다.(그림 3)

끝막이 장선 못박기▶

장선이 둘로 이어지는 경우

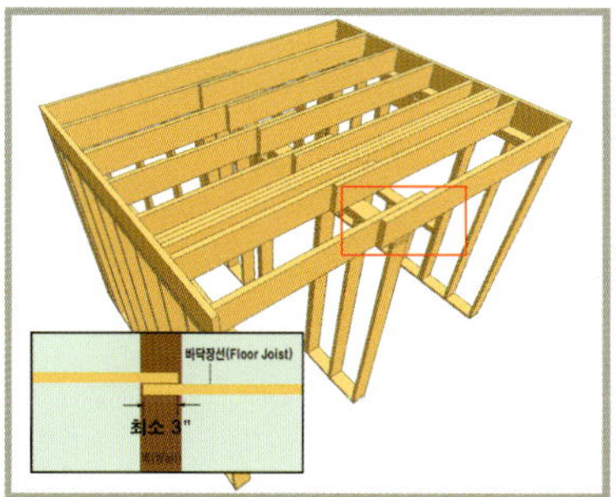

4

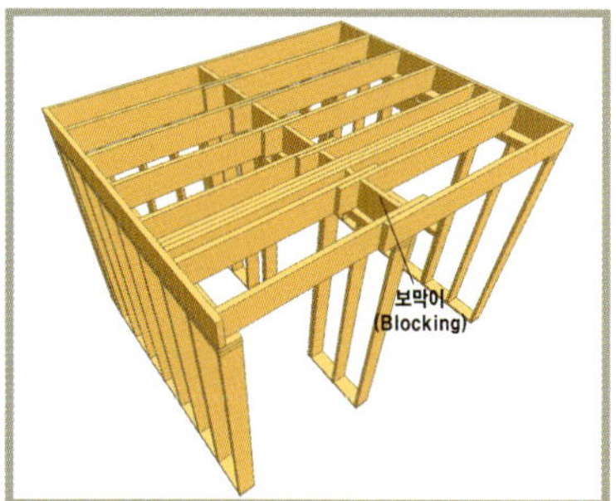

5

장선의 길이가 짧아 한 번에 설치하지 못하는 경우에는 중간벽체 위에서 연결되어 설치되어야 한다. 이 경우에 장선이 서로 겹쳐지는 것을 랩조이스트(Lap Joist)라고 하는데 랩조이스트인 경우 벽체 위에서 최소 3인치 이상 겹쳐져야만 한다.(그림 4)

랩조이스트가 설치된 벽체는 하중을 지지하는 내력벽이되며 장선과 장선 사이에는 보막이(Blocking)를 반드시 설치한다.(그림 5)

보막이 (Blocking) 종류

보막이(Blocking)는 장선의 길이가 길거나 수평하중에 대한 저항력을 높이기 위해 8피트 간격으로 보막이를 설치 한다. 보막이는 장선이 옆으로 넘어지는 *좌굴현상을 방지하고 장선을 수직으로 유지시켜 주며 상부의 집중하중을 분산시켜 인접한 장선으로 수평하중을 전달하는 기능을 한다.

이러한 보막이는 장선과 같은 치수의 부재로 사용하는 보막이와 1×(One by) 이상의 부재를 "X"자 형태로 설치하는 보막이 방식이 있다.

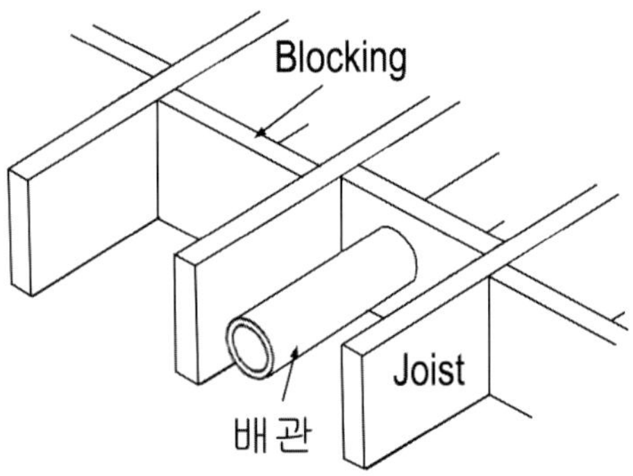

■ Blocking(같은 부재의 보막이)

〈장 점〉

a. 장선의 처짐 보강

b. 화재가 났을 때 장선 사이로 불이 옆으로 번지는 것을 막아주는 화염막이 역할

c. 소음을 줄여주는 차음역할

d. 장선을 자르고 남는 것을 활용할 수 있음

〈단 점〉

장선과 같은 방향으로 배관 설치시 보막이에 구멍을 뚫어야 하는 불편함이 있음

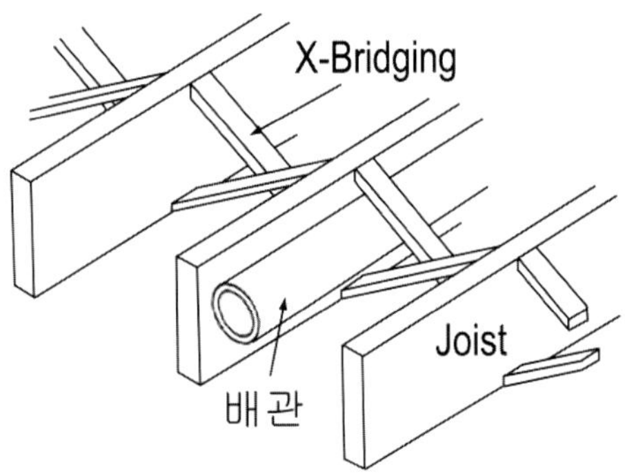

■ Bridging(X-자형 보막이)

〈장 점〉

a. 장선의 처짐보강

b. 장선과 같은 방향으로 배관 설치시 구멍을 뚫지 않아도 됨

〈단 점〉

a. 화염막이 역할을 못함

b. 차음 역할을 못함

보막이를 설치할 때는 같은 소재의 보막이(Blocking)를 사용하여 설치하고, 배관이 장선과 같은 방향으로 설치되는 곳에는 X-보막이(Blocking)를 설치하는 것이 좋다.

보막이 설치

① 보막이(Blocking) 설치

랩조이스트는 벽체 위에서 겹쳐 설치되어야 하며, 이때 반드시 보막이를 설치해야 한다. 보막이를 설치할 때 못의 규격과 간격은 다음과 같다.

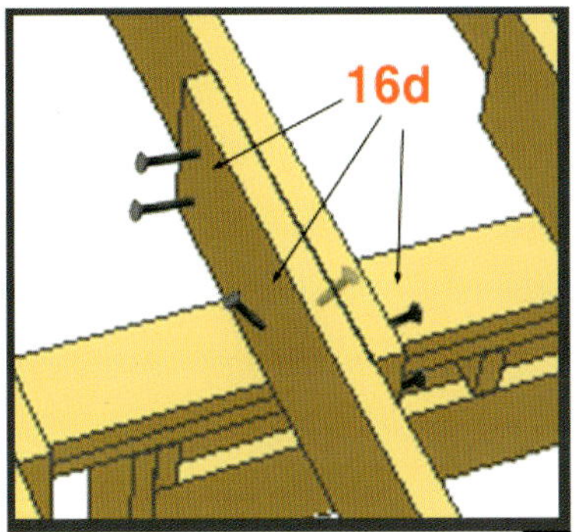

A

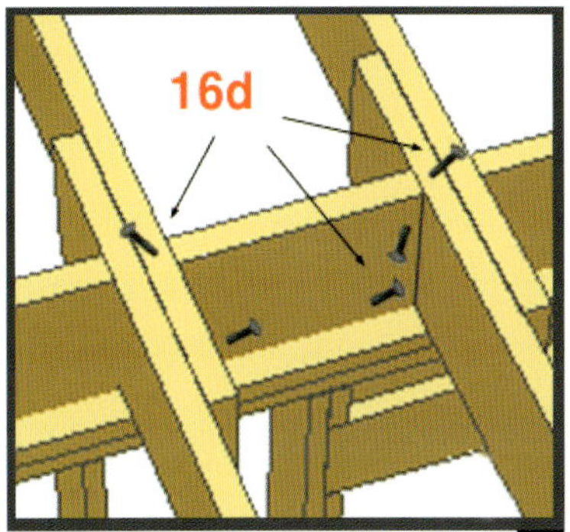

B

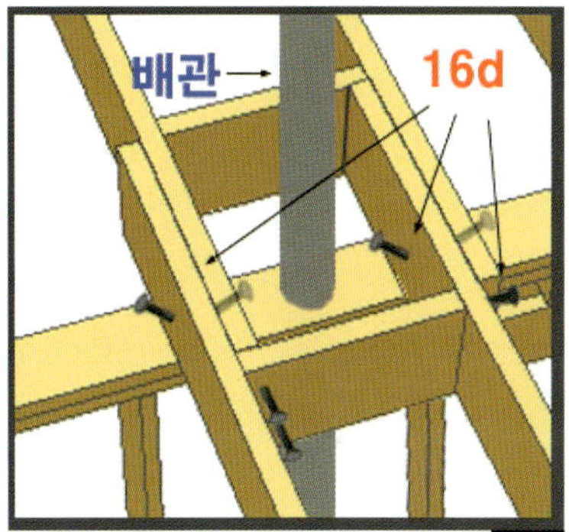

B-1

■그림 A. 장선과 장선이 겹쳐지는 양끝에 16d의 못으로 고정시키고 장선과 벽체에는 16d의 못을 사용하여 경사 못박기를 한다.

■그림 B. 장선과 장선 사이에 보막이(Blocking)를 끼워 넣고 16d의 못으로 고정시키고 아래 벽체와 보막이(Blocking)도 함께 고정시킨다.

■그림 B-1. B와는 변형된 방법으로서 주로 상부에 배관이 아래벽체로 연결되는 경우에 사용한다.

② X-보막이 (X-Bridging) 설치

설치될 보막이의 길이와 각도를 알기 위해서는 프레이밍 스퀘어(Framing square)를 사용한다.

프레이밍 스퀘어를 보막이로 사용할 목재 위에 올려놓고 장선의 높이에 한쪽 끝을 맞추고 다른 한쪽은 장선의 안쪽간격 길이에 맞추어 표시를 한다. 이와같은 방법으로 길이와 각도를 알아낸 다음 마이터 쏘를 사용해 잘라낸다. X-보막이는 장선의 위쪽과 마주보는 장선의 아래쪽에 끼워 넣고 못을 박아 고정시킨다.

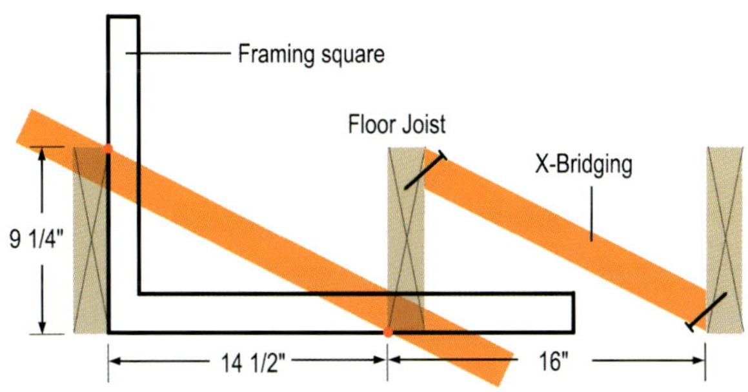

바닥합판 설치

초크라인 표시하기

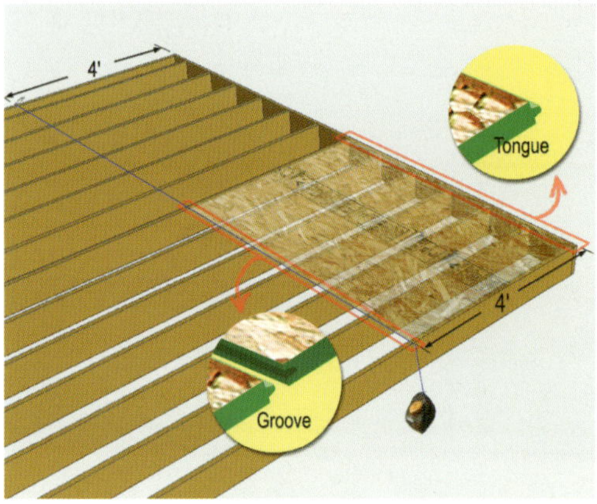

바닥에 설치할 합판규격은 4′×8′에 3/4인치 두께의 합판을 사용하며, 합판은 T&G (Tongue & Groove)방식을 사용한다.

합판을 깔기 위한 시작점에 4피트 간격을 표시하고, 초크라인으로 기준선을 그린다. 합판을 바닥에 깔 때 합판이 시작하는 바깥벽쪽의 면은 Tongue(凸)이 되도록 하고, 안쪽면으로는 Groove(凹)가 향하도록 설치한다. 바닥합판은 앞면과 뒷면의 구별이 없으므로 앞뒷면 어느 쪽이든 관계없이 설치 가능하다.

장선에 접착제(Glue)바르기

초크라인 작업을 마치고 바닥에 합판을 설치하기 전에 먼저 접착제(Glue)를 바르는데, 접착제는 목재용 접착제를 사용한다.

접착제를 바름으로써 바닥소음을 줄여 주고 구조력을 높여 주는가 하면 층간의 소음도 감소시켜준다.

접착제는 한 번에 많은 양을 미리 칠해두면 작업하는 동안 말라버리는 경우가 생겨 접착성이 떨어지므로 합판을 붙일 면만을 바르면서 작업하는데 대략 15분 내에 합판을 설치하는 것이 좋다.

바닥합판 붙이기

접착제를 바른 후 합판을 붙일 때는 먼저 설치한 합판과 잘 맞도록 끼워 맞추고, Groove(凹)가 있는 곳에 2× 목재를 맞대고, 고르게 힘을 가하여 슬레지 해머를 사용해 끼워 맞춘다.

바닥합판은 같은 이음매가 만나지 않도록 엇갈리게 설치한다. 이렇게 설치된 바닥합판의 못 간격은 벽체를 만들 때 합판의 못 간격과 동일하게 합판의 바깥쪽은 최대 6인치 간격으로 하고, 합판의 안쪽은 최대 12인치 간격이내로 못을 박는다. 이때 사용되는 못은 8d의 꽈배기못을 사용한다.

2층 밑깔도리 (Bottom plate) 못박기

2층 바닥의 경우 바닥합판 이 설치된 위로 토대를 설치하고 토대 위에는 바닥 난방높이를 위한 이중 밑깔도리(Double Bottom plate)를 설치한다. 2층 벽체도 1층 벽체와 만드는 방법은 동일하며 벽체를 토대에 고정시킬때에는 스터드 옆에 경사못을 박아 고정시키는데 이렇게 못을 박는 것은 골조공사를 마친 후에 1층과 2층을 연결하는 전기나 설비배관 작업시 구멍을 뚫는 작업을 할 때 못이 걸리지 않도록 하기 위함이다.

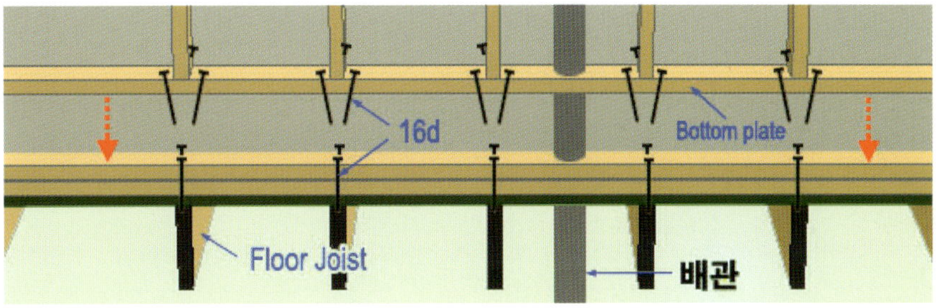

석고보드 받침 (Drywall backing) 설치

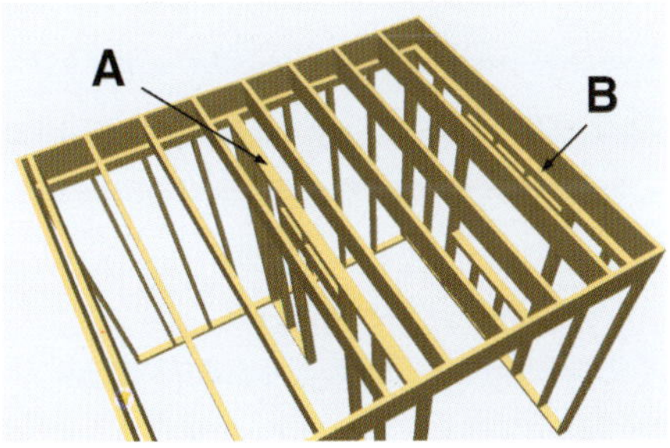

벽체에서 코너와 백커가 석고보드 받침 역할을 한 것처럼 천장에도 석고보드 마감을 위한 받침이 필요하다.

석고보드 받침은 장선과 벽체가 같은 방향일 때 설치하며, 그림 A의 경우와 같이 내벽인 경우가 있고, B처럼 외벽인 경우가 있다. 장선방향과 일치하는 내벽(A)인 경우에는 벽체 규격보다 크기가 큰 부재를 이중윗깔도리(Double top plate) 위에 고정시키고, 그 위에 보막이(Blocking)를 4피드 간격으로 실치해 벽체의 흔들림이 없도록 한다. 외벽(B)인 경우에도 벽체보다 크기가 큰 부재를 사용하여 이중윗깔도리(Double top plate) 위에 못을 박아 고정시킨다.

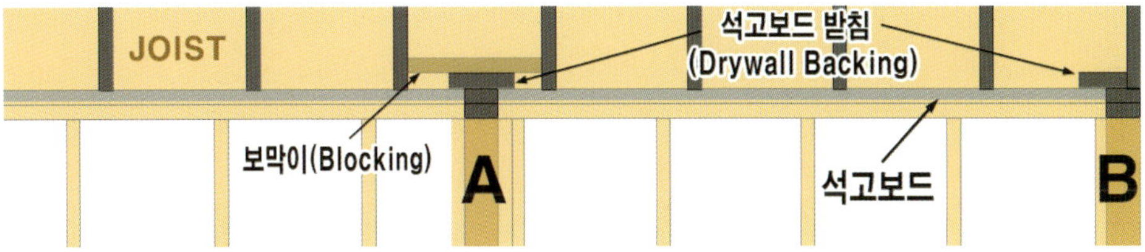

이렇게 바닥의 장선을 모두 설치했거나 거의 설치했을 때쯤에는 1층 바닥에서 2층으로 자주 오르내리게 되는데, 이때는 임시사다리를 만들어 주어야 그 불편함을 없앨 수 있다.

KNOW HOW

임시사다리

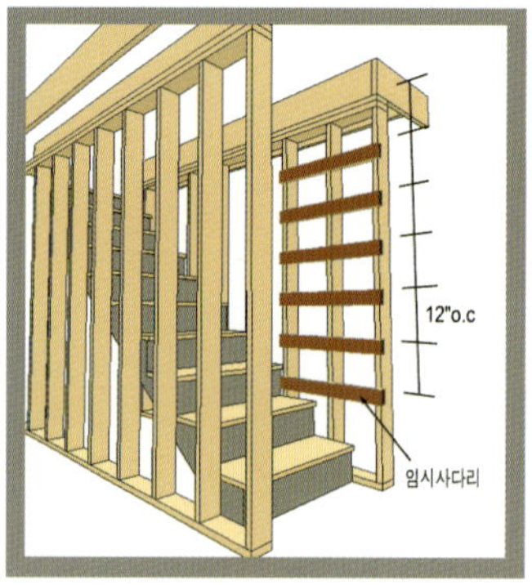

임시사다리는 벽체가 완성되고 나서 계단이 완성되기 전 바닥장선 작업을 위해 실제로 위와 아래를 오르내리는 경우가 많다. 따라서 반드시 필요성을 느끼게 되는데 이러한 임시사다리가 설치될 곳은 계단을 만들려고 하는 곳에 만드는 것이 가장 좋다. 임시사다리는 현재 만들어져 있는 1층 벽과 바닥장선, 그리고 앞으로 만들어질 2층을 잇는 통로이므로 이곳에 임시사다리를 만들면 다른 작업의 진행과 속도에 관계없이 불편함을 주지 않고도 위아래 층을 쉽고 편하고 오르내리면서 작업을 할 수 있다.
만일 이곳이 아닌 다른 곳에 설치할 경우 2층 바닥합판이나 다음 공정작업을 하는데 불편함을 주고 진입이 막힐 수 있으므로 다시 설치해야 하거나 뜯어내는 경우가 발생하게 된다.

임시사다리 만드는 방법

임시사다리는 2×6을 3피트 길이로 잘라 장선 위에서부터 12인치 간격으로 못을 박아 설치한다. 이때 임시사다리와 스터드를 고정시키는 못은 16d의 못을 사용하여 경사못박기를 해 고정시키는데 이용하면서 빠지는 경우가 발생하지 않도록 단단하게 결속시킨다.

계단

STAIR

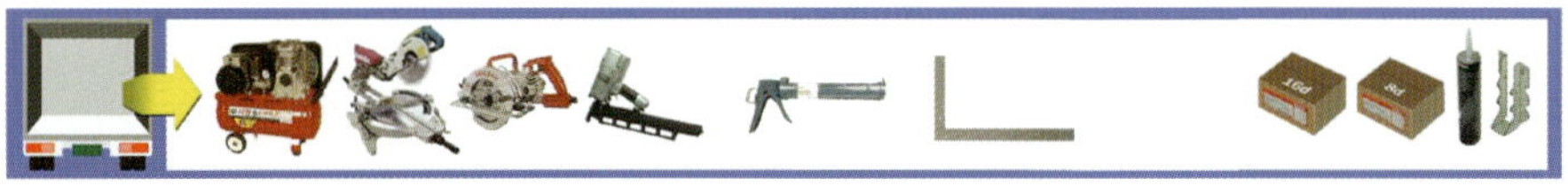

※필요한 공구–Compressor / Miter saw / Skill saw / Framing gun / Glue gun / Framing square
※필요한 자재(구조재 제외)–16d / 8d / Glue / Hanger

계단의 종류

계단은 위층과 아래층을 오르내리는 통로로서의 역할과 함께 가구나 물건을 손쉽게 운반할 수 있어야 하며, 실내디자인을 결정짓는 한 부분이기도 하다.

계단이 너무 좁아 위에서 내려오는 사람과 마주쳤을 때 멈춰서거나 진행을 방해하는 불편힘이 없어야 하고, 게딘경사가 너무 심해 노약자나 어린이에게 불편함을 주어서도 안 된다.

이러한 계단은 계단을 설계할 때 편리성과 안전성이 동시에 고려되어 설계되어야 한다. 계단은 일반적으로 지붕다락방 공간에는 접이식 사다리를 사용하는데, 사용횟수가 적고 계단을 설치할 수 없는 좁은 공간인 경우에 많이 사용한다.

계단의 모양은 여러 가지가 있으나 직선계단(Straight Stair)과 U자형 계단(U-Shaped Stair)을 가장 많이 사용한다.

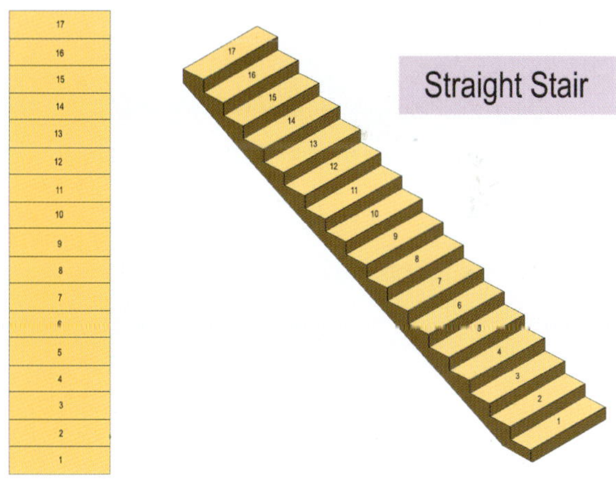

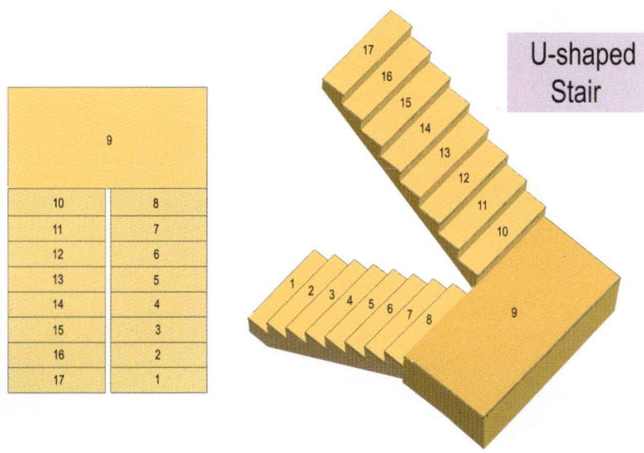

직선계단 (Straight Stair)

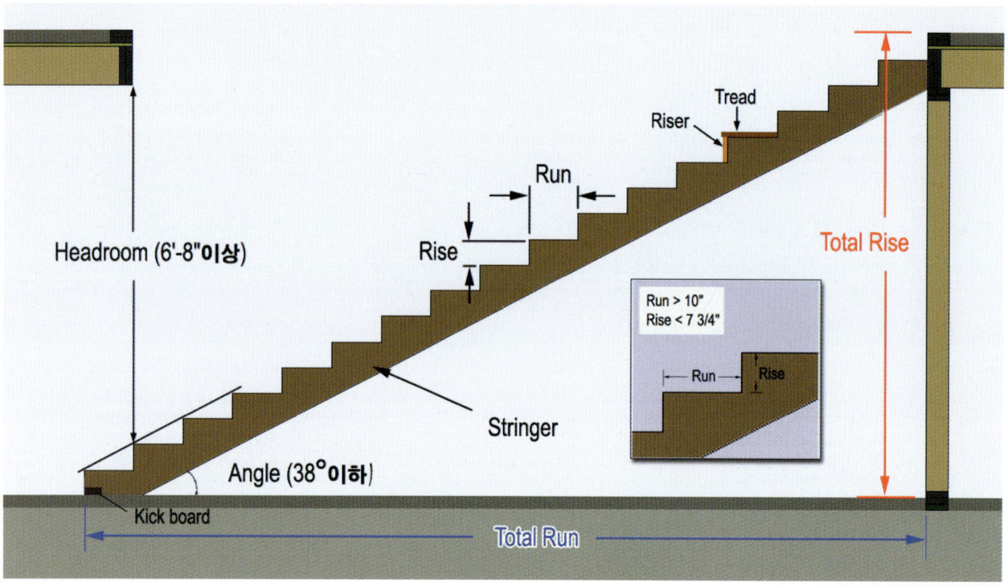

명 칭

런(Run) : 발을 디디는 계단의 한 단 길이. 디딤판(Tread) 길이

라이즈(Rise) : 계단의 한 단 높이. 챌판(Riser)높이

토탈 런(Total Run) : 계단의 맨 처음 디딤판부터 마지막 디딤판까지의 수평거리

토탈 라이즈(Total Rise) : 계단의 첫 번째 챌판부터 마지막 챌판까지의 연속된 층높이. 아래층 바닥마감부터 위층 바닥마감까지의 수직 높이

스트링거(Stringer) : 계단의 디딤판(Tread)과 챌판(Riser)을 지지하는 부재

헤드룸(Headroom) : 디딤판과 챌판이 만나는 모서리 끝에서부터 천장 아래까지의 수직공간 높이

킥보드(Kick board) : 계단이 뒤로 밀리는 것을 막기 위해 설치하는 각재

장선과 스트링거 (Stringer)의 마감방법

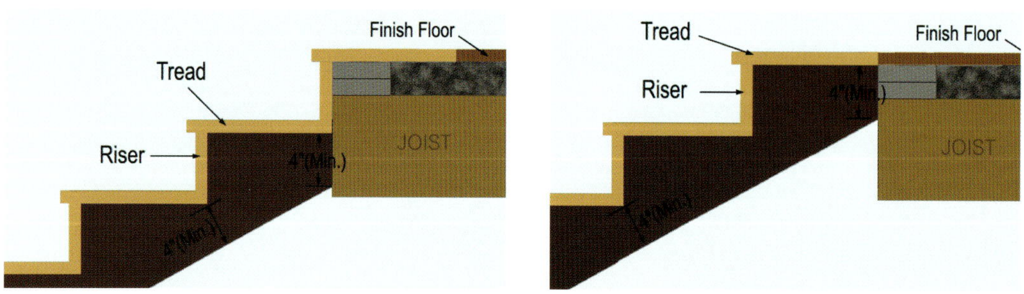

설계기 준

계단에는 지켜져야 할 몇 가지 설계기준이 있다.

계단의 런(Run)은 10인치 이상이여야 하며, 라이즈(Rise)는 7 3/4인치 이하이여야 한다.

이것은 사람이 계단을 이용할 때 단이 좁거나 높을 때 생기는 불편함과 안전성 등을 고려한 설계기준치이다. 그리고 계단을 올라가거나 내려갈 때 위층의 천장 장선에 머리가 부딪치는 것을 방지하기 위해 계단의 경사면과 천장 장선 사이에는 6피트 8인치 이상의 높이를 유지해야 한다.

계단 계산하는 방법

① 라이즈(Rise) 계산하는 법

라이즈(Rise)는 토탈라이즈(Total Rise)에 의해 정해진다. 토탈라이즈는 1층 바닥마감 높이에서 2층 바닥마감까지높이이다. 일반적으로 골조작업을 하면서 바닥마감재가 미리 정해지는 경우가 드물고, 정해진 경우에도 변동되는 경우가 많아 1층 벽체 밑깔도리(Bottom plate) 아래부터 2층 벽체 밑깔도리(Bottom plate) 아래까지를 토탈라이즈(Total Rise)로 하는 경우가 일반적이다.

② 토탈라이즈(Total Rise) 계산하는 법

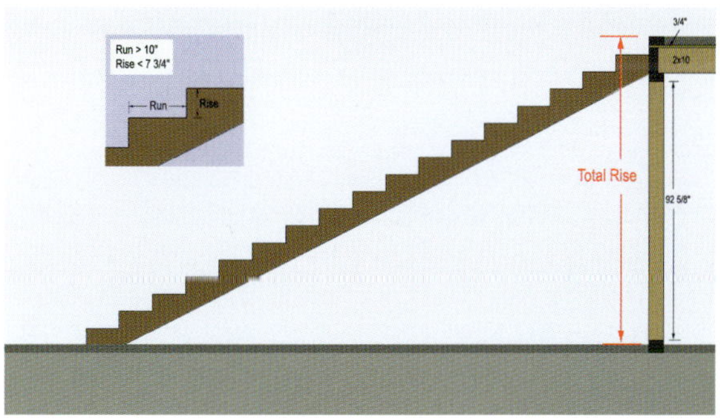

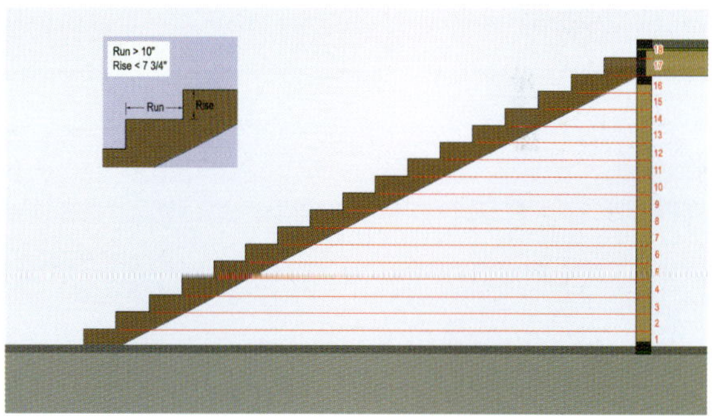

토탈라이즈를 알기 위해서는 1층의 벽체 높이와 장선 높이, 바닥 합판 높이, 그리고 2층 난방을 위한 이중밑깔도리(Double bottom plate) 높이를 모두 더하면 된다. 도면에 제시된 계단의 라이즈(Rise) 개수를 세어 그 개수로 토탈라이즈의 길이를 나누면 계단의 한 단 높이인 라이즈의 높이가 나온다.

예) 토탈라이즈(Total Rise)

= 1 1/2″(밑깔도리) + 92 5/8″ (스터드) + 3″(윗깔도리 + 이중 윗깔도리) + 9 1/4″(바닥장선높이) + 3/4″(바닥 합판 두께) + 3″(2층 바닥난방을 위한 높이)

= 110 1/8″(9′-2 1/8″)

도면에 제시된 라이즈 개수가 18개라고 하면,

Rise = 110 1/8″ ÷ 18

= 6 1/8″(Rise길이)

③ 런(Run) 계산하는 법

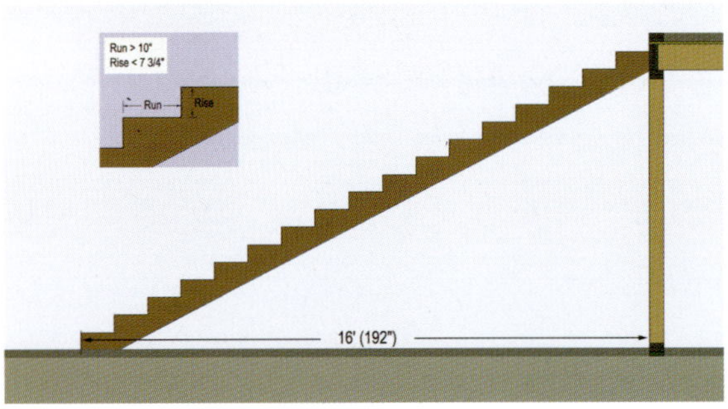

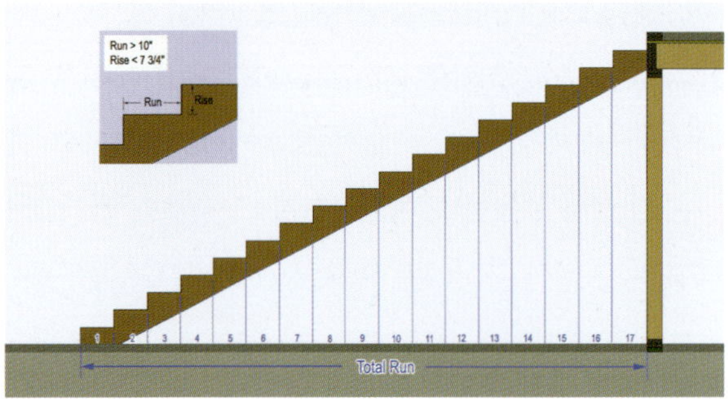

계단에서 런(Run)의 개수는 라이즈보다 한 개가 부족하다. 위의 내용으로 볼 때 라이즈(Rise)가 18개였다면 런은 17개이다. 따라서 런을 구하고자 할 때는 토탈런에서 런개수 만큼 나누어주면 된다.

토탈런(Total Run)의 길이는 도면에서 제시한 길이를 사용하면 된다. 그러나 도면에 제시된 길이로 런 길이를 구했을 때 10인치 미만의 길이가 나왔을 경우에는 설계자나 건축주와 상의해 기준설계치에 맞지않는 것을 알려 수정하거나 참고토록 한다.

토탈런(Total Run) : 192″(도면에 제시)

런(Run) 개수 : 17

Run = 192″÷17 = 11 5/16″ [런(Run)이 10인치 이상 이므로 *I·B·C법규 설계기준에 만족]

I·B·C (International Building Code) : 전미 건축법규

계단 계산하는 법 (계단 개수를 모를때)

도면에 계단의 개수가 제시되지 않았거나 모를 때 계단을 계산하는 방법이 있다. 계단의 개수는 알 수 없지만 런이 10인치 이상이여야 한다는 것과 라이즈가 7 3/4인치 이하이여야 한다는 것, 그리고 토탈라이즈(Total Rise)는 알고 있는 상태이므로 이를 이용하여 값을 구하면 된다.

■ 라이즈 (Rise) 구하는 방법

예) 110.125(Total Rise)÷7.75(공식) = 14.20968(라이즈 개수)

[참고 : 110.125″=110 1/8″이다]

110 1/8″(Total Rise)÷14(라이즈 개수)

= 7 7/8″(Rise) [라이즈가 7 3/4인치를 초과하므로 I·B·C 설계기준에 부적합]

여기서 주의할 것은 라이즈가 설계기준을 넘는다는 것이다. 그러므로 계단의 개수를 14개에서 15개로 늘린다.

110 1/8″(Total Rise)÷15(라이즈 개수)

= 7 5/16″(Rise) [라이즈가 7 3/4인치를 미만이므로 I·B·C 설계기준에 적합]

토탈라이즈(Total Rise)는 같으나 앞전의 내용과 라이즈(Rise) 길이가 다른 이유는 계단의 토탈라이즈(Total Rise) 개수가 서로 다르기 때문이다. 라이즈 길이 7 5/16인치도 설계기준에 맞는 길이이고, 이전도면 표기에 의해18개로 나누었을때 6 1/8인치의 라이즈도 설계기준에 적합한 수치이므로 적용이 가능하다.

이렇듯 계단은 설계기준치를 준수하며 계단의 단수 조절이 가능하다.

■ 런(Run)계산하는 법

런은 런과 라이즈를 더한 길이가 17 3/4인치이면 된다.[설계기준치 : Run(10″)+Rise(7 3/4″) = 17 3/4″]

Run + Rise = 17 3/4″(17.75″)

런은 라이즈보다 개수가 한 개 부족하고, 설계기준치수 10인치를 넘으면 적용이 가능하다.

Run = 17 3/4″ - Rise

= 17 3/4″ - 7 5/16″

= 10 7/16″ [런(Run)이 10인치 이상 이므로 I·B·C 설계기준에 적합]

런의 길이는 10 7/16인치일때 토탈런(Total Run)의 길이는 다음과 같다.

Total Run = 10 7/16″(Run)×14(Run 개수) = 146 1/8″

계단 템플릿 (Stair Template)만드는 방법

템플릿(Template)은 스트링거(Stringer)의 런 길이와 라이즈의 길이를 정확하게 표시하기 위해 반복작업을 하는 데 쓰인다.

프레이밍 스퀘어(Framing square)를 사용하기도 하지만 여기에서는 합판과 2×4각재를 이용하여 만들어 보도록 하겠다.

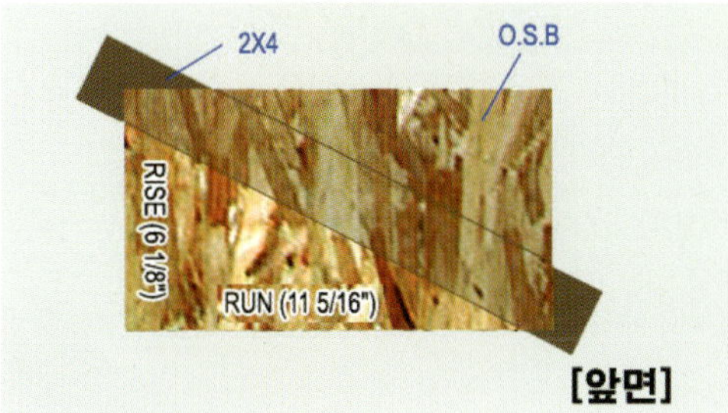

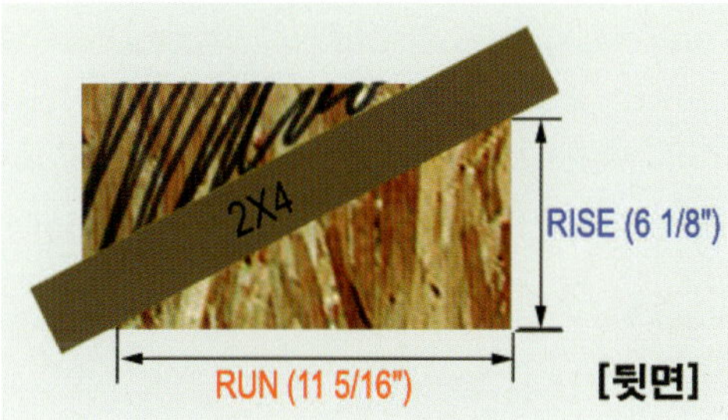

템플릿(Template)을 만들 때는 합판의 직각이 정확한 것을 준비하여 라이즈와 런의 길이를 표시하고, 대각선 방향으로 2×4각재를 못을 박아 받침대를 만든다. 그리고 뒤집어서 스트링거로 사용할 2×12 부재에 올려놓고 2×4받침대에 밀착시킨 후 런과 라이즈를 반복하여 그려주면 된다.

스트링거 (Stringer) 레이아웃 방법

템플릿(Template)을 2×12 부재 끝에 대고 먼저 라이즈(Rise)에 연필로 선을 긋는다.

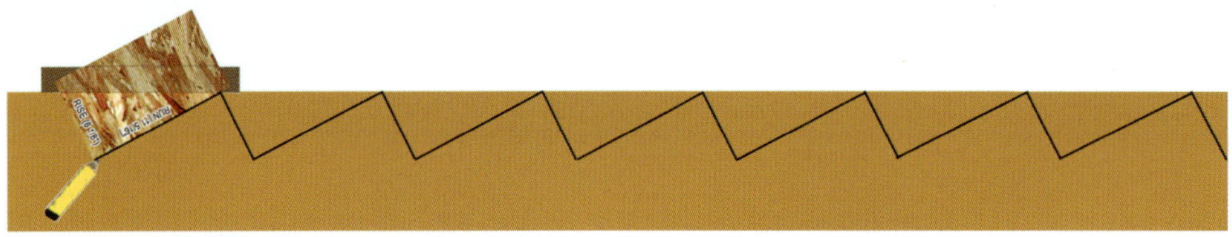

템플릿(Template)을 이용하여 런(Run)과 라이즈(Rise)를 계단 개수만큼일정한 간격으로 계속 그려나간다.

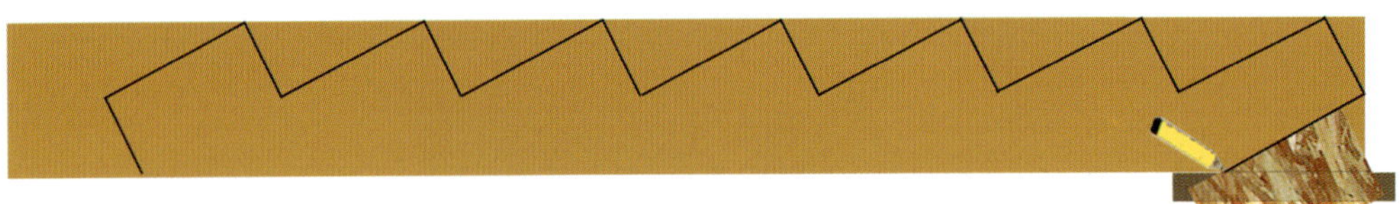

스트링거(Stringer)의 맨 윗부분에는 수직으로 아랫부분에는 수평으로 선을 긋는다.

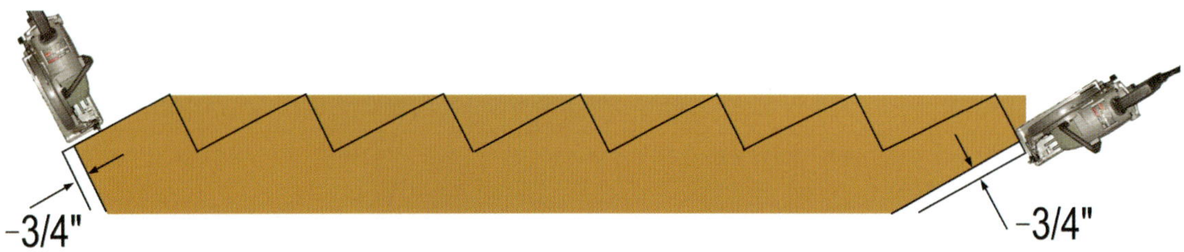

이때, 스트링거(Stringer)의 위쪽에는 런(Run)을 3/4″ 짧게 표시해 자르고, 아래에서는 라이즈(Rise)를 3/4″ 짧게 표시해 그린후 자른다. [3/4″는 계단에 설치할 합판 두께]

스트링거(Stringer)의 맨 아랫부분(Bottom)에는 킥보드(Kick board)가 설치될 만큼 잘라준다. 킥보드(Kick board)는 2×4나2×6를 주로 사용한다.

[참고 : 잘라낸 런과 라이즈가 만나는 지점에서 스트링거의 남은 폭 길이가 최소 4인치이상 되어야 함.

■ 계단의 맨위(Top)에서 런 길이를 3/4인치 빼는 이유

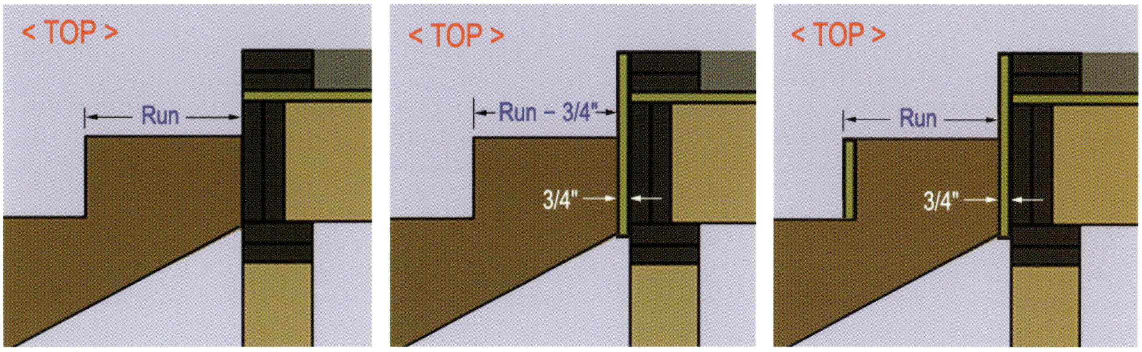

스트링거를 설치할 때 위쪽(Top)에는 런(Run) 길이에서 3/4인치를 빼주어야 한다. 맨위쪽의 마지막 라이즈에 3/4인치 합판이 설치되기 때문에 3/4인치를 빼주지 않으면 그만큼 마지막 런 길이가 3/4인치만큼 길어지기 때문이다.

■ 계단의 맨 아래(Bottom)에서 라이즈 길이를 3/4인치를 빼는 이유

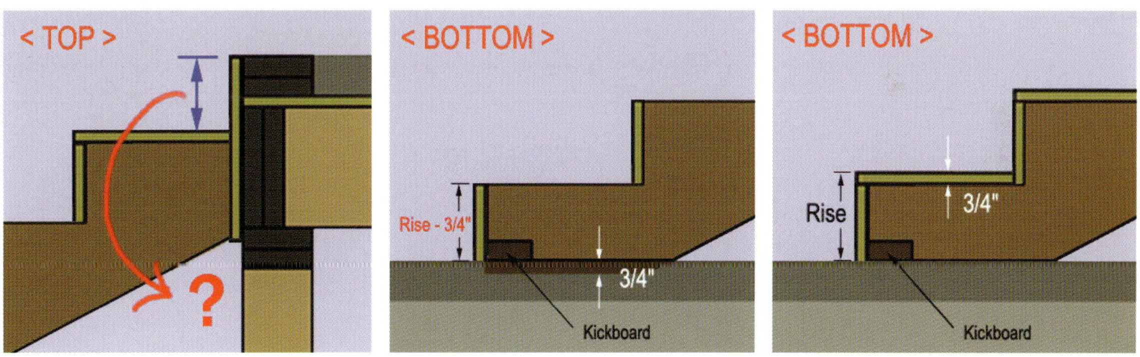

스트링거를 설치할 때 스트링거의 바닥(Bottom)에는 라이즈를 3/4인치 빼주어야 한다. 이것은 3/4인치를 빼주지 않으면 스트링거의 위쪽(Top) 런에 3/4인치 합판을 설치하기 때문에 위쪽의 마지막 라이즈가 3/4인치만큼 좁아지기 때문이다.

스트링거 (Stringer) 설치방법

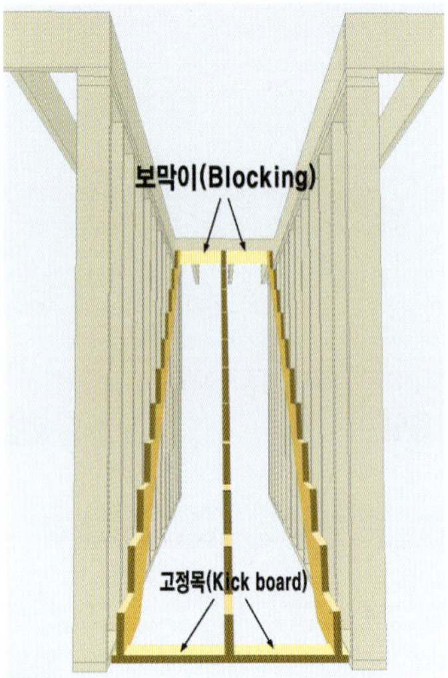

1

계단의 스트링거를 설치할 때는 먼저 양 옆의 스트링거를 벽체에 고정시키고, 스트링거의 위쪽에는 스트링거와 스트링거 사이에 윗선에 맞추어 보막이(Blocking)을 넣어 못으로 고정시킨다음 아래쪽은 킥보드(Kick board)를 설치해 스트링거가 밀리지 않도록 한다.(그림1)

이때, 스트링거와 벽체 사이에는 미리 준비되어야 할 것이 있다.

아래의 그림에서처럼 스트링거와 벽 사이에는 3/4인치 합판이나 2×4각재가 설치되어 어떻게 마감이 될 것인가에 따라 설치방법이 달라져야 한다.

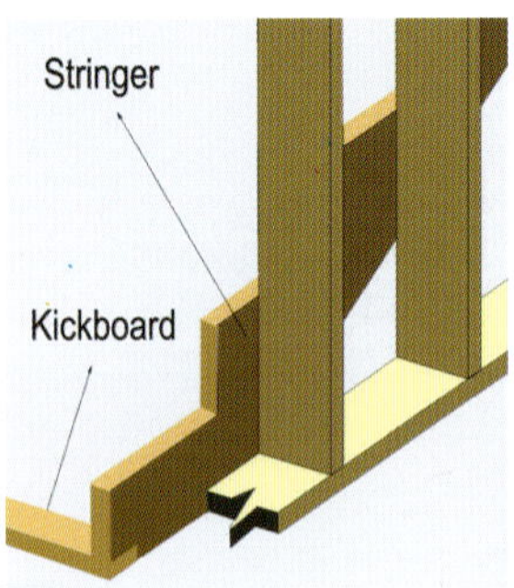

A

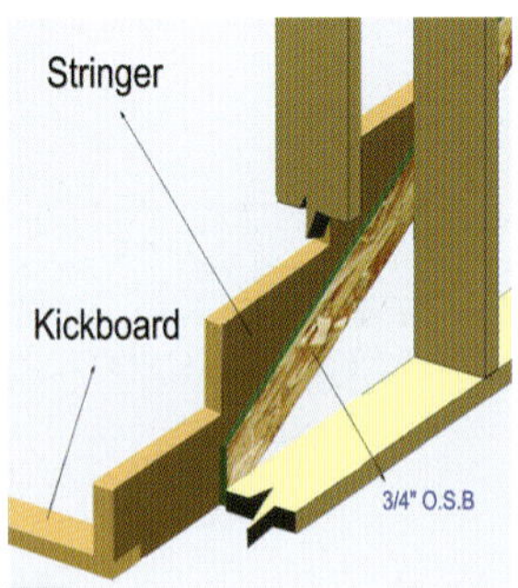

B

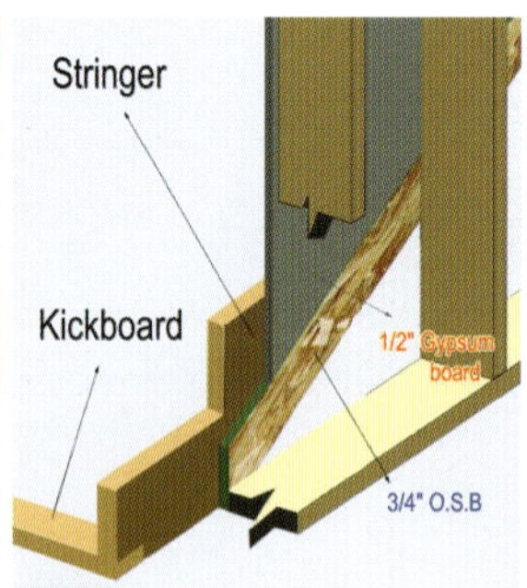

B-1

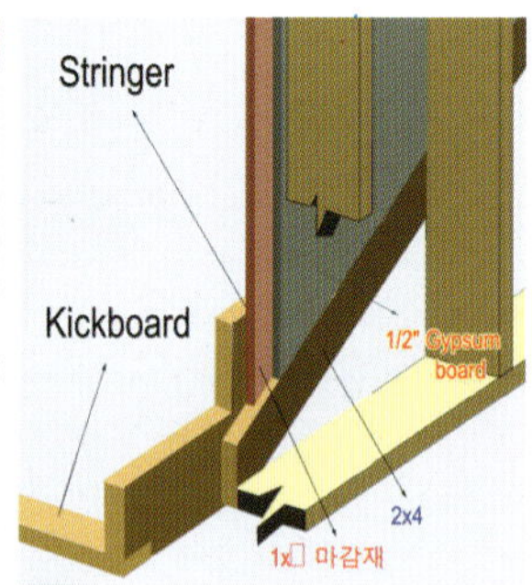

C

- 그림 A : 스트링거와 벽체가 일치되어 틈새가 없다. 나중에 석고보드작업을 할 때 계단의 런과 라이즈를 일일이 잘라야 하는 불편함이 있다.
- 그림 B : 그림 A의 불편함을 없애기 위해 3/4인치 합판을 스트링거와 벽체 사이에 끼워넣어 고정시켰다. 나중에 석고보드작업이 용이하다. (그림 B와 B-1)
- 그림 C : 스트링거와 벽체 사이에 2×4각재를 끼워 석고보드와 1인치두께의 마감재 작업을 쉽도록 했 다.

스트링거는 양 옆의 스트링거를 먼저 설치한 후 중앙의 스트링거를 설치한다.
이때 점검해야 할 것은 수평(Level)을 스트링거 위에 올려놓고 양 옆과 가운데의 스트링거에 런과 라이즈가 고르게 맞는가를 확인하며, 못을 박아 고정시킨다.

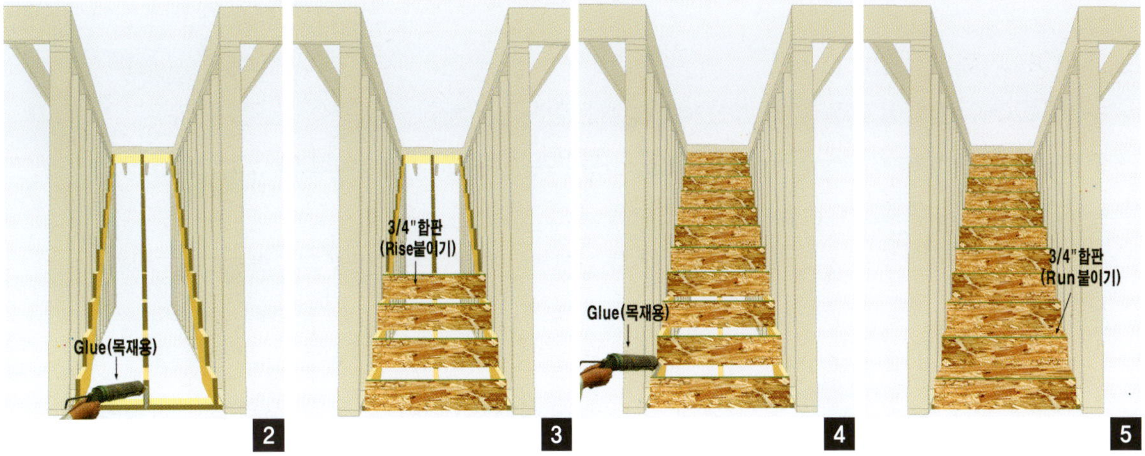

스트링거를 고정시킨 다음 목재용 접착제를 사용하여 라이즈 면에 고르게 바른다.(그림 2, 3)

스트링거가 설치된 라이즈 면에 접착제를 먼저 바르는 것은 3/4인치 합판을 붙일 때는 라이즈를 먼저 붙여야 하기 때문이다.

라이즈를 먼저 붙이지 않으면 다음과 같은 문제가 발생한다.

〈라이즈 합판 우선 설치〉

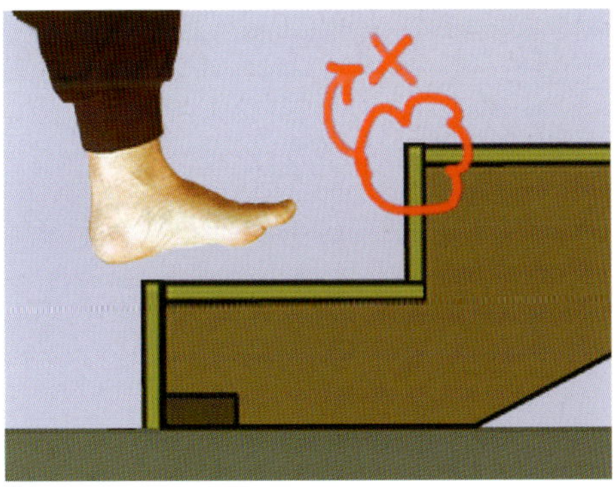

▲ 런(Run)을 먼저 붙였을 때

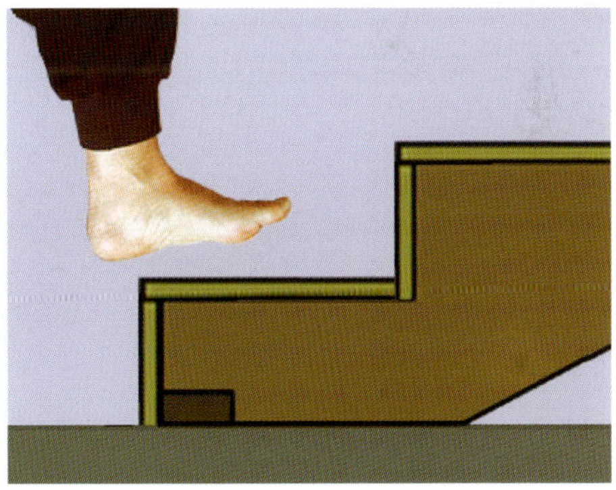

▲ 라이즈(Rise)를 먼저 붙였을 때

라이즈를 먼저 붙이지 않고 런을 먼저 붙였을 경우에는 라이즈 합판이 런 합판 옆쪽에 놓여지면서 위로 튀어 나오게 된다. 이런 경우에는 작업 중에 모서리의 합판 조각이 떨어져 나갈 수도 있고, 런 합판을 받쳐주지 못해 삐걱거린다.

그러나 라이즈를 먼저 붙였을 경우에는 라이즈 합판이 런 합판을 떠받치고 있어 위의 단점들을 없애 주고 삐걱거림의 소리도 없앨 수 있다.

라이즈에 합판을 모두 붙인 다음에는 런에도 접착제를 바르고 3/4인치 합판을 설치하는데 못은 8d못을 박아 고정시킨다. (그림 4, 5)

스트링거에 설치될 합판의 폭 길이는 양쪽 벽에 설치된 스트링거에서 스트링거까지의 길이이며 스트링거 런에도 목재용 접착제를 바르고 못을 박아 고정시킨다.

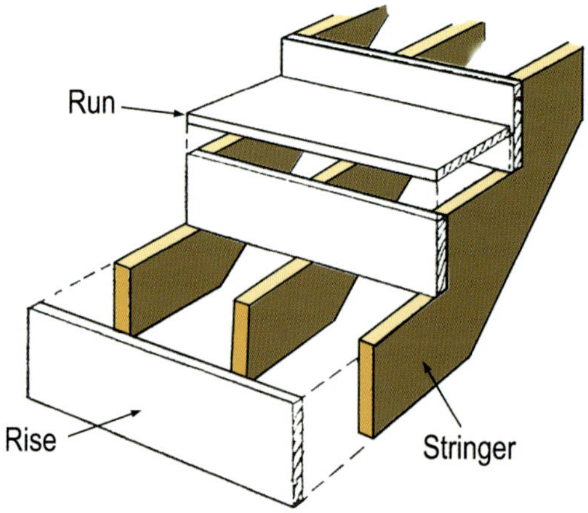

▲ 라이즈(Rise)에 접착제를 바르고 있다.

▲ 라이즈(Rise)에 못을 박고 있다.

스트링거(Stringer)에 합판을 모두 붙인후 스트링거 옆 벽체의 스터드와 스터드 사이에는 보막이(Blocking)를 설치한다. 이것은 계단을 오르내리다가 넘어질 때 자칫 잘못하여 계단벽을 발로차 석고보드가 깨지는 것을 막아 주고, 계단벽에 마감작업을 할 때 못이 박히는 자리를 만들어 주는 역할을 한다.

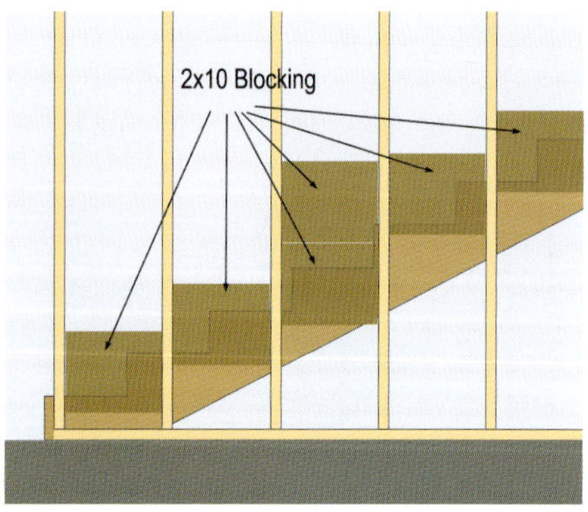

▲ 스트링거(Stringer)옆 벽체의 스터드 사이에 2X10브로킹(Blocking)을 설치한 모습

U자형 계단 (U-Shaped Stair)

U자형 계단은 L자형 계단과 함께 국내에서 가장 많이 선호하는 계단이지만 U자형이나 L자형 계단은 모양에서 약간 차이를 보일 뿐 시공방법에서는 거의 차이가 없다. 또한, 직선 계단과도 크게 다를 것이 없으며 중간부분에 랜딩(Landing)이 있다는 것 외에는 차이가 없다고 할 수 있다.

랜딩(Landing)은 우리말로 "계단참"이라고하며 계단의 방향을 전환하거나 노약자가 계단을 오르내릴 때 잠시 쉬어가는 공간이 되어 주기도 한다.

계단의 랜딩을 계산할 때는 직선계단과 다를 것이 없는데 그림에서 볼 수 있듯이 직선계단의 랜딩을 만들고 방향만 바뀌었다고 볼 수 있다.

설계기준

랜딩(Landing)은 전체 계단 중 한 단의 역할을 하고 있다. 랜딩의 폭은 최소 3피트 이상이여야 하고, 길이 역시 최소 3피트 이상이어야 한다.

계단을 위아래로 오르 내릴 때 머리 위의 장선과 계단사이의 높이를 헤드룸(Headroom)이라고 하는데 최소 6피트 8인치 이상이어야 한다. 6피트 8인치 이하인 경우에는 계단을 오르내릴 때 머리에 부딪치는 경우가 생기거나 부딪치지 않더라도 보행자에게 불안감을 줄 수 있다. 그렇다면 어떤 경우에 6피트 8인치 이상의 높이가 확보되는지 알아보자.

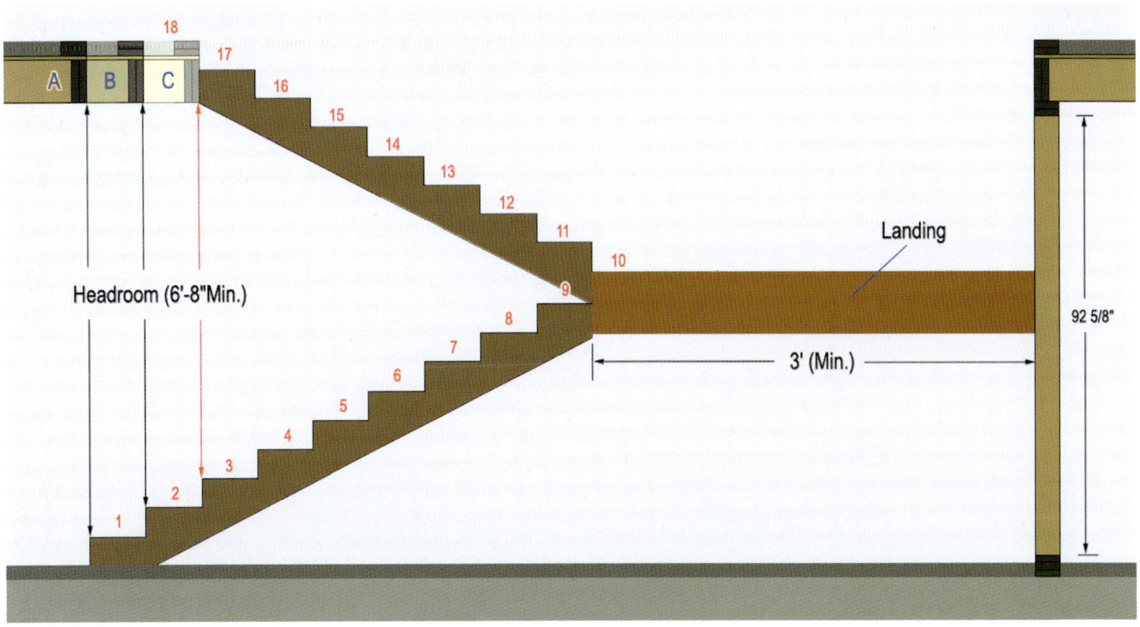

위 그림의 경우 바닥장선은 A, B, C 3가지 경우로 길이를 달리 하고 있다. 스터드 길이가 92 5/8인치 이거나 그이상이고, 헤드룸(Headroom) 위의 장선이 계단이 시작하는 A, B지점에 위치하고 있다면 6피트 8인치 이상의 높이가 항상 유지된다고 볼 수 있다.

그러나 장선이 C의 위치에 있는 경우에는 계단경사각에 따라 차이가 있어 반드시 헤드룸(Headroom) 높이를 점검하여 계산해 볼 필요가 있다.

[참고 : 바닥장선과 헤드룸(Headroom)의 관계는 직선 계단에도 적용된다.]

U자형 계단 스트링거 (Stringer)

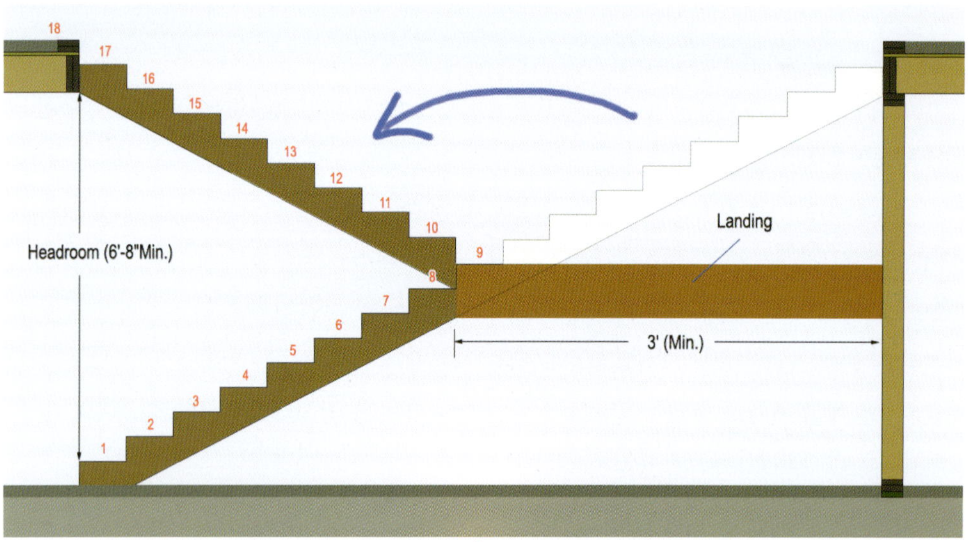

U자형 계단의 스트링거는 직선계단의 스트링거와 계산방법이나 재단방법, 그리고 설치방법이 모두 같다. 스트링거의 위쪽(Top)에 런을 3/4인치 짧게 하고, 아래쪽(Bottom)에는 라이즈를 3/4인치 짧게 하는 것도 모두 직선계단과 같다. U자형 계단에서 다른 것이 있다면 직선형 계단은 스트링거가 하나로 이루어졌는데, U자형 계단은 스트링거가 랜딩을 전환점으로 하여 분리되어 있다는 것이다.

U자형 계단에서는 랜딩과 2층 바닥장선에 설치되는 각각의 스트링거에 위쪽(Top)에는 런을 3/4인치 짧게 하고, 아래쪽에는 라이즈를 3/4인치 짧게 각각의 스트링거에 적용한다는 것이다.

랜딩 (Landing)높이 계산하는 법

랜딩은 위에서도 말한 것과 같이 계단의 한 단 역할을 한다. 그렇기 때문에 랜딩이 몇 번째 계단인가를 도면에서 확인하는 작업을 해야 한다. 그리고 랜딩이 몇 번째 계단인지가 확인되었다면 랜딩이 설치될 높이를 벽체에 표시한다.

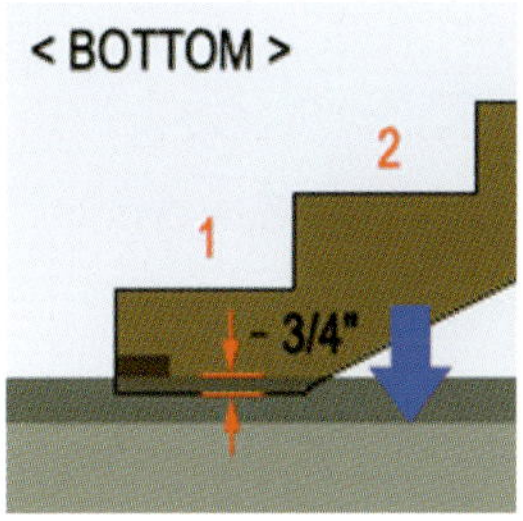

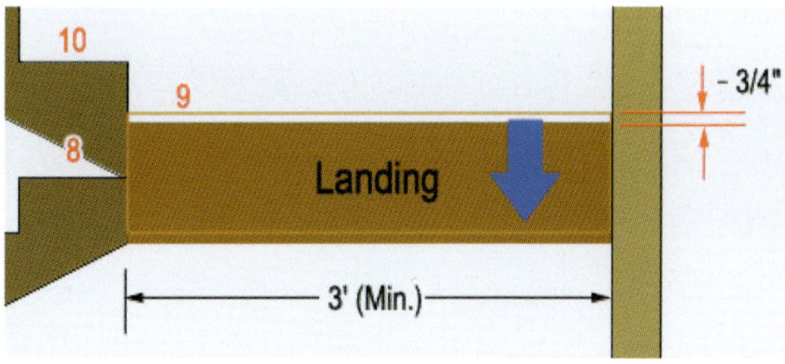

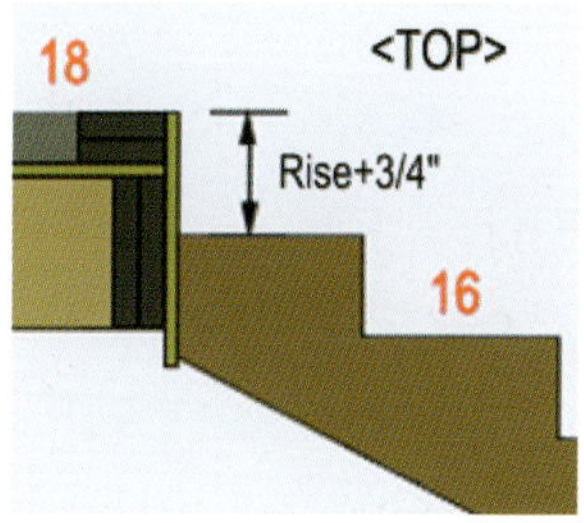

그림에서처럼 랜딩은 아홉 번째 단이고, 라이즈가 6 1/8인치라고 한다면 그렇다면 랜딩이 위치할 높이는 6 1/8″ ×9 = 55 1/8″이다. 그러나 앞에서 스트링거를 설치하면서 아래쪽(Bottom) 첫 번째 스트링거의 라이즈를 3/4″ 빼준다고 설명한 바 있다. 그렇기 때문에 역시 랜딩도 3/4″ 빼주어야 한다.

55 1/8″에서 3/4″ 낮게 설치가 돼야 하므로 랜딩의 높이는 55 1/8″- 3/4″= 54 3/8″이다. 바닥(밑깔도리 아래선)에서 길이를 시작하여 54 3/8″ 지점이 랜딩이 설치될 높이이다. 그리고, 윗쪽(Top)에 설치될 스트링거는 라이즈 길이에 앞으로 설치될 합판두께 (3/4인치)를 더한 위치에 설치한다. 이제 랜딩의 높이를 알았으니 랜딩을 설치해 보도록 하자.

랜딩 (Landing) 조립순서

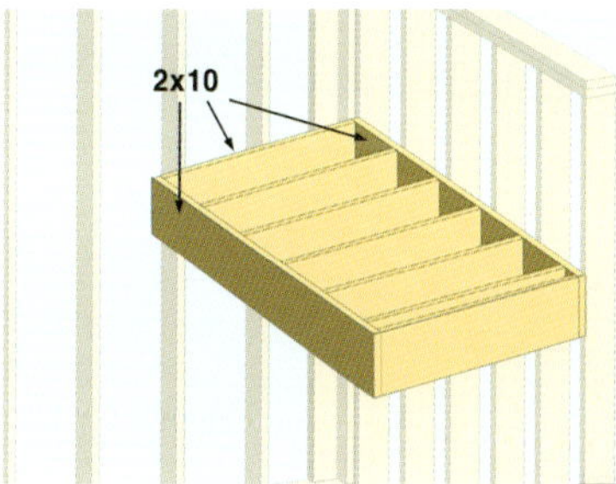

1

2

3

- 그림 1 : 랜딩은 2×10으로 바닥장선을 만들듯이 3개의 벽체에 못을박아 고정시켜 만든다.(그림의 이해를 돕기 위해 앞쪽의 벽체는 생략했음)
- 그림 2 : 스트링거의 자리에 3/4인치 합판을 설치하고, 랜딩위에는 목재용 접착제(Glue)를 바른다.
- 그림 3 : 랜딩의 윗면에 합판을 설치하고, 못박기 규정을 준수해 못을 박는다.

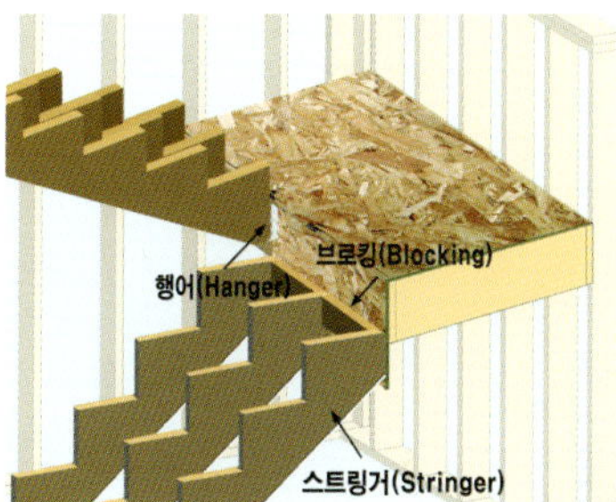

4

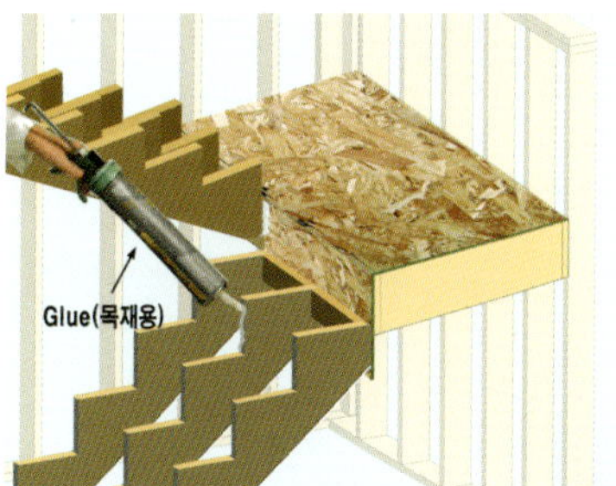

5

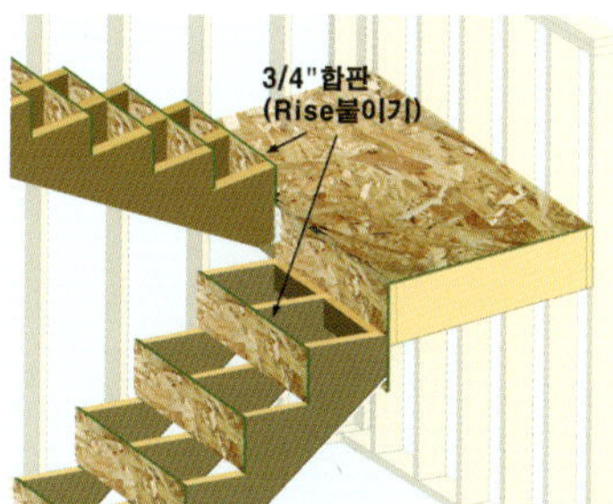

6

■ 그림 4 : 랜딩아래 스트링거는 스트링거와 랜딩에 경사못을 박아 고정시키고, 합판의 반대쪽에서 스트링거에 못을 박아 고정시킨다. 랜딩 위에 설치될 스트링거는 스트링거와 랜딩을 행어(Hanger)나 보막이(Blocking)를 사용해 고정시킨다.

■ 그림 5 : 스트링거 사이에 보막이(Blocking)를 설치하고, 라이즈(Rise)에 목재용 접착제(Glue)를 바른다.

■ 그림 6 : 3/4인치 합판을 라이즈(Rise) 면에 접착제를 바른 후 붙이고, 못(8d)을 박아 고정시킨다.

7

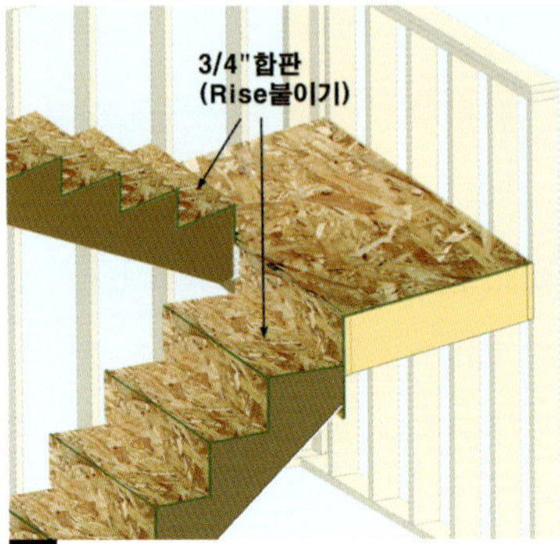

8

■ 그림 7 : 스트링거의 런(Run)에 목재용 접착제(Glue)를 바른다.

■그림 8 : 스트링거의 런에 합판을 붙이고, 못(8d)을 박아 고정시킨다.

랜딩(Landing)과 와인더(Winder)

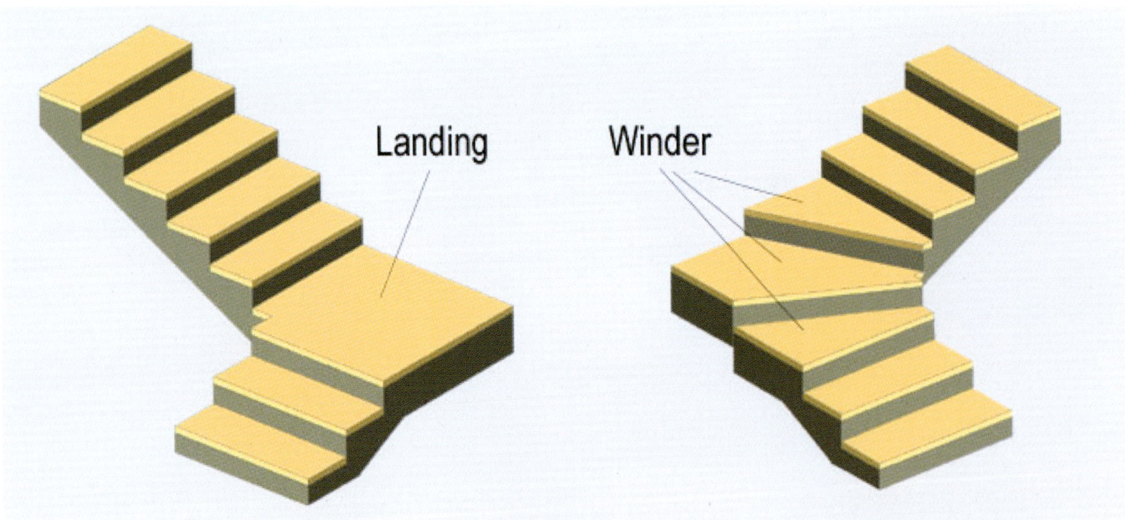

■ 랜딩(Landing) : 연속된 계단 사이 또는 연속된 계단의 처음과 끝에 놓여신 플랫폼. 계단참

■ 와인더(Winder) : 계단의 방향을 바꿀 때 사용하는 쐐기모양의 단

랜딩 (Landing) 분할방법

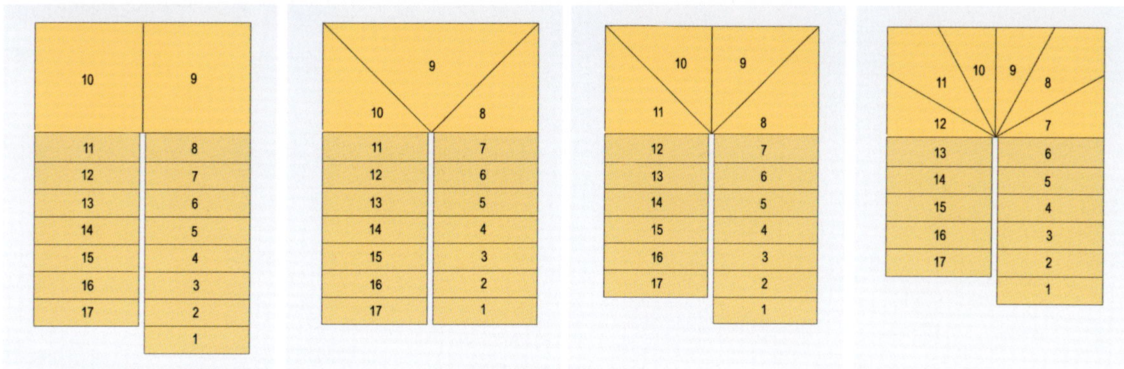

랜딩은 위의 그림과 같이 건물의 제한된 공간에서 규정된 단높이를 맞추기 위해 단 개수를 늘리거나 줄일 때 사용된다.

와인더 (Winder) 분할 방법

① 랜딩이 정사각형인 경우

[예] 가로가 4피트 세로가 4피트인 정사각형의 와인더를 분할하는 방법

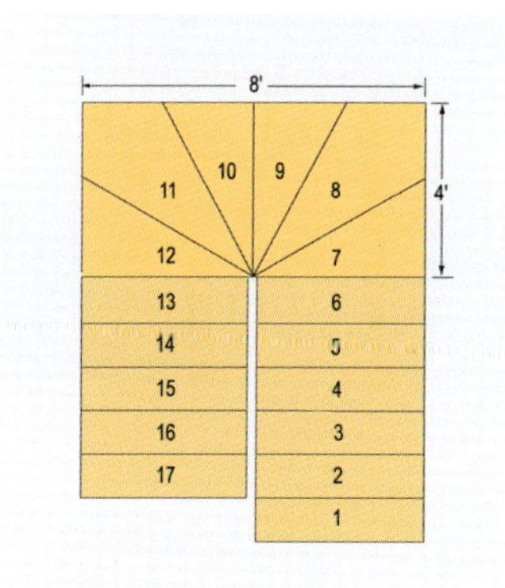

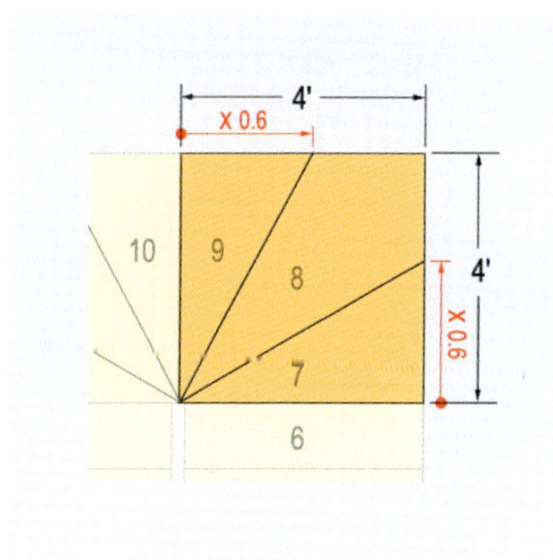

렌딩의 길이에 0.6을 곱한 지점으로

풀이) 4′×0.6 = 2′-4 13/16″

분할한다.

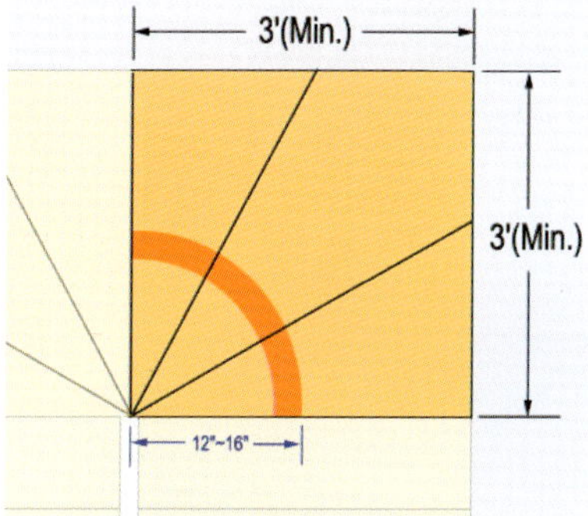

[질문] 0.6을 곱하는 이유는?

답) 와인더의 폭은 최소 3피트 이상이여야 하고, 중앙에 있는 핸드레일(Handrail)을 중심으로 12~16인치를 가장 많이 걸어 다니는 곳이다. 따라서 이 부분의 계단폭은 일정해야 하며, 이를 위해서는 랜딩 폭에 0.6을 곱해주면 가장 일정한 계단폭의 값을 갖는다.

② 랜딩이 정사각형이 아닌 경우

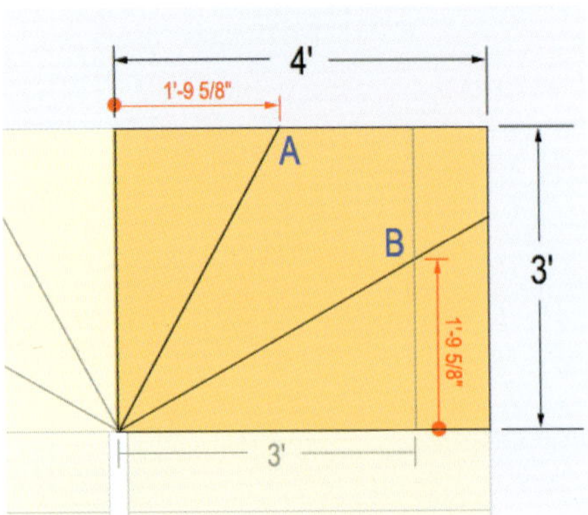

[예] 가로가 4피트이고 세로가 3피트인 와이더를 분할하는 방법

풀이) • 랜딩(Landing)의 짧은 길이를 기준으로 긴 쪽에 임의의 선을 그린다.

• 그림과 같이 짧은 쪽을 기준으로 가로가 3피트, 세로가 3피트인 정사각형을 그린다.

• 짧은 길이 3피트에 0.6을 곱한다.

3′ × 0.6 = 1′- 9 5/8″

• 1′- 9 5/8″를 길이 3피트지점 A와 B에 표시하여 랜딩을 분할한다.

와인더 (Winder)조립순서

1 프레임을 만든다.

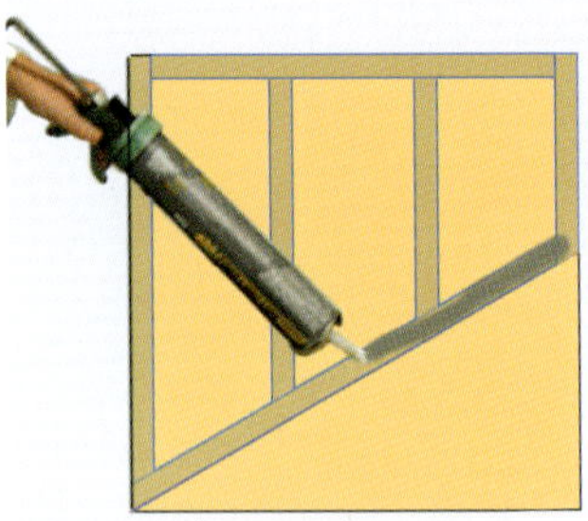

2 접착제(Glue)를 바른다.

3 합판을 덮는다.(8d 못 사용)

4 합판 위에 프레임을 만든다.

5 접착제(Glue)를 바른다.

6 합판을 덮는다.(8d 못 사용)

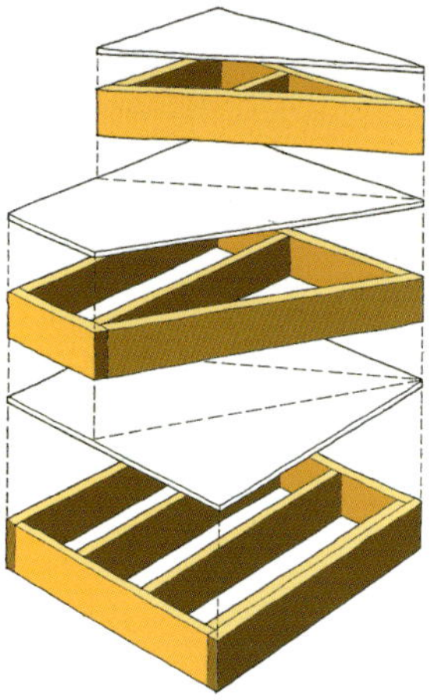

◀ 와인더(Winder)를 설치한 모습

지하계단 랜딩 (Landing) 규격과 핸드레일 (Handrail)높이

일반적으로 지하실로 내려가는 계단의 문은 지하로 내려가는 방향으로 열리도록 설계되는 경우가 많다. 이때에는 지하에서 올라오는 사람과 위에서 내려오는 사람이 문을 사이에 두고 동시에 밀고 당기는 상황이 생길 수 있는데 이때, 지하에서 올라오는 사람이 밀려 위험할 수도 있다. 이것을 방지하기 위해서 지하실의 랜딩은 최소 2피트 6인치 이상의 길이를 확보해야만 안전하게 계단을 이용할 수 있으며 계단의 *핸드레일(Handrail)높이는 계단의 경사진 곳에서 수직으로 34~38인치 사이에 설치해야 한다.

핸드레일(Handrail) : 계단난간. 계단이나 계단참의 측면에 설치하여 손으로 잡을 수 있도록 만든 레일

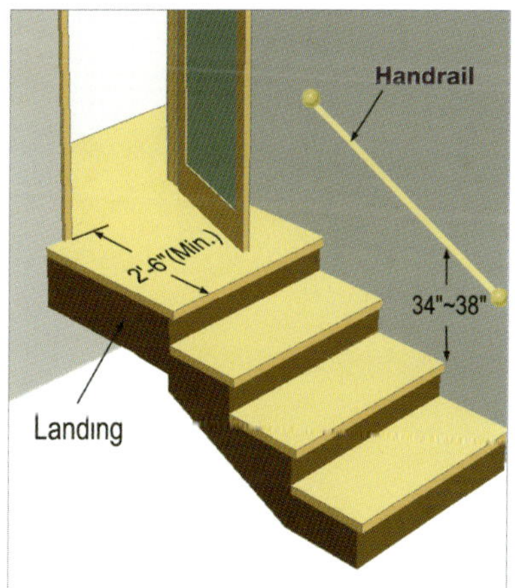

천장장선
CEILING JOIST

※필요한 공구–Compressor/Miter saw/Skill saw/Framing gun/Beam cutter기
※필요한 자재(구조재 제외)–16d/8d/Hanger

천장 장선(Ceiling Joist)

천장장선은 지붕 아래에서 실내의 천장면으로 설치되는 구조부분으로 지붕서까래가 바깥쪽으로 벌어지는 것을 막고, 동시에 실내 천장의 석고보드를 지지하는 역할을 한다.

천장장선의 시공방법은 바닥장선과 시공방법이 비슷하지만 그 차이가 있다면 바닥장선에 비해 하중과 처짐이 덜해 바닥장선보다 작은 치수의 목재를 사용한다는 것이다. 천장장선의 간격은 12인치, 16인치, 24인치 간격으로 많이 하며, 목재의 크기와 수종, 등급, 간격 등의 선별은 지붕서까래 방향과 하중계산에 의해 정해져야 한다.

가급적이면 외벽의 스터드 위에 지붕서까래와 일직선으로 배열하는 것이 좋으며, 천장장선이 서까래 옆에 접합되어 서까래와 함께 삼각형 구조를 이루는 것이 좋다. 이렇듯 천장장선은 지붕의 서까래 방향에 따라 장선의 방향이 결정되므로 장선을 설치하기 전에 반드시 지붕의 모양을 먼저 살펴보아야 한다.

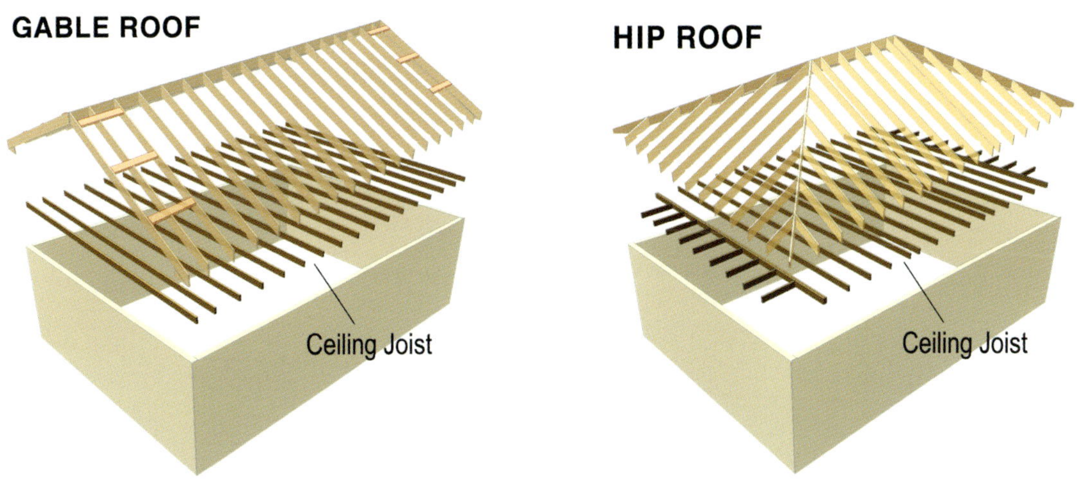

지붕형태와 천장장선

박공지붕의 천장장선

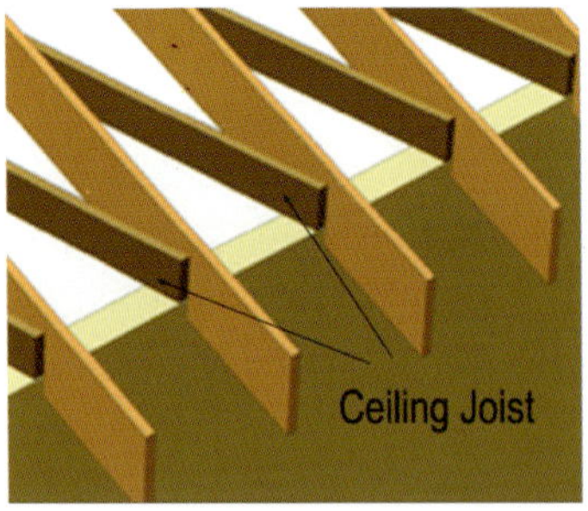

박공지붕의 경우 서까래의 방향이 장선방향과 동일한 방향과 동일한 간격을 유지하는 것이 좋으며, 천장장선과 서까래는 이중윗깔도리 위에서 서로 접합되어 하나의 구조체를 이루는 것이 좋다.

여기에 태풍 등 외부로부터의 풍압에 의한 취약한 부분을 보강하기 위해 장선과 장선 사이에는 보막이(Blocking)이 설치되고, 서까래와 벽체를 맞물려 *허리케인 타이(Hurricane tie)를 설치한다.

허리케인 타이 (Hurricane tie) : 서까래가 벽체에 연결되었을때 수평방향과 수직방향으로 작용하는 풍력 또는 지진력에 저항하도록 고정시키는 철물

모임지붕의 천장장선

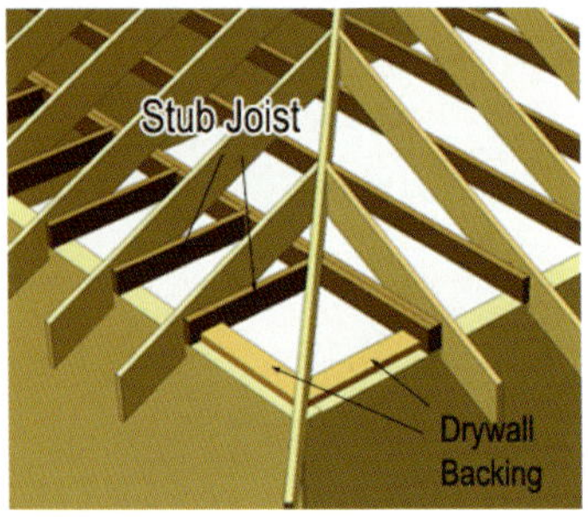

모임지붕에서의 천장장선은 박공지붕과 같이 서까래 방향으로 진행되다가 벽체 끝에서 장선의 방향이 바뀐다. 방향이 바뀌는 곳에 설치되는 장선을 *스터브 장선(Stub Joist)이라고 하며 설치방향은 서까래 방향과 동일하게 설치하기 위해 다른 천장장선과 직각방향으로 설치한다.

벽체와 벽체가 만나는 코너(Corner) 부분에는 2×6부재를 눕혀 천장의 모서리 부분에 석고보드를 설치할 수 있도록 석고보드받침(Drywall Backing)을 설치해 준다.

스터브 장선 (Stub Joist) : 모음지붕의 한쪽끝에 짧은 서까래를 지지하기 위한 짧은 장선

석고보드 받침(Drywall Backing)설치

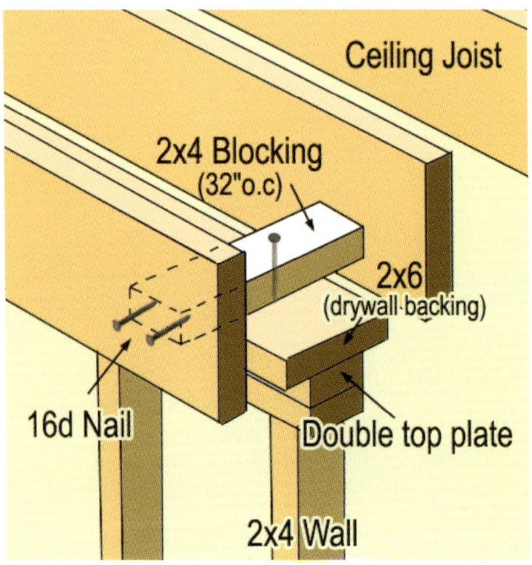

실내벽체가 천장장선과 같은 방향으로 놓여져 있는 경우에는 내벽의 윗부분을 고정시키기 위해 먼저 그림과 같이 2×4벽체 위에 벽체보다 큰 부재2×6를 사용해 석고보드 작업에 필요한 못자리를 만들어 주어야 한다. 그리고 그 위에 천장장선과 천장장선 사이에는 2×4보막이(Blocking)를 4피트 간격으로 설치하고, 16d의 못으로 고정시킨다.

이러한 작업은 석고보드 받침과 벽체의 흔들림을 보강하는 역할을 한다.

스트롱 백 (Strongback) 설치

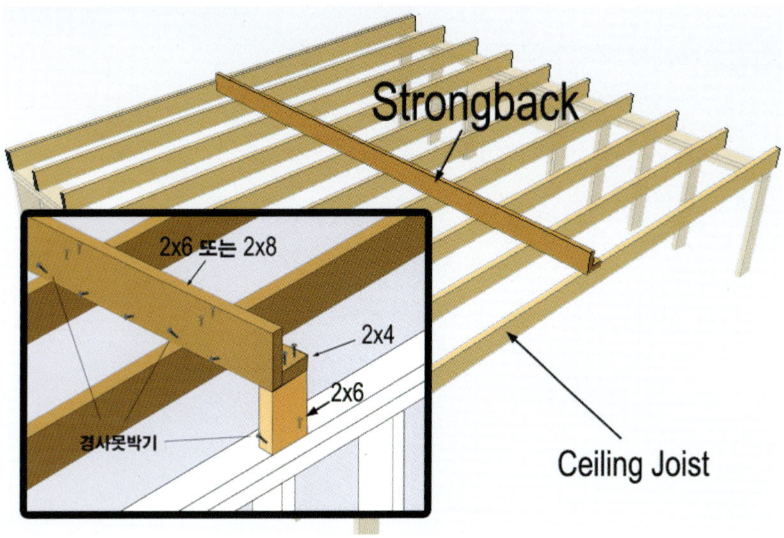

스트롱 백 (Strong Back) : 장선의 하중을 수평부재에 옮겨 벽으로 전달하는 지지대

천장장선의 중앙에는 *스트롱백(Strongback)을 설치하는데, 스트롱백은 2×4 목재를 사용해 천장장선 위에 올려져 설치한다. 스트롱백을 설치하면서 장선의 간격도 함께 맞추고 16d의 못을 사용해 경사 못박기로 고정시켜 설치한다.

설치된 2×4 옆면에는 2×6 또는 2×8을 세워 함께 고정시켜 설치하는데 스트롱백의 끝부분은 천장장선 높이만큼 벽체 위에 지지대를 설치하여 장선의 처짐을 보강해준다.

2×6 또는 2×8을 2×4에 고정시킬 때는 끝면 못박기(End Nailing)로 고정하며, 장선과 만나는 부분은 경사못박기(Toe Nailing)로 천장장선과 함께 고정한다.

장선 끝 자르기

HAP (Height Above Plate) : 깔도리(Plate) 위의 수직높이

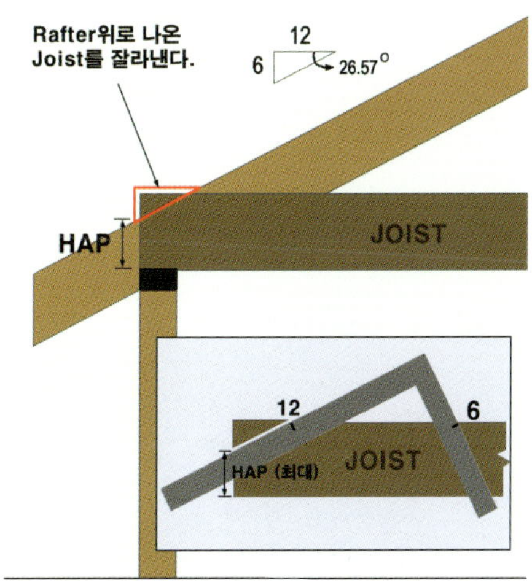

천장장선의 끝과 지붕 서까래가 만나는 부분에는 지붕의 경사각과 천장장선의 크기에 따라 천장장선이 서까래 위로 나오는 경우가 있는데, 이때는 튀어나온 천장장선을 잘라주어야 한다.

천장장선이 서까래 위로 올라온 경우 프레이밍 스퀘어(Framing square)를 그림에서와 같이 지붕의 경사각에 맞추어 잘라내고, 잘라낸 장선 끝의 높이는 이중 윗 깔도리(Double top plate) 위의 *HAP(Height Above Plate) 높이와 같거나 높이의 2/3 이상을 남기고 잘라내야만 한다.

■박공지붕(Gable Roof)

■교차지붕(Intersecting Roof)

■모임지붕(Hip Roof)

■도머(Dormer)

■베이창(Bay Window)

박공지붕
GABLE ROOF

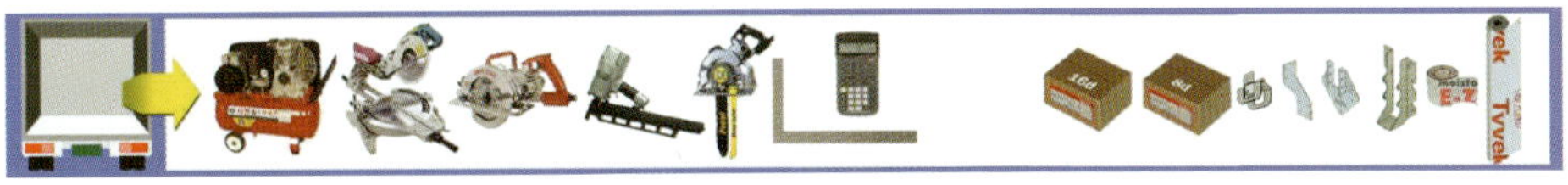

※필요한 공구-Compressor/Miter saw/Skill saw/Framing gun/Beam cutter/Framing square/계산기
※필요한 자재(구조재 제외)-16d/8d/합판클립/허리케인 타이/Hanger/E-Z seal/Tyvek

목1, 2 - 서까래 조립준비 / 목3 - 서까래 자르기 / 목4 - 게이블 스터드 자르기

지붕구조

지붕구조는 지붕 위에 작용하는 수직하중과 수평하중에 대한 저항력을 제공하며, 지붕의 마감재료를 설치할 수 있는 받침으로서의 기능을 갖는다.

이러한 지붕구조는 구조적으로 튼튼하고 안정감이 있으며 높은 강성을 지니고 있어야만 한다.

지붕구조는 일반적으로 평지붕 보다는 경사지붕이 선호되고 있으며 평지붕에서 발생하기 쉬운 방수처리의 어려움과 겨울에 지붕 위에 쌓이는 눈하중으로 인한 문제의 발생 가능성이 많기 때문이다.

경사지붕의 경우에 지붕의 경사각은 12 : 3 이상이 되어야 하며, 이보나 낮은 경사각인 경우에는 지붕구조재의 선별을 위한 하중계산에서도 12 : 3 이하의 지붕경사는 장선으로 구분하여 구조계산을 하고 있다.

지붕의 종류

지붕의 구조는 건물이 건축되는 나라의 역사와 전통, 지역에 따라 차이를 나타내며 하나의 주택에서도 다양한 유형의 지붕형태부터 여러 가지 복합된 형태로 사용되지만 기본적인 형태는 두 가지로 크게 나누어진다.

지붕 형태에서 가장 널리 적용되고 있는 것은 박공지붕과 모임지붕이다.

박공지붕과 모임지붕의 단순함을 변형시켜 여러 가지의 지붕형태로 변형된 지붕은 다음과 같다.

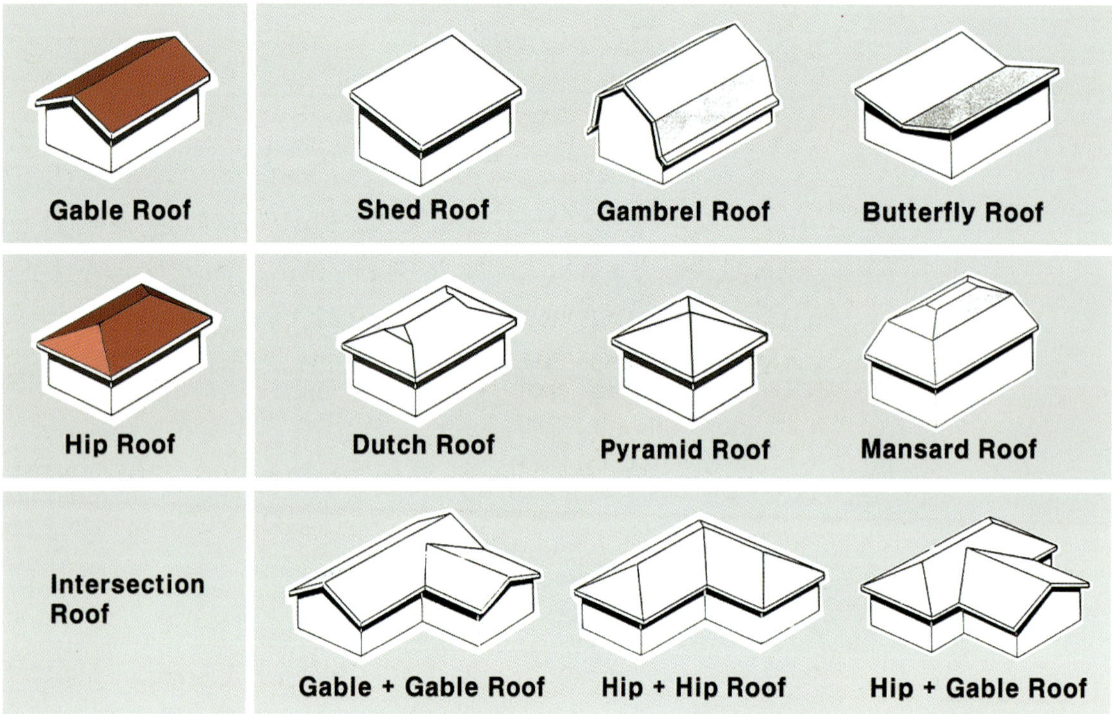

쉐드지붕(Shed Roof)과 맞배지붕(Gambrel Roof), 나비지붕(Butterfly Roof)은 모두 박공지붕(Gable Roof)에서 변형을 준 것이고, 더치지붕(Dutch Roof), 피라미드지붕(Pyramid Roof), 맨사드지붕(Mansard Roof)은 모임지붕(Hip Roof)을 변형한 형태이다.

그 외에 박공지붕과 모임지붕이 만나 복잡한 디자인으로 된 교차지붕(Intersection Roof)이 있는데, 이들 모두 박공지붕과 모임지붕을 응용했거나 변형된 형태로 시공방법에만 약간의 차이를 보이고 있다.

이러한 박공지붕과 모임지붕은 지붕을 시공하는데 있어서 가장 기본적이며 동시에 이 두 지붕을 모두 이해한다면 지붕골조(Frame)에서 90퍼센트 이상을 무리 없이 해낼 수 있다고 본다.

특히, 불규칙 모임지붕(Irregular Hip Roof)이나 도머(Dormer) 지붕을 무리없이 해내는 실력이라면 외국인 전문빌더를 상대로 한다해도 한수 가르쳐 줄 수 있는 실력이라고 볼 수 있다. 이렇듯 지붕에서 박공지붕과 모임지붕이 차지하는 중요성과 비중은 높다고 할 수 있다.

이러한 지붕중 먼저 박공지붕에 대해 알아보자.

박공지붕 (Gable Roof)

박공지붕은 목조주택지붕에서 가장 많이 선호하는 지붕의 형태이며, 외관상의 아름다움 외에도 다락공간을 사용할 수 있어 다른 지붕에 비해 많은 공간이 확보되고, 똑같은 서까래(Common Rafter)를 반복적으로 여러 번 설치함으로써 일의 공정도 다른 지붕에 비해 빠른 편이다.

지붕을 시공하는데 있어서 박공지붕의 경사는 작업자의 안전에도 영향을 미치는데 작업을 하면서 느끼는 지붕의 경사는 12:8(33.69도)까지는 지붕작업을 하면서 서서 이동이 가능하지만 그 이상의 지붕경사에서는 서서 이동이 불가능하므로 작업자는 지붕경사와 난이도를 고려해 공사기간을 예측해야 한다.

그러나 모든 지붕경사와 관계없이 작업을 할 때에는 숙련자는 물론 비숙련자를 위해 미끄럼 방지(안전지지대)를 반드시 설치를 해서 안전을 최우선으로 하고 작업을 해야 한다.

지붕명칭

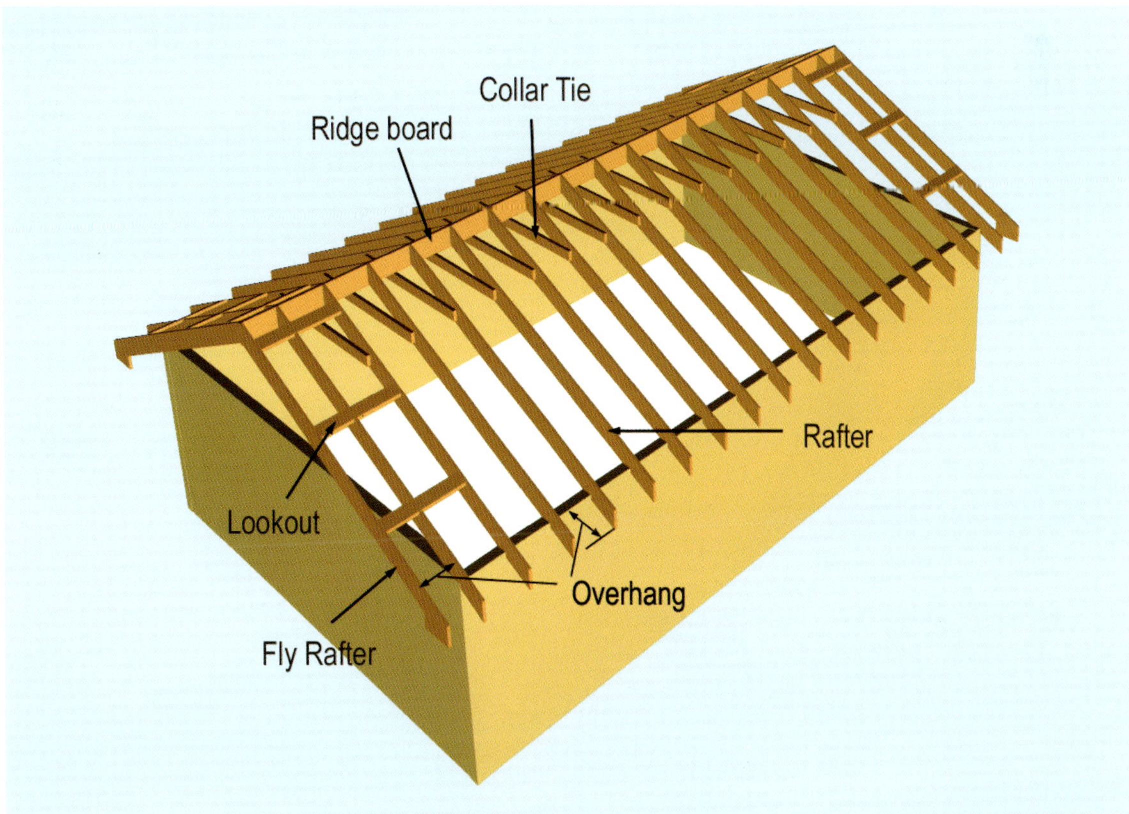

지붕 용어

- 마룻대(Ridge board) : 박공지붕에서 서까래와 서까래가 만나는 윗부분에 설치되는 수평부재로 마룻대보드라고도 하며 마룻대빔과는 그 기능이 다르다.
- 서까래(Rafter) : 지붕의 뼈대 역할을 하며, 하중을 지지하는 경사진 구조재.
- 플라이서까래(Fly Rafter, Barge Rafter) : 박공벽(Gable End) 끝에서 돌출한 서까래.
- 룩아웃(Lookout) : 박공지붕에서 첫 번째 서까래를 매달아 지지해 주는 수평부재.
- 칼라타이(Collar Tie) : 박공지붕에서 양 옆의 서까래를 연결해서 벌어짐을 막는 수평부재.
- 오버행(Overhang) : 건물에서부터 돌출한 지붕의 맨 끝 처마 부분.

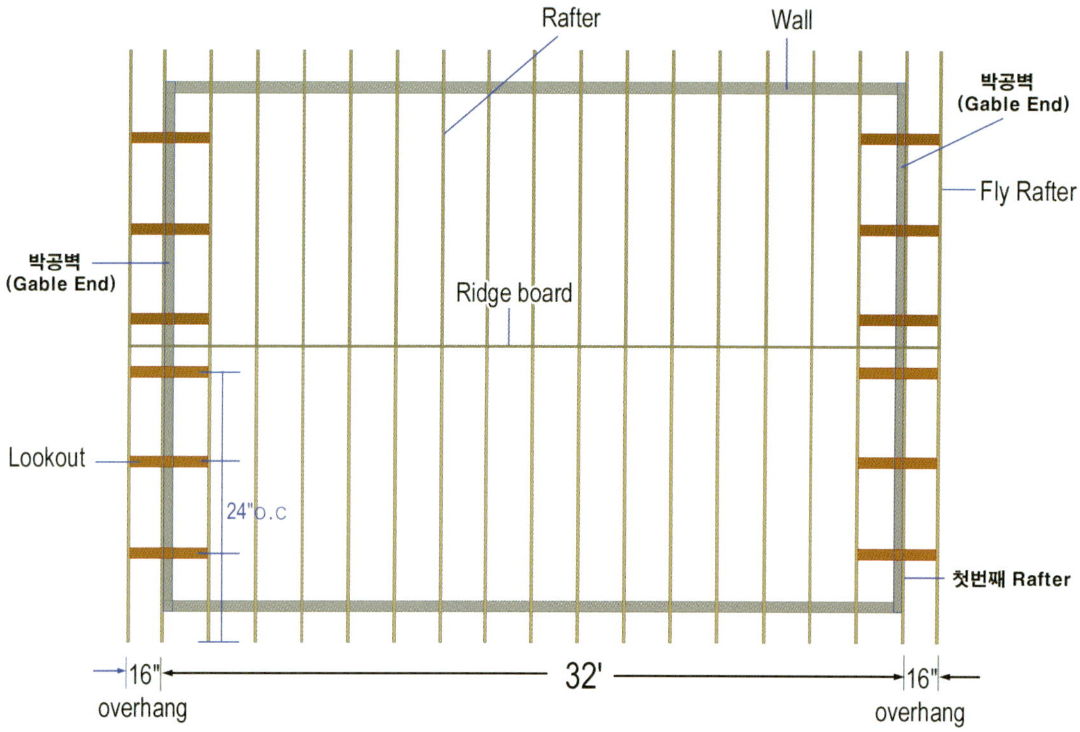

마룻대 (Ridge board)

마룻대 길이 계산하는 법

마룻대는 서까래가 놓여질 직각방향으로 서까래가 매달릴 수 있는 곳까지의 길이이다.

위의 그림을 예를 든다면

32′(건물길이) + 14 1/2″(오버행) + 14 1/2″(오버행) = 34′-5″(마룻대)

〈참고 : 위의 그림에서 볼 때 오버행(Overhang)의 길이가 16인치가 아니고 14 1/2인치인 것은 플라이 서까래(Fly Rafter)의 두께인 1 1/2인치를 빼준 것이기 때문이다.〉

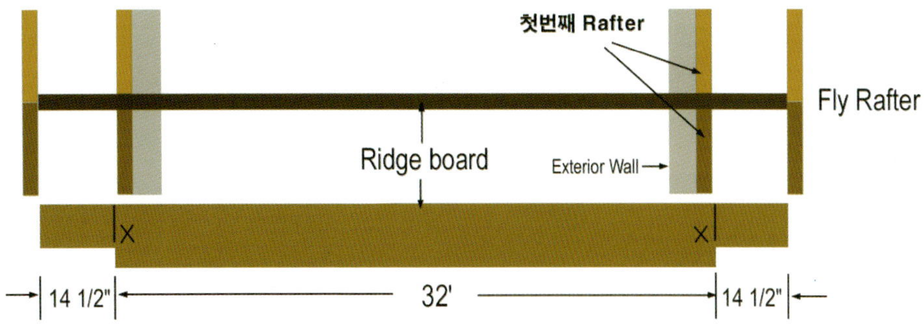

마룻대의 규격은 서까래 치수보다 한 치수 위의 치수를 사용하며 마룻대 폭이 서까래의 잘라낸 경사길이와 같거나 길어야 한다. 그렇지 못한 경우 지붕에서의 하중에 의해 서까래가 결방향으로 갈라지거나 쪼개지는 현상이 발생함으로써 마룻대는 서까래의 잘라낸 경사길이보다 같거나 길어야 하는 것이다.

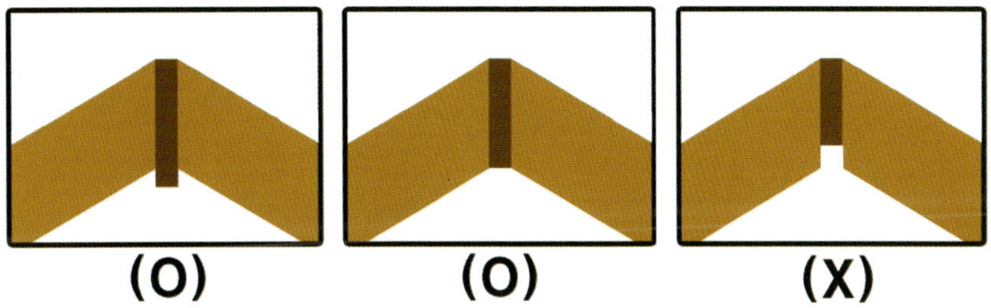

처마 부분의 마룻대 모양

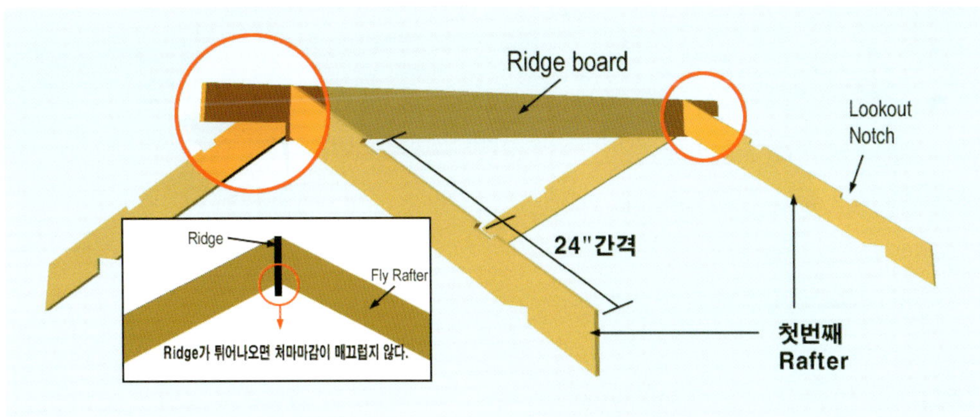

박공벽(Gable End) 바깥의 처마부분에는 앞의 내용과는 달리 마룻대를 서까래경사면보다 좁게 잘라내야 한다. 이것은 플라이 서까래(Fly Rafter)가 마룻대 면에 설치될 때 마룻대가 플라이 서까래보다 아래로 튀어나오게되면 처마마감이 매끄럽지 않기 때문이다.

그리고, 박공벽(Gable End) 위에 설치되는 첫 번째 서까래는 룩아웃 파냄(Lookout notch)이 되어 야만 룩아웃(Lookout)을 설치해 플라이서까래(Fly Rafter)를 매달 수 있다.

룩아웃 파냄(Lookout nutch)의 간격은 아래 처마쪽 서까래 끝에서부터 24인치 간격을 유지해 파내고, 룩아웃(Lookout)은 2×4 또는 2×6를 사용한다.

서까래 (Rafter)

서까래 계산에 필요한 용어

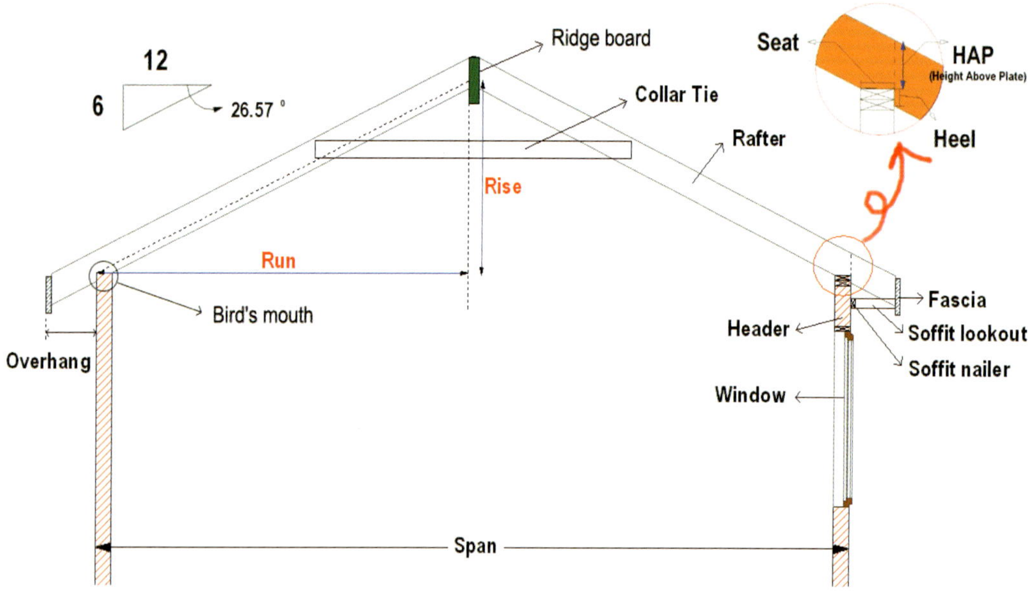

지붕에 관한 여러 책들을 보면 용어와 개념이 약간씩 차이를 보이고 있다. 이 책에서는 런(Run)과 라이즈(Rise), 토탈 런(Total Run)과 토탈 라이즈(Total Rise)는 다음과 같이 정의하도록 하겠다.

■ 런(Run) : 건물 바깥벽에서 마룻대(Ridge) 안쪽까지의 길이

■ 토탈런(Total Run) : 건물 바깥벽에서 마룻대 중앙까지의 길이

■ 라이즈(Rise) : 토탈라이즈(Total Rise)에서 HAP를 뺀 높이

[참고 : HAP는 Height Above Plate의 약자로 이중윗깔도리 위의 서까래 높이를 말한다.]

■ 토탈라이즈(Total Rise) : 라이즈(Rise)에서 HAP를 더한 높이

■ 오버행(Overhang) : 건물에서부터 돌출한 지붕의 맨 끝처마부분

■ 버드마우스(Bird's mouth) : 벽체의 이중윗깔도리(Double top plate) 위에 서까래(Rafter)를 올릴 수 있도록 자른 부분

■ 페이샤(Fascia) : 서까래 아래쪽 처마부분 끝에 설치하는 판재

■ 소핏룩아웃(Soffit Lookout) : 지붕처마의 페이샤(Fascia)를 벽과 직각방향으로 지지하는 나무토막

■ 소핏네일러(Soffit nailer) : 지붕처마 마감을 위해 벽과 수평방향으로 설치된 나무토막

서까래 계산

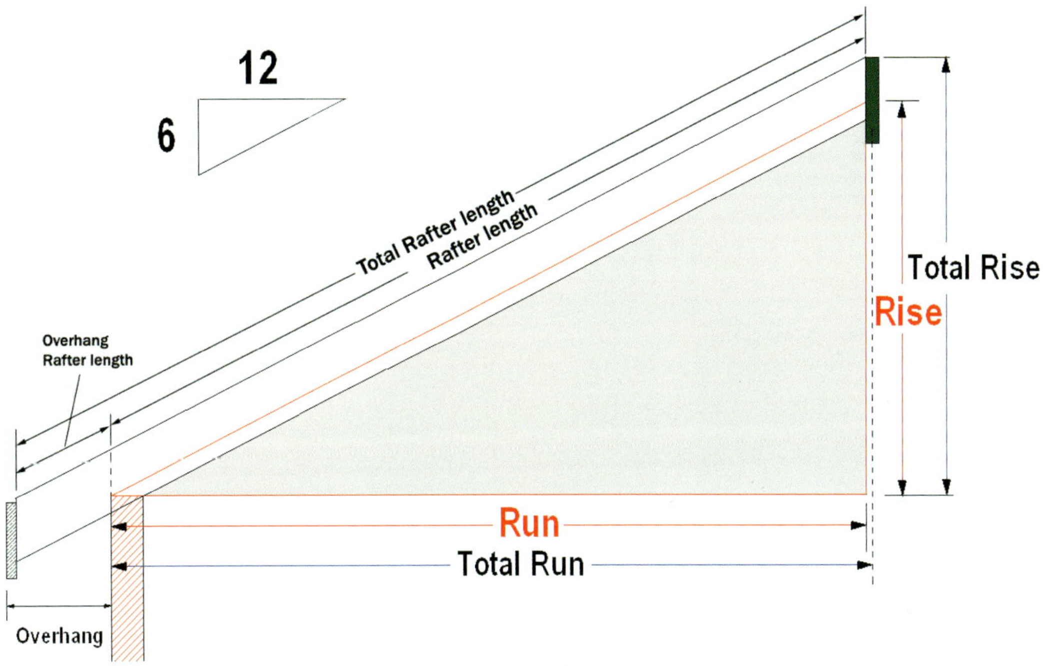

예제 1) 지붕의 경사가 12:6일 때 런(Run)이 12피트라면 라이즈(Rise)는 얼마인가?

$$12 : 6 = 12 : x$$

$$12x = 72$$

$$x = 6'\text{(Rise)}$$

예제 2) 지붕의 경사가 12 : 6이고, 런(Run)이 14피트일 때 라이즈(Rise)는 얼마인가?

$$12 : 6 = 14 : x$$

$$12x = 84$$

$$x = 7'\text{(Rise)}$$

예제 3) 지붕경사가 12 : 6이고, 라이즈(Rise)가 6피트일 때 런(Run)은 얼마인가?

$$12 : 6 = \chi : 6$$

$$6\chi = 72$$

$$\chi = \mathbf{12'(Run)}$$

예제 4) 지붕경사가 12 : 6이고, 라이즈(Rise)가 80인치일 때 런(Run)은 얼마인가?

$$12 : 6 = \chi : 80$$

$$6\chi = 960$$

$$\chi = \mathbf{160''}\text{(Run)}$$

위의 예제를 통해 12 : 6 지붕경사에서 수평길이에 대한 수직길이, 수직길이에 대한 수평길이가 비례적으로 변하는 것을 확인할 수 있다. 이렇듯 주어진 지붕경사에 의한 서까래의 길이도 비례적으로 변한다.

서까래의 길이를 정확하게 계산하는 방법은 4가지 정도가 사용되고 있다.

첫째, 피타고라스 정리를 이용한 방법

둘째, 골조용 직각자를 반복적으로 이용한 방법

셋째, 골조용 직각자의 서까래 표를 이용한 방법 (★)

넷째, 목조주택 전용 계산기를 이용하는 방법 (★ ★ ★)

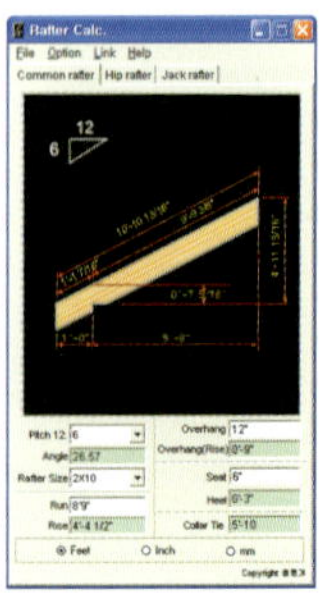

이 중 많이 사용하는 방법으로는 프레이밍 스퀘어의 서까래 표를 이용한 방법과 목조주택 전용 계산기를 이용한 방법이다.

목조주택을 시공하는 숙련자는 물론 처음에 입문하는 초보자인 경우에 누구를 막론하고 권하고 싶은 것은 목조주택 전용 계산기이다.

이 계산기를 사용함으로써 앞으로 지붕을 이해하고, 접근하는 초보자와 현장에서의 숙련된 시공을 하기 위한 마스터 빌더가 되기 위해서라도 이 계산기는 반드시 필요한 것이다. (www.masterbuilder.co.kr에서 계산기를 다운로드 받을 수 있다.)

그러나 이 책에서는 프레이밍 스퀘어 서까래표를 이용한 방법을 위주로 계산방법에 접근하도록 하겠다.

① 서까래 길이 구하는 법

피타고라스 정리 : 직각삼각형에서 직각을 끼고 있는 두 변의 길이를 각각 제곱하여 더한 길이와 빗변의 제곱한 길이와 같다.

지붕의 서까래를 구하는 방법은 피타고라스 정리를 이용한 방법을 가장 많이 사용하고 있는데 이 원칙을 적용하여 프레이밍 스퀘어(Framing square)에 기록된 내용으로 그 방법을 찾아보도록 하자.

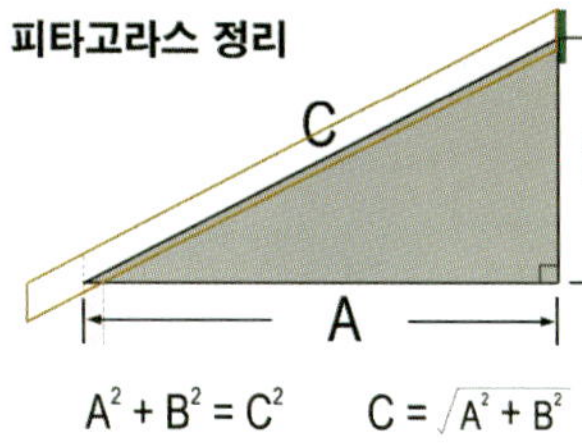

지붕경사가 12:6이고, 런이 12피트이면서, 라이즈가 6피트일 때 서까래 길이를 알아내기 위해 먼저 프레이밍 스퀘어에 기록된 내용들을 자세히 보도록 하자.

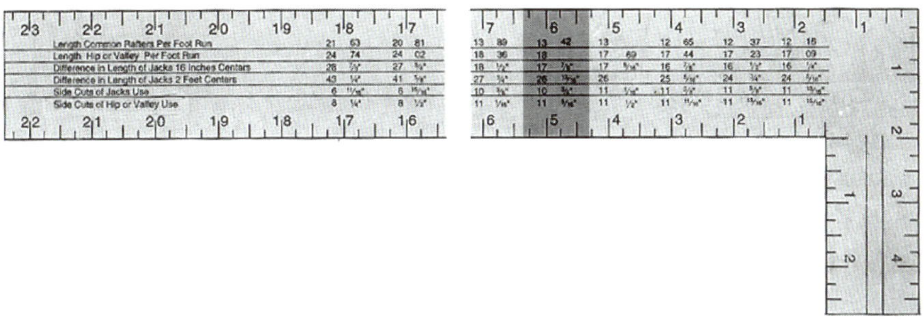

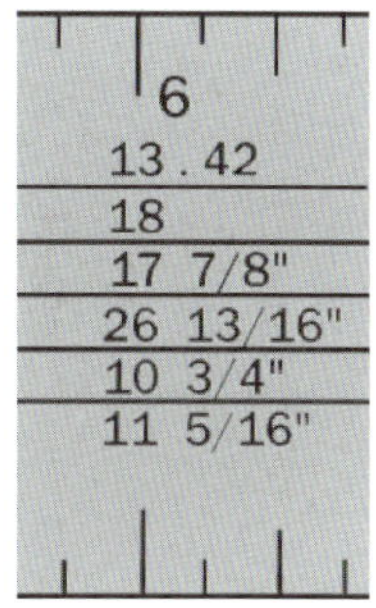

좌측에 있는 그림은 프레이밍 스퀘어이고, 우측에 있는 그림은 좌측의 프레이밍 스퀘어 중 6인치에 해당하는 내용 부분을 확대한 것이다.

지붕의 경사 6에 해당하는 6인치의 내용을 보면 그림에서와 같이 지붕 경 사가 12:6일때 대각선 값은 13.42라는 것을 뜻한다.

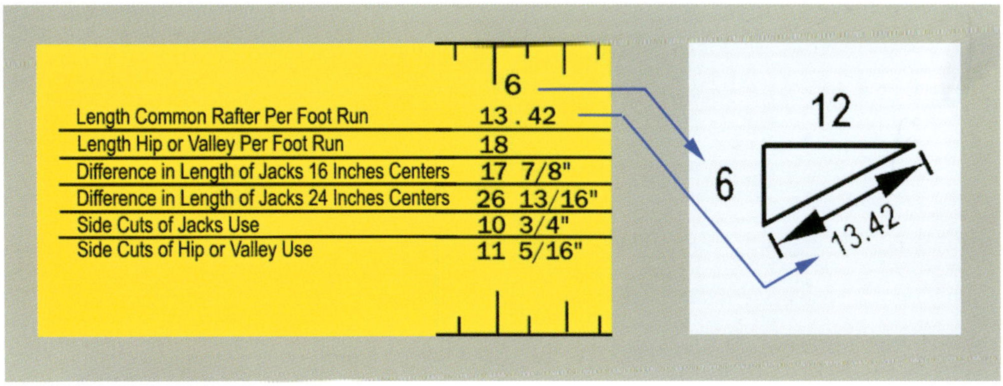

13.42는 피타고라스의 정리에 의해 나온 값이라는 것을 확인 할 수 있다.

$(12)^2+(6)^2 = 13.42$

앞으로 이 값들을 적용하여 서까래의 대각선 길이를 구해보도록 하자.

프레이밍 스퀘어의 서까래 표에서 12 : 6 지붕에서의 13.42라는 대각선 값을 항상 가지므로

서까래 길이 = (Run÷12)×13.42이다.-------- (공식)

[보기] 런이 12피트일때 서까래의 대각선 길이는

서까래 길이 = 12′(Run)÷12×13.42

= 13.42′(13′- 5 1/16″)

다른 지붕의 경사를 적용할 때는 13.42만 바꾸어 주면 서까래 길이를 구할 수 있다. 다시말해 지붕경사가 12:5인 경우라면 13을 곱해주면 된다.

예제 1) 지붕경사가 12:6이고, 런이 8피트일 때 서까래 길이는?

Run = 8′(Run)÷12×13.42

= 0.6667×13.42

= 8.946667′ ---------------- **8′**

= 0.946667×12 → (12를 곱하는 것은 1′=12″이기 때문에)

= 11.36 ------------------- **11과**

= 0.36×16 → (16을 곱하는 것은 1″=16/16″이므로 현장에서 사용하는 자의 제일 작은 눈금단위 16개를 기준으로 한 것이다. 더 정확하게 계산을 하고 싶다면 1″= 32/32″로 할 수 있으나 사용하는 자의 눈금과 맞지도 않거니와 그렇게 높은 정확도까지는 필요로 하지 않는다.)

= 5.76 (≒6)

= 6/16 = 3/8 --------------- **3/8″**

답 : 8′-11 3/8″

※참고 : 답이 약간의 오차를 보이는 것은 1/16을 나누는데 생기는 오차이다. 1/32 또는 1/64로 나누면 그 오차를 없애고 정확하게 할 수는 있으나 앞에서 설명한 바와 같이 일반적으로 사용하는 자의 눈금을 따라 1/16 을 적용하는 것이 좋다.

예제 2) 지붕경사 12:6이고, 스팬(Span)이 22피트일 때 서까래 길이는?

〈주의 : 런이 아니고, 스팬(Span)인 것에 유의한다.〉

Run = ((22ft(Span)÷2) - 3/4″) = 10′-11 1/4″

<3/4″는 Ridge Board 두께(1 1/2″)의 절반 두께 3/4″이다.>

서까래 길이 = 10′-11 1/4″(Run)÷12×13.42

= 12′-2 13/16

답 : 12′- 2 13/16″ (Rafter Length)

피치(Pitch) :
지붕의 경사.
1피트의 수평길이당 수직 높이를 인치로 나타낸것

② *피치 (Pitch) 구하는 법

공식 : Pitch = (Rise÷Run)×12

예제 1) 런이 11피트이고, 라이즈가 5′- 6″일 때 피치(Pitch)는?

Pitch = (5′- 6″(Rise)÷11′(Run))×12 = 6 ----- (12:6)

예제 2) 런(Run)이 9피트이고, 라이즈(Rise)가 6피트일 때 피치(Pitch)는?

Pitch = (6(Rise)÷ 9(Run))×12 = 8 ------ (12:8)

서까래 각도 구하는 방법

지붕서까래에서 크기와 길이가 같은 서까래가 여러 개 반복될 때 그것을 보통 서까래(Common Rafter)라고 하며, 박공지붕 형태에서 가장 많이 사용한다.

① 스피드 스퀘어(Speed square) 사용 방법

스피드 스퀘어는 지붕서까래작업을 할 때 가장 많이 사용하는 것으로 스피드 스퀘어에는 지붕의 경사각과 기울기가 직접표기되어 있어 일일이 각도 계산을 하지 않아도 손쉽게 지붕의 경사각을 표시할 수 있다.

스피드 스퀘어로 12:6인 보통서까래(Common Rafter)를 표시할 때는 스피드 스퀘어의 직각모서리 끝을 목재에 댄 후 그 지점을 축으로 "COMMON 6"이라고 써 있는 곳만큼 회전을 주어 맞추고 스피드 스퀘어의 경사진 부분에 표시를 하면 그 경사진 각이 지붕의 경사각(26.57도)이 된다.

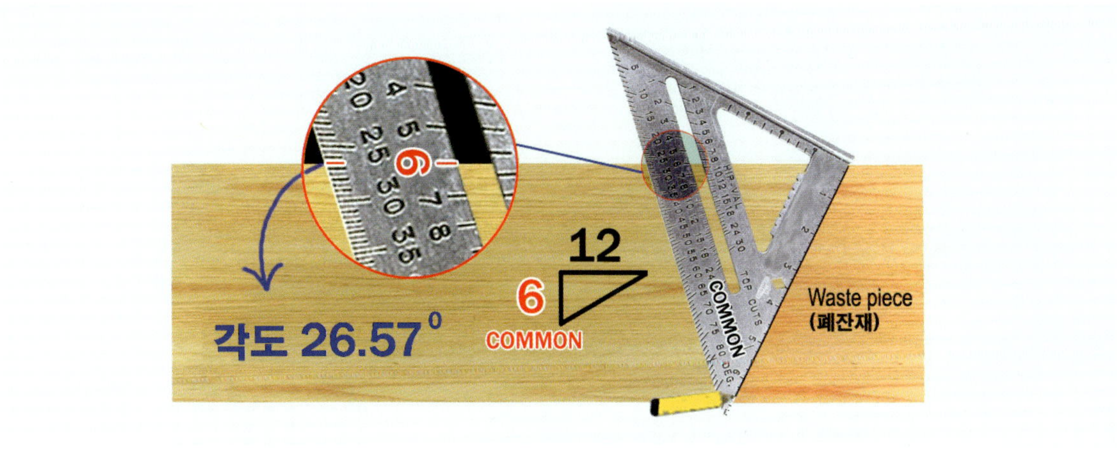

스피드 스퀘어는 지붕의 마룻대(Ridge board)와 버드마우스(Bird's mouth), 그리고 처마의 오버행(Overhang)에도 모두 똑같이 적용된다.

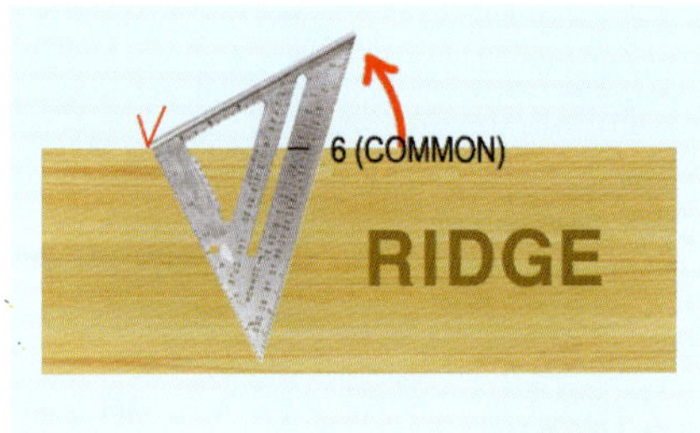

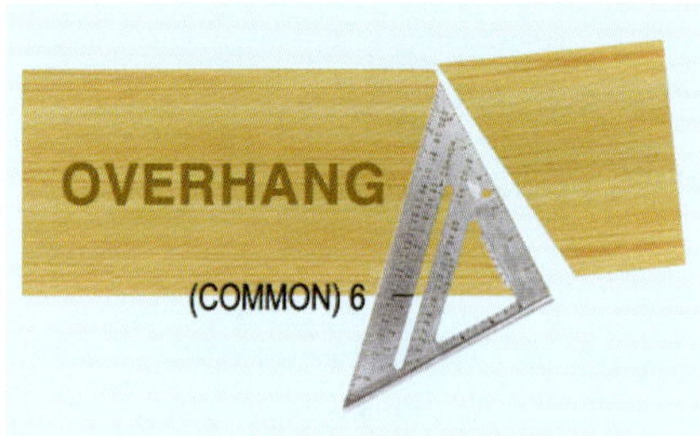

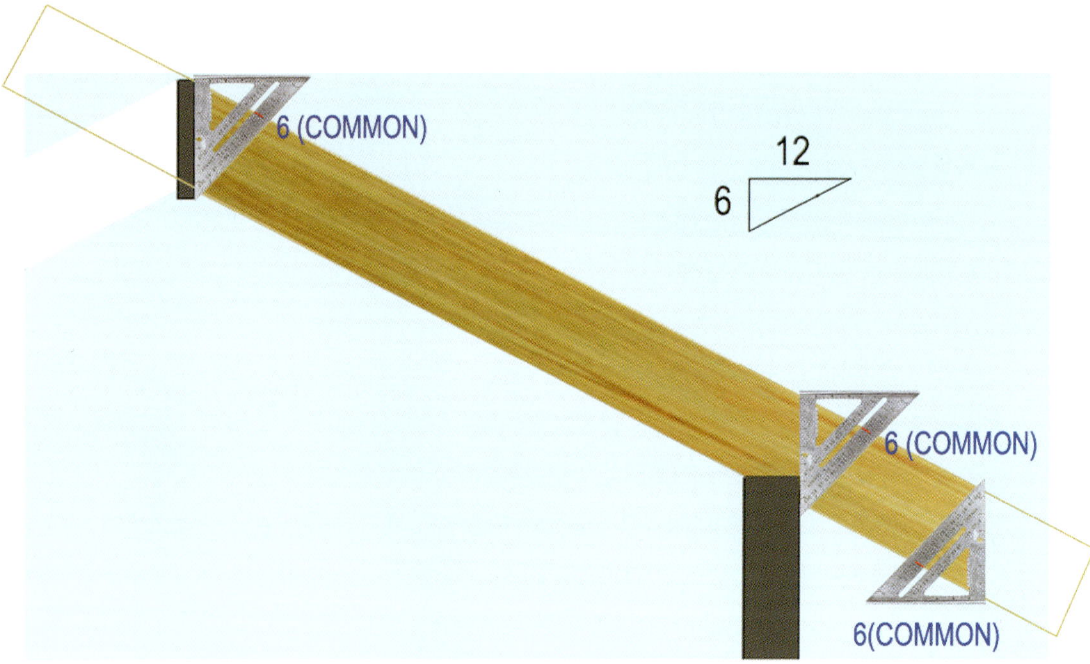

② 프레이밍 스퀘어(Framing square) 사용 방법

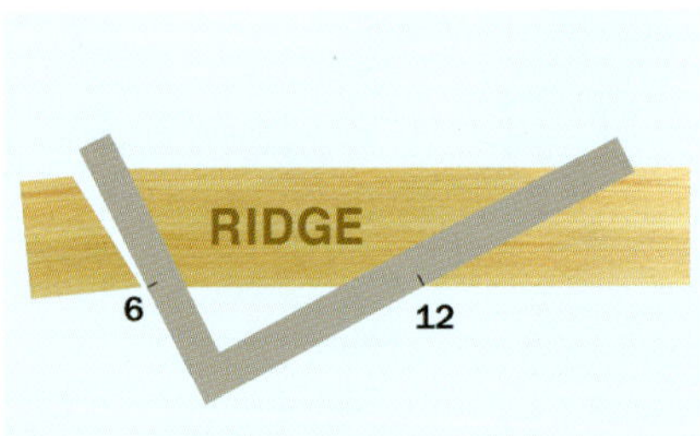

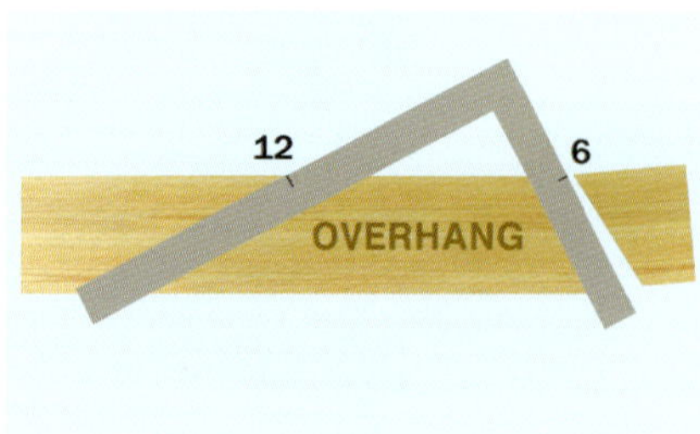

지붕의 기울기인 12와 6을 프레이밍 스퀘어로 맞추면 지붕의 마룻대(Ridge board)와 버드마우스(Bird's mouth), 그리고 처마(Overhang)에도 모두 적용해 사용할 수 있다.

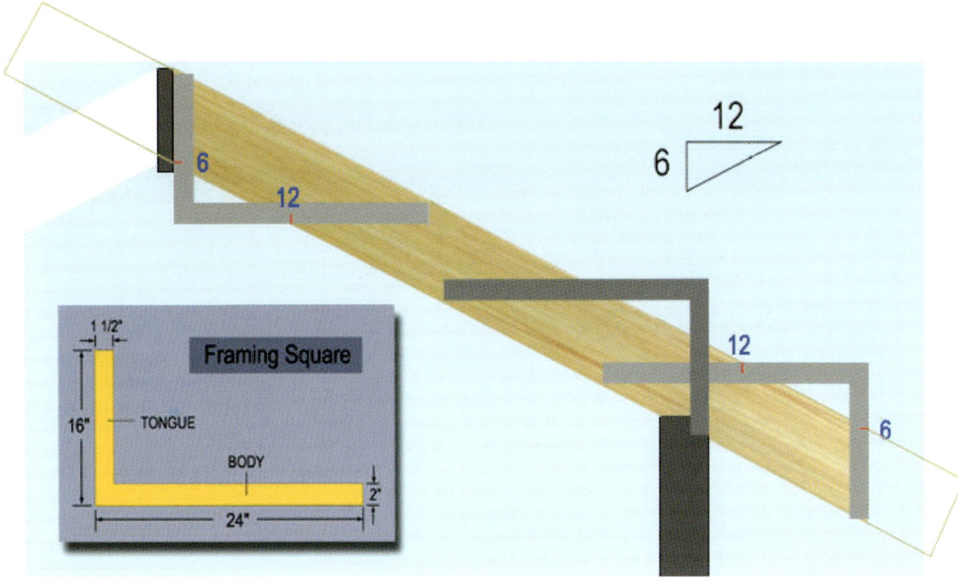

※참고 : 프레이밍 스퀘어는 계단과 지붕작업시 많이 사용하며, 긴 쪽을 BODY(몸)라 하고, 짧은쪽을 TONGUE(혀)라고 한다. BODY(몸)쪽은 2인치 넓이에 길이가 24인치이고, TONGUE(혀)쪽은 1 1/2인치 넓이에 길이는 16인치이다.

앞에서 프레이밍 스퀘어의 12:6의 경사각이 13.42라는 것에 대해 알아보았다. 이외에 프레이밍 스퀘어에 있는 다른 숫자들의 내용에 대해서도 알아보자.

■ 지붕경사가 12:6이고 런(Run)이 16인치일 때, 대각선길이는 17 7/8인치이다.

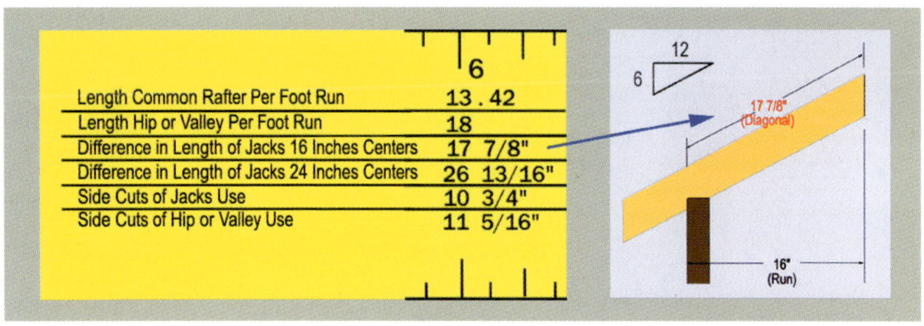

■ 지붕경사가 12:6이고 (Run)이 24인치일 때, 대각선길이는 26 13/16인치이다.

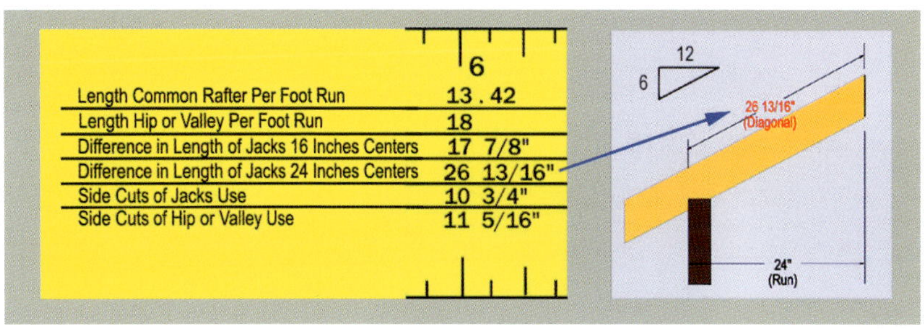

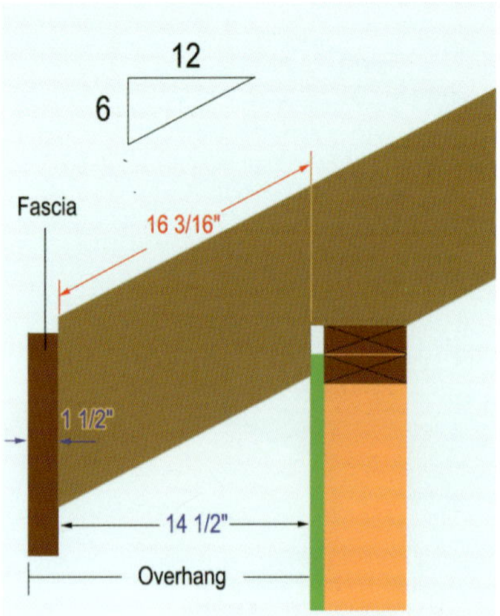

오버행 (Overhang) 구하는 방법

예제) 지붕경사가 12:6이고, 오버행이 16인치 일 때 오버행 서까래 (Overhang Rafter) 길이는?

Overhang Rafter 길이 = (Run÷12)×<u>13.42</u> ------- (공식)

Overhang Rafter 길이 = 14 1/2″(Run)÷12×13.42

=16 3/16″

답 : 16 3/16″

처마의 서까래 오버행 끝에는 수평 컷(Level Cut)을 하는 경우와 하지 않는 경우가 있는데, 그 차이를 알아보자.(수평으로 자르는 것을 "Level Cut"이라 하고, 수직으로 자르는 것을 "Plumb Cut"이라 한다.)

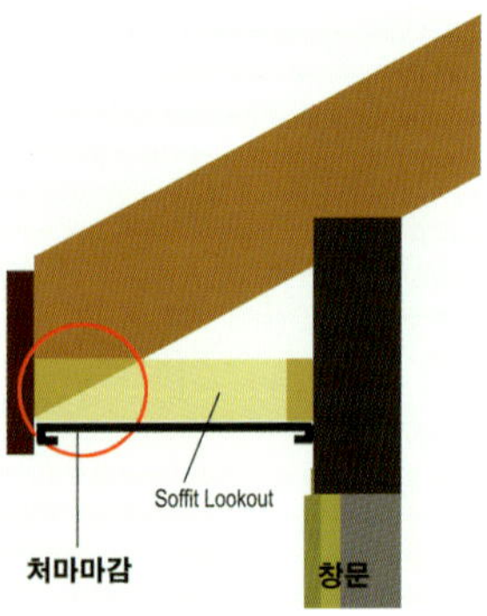

① 오버행서까래의 수평 컷을 하는 경우와 하지 않는 경우

- 수평 컷을 하지 않아도 되는 경우 : 소피룩아웃(Soffit Lookout) 아래로 처마마감을 했을 때 처마마감을 할 수 있도록 페이샤(Fascia)가 아래로 여유 있게 내려온 경우에는 수평 컷을 하지 않아도 된다.

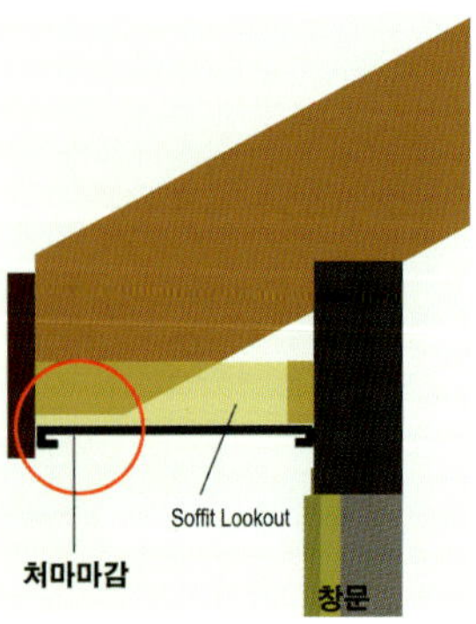

- 수평 컷을 해야 하는 경우 : 서까래의 잘라진 경사 길이가 페이샤(Fascia)의 길이보다 길어져 튀어나올 경우에는 수평 컷을 해야 한다.

다음은 지붕경사로 인한 각도가 변할 때 생기는 처마길이에 대해 알아보도록 하자.

지붕서까래를 계산할 때는 오버행 길이를 점검해야 한다. 오버행 길이가 너무 길거나 지붕의 경사가 급경사일 때에는 창문과 맞닿는 경우가 발생하기 때문에 서까래를 자르기 전에 먼저 계산이 이루어져야만 한다.

② 오버행(Overhang) 길이가 길거나 급경사인 경우 생기는 문제점

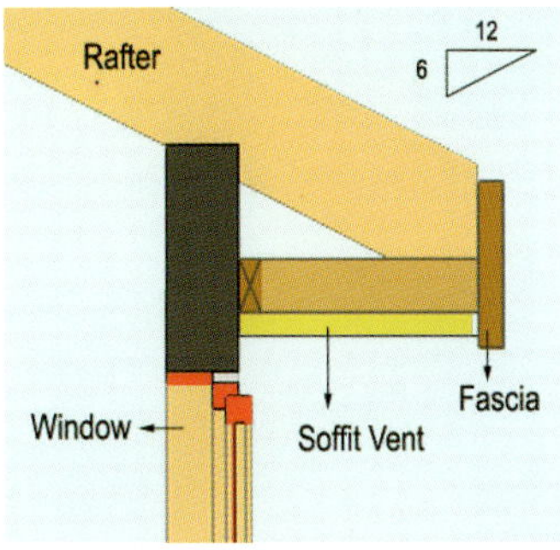

오버행길이와 경사가 고려된 경우(O)

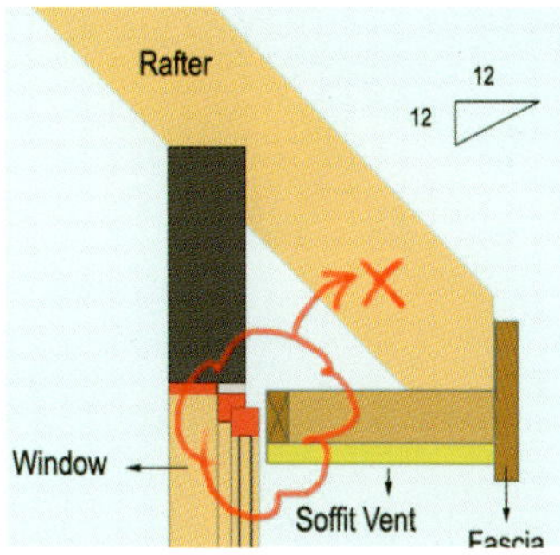

지붕경사가 고려되지 않은 경우(X)

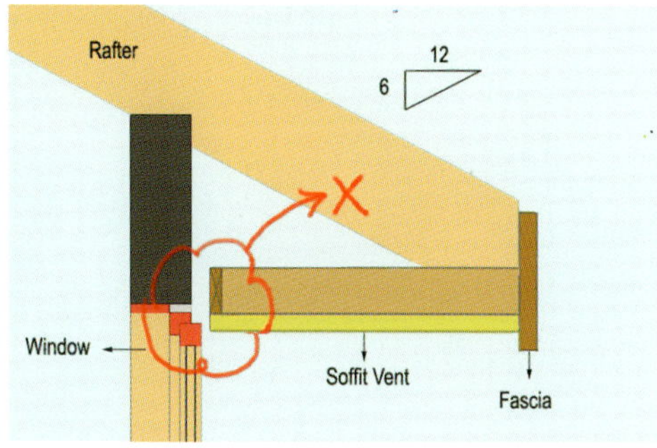

오버행 길이가 고려되지 않은 경우(X)

③ 지붕의 경사가 같고 오버행(Overhang)의 길이가 다를 때 비교

오버행의 길이가 긴 경우에는 창문 위에 마감재를 설치할 자리가 나오지 않는다. 기본적으로 창문 위에 설치될 몰딩(Moulding)의 두께와 소핏(Soffit)의 두께를 더한 길이 이상이 나와야만 처마마감 처리가 가능해진다.

아래 그림은 처마의 마감을 고려한 오버행의 길이를 구하고, 오버행의 길이가 길었을 때와 짧았을 때의 오버행 길이를 16인치와 24인치로 비교해보자.

① 오버행(Overhang)의 길이가 길지 않은 경우

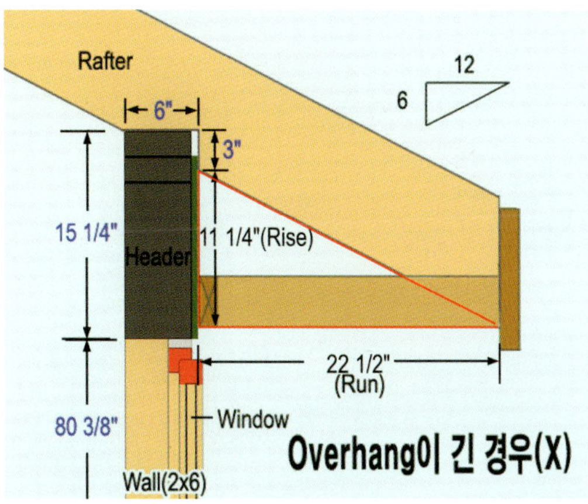

오버행(Overhang)이 24인치인 경우

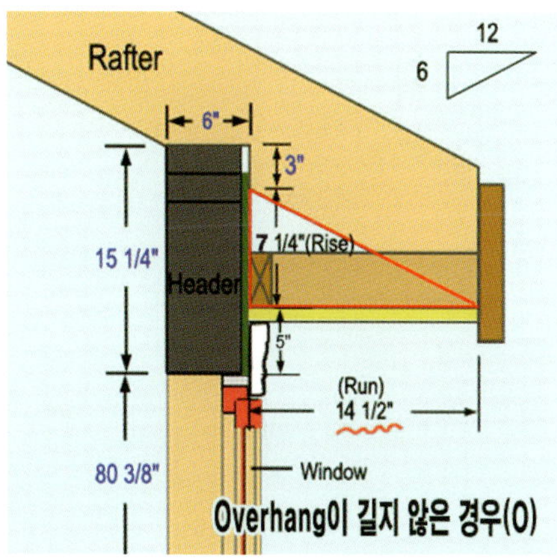

오버행(Overhang)이 16인치인 경우

오버행(Overhang)의 길이를 구하려면 먼저 몰딩두께와 소핏 마감두께 길이를 제외한 라이즈의 길이를 먼저 알아야 한다. 그리고 그 길이에서 버드마우스의 힐(Heel) 높이를 빼주어야만 한다. 그러기 위해서는 헤더(Header) 높이와 깔도리(Plate)의 높이를 알아야 한다.

오버행의 길이를 16인치로 했을 때 처마 마감에는 문제가 없는지 확인해보자.

헤더높이 + 윗깔도리 + 이중윗깔도리 = 15 1/4″

15 1/4″ - 3″ (버드마우스 힐 높이) = 12 1/4″ (Rise)

라이즈(Rise)가 12 1/4인치 이다. 이 길이에서 창문 위의 마감두께 길이와 소핏의 마감두께 길이를 빼주어야 한다.

이 길이를 4인치라고 하면,

12 1/4″ - 4″

= 8 1/4″가 라이즈(Rise)이다. 이때 (Run)은?

12 : 6 = χ : 8 1/4″

6χ = 99″

= 16 1/2″ (Run)

처마의 길이가 16 1/2인치 미만인 경우에는 창문 몰딩과 지붕처마 마감인 소핏(Soffit)에 영향을 주지 않는 것으로 나타났다. 그러므로 오버행 길이를 16인치로 한다면 문제가 발생하지는 않는다. 그러나 그대로 적용하기 보다는 좀더 짧게 오버행 길이를 적용하는 것이 처마마감을 위해 좋다.

② 지붕경사에 따라 달라지는 오버행(Overhang) 길이

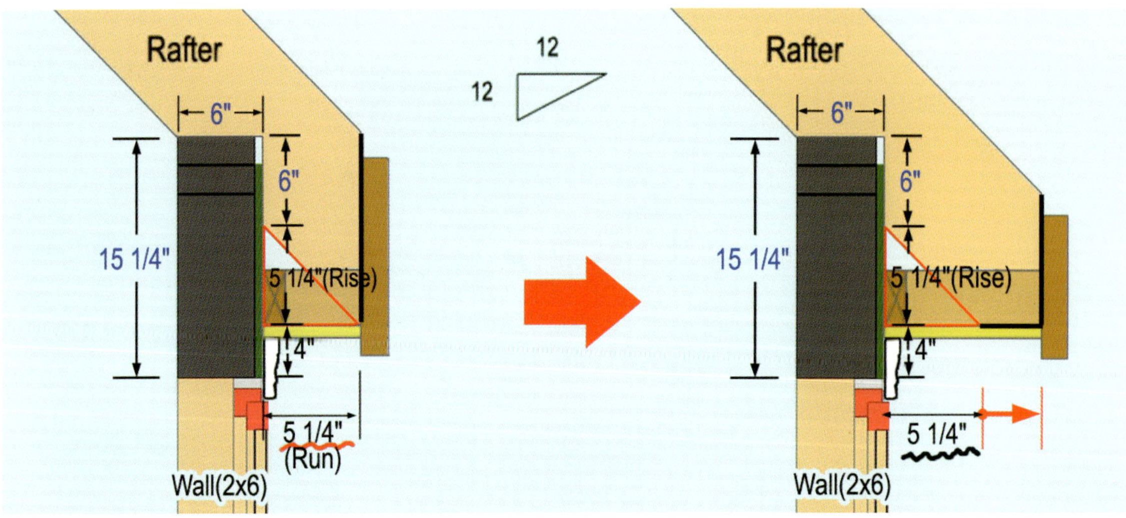

계산방법은 앞과 동일하다. 그러나 달라진 것이 있다면 지붕의 경사다. 앞에서는 12:6의 지붕경사를 적용했고, 이번에는 12:12의 지붕경사를 적용했다. 지붕의 경사가 높아지면서 처마부분의 오버행은 상대적으로 낮아져 처마길이가 짧아져야 한다. 이때 창문 마감선에 닿지 않고 설치 가능한 오버행의 길이를 알아보자.

헤더높이 + 윗깔도리 + 이중 윗깔도리 = 15 1/4″

15 1/4″ - 6″ (버드마우스 힐 높이) = 9 1/4″(Rise)

라이즈(Rise)가 9 1/4인치이다. 이 길이에서 창문위의 마감두께 길이와 소핏의 마감두께 길이를 빼주어야 한다. 이 길이를 4인치라고 하면,

9 1/4″ - 4″ = 5 1/4″ 가 라이즈(Run)이다. 이때 런(Run)은?

12 :12 = χ : 5 1/4″

12 χ = 63″

= 5 1/4″(Run)

그럼 5 1/4인치만 오버행으로 가능한 것인가?

그렇지는 않다.

서까래의 끝부분을 수평컷(Level Cut)을 해 줌으로써 그만큼 오버행의 길이는 늘어난다. 그러나 그로인한 처마의 페이샤(Fascia)의 부재 폭은 좁아진다.(그림 참고)

HAP (Height Above Plate)

HAP란 이중윗깔도리(Double top plate) 위에 있는 버드마우스 위의 수직선상의 서까래 높이이다. 지붕을 작업하는데 있어서 HAP의 중요성은 높다 하겠다. 특히, 지붕이 복잡해지고 서로 다른 규격의 서까래가 만나거나 서로 다른 경사를 가진 지붕이 만나게 되는 경우에는 HAP를 계산해 모두 통일을 시켜주어야 지붕합판면이 고르고, 처마 마감이 매끄럽게 처리된다.

대부분의 HAP는 보통서까래(Common Rafter)의 HAP로 통일을 시키고 다른 HAP를 갖는 서까래의 HAP와 맞춰 높낮이를 조절하는것이 가장 좋다고 할 수 있다. 이러한 HAP의 높이를 구해보도록 하자.

HAP 구하는 방법 (Height Above Plate)

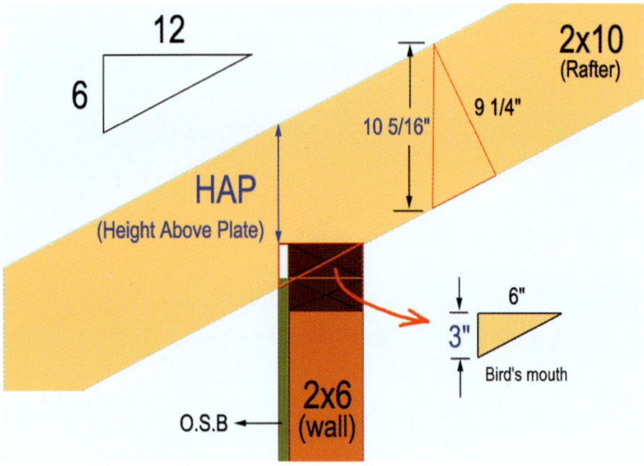

HAP는 지붕 서까래 부재 폭 길이를 런(Run)으로 계산하여 대각선 길이를 구하고, 그 길이에 버드마우스 높이를 뺀 길이이다.

서까래(Rafter) 폭의 수직(Plumb) 길이

= (Run÷12)×13.42------- (공식)

= 9 1/4″(서까래 폭)÷12×13.42

= 10 5/16″ (10.34181″)

버드마우스(Bird′s mouth Heel) 길이

12 : 6 = 6″ : χ

χ = 3″ (Bird′s mouth Heel 길이)

HAP. = 10 5/16″ - 3″

= 7 5/16″

위의 HAP를 구하기 위해서, 지붕경사가 12:6이고, 서까래는 2×10을 사용했다. 이 조건에 맞지 않는 다른 지붕경사이거나 2×10이 아닌 다른 부재를 사용할 경우에는 반드시 HAP를 보통서까래의 HAP로 통일된 높이로 일치시켜 주어야 한다. 이러한 경우는 모임지붕(Hip Roof)에서 보통서까래의 2×10 부재와 힙서까래(Hip Rafter)의 2×12부재가 만날 때 나타나는데 자세한 것은 모임지붕의 HAP높이 계산에서 다루어 보도록 하겠다.

버드 마우스 (Bird′s Mouth)

① 버드 마우스 (Bird's Mouth)와 벽체와의 관계

벽체 위에 버드마우스가 얹혀질 수 있는 최소길이는 2인치 이상이여야 하고, 버드 마우스를 너무 많이

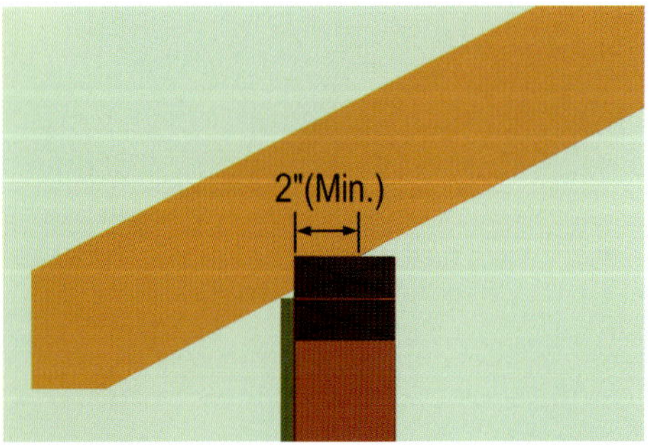

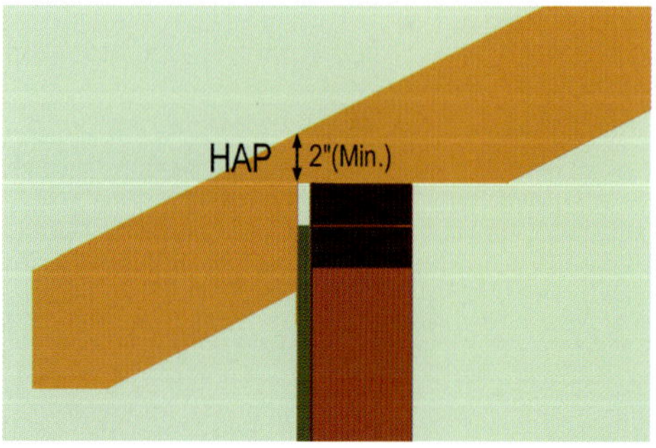

잘라냈을 경우에는 상대적으로 HAP의 길이가 좁아지게 되는데 이러한 HAP가 허용하는 최소길이는 2인치 이상이어야 한다.

② 버드마우스의 걸침턱 길이를 벽체두께와 똑같이 해야 하는 이유

버드마우스에 대한 최소의 걸침길이(Seat)와 HAP의 최소 길이가 있음에도 불구하고, 버드마우스 걸침턱(Seat)길이와 벽체 두께의 길이를 똑같이 해주는 것이 좋다. 그 이유는 서까래의 안쪽면에 석고보드 마감작업시 그 차이가 나타남을 알 수 있다.

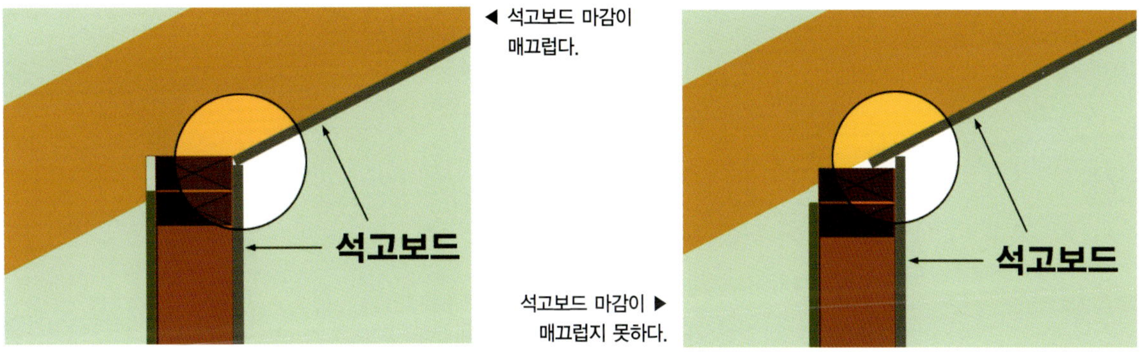

서까래 자르기

보통 서까래 (Common Rafter) 자르는 방법

예제) 피치(Pitch) 12:6

서까래 길이(Rafter Length) = 12′-2 13/16″

오버행 서까래 길이(Overhang Rafter Length) = 17 7/8″

총 서까래 길이(Total Rafter Length) = 13′-8 11/16″

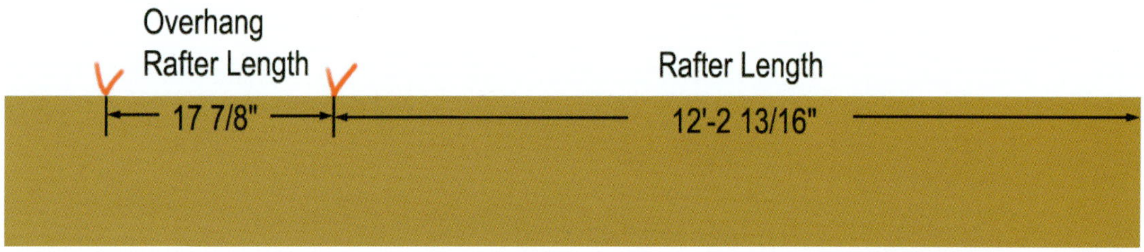

서까래의 길이를 잴 때는 서까래의 마룻대(Ridge) 쪽에서부터 시작하고, 표시는 "V"로 한다.

마룻대쪽에 스피드 스퀘어를 대고 "COMMON 6"에 맞추고 연필로 표시한다.

버드마우스가 위치한 곳에 스피드스퀘어 "COMMON 6"에 맞추고 연필로 표시한다.

서까래 맨 끝에 스피드 스퀘어를 "COMMON 6"에 맞추고 연필로 표시한다.

버드마우스 싯(Seat)라인을 6인치에 맞추어 그린다.
[참고 : 6인치인 이유는 2×6벽체(5 1/2″)에 합판 두께(1/2″)를 더한 길이이다.]

스킬쏘의 날을 직각으로 맞추고 마룻대 부분을 자른다.

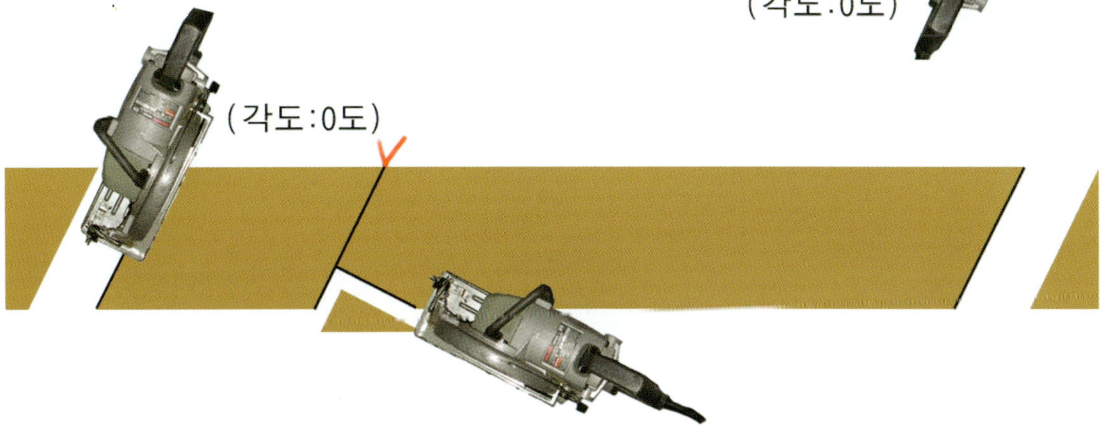

스킬쏘의 날을 직각으로 하고 버드마우스와 오버행 부분을 자른다.
서까래를 모두 자르고 나면 버드마우스 위에 HAP(Height Above Plate) 높이가 정해진다.

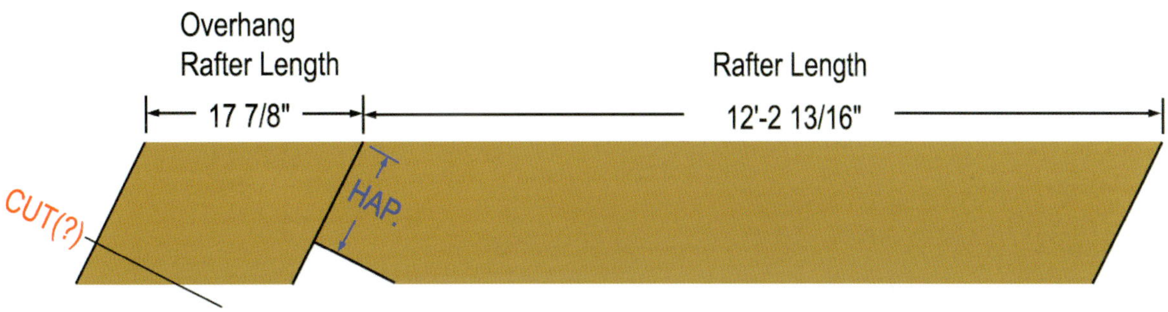

※CUT(?) : 수평컷(Level Cut)은 처마마감을 고려한 페이샤(Fascia)의 부재크기에 따라 자를수도 자르지 않을수도 있다.
[앞의 내용 참고]

서까래 템플릿 (Rafter Template) 사용 방법

서까래 템플릿은 서까래의 마룻대(Ridge) 부분과 버드마우스와 오버행(Overhang)부분을 포함하여 만든 것으로 보통서까래의 축소형이라 할 수 있다. 이러한 서까래 템플릿에 2×4를 받침대로 고정시켜 서까래의 경사각을 표시하고, 버드마우스와 오버행을 쉽게 그릴 수 있도록 사용해보자.

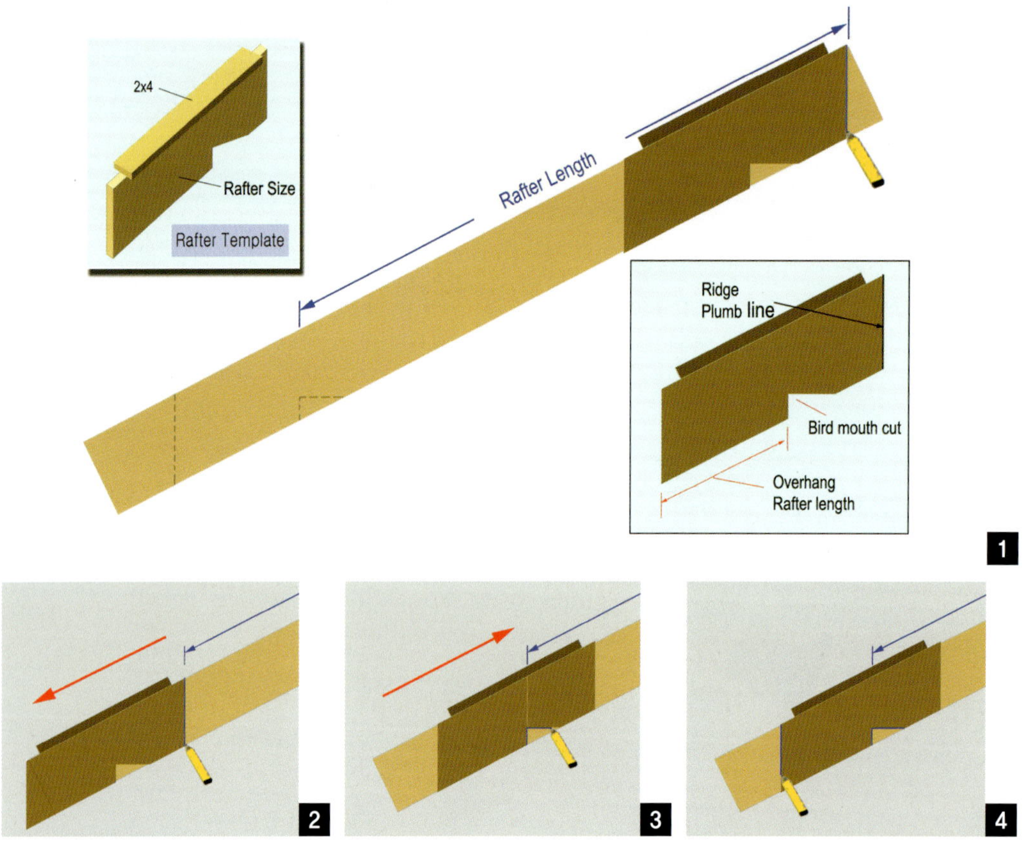

① 서까래 템플릿 표시하는 순서

- 그림1 : 서까래 맨 위의 마룻대 위치에 템플릿을 대고, 마룻대(Ridge)의 경사각을 표시한다.
- 그림2 : 템플릿을 아래로 내려 버드마우스 힐(Bird's mouth Heel) 자리에 맞추어 표시한다.
- 그림3 : 템플릿을 다시 위로 약간 올려 버드마우스 힐(Heel) 위치에 맞추고, 버드마우스 싯(Bird's mouth Seat)을 표시한다.
- 그림4 : 서까래의 끝부분에 수직선(Plumb Line)을 그린다.

위와 같은 방법으로 템플릿을 만들어 사용하면 스피드 스퀘어로 일일이 각도를 맞추어 그리는 시간을 단축시킬 수 있고, 혼자 작업이 가능하며 초보자에게도 작업전달을 쉽게 할 수 가 있다.

서까래 타이 (Rafter Tie)와 칼라타이 (Collar Tie)

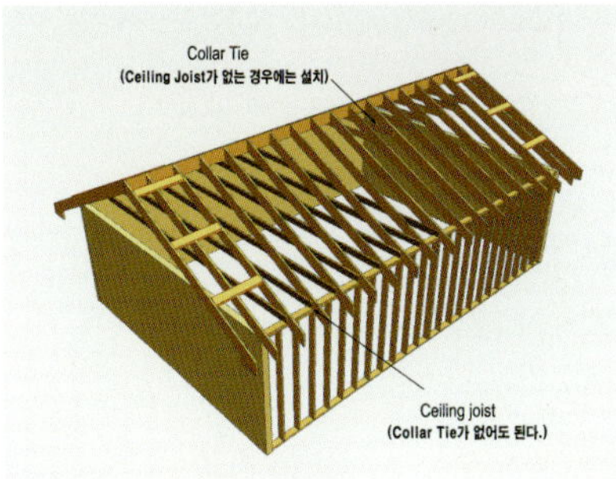

서까래 타이는 천장장선이 없이 서까래만 있는 경우 서까래의 벌어짐을 방지하는 기능 기능을 하며, 2×(Two by) 부재로 지붕높이의 아래로 부터 1/3 지점에 설치하여 지붕이 주저앉고 벽체가 벌어지는 것을 방지한다. 칼라타이는 지붕높이의 할때에는 풍압을 지지하는 기능을 하며, 지붕높이의 위에서부터 1/3 지점에 위치해 설치한다. 천장장선이 서까래 방향과 일치하여 설치된 경우에는 서까래타이는 설치하지 않아도 되며, 칼라타이는 지붕면에 닿는 풍압에 의해 결정되므로 전문가의 구조계산에 따라 칼라 타이 설치여부를 결정한다. 내부천장을 열린공간으로 사용할때에는 마룻대 보(Ridge Beam) 방식을 사용한다.(Cathedral Ceiling)

① 서까래 타이(Rafter Tie) 높이 계산 방법

서까래 타이를 지붕의 2/3 지점에 설치하려면 복잡한 계산을 거쳐야 하는데 다음의 방법을 사용하면 쉽고 빠르게 서까래 타이의 길이를 구할 수 있다. 먼저 위의 그림에서와 같이 건물 폭이 같은 경우 서까래 타이의 길이를 예를들어 비교해 보자. 위의 그림에서 서까래 타이의 길이는 지붕의 경사가 높고 낮음과 관계없이 항상 그 높이에 해당하는 2 /3지점에 위치를 하기 때문에 지붕의 경사와는 관계없이 같은 길이를 갖는다는 것을 확인할 수 있다. 바닥길이(Span)를 2/3로 나누면 그 길이가 컬라타이 길이가 되는 것이다.

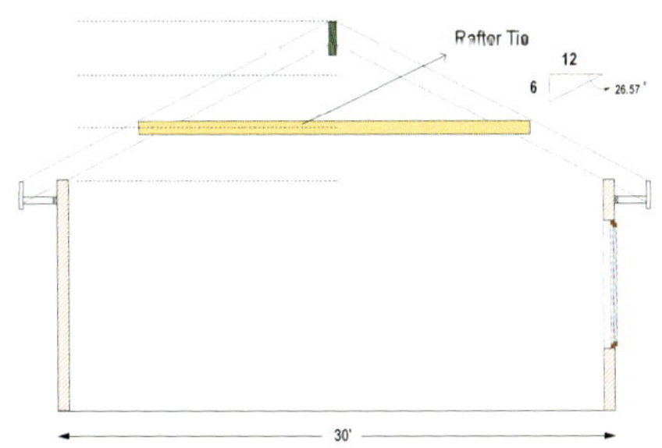

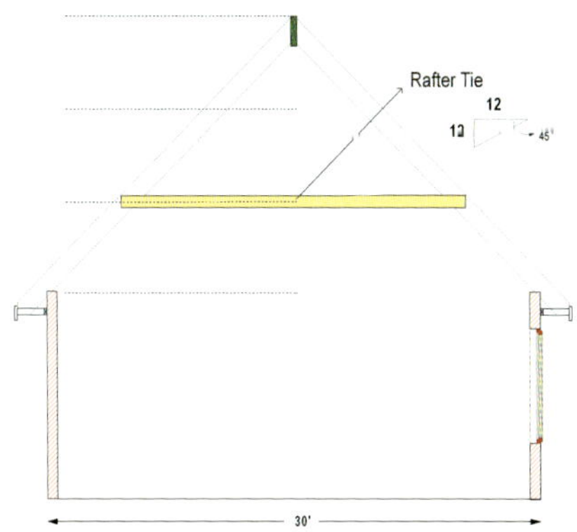

② 서까래 타이를 설치하는 경우와 설치하지 않아도 되는 경우

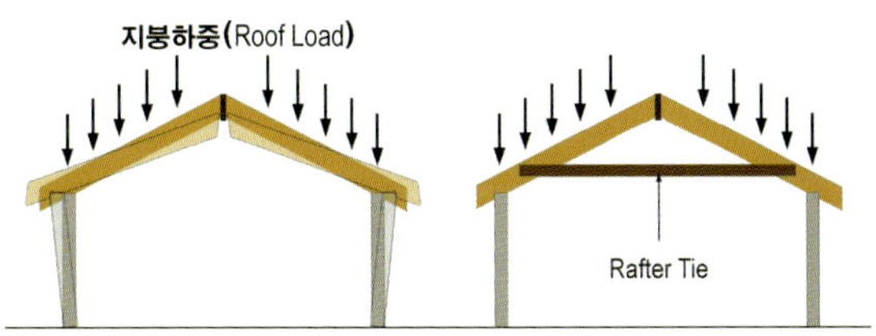

서까래 타이는 열린 공간인 경우에 지붕하중에 의해 지붕이 가라앉고 벽체가 밀리는 것을 방지하기 위해 반드시 설치해야 한다. 서까래 타이는 천장장선

이 설치되어 있더라도 서까래의 방향과 장선의 방향이 다를 경우에는 서까래 타이를 설치하여 서까래가 벌어지는 것을 막아야 한다. 그러나 서까래가 장선과 같은 방향이며 장선과 서까래가 삼각형의 안정된 구조로 결속되어 있는 경우에는 서까래 타이를 설치하지 않아도 된다.

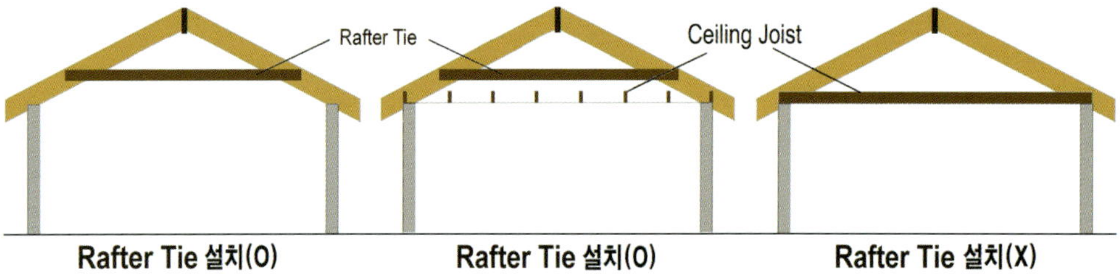

마룻대 보(Ridge Beam)을 이용한 방법

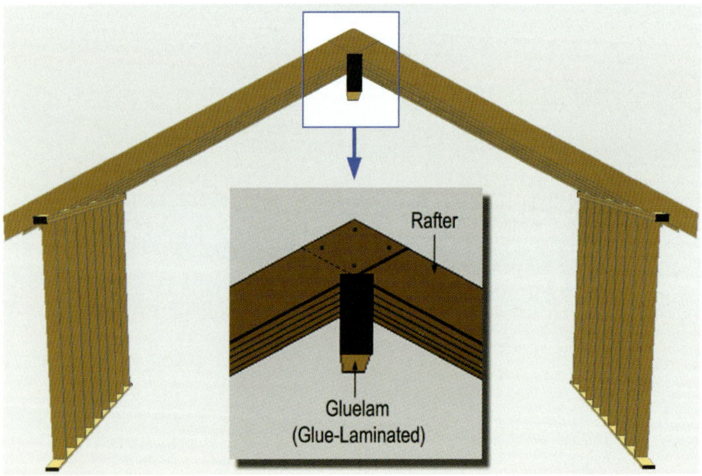

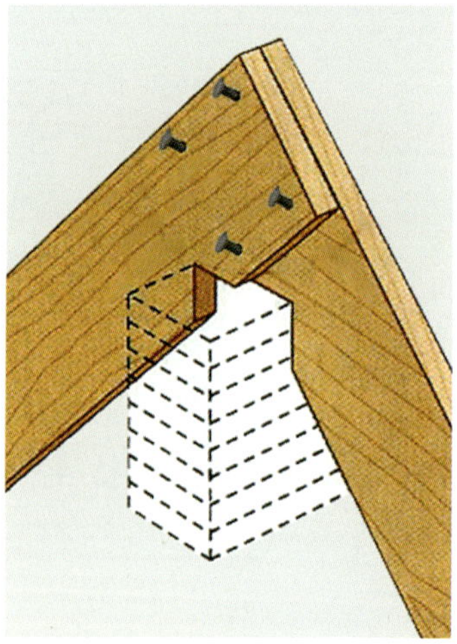

열린공간을 필요로하는 주택의 경우에는 공학용목재를 사용해야만 한다. 공학용목재로는 글루램이 많이 사용되며, 글루램은 두께 2인치 이하의 제재목을 접착하여 만든 목재로서, 기성 제품을 구입하여 사용하거나 하중을 견딜수 있는지 여부에 맞게 주문 제작해 사용하는 경우도 있다. 이러한 글루램은 서까래의 경우 벌어짐을 막기위해 글루램위에 얹혀 설치되며, 글루램의 끝과 끝부분은 기둥으로 지지되어 진다. 국내에서는 거실공간에 주로 많이 사용하고 있다.

이러한 글루램은 규모가 크거나 높은 하중의 지지력을 견디는데 많이 사용되고 있는데 그림과 같은 방법으로 설치하기 위해 서까래를 설치하기 전에 글루램이 설치될 높이를 계산하고 글루램을 설치한 다음 서까래를 글루램 위에 얹혀 놓는 방식으로 설치한다.

이때 서까래의 HAP는 벽체위의 HAP높이와 같도록 적용을 하는 것이 계산하기가 쉽다.

서까래와 서까래 사이에는 마룻대(Ridge)가 설치되지 않기 때문에 건물폭(Span)에서 마룻대의 두께를 빼지는 않는다. 이러한 마룻대빔(Ridge Beam)을

다음의 예제를 통해 계산해 보자.

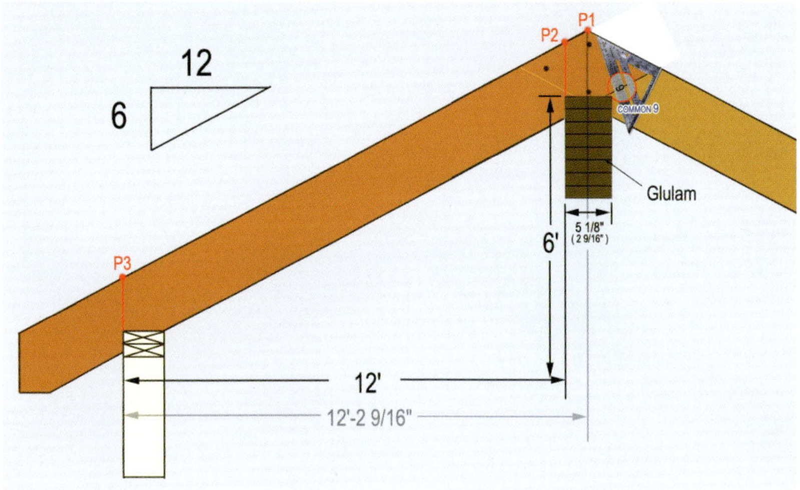

예제) 지붕의 경사가 12:6의 경사이고

런(Run)의 길이가 12′- 2 9/16″라고 할 때 글루램(Glulam)위에 설치될 서까래의 길이를 구해 보자.

풀이) 먼저, 서까래의 대각선 길이(P1~P3)를 구한다.

서까래의 대각선 길이 = (Run ÷ 12) × <u>13.42</u> ------ 공식

= 12′- 2 9/16″ ÷ 12 × 13.42

= 13′- 7 7/8″ 이다.

다음은 P2~P3까지의 길이를 구한다.

서까래의 대각선 길이 = (Run ÷ 12) × <u>13.42</u> ------ 공식

= 12′ ÷ 12 × 13.42

= 13′- 5″ 이다.

위에서 나온 결과값 두개를 가지고 서까래에 직접 기입해 보자.

먼저, 서까래의 아래쪽 오버행(Overhang)쪽부터 표시를 해놓고, 마룻대(Ridge)쪽을 표시 하는 것이 좋다.

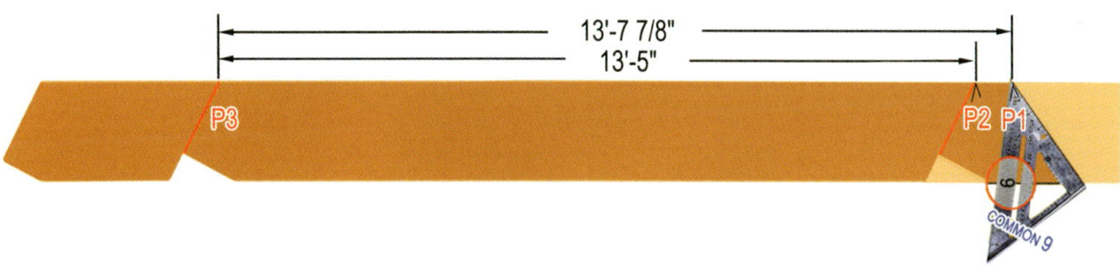

벽체위에 놓일 버드마우스 HAP지점(P3)에서 빔 위에 놓일 버드마우스(P2)까지 길이를 표시하고, P2지점의 HAP높이는 벽체위의 HAP와 같도록 한다.

P1지점은 스피드 스퀘어를 "COMMON 9" 에 맞추고 스피드스퀘어의 끝부분을 P1지점에 맞추어 표시를 한다.

<"COMMON 9"의 값은 아래표 참고>

다음 그림은 이렇게 제작한 서까래가 설치 되었을때 겹쳐진 모습이다.

지붕경사 / 지붕경사와 만나는 각

지붕 경사	지붕경사와 만나는 각	지붕 경사	지붕경사와 만나는 각
3 : 12 (14.04도)	22 1/2 (61.93도)	8 : 12 (33.69도)	5 (22.62도)
4 : 12 (18.43도)	16 (53.13도)	9 : 12 (36.87도)	3 1/2 (16.26도)
5 : 12 (22.62도)	11 7/8 (44.74도)	10 : 12 (39.8도)	2 3/16 (10.39도)
6 : 12 (26.57도)	**9 (36.87도)**	11 : 12 (42.51도)	1 1/16 (4.98도)
7 : 12 (30.26도)	6 13/16 (29.49도)	12 : 12 (45도)	0 (0도)

빔커터기(Beam cutter)로 서까래 자르는 방법

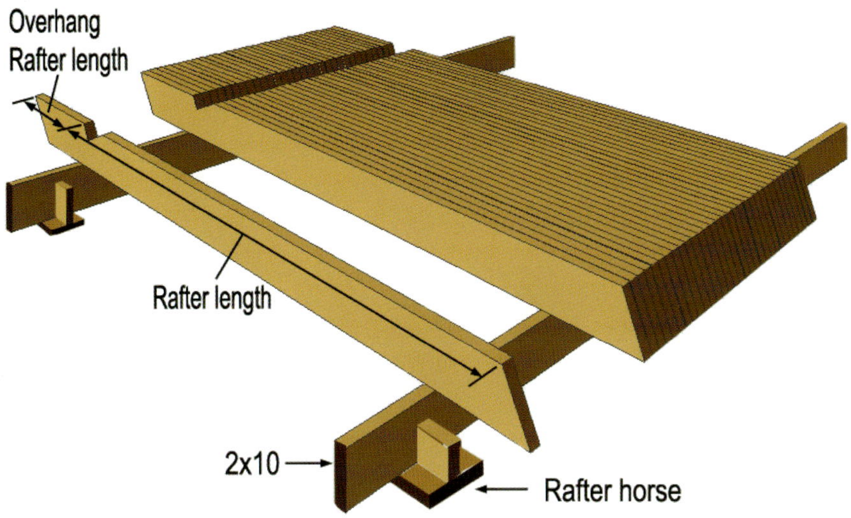

서까래를 자르기 위해 먼저 준비해야 할 것이 있다.

레프터 홀스(Rafter horse) 4개를 준비한다. 서까래의 길이에 맞도록 적절하게 간격을 두고 배치를 한 다음 레프터 홀스 틈새에 2×10을 끼워 넣는다. 전체적인 수평이 맞도록 높낮이를 조절하고, 그 위에 서까래로 사용될 목재를 올려놓는다. 서까래로 사용할 목재의 휨상태를 점검해 모두 고르게 하고 위로 휘었는지 아래로 휘었는지를 확인하는데, 이때 아래방향으로 휘어지도록 맞추는 것이 좋다.

서까래는 그림에서와 같이 서까래의 버드마우스가 있는 면을 위로하여 자를 것이다. 이것은 나중에 서까래를 조립할 때 아래로 휜 부분이 위로 향하기 때문에 휜 부분이 아래로 향하도록 하는 것이 더 좋다.

버드마우스의 싯(Seat) 부분을 자를 때는 스킬쏘 (Skill saw)를 사용하는데 일반 스킬쏘 (7 1/4″)는 경사각이 45도까지 가능한 것에 비해 스킬쏘 (8 1/4″)는 경사각이 60도까지 가능하다. (최대 63.43도까지 가능)

따라서 12:6의 지붕 경사를 갖는 버드 마우스의 싯(Seat)도 자를 수 있다.

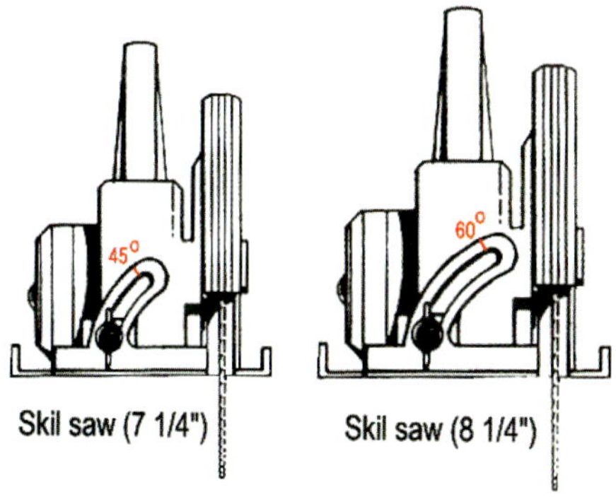

Skil saw (7 1/4")　Skil saw (8 1/4")

빔커터기로 서까래 자르기

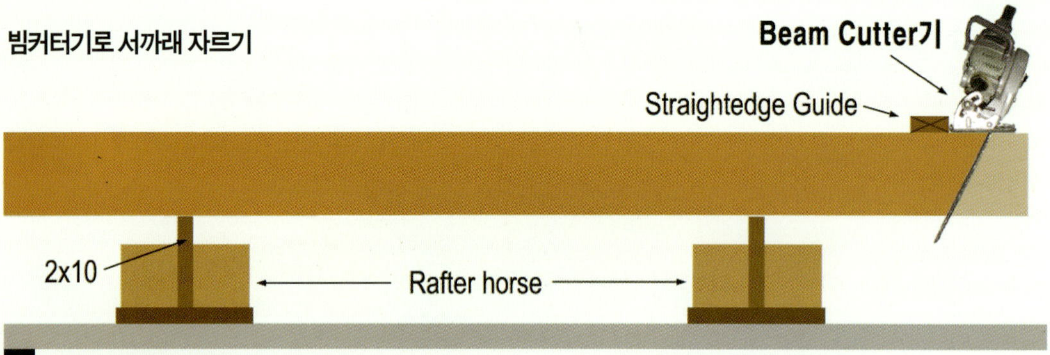

1

그림 1) 서까래를 자를 부재 위에 빔커터기를 올려놓고 자를때 톱날이 밀리지 않도록 2×4각재로 직선 가이드(Straightedge Guide)를 설치한다. 빔커터기를 지붕의 경사(26.57도)에 맞도록 각을 맞추고 직선가이드에 밀착시켜 자른다.

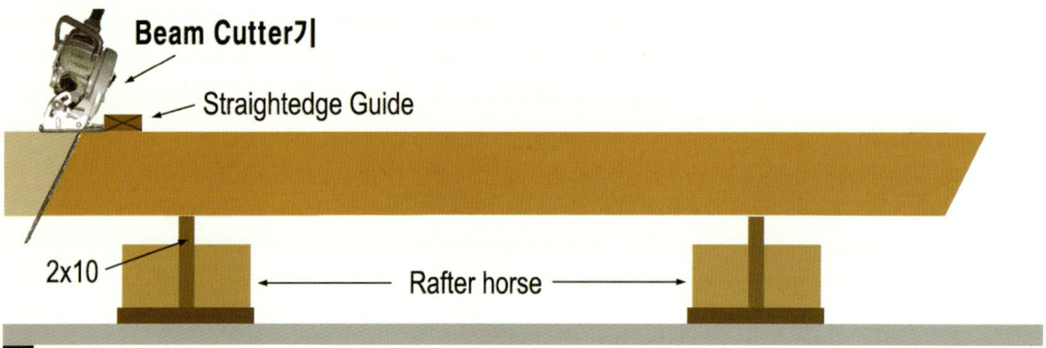

2

그림 2) 서까래의 전체 길이를 재고 그 위치에 빔커터기로 자를 수 있도록 직선가이드를 설치한다. 서까래를 자르기 전에 빔커터기의 각도를 지붕의 각도(26.57도)와 같도록 맞추고 가이드에 밀착시켜 서서히 자른다.

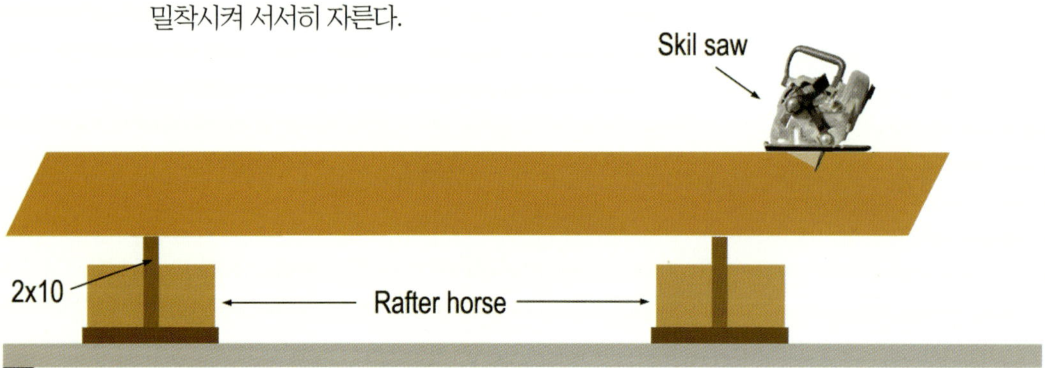

3

그림 3) 오버행(Overhang) 끝부분에서 버드마우스까지의 길이를 재고 그 지점까지를 초크라인으로 표시를 한다. 스킬쏘의 각도를 지붕각도(26.57)와 같도록 맞춘 다음 톱날 길이를 버드마우스의 힐(Heel) 길이와 같도록 조절한 후 버드마우스의 힐(Heel) 을 자른다.

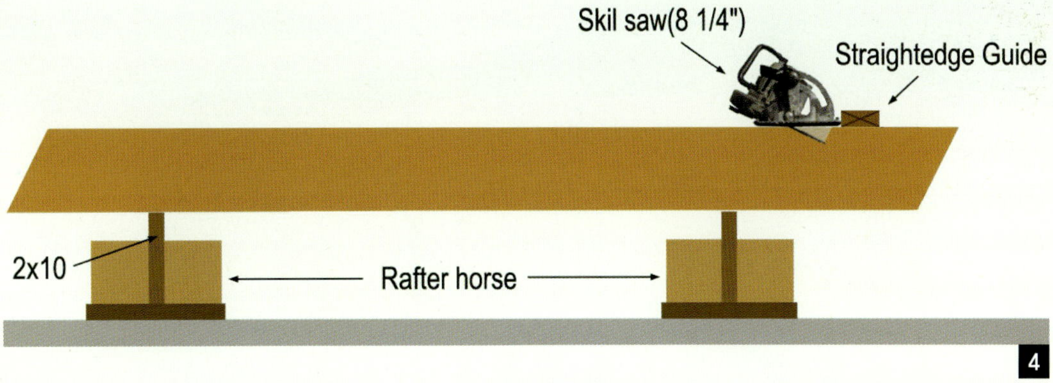

그림 4) 버드마우스의 싯(Seat) 부분을 자르기 위해 먼저 스킬쏘가 밀리지 않도록 직선 가이드를 설치 한다. 스킬쏘의 각도는 힐(Heel)과 싯(Seat)이 직각이 되도록 하기 위해 90도에서 지붕각도인 26.57도를 뺀 각도로 맞춘다.

(스킬쏘 각도 = 90°- 26.57°= 63.43°)

스킬쏘에 각도를 63.43도를 맞추고 가이드에 밀착시켜 서서히 자른다.

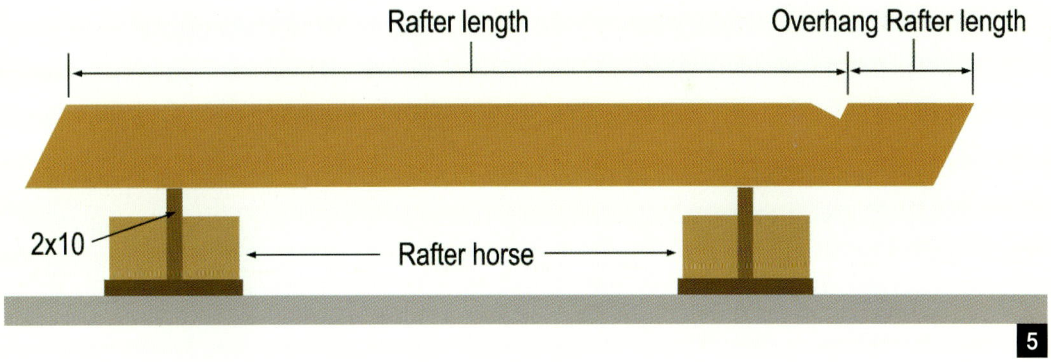

그림 5) 서까래를 모두 자른 모습이다.

빔커터기와 스킬쏘(8 1/4″)를 사용하면 매우 빠르게 서까래를 자를 수 있다.

그러나 한 번에 많은 양을 잘라야 하기 때문에 그만큼 정확도를 높여야 한다.

빔 커터기의 경우는 자를 때 날의 끝부분이 흔들리는 단점이 있고, 스킬쏘(8 1/4″)의 경우에는 톱날의 깊이 때문에 싯(Seat) 길이를 원하는 만큼 자를 수 없다는 단점이 있다.

이 두가지를 잘 알고 사용해야 좀더 정교한 작업을 할 수 있다.

◀ 길이가 서로 다른 서까래도 직선가이드(Straightedge Guide)의 간격을 달리하여 빔 커터기로 한 번에 자를 수 있다.

서까래 (Rafter) 운반

완성된 서까래는 진행되고 있는 작업 상태를 보면서 서까래가 설치될 건물벽에 미리 가져다 놓는 것이 좋다. 서까래는 갖다 놓기만 하는 것이 아니고 서까래가 설치될 위치에 하나씩 세워 놓는데 이때, 서까래의 방향은 마룻대 부분이 위로 향하도록 하고 넘어지지 않도록 기대 놓는다.

이렇게 마룻대 부분이 위로 향하게 놓는것은 위에서 서까래를 설치할때 바로 마룻대 방향과 버드 마우스 방향에 맞게 놓여지기 때문이다.

KNOW HOW

바닥에 작업발판으로 합판을 설치할 때 점검해야 할 것

지붕작업을 할 때에는 작업을 안전하게 하기 위해 바닥에 임시 합판깔기를 하는데 이때에는 지붕 합판이 나중에 설치될 서까래(Rafter)의 경사를 고려하여 합판에 닿지 않도록 간격에 여유를 두고 깔아야 한다.

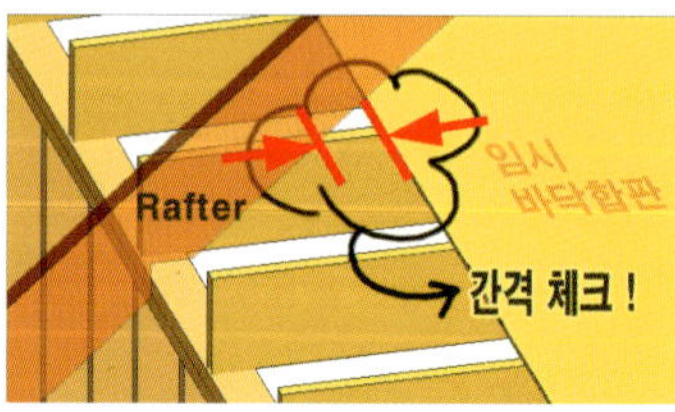

서까래 못박기 규정

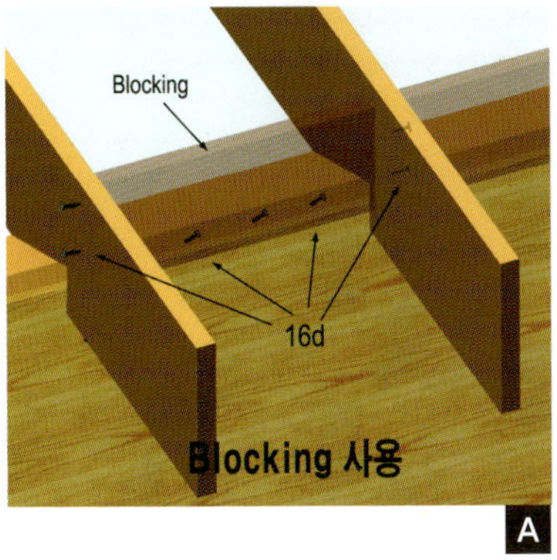

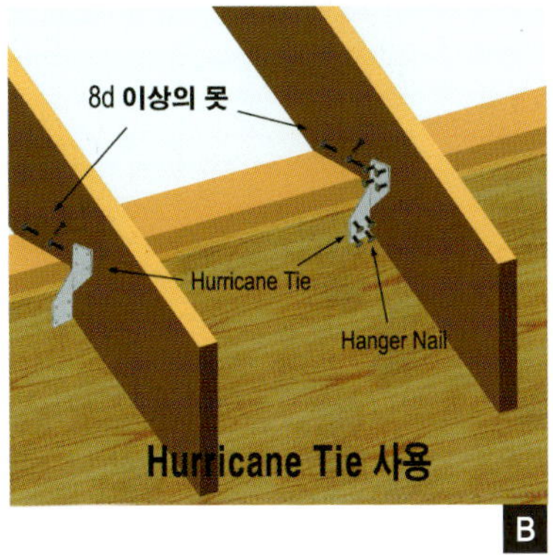

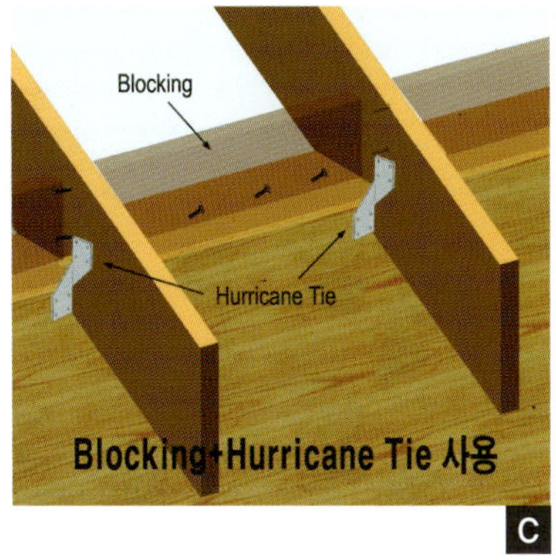

측방하중(Lateral load) : 풍하중이나 지진 하중과 같이 구조물에 수평으로 작용하는 하중. 횡하중

■ 그림 A : 서까래의 버드마우스와 벽체에는 8d 이상의 못을 3개 이상 사용하여 고정시키고, 서까래와 서까래 사이에는 보막이(Blocking)를 설치해 박공벽(Gable Wall)면으로부터의 *측방하중을 지지해 주는 역할을 한다.

■ 그림 B : 서까래의 버드마우스와 벽체에는 8d 이상의 못을 3개 이상 사용하여 고정시키고, 허리케인 타이를 사용하여 벽체면과 서까래를 행어(Hanger)용 못을 사용하여 고정시킨다. 이 방법은 철물을 사용함으로써 풍하중에 의해 견디는 힘을 증가시켜 준다.

■ 그림 C : 서까래와 서까래 사이에 보막이를 설치하고 , 허리케인 타이를 설치해 측방하중과 풍하중에 의해 견디는 힘을 함께 증가시켜 준다.

장선과 서까래의 못을 박을 때는 버드마우스와 장선을 함께 경사못박기를 하고 장선과 서까래가 맞닿는 면은 8d 이상의 못으로 넓은면이 닿도록 못을 박아준다.

천장장선(Ceiling Joist) 끝면에는 보막이(Blocking)를 박고 이중윗깔도리와 서까래를 모두 결속시켜 박는다. 보막이와 서까래의 경사진 길이는 최소 1인치 이상의 간격을 유지해 처마의 환기가 원활하게 할 수 있도록 공간을 남긴다.

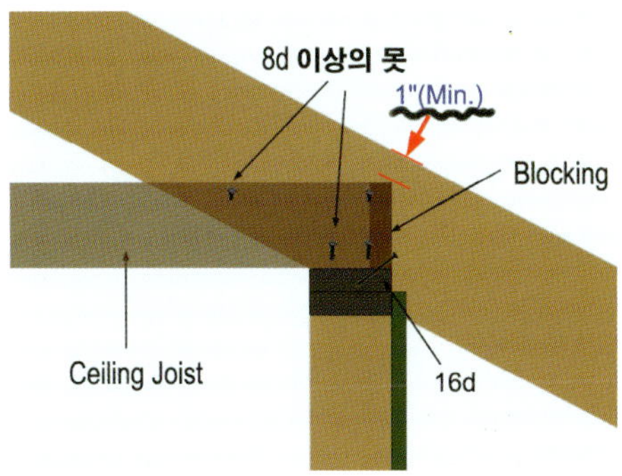

허리케인 타이(Hurricane Tie)

허리케인 타이는 벽체의 이중깔도리(Double top plate)와 서까래(Rafter)를 연결시켜 지붕이 강한 바람에 의해 상향되는 것을 막기 위해 연결해 주는 철물이다.

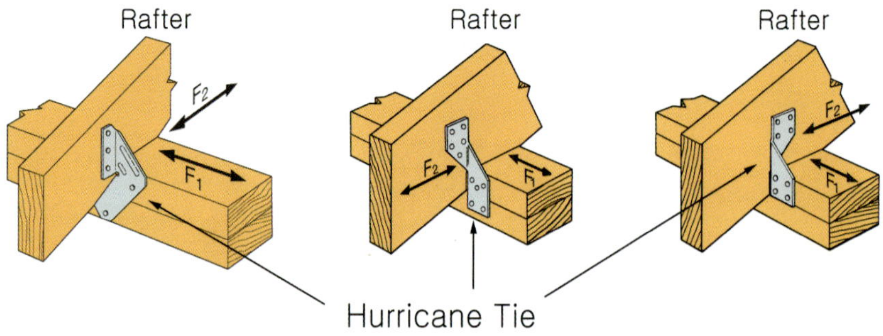

서까래 (Rafter)설치

박공벽 (Gable Wall)조립

박공벽은 그림에서처럼 장선 위에 임시바닥깔개를 한 이후에 작업이 시작된다. 박공벽은 지붕작업에서 서까래작업 못지않게 많은 시간이 걸리며, 처마부분에 플라이서까래(Fly Rafter)를 설치할 때도 바깥지붕쪽에 매달려 위험한 작업을 해야 한다.

이러한 단점을 다음에 소개하는 방법으로 해결해 보자.

[다음에 소개하는 방법은 저자 본인이 많은 경험을 통해 개발한 방법으로 작업이 안전하고 빠르며 창문이나 외장재를 미리 설치가능하다.]

제작방법은 벽체를 만드는 것과 같이 바닥에서 이루어지며 박공스터드(Gable stud)와 합판, 투습방수지, 플라이 서까래(Fly Rafter)를 모두 설치한 후 세움으로써 박공벽(Gable Wall)에 필요한 모든 작업을 끝마칠 수 있다.

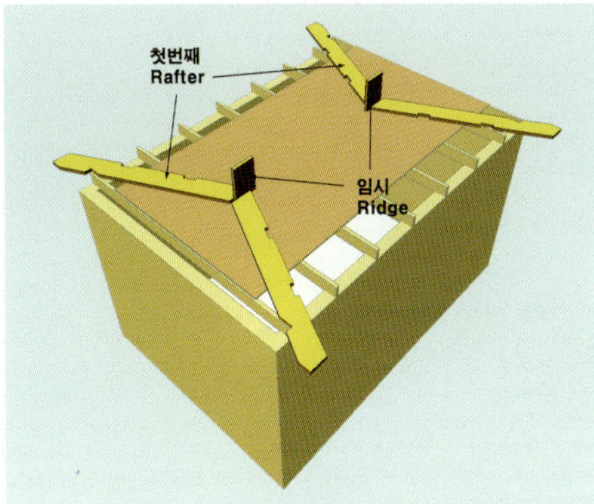

① 첫 번째에 세워질 서까래를 박공 벽체가 세워질 벽체 끝에 정렬한다.

② 마룻대(Ridge) 부분에 임시 마룻대를 끼워 넣고 맞춘다.(임시 마룻대는 박공벽이 완성되면 빼낸다.) 박공벽이 세워질 벽체(2×6)와 같은 규격이며, 건물폭(Span)과 같은 길이의 박공밑깔도리(Gable Bottom plate)를 준비한다.

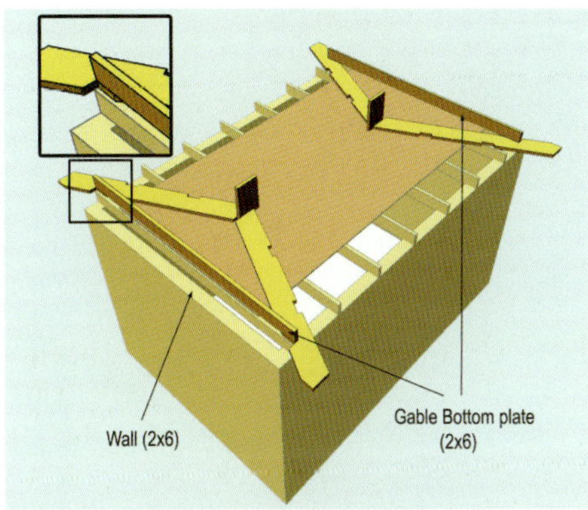

③ 버드마우스의 싯(Seat) 위에 밑깔도리(Bottom plate)를 올려놓고, 끝은 버드마우스 힐(Heel)선에 맞추고 8d 못으로 경사못박기 하여 고정시킨다.

④ 서까래의 위쪽에는 서까래가 흔들리지 않도록 임시 못박기로 바닥합판에 고정시킨다.

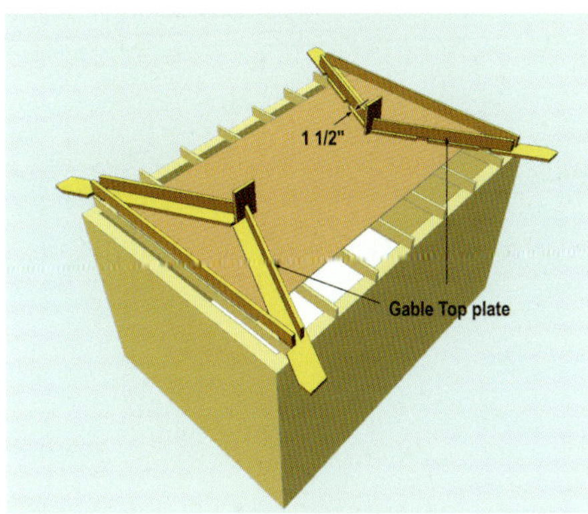

⑤ 처마 길이를 제외한 서까래 길이에 박공윗깔도리(Gable Top plate)를 준비한다.

⑥ 룩아웃(Lookout)이 설치될 두께를 서까래 위쪽에서 1 1/2인치를 띄우고 초크라인으로 표시한다.

⑦ 초크라인 아래쪽에 박공윗깔도리(Gable Top plate)를 설치한다.

⑧ 8d 못으로 경사못박기를 한다. 이때, 바닥의 서까래와 박공윗깔도리(Gable Top plate)는 직각이 되어야 한다.

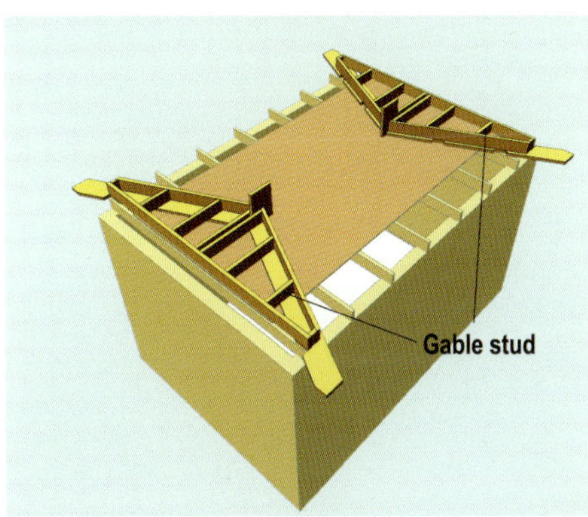

⑨ 박공 스터드(Gable stud)를 16인치 간격으로 설치한다.

박공 스터드 (Gable stud) 계산하는 방법

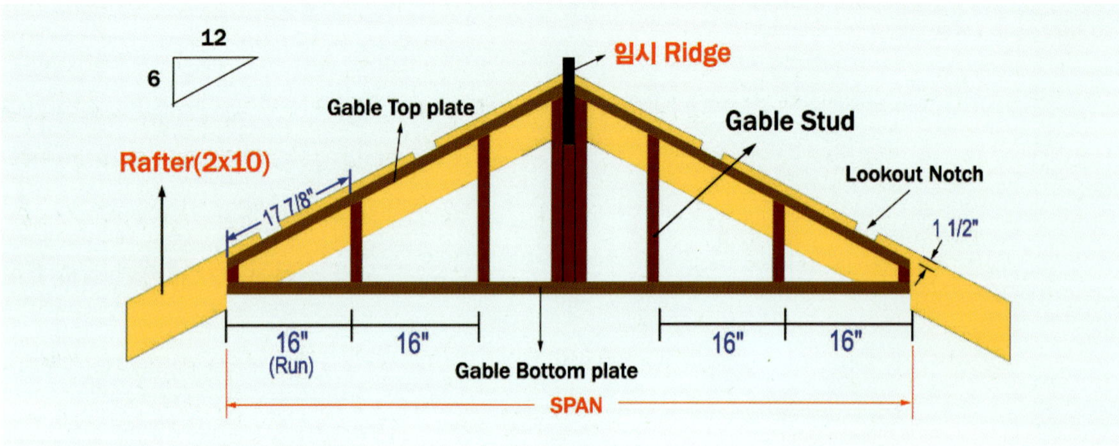

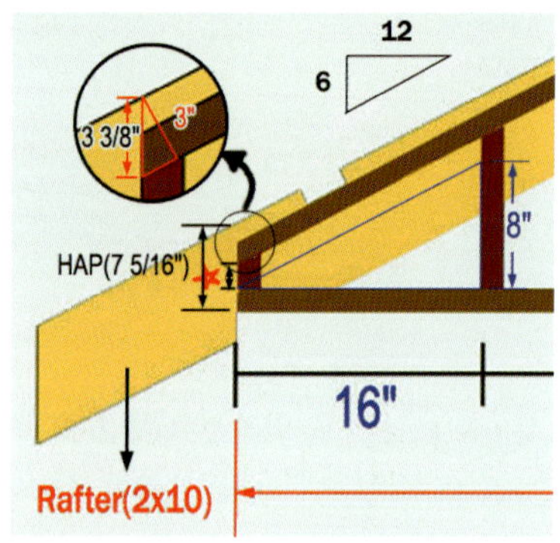

박공 스터드를 계산하기 위해 아래와 같은 방법으로 풀어보도록 하자. 박공 스터드는 버드마우스 끝선에서 16인치 간격을 유지하면서 설치한다.

먼저 앞에서 구한 HAP값을 이용해 첫 번째 박공 스터드를 구해야 한다.(그림에서 ★ 표시를 한 곳) 지붕의 경사가 12:6이고, 2×10 서까래를 사용했을 때 벽체가 2×6이면 HAP는 7 5/16인치의 값을 구했다. 이 높이에서 아래로는 1 1/2인치 두께를 빼주고 위로는 3인치가 런(Run)일 때, 대각선길이 3 3/8인치 를 빼주면 첫 번째 박공 스터드 길이가 나온다.

7 5/16″ - 1 1/2″ - 3 3/8″ = 2 7/16″ (첫 번째 박공 스터드의 짧은 길이)

다음은 두 번째 박공 스터드의 길이를 구해보자.

16인치가 런일 때 라이즈는 8인치이다.

그럼 8인치 높이를 첫 번째 박공 스터드의 값에 더하면 두 번째 박공 스터드의 길이이다.

8″ + 2 7/16″ = 10 7/16″ (두 번째 박공 스터드의 짧은 길이)

세 번째를 구할때는 앞에서 구한 값을 사용하면 된다.

10 7/16″ + 8″ (16인치가 Run일 때 Rise값) = 18 7/16″ (세 번째 박공 스터드의 짧은 길이)

여기까지만 구하면 된다.

여기서는 세 번째까지 필요하지만 이해를 돕기 위해 한 개 더 구해보자.

네 번째 박공 스터드 길이 = 18 7/16″ + 8″ = 26 7/16″

이제 박공 스터드의 길이를 잘라보자.

박공스터드(Gable stud) 자르는 방법

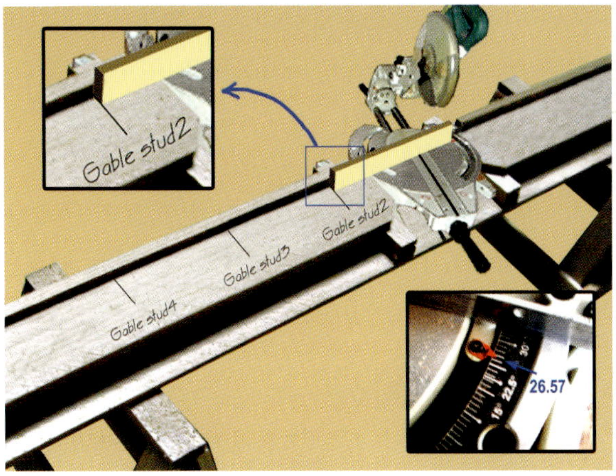

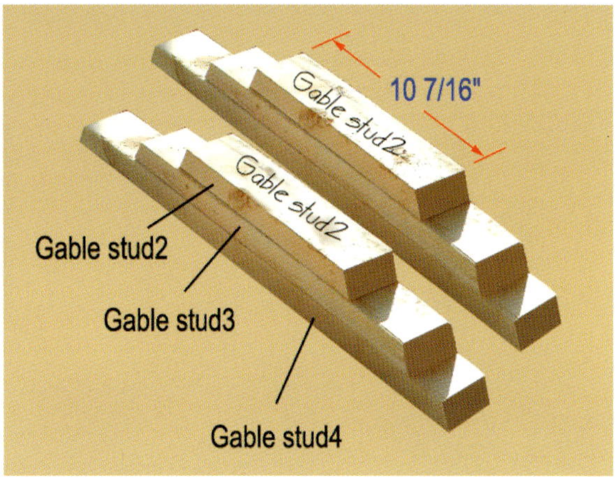

박공 스터드를 자를 때는 마이터쏘를 사용하는 것이 정확하고 빠르게 작업을 할 수 있다.

마이터쏘의 각도를 지붕각도(26.57도)로 맞춘다.

박공 스터드의 길이를 마이터쏘 작업대 위에 길이를 재서 미리 표시해 놓는다.

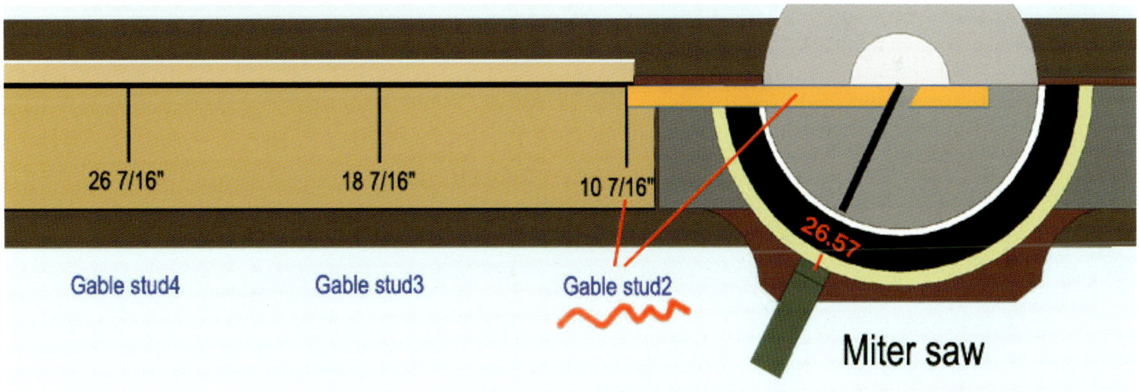

길이는 짧은 길이를 표시해야 하므로 26.57도로 각을 맞춘 상태에서 각이 있는 부분을 먼저 자른 후 자른 부분의 짧은 길이가 되는 쪽부터 길이를 재기 시작하여 길이만큼 표시하고 표시된 부분은 직각이 되게 자른다. 이때 첫 번째 박공 스터드는 너무 짧아 표시할 수 없으므로 두 번째부터 표시를 한다.(그림 참고)

박공 스터드를 모두 자른 후에는 16d못을 사용해 못을 박는다.

박공윗깔도리(Gable Top Plate)에는 16인치가 런(Run)일 때 나오는 대각선 길이를 표시하고 그곳에 박공 스터드를 설치한다.

박공밑깔도리(Gable Bottom Plate)가 16인치 런(Run)일 때 박공윗깔도리의 대각선 길이는 17 7/8인치이다.

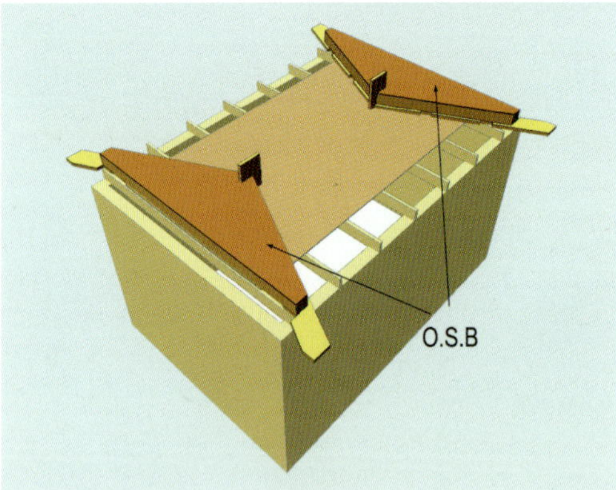

⑩ 만들어진 박공벽 위에 합판을 붙인다. 합판은 8d못을 사용하며 못 간격은 바깥쪽은 최대 6인치 간격이고, 합판 안쪽은 최대 12인치 간격이하로 못을 박는다.

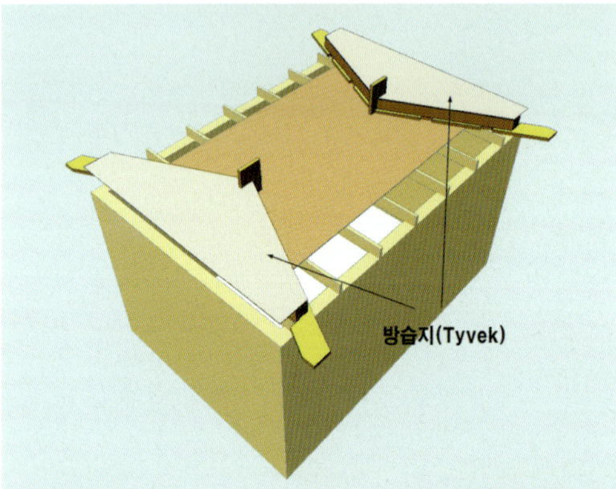

⑪ 합판 위에 투습방수지를 설치한다. 투습방수지는 아래의 벽체와 겹침을 두어야 함으로 6인치 이상 여유를 남겨두고 설치한다.

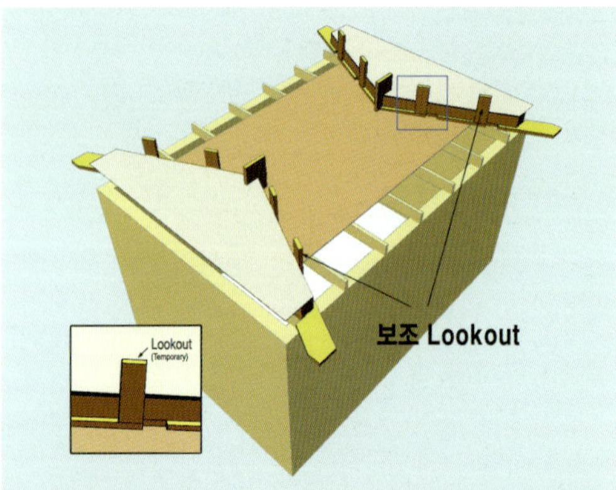

⑫ 보조 룩아웃(Lookout)을 설치한다. 보조 룩아웃은 룩아웃 나치 (Lookout Notch) 옆에 설치를 한다.

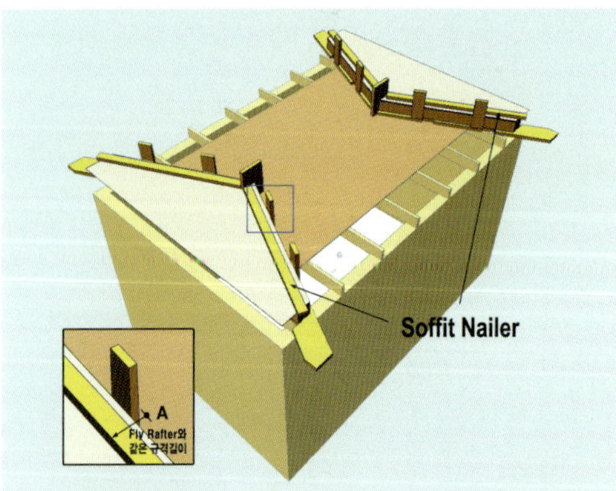

⑬ 소핏마감을 위한 소핏 네일러(Soffit Nailer)를 설치한다. (오버행이 12인치 미만인 경우에는 서까래에 룩아웃너치 없이 보조 룩아웃만으로 가능하다.)

⑭ 소핏네일러(Soffit Nailer)는 2×4 또는 2×6를 사용한다.

⑮ 박공보막이(Gable Blocking)는 보조 룩아웃 옆에 붙여 직각이 되게설치하고 소핏네일러 위에 올라오도록 해야 하며, 아랫면은 소핏네일러 아랫면과 맞아야 한다. 박공보막이는 박공 벽체를 만들어 세울 때 플라이 서까래(Fly Rafter)가 아래로 처지는 것을 막아준다.

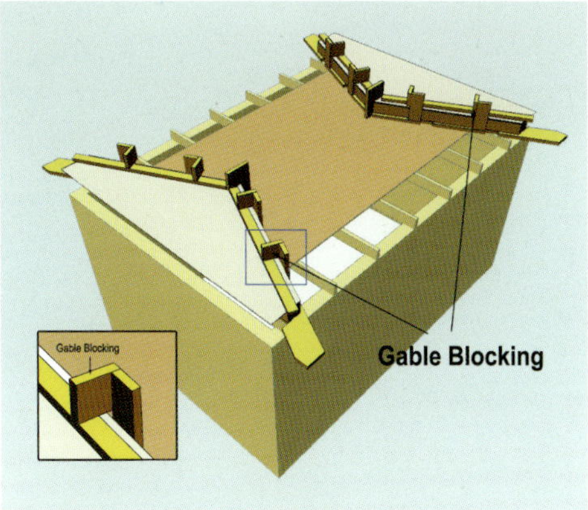

⑯ 플라이서까래(Fly Rafter)는 위쪽은 마룻대가 보이지 않도록 붙여 못을 박고 보조 룩아웃 위에 올려놓고 중앙 을 맞춘다.

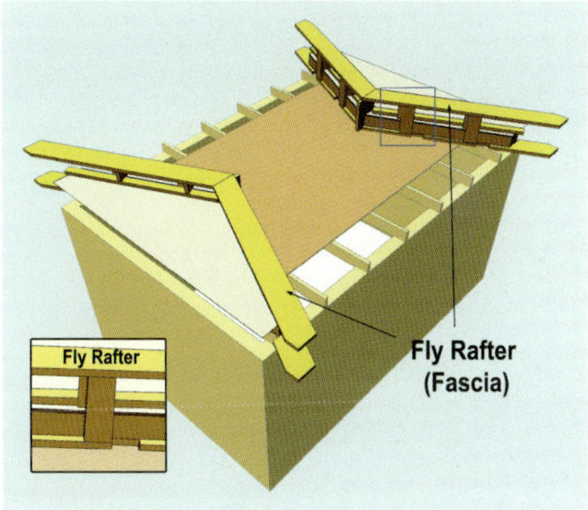

⑰ 플라이서까래(Fly Rafter)가 페이샤(Fascia)로 사용된 경우 포크 찹(Pork chop)을 미리 설치한다. 페이샤(Fascia) 위에 1×(One by) 의 마감재를 붙인다(선택사항). 처음에 서까래와 서까래 사이에 설치한 임시 마룻대를 제거한다.

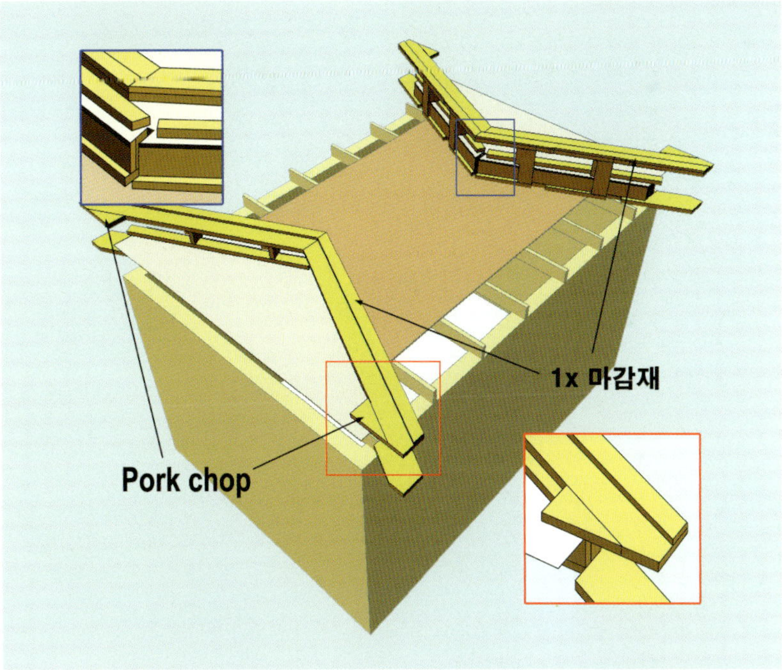

◀ 박공벽(GableWall)을 제작하는 모습

완성된 후 박공벽을 세우는 작업은 벽체를 세우는 작업과 동일하다. 박공 벽체를 세우면서 반대편으로 밀려 넘어지지 않도록 벽체 아래 부분에는 임시받침목을 설치하고, 주변에는 못총과 슬레지 해머(Sledge Hammer)를 준비해 둔다.

박공벽체를 세우고 난후 박공 밑깔도리가 외벽 벽체 위에 정확히 얹혀졌는가를 확인하고 벽체에 못을 박아 고정시킨다. 박공 벽체가 고정된 후에는 레벨(Level)을 이용해 벽체의 수직을 정확하게 확인하고, 임시 가새를 이용해 박공벽체를 고정시킨다.

박공벽체가 세워진 모습 ▶

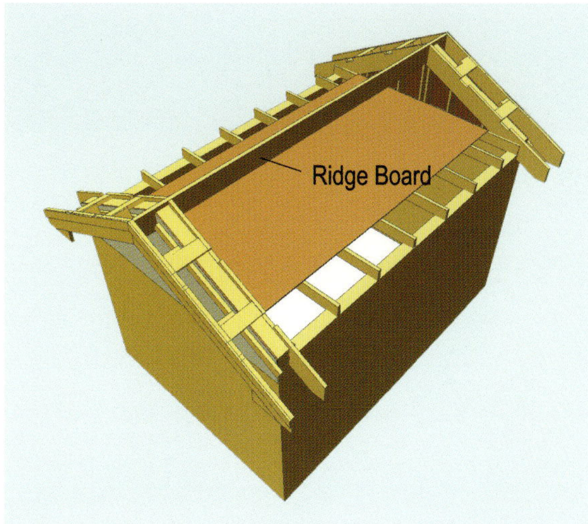

⑱ 마룻대(Ridge board)를 설치한다.

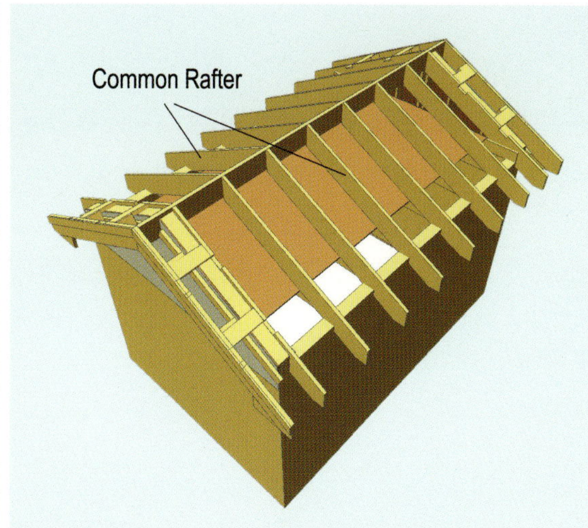

⑲ 보통 서까래(Rafter)를 설치한다.

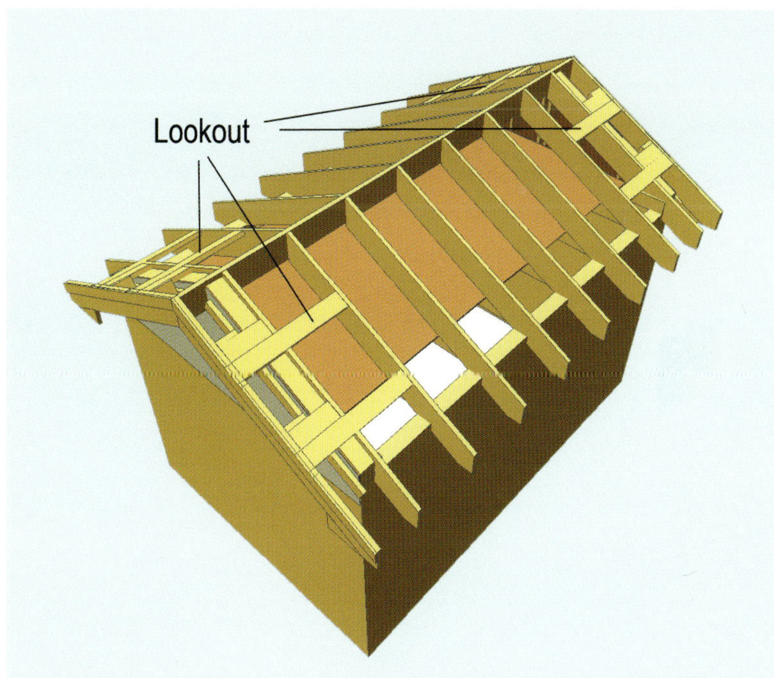

⑳ 룩 아웃(Lookout)을 설치한다. 룩아웃을 설치할 때는 플라이서까래(Fly Rafter)가 있는 쪽은 외부에 노출되는 곳이므로 도금된 못을 사용하여 못을 박는다.

플라이서까래와 룩아웃에 못을 박을때는 앞쪽의 플라이서까래와 룩아웃에 먼저 못을 박은 후 안쪽에 있는 서까래에 못을 박는다. 이렇게 앞쪽을 먼저 박는 것은 앞쪽으로 쳐져 있을 수 있는 플라이서까래를 뒤쪽에서 누르면서 바로잡아 서까래를 고정할 수 있기 때문이다.

1

2

3

룩아웃 (Lookout) 비교

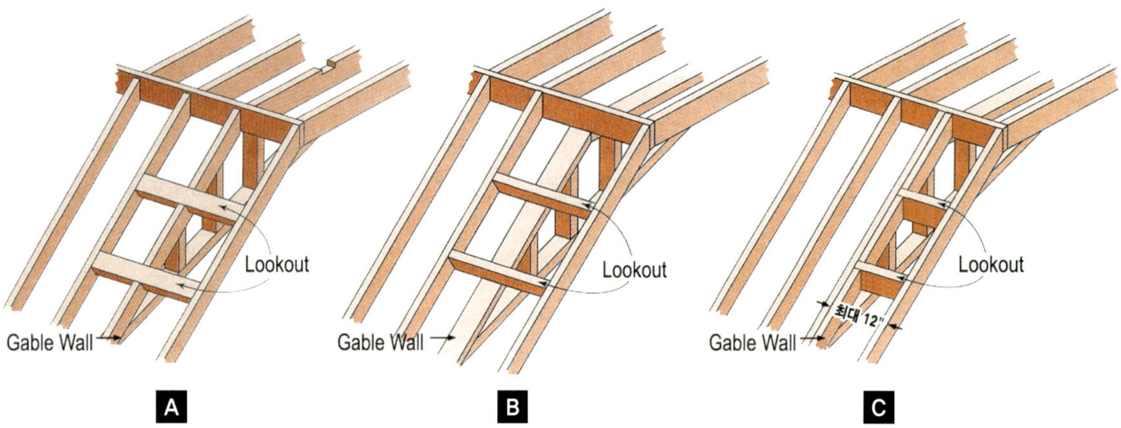

플라이서까래(Fly Rafter)를 떠받들어주는 역할을 하는 룩아웃(Lookout)은 박공벽(Gable wall) 위에 올려지는 A와 B의 방식이 있고, C와 같이 룻아웃을 서까래에 매달아 처리하는 방법이 있다.

A와 B의 방법은 처마길이가 12인치 이상에도 설치가 가능하지만 C의 방법은 A와 B의 방법에 비해 처마길이가 길어지면 아래로 처질 우려가 있어 12인치 미만인 경우에만 가능한 방법이다.

㉑ 보막이(Blocking)을 설치한다.

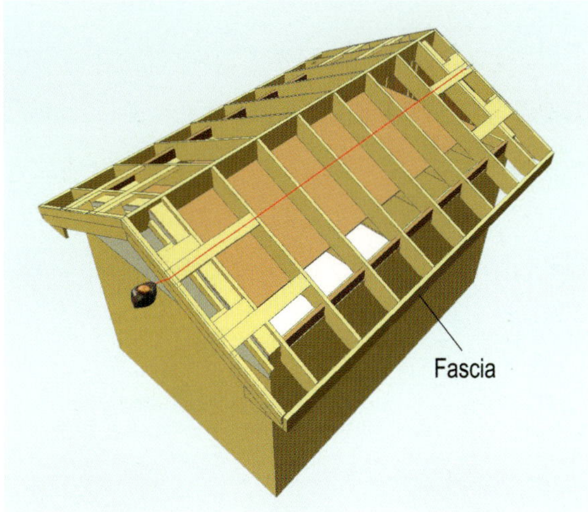

㉒ 페이샤(Fascia)를 설치한다.

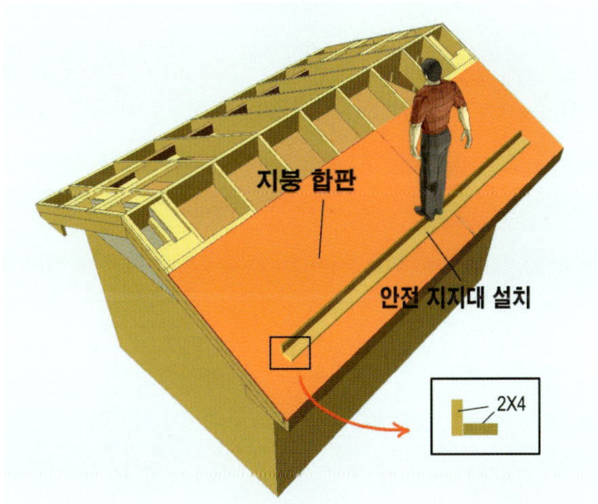

㉓ 합판은 아래쪽부터 설치하고, 미끄러지지 않도록 안전지지대를 설치한다.

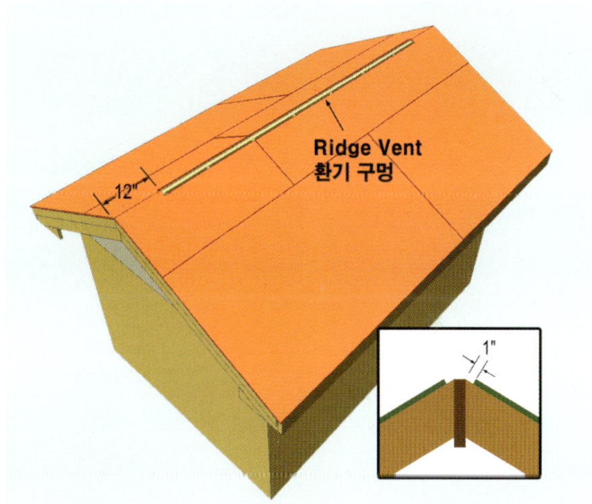

㉔ 위 아래의 합판사이에는 합판 클립을 사용하고 합판을 모두 붙인후에는 *리지벤트(Ridge Vent)를 설치하기 위해 1인치 구멍을 뚫는다.

리지벤트 (Ridge Vent) : 처마에서 유입된 공기가 마룻대를 통해 배기 되도록 마룻대에 설치하는 환기구

합판 클립 (Panel Clip)

합판을 설치할 때 합판과 합판 사이에는 합판 클립을 끼운다. 이것은 계절과 날씨 변화에 의한 합판의 수축팽창을 고려해 1/8인치의 간격을 두어야 한다. 합판 클립은 서까래의 간격이 16인치인 경우에 클립을 사용하지 않아도 되지만 서까래의 간격이 24인치인 경우에는 반드시 합판클립을 끼워야 한다. 합판클립을 사용함으로써 자연스럽게 위 · 아래 합판 사이에는 1/8인치의 틈(Gap)이 생기며 서까래의 간격이 16인치 간격에 비해 넓어져 울렁거림이 있는것을 보강해 주는 역할을 한다.

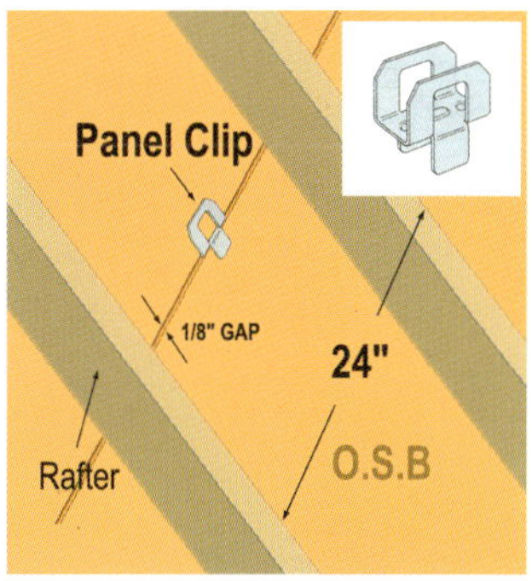

박공벽 설치

박공벽 (Gable Wall) 만들기

박공벽(Gable Wall)은 대부분 벽체와 지붕을 만든 후에 제작하는 경우가 많은데, 이 경우 시간이 많이 걸리며, 정확도 역시 많이 떨어지고 제작하면서 위험까지 따른다. 이렇게 제작하기 보다는 먼저 바닥의 넓은 공간을 활용하여 제작을 하고, 앞으로 벽체에 작업 할 것들을 미리 설치해 놓으면 작업의 질과 속도, 안전을 모두 높일 수 있다.

이렇게 만들어지는 박공벽(Gable Wall)을 제작해 보도록 하자.

이해를 쉽게 하기 위해 다음의 예제를 통해 풀어 보도록 하자.

예제) 건물폭 길이 : 14′-8″

지붕경사 : 12:8

스터드 간격 : 16인치 간격

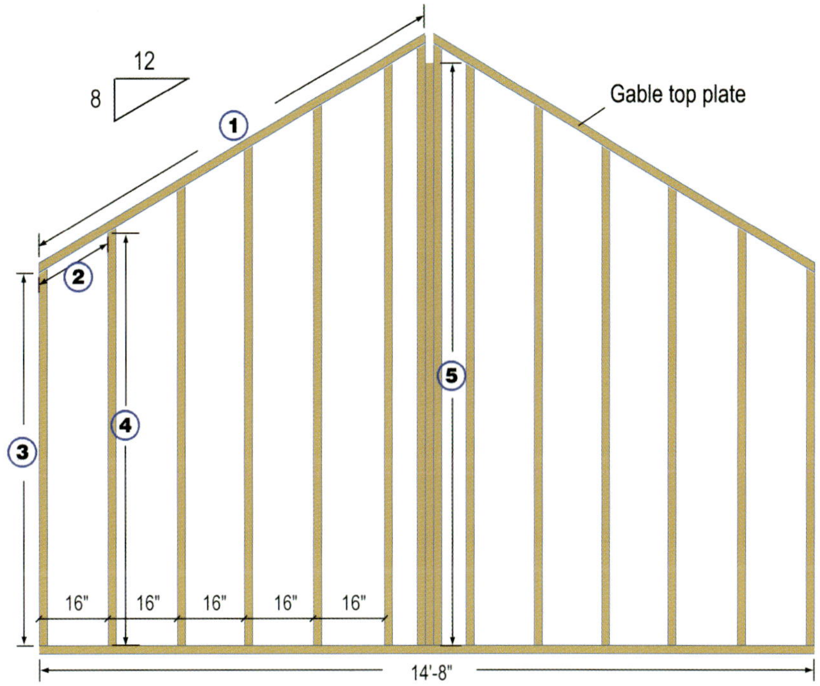

제작하기에 앞서 위의 그림과 같이 이미 몇 가지를 알고 있다.

먼저 지붕의 경사가 12:8이라는 것과 밑깔도리(Bottom plate) 길이를 알고 있다. 그리고 박공스터드(Gable stud)를 16인치로 제작한다는 것을 알고 있다.(그림의 가장 왼쪽의 박공스터드(Gable stud) 간격은 15 1/4인치로 해도 되지만 계산을 좀더 빠르고 쉽게 이해하기 위해 16인치로 하였다.)

위의 조건만을 가지고 박공벽(Gable Wall)을 만들어 보자.

먼저, 박공윗깔도리(Gable Top plate)의 길이를 구해보도록 하자.

① Gable Top plate = 14′- 8″ ÷ 2 - 3/4″

= 7′-3 1/4″ (Run)

서까래의 대각선길이 = (Run÷12)×14.42 ------- (공식)

= 7′-3 1/4″ ÷ 12×14.42

= 8′- 8 7/8″

② 런(Run)이 16인치 간격일 때 대각선 간격은

대각선길이 = (Run ÷ 12) × 14.42------- (공식)

= 16″ ÷ 12 × 14.42

= 19 1/4″

③ 박공스터드 1(Gable Stud 1) 길이 구하기

박공스터드 1을 구하기에 앞서 스터드(Stud) 높이를 먼저 알아야 하고, 다음에는 벽체 위의 HAP에서 룩아웃(Lookout)과 박공윗깔도리(Gable Top plate) 두께를 뺀 높이(★)를 더하면 박공스터드 1(Gable stud 1)의 높이를 알 수 있다.

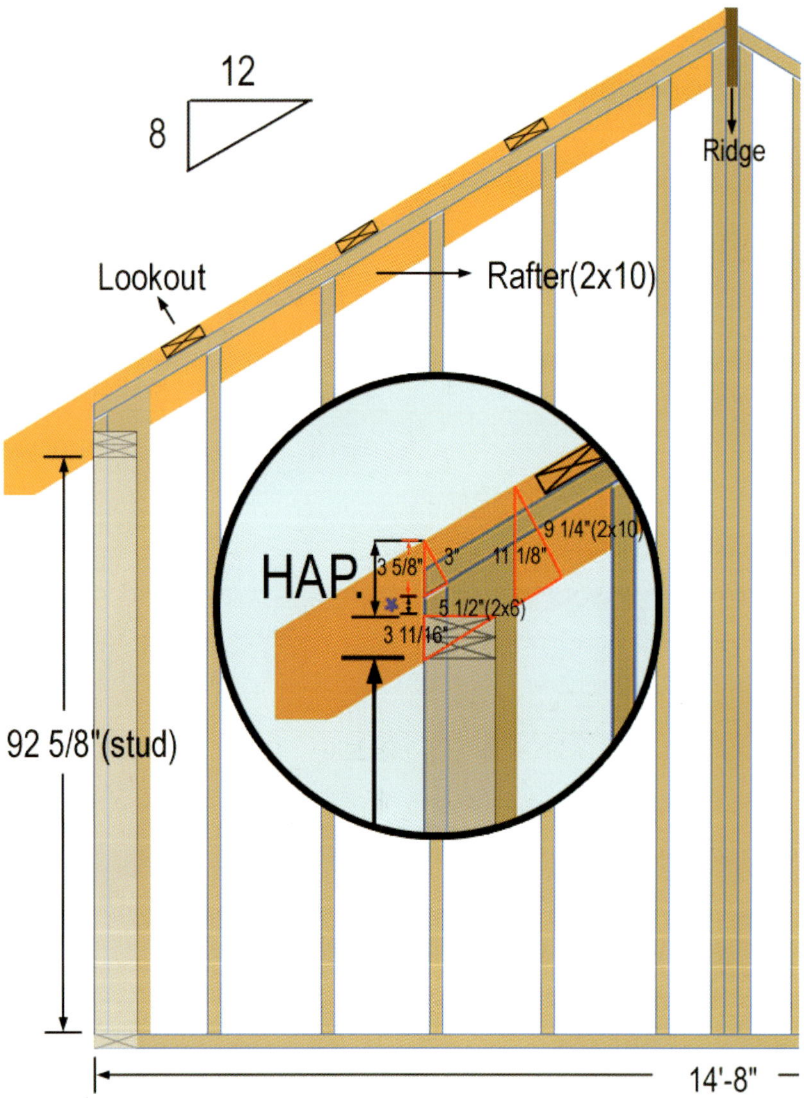

Gable Stud1의 높이를 구하기 위한 벽체 높이

= 92 5/8″ (Stud 길이) + 3″ (Top plate & Double Top plate) = 95 5/8″

벽체 위의 HAP에서 룩아웃(Lookout)과 박공윗깔도리(Gable Top plate) 두께를 뺀 높이(★)

= 11 1/8″ (2×10 서까래의 대각선 길이) - 3 5/8″ (Lookout과 Gable top plate의 대각선 길이)

- 3 11/16″ (2×6벽체의 높이 길이) = 3 13/16″

Gable Stud 1의 높이 = 95 5/8″ + 3 13/16″

= 99 7/16″(짧은 각의 길이)

④ 박공스터드 2(Gable Stud 2)의 길이

박공스터드 2의 길이는 박공스터드 1의 길이에 16인치 런(Run)에 해당하는 라이즈(Rise)의 값만을 더하면 된다.

Rise = 0.6667×Run ------- (공식)

[참고] 0.6667은 어떻게 나온 값인가? 8÷12 = 0.6667

Rise = 0.6667×16

= 10 11/16″

Gable Stud 2 = 99 7/16″(Gable stud1) + 10 11/16″

= 110 1/8″(Gable Stud 2)

Gable Stud 3 = 110 1/8″ + 10 11/16″ = 120 13/16″

Gable Stud 4 = 120 13/16″ + 10 11/16″ = 131 1/2″

Gable Stud 5 = 131 1/2″ + 10 11/16″ = 142 3/16″

Gable Stud 6 = 142 3/16″ + 10 11/16″ = 152 7/8″

박공스터드 7(Gable Stud 7)의 길이는?

전체 건물 폭을 반으로 나눈 길이에 마룻대(Ridge)의 두께를 뺀 길이를 런으로 하고, 이 값에 해당하는 라이즈의 값을 구한 다음 박공스터드 1의 높이를 더하면 된다.

이때, 주의할 것은 박공스터드 1의 길이는 짧은 길이이지만 박공스터드 7의 길이는 긴 길이로 끝난다는 것이다. 이것을 계산하기 쉽게 짧은 길이로 바꾸면 된다. 이해를 돕기 위해 직접 계산을 해보자.

박공스터드 7의 길이

= 14′- 8″(건물 전체폭)÷2 - 3/4″(Ridge의 절반 두께) - 1 1/2″(Gable Stud 7의 두께) = 7′- 1 3/4″(Run)

Rise = 0.6667×Run

[참고 : 0.6667은 어떻게 나온 값인가? 8÷12 = 0.6667]

Rise = 0.6667×7′- 1 3/4″

= 4′- 9 3/16″(Rise)

Gable Stud 7길이 = 4′ - 9 3/16″(Rise) + 99 7/16″(Gable Stud 1 길이)

= 13′- 0 5/8″(Gable Stud 7)

대각선 길이 = (Run÷12)×14.42 · · · · · (공식)

= 7′- 1 3/4″÷12×14.42

= 8′- 7 1/16″(Gable Stud 7에 해당하는 대각선 길이)

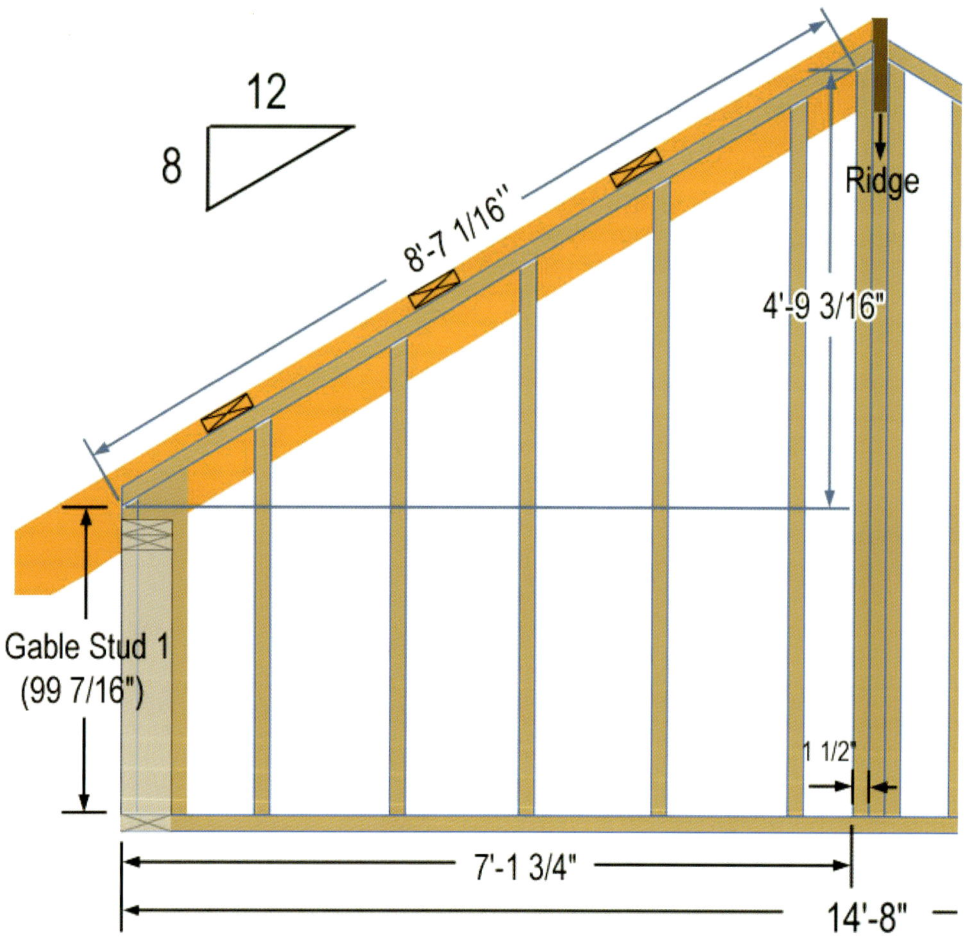

⑤ 마룻대(Ridge board) 지지대 길이 구하기

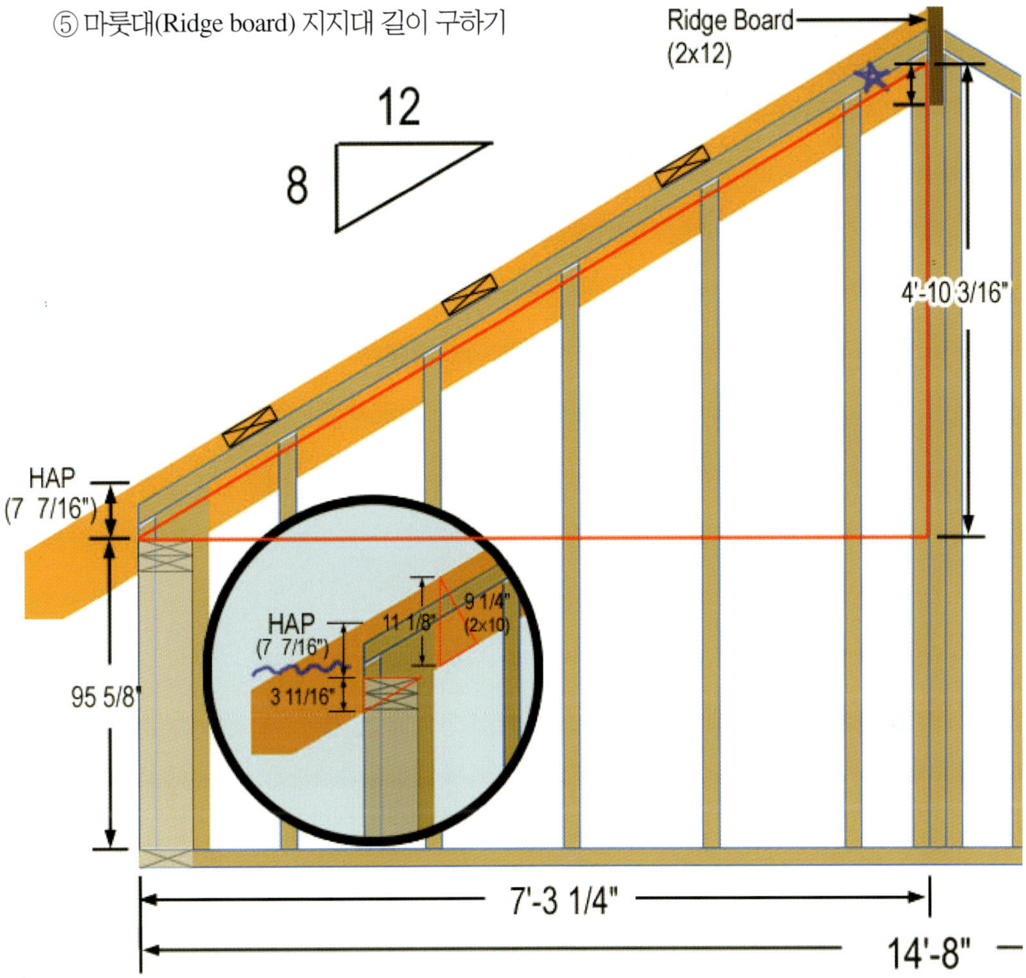

먼저, 건물 폭의 절반에 해당하는 라이즈의 길이를 알아보도록 하자.

Run = 14′-8″ ÷ 2-3/4″

= 7′-3 1/4″

Rise = 0.6667 × Run

[참고 : 0.6667은 어떻게 나온 값인가? 8÷12 = 0.6667]

Rise = 0.6667 × 7′-3 1/4″(Run)

= 4′-10 3/16″(Rise)

그런데 라이즈높이 밑으로 마룻대가 내려 와 있는 것을 그림을 보면 알 수 있다.

이 길이를 구하기 위해서는 라이즈 높이에서 마룻대길이(★) 만큼을 빼주어야 한다.

그러기 위해서는 먼저 2×12의 마룻대 높이에서 HAP 높이를 빼주어야 한다.

HAP는 2×10 서까래의 대각선 길이에서 버드마우스(Bird′s mouth)의 라이즈를 빼주면 된다.

HAP = 11 1/8″ - 3 11/16″

= 7 7/16″

그러므로,

11 1/4″ (마룻대 높이) - 7 7/16″ = 3 13/16″(★)

마룻대(Ridge boad) 지지대 길이

= 95 5/8″(Stud 길이 + Top plate+Double top plate) + 4′-10 3/16″(Rise) - 3 13/16″(★)

= 12′-6″

마룻대 지지대의 길이는

12′-6″

교차지붕(Intersecting Roof)

교차지붕 1 (Intersecting Roof 1)

마룻대 (Ridge)설치

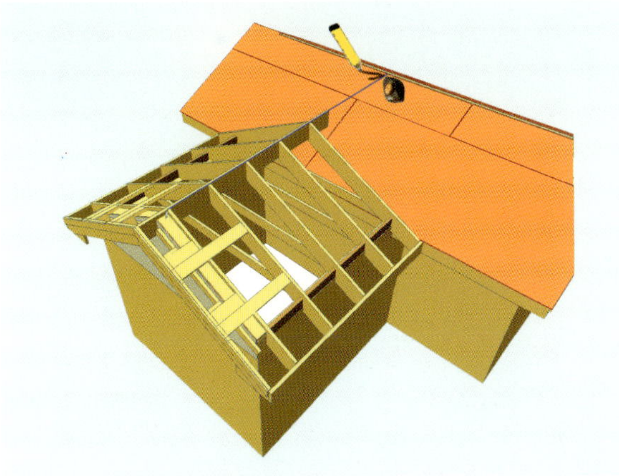

쵸크라인을 이용해 마룻대(Ridge)의 연장선을 끌어온다.

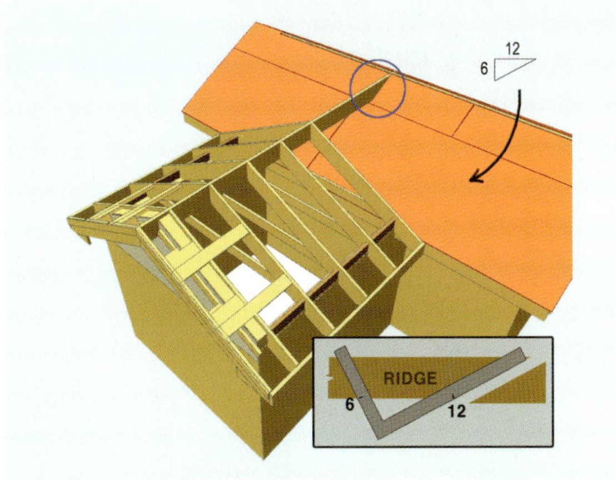

마룻대의 실재길이를 재서 마룻대를 만들어 연결한다.

벨리서까래
(Valley Rafter) :
골서까래.
지붕골을 따라
만나게 되는
벽체와 마룻대를
잇는 서까래

*밸리서까래 (Valley Rafter) 설치

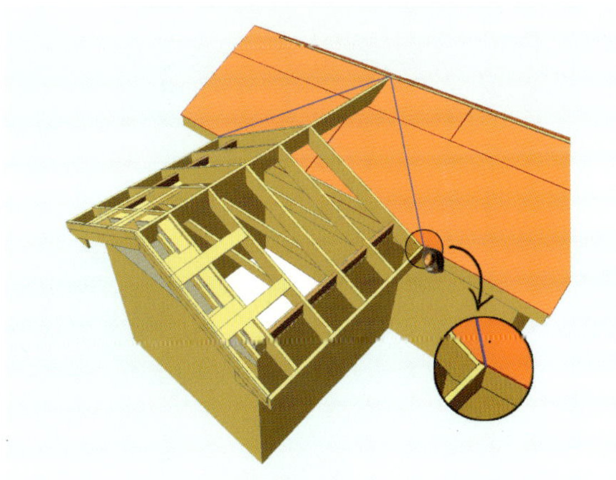

연장선상으로 끌고온 마룻대 지점과 처마마감이 만나는 지점까지를 쵸크라인으로 표시한다.

쵸크라인의 실제길이를 재서 그보다 약간 짧게 밸리(Valley)를 만든다. 이때 밸리의 윗쪽(T)과 아래쪽(B)에는 같은지붕의 물매가 만났을 때 만들어지는 각도가 있다. [표 참고]

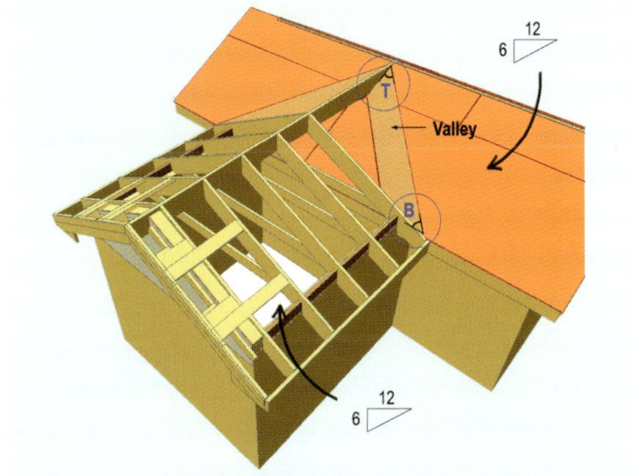

두 개의 같은 지붕 물매	T (Top)	B (Bottom)
3 : 12 (14.04도)	12 3/8 : 12	11 5/8 : 12
4 : 12 (18.43도)	12 5/8 : 12	11 3/8 : 12
5 : 12 (22.62도)	13 : 12	11 1/16 : 12
6 : 12 (26.57도)	**13 7/16 : 12**	**10 3/4 : 12**
7 : 12 (30.26도)	13 7/8 : 12	10 3/8 : 12
8 : 12 (33.69도)	14 7/16 : 12	10 : 12
9 : 12 (36.87도)	15 : 12	9 5/8 : 12
10 : 12 (39.8도)	15 5/8 : 12	9 3/16 : 12
11 : 12 (42.51도)	16 1/4 : 12	8 7/8 : 12
12 : 12 (45도)	17 : 12	8 1/2 : 12

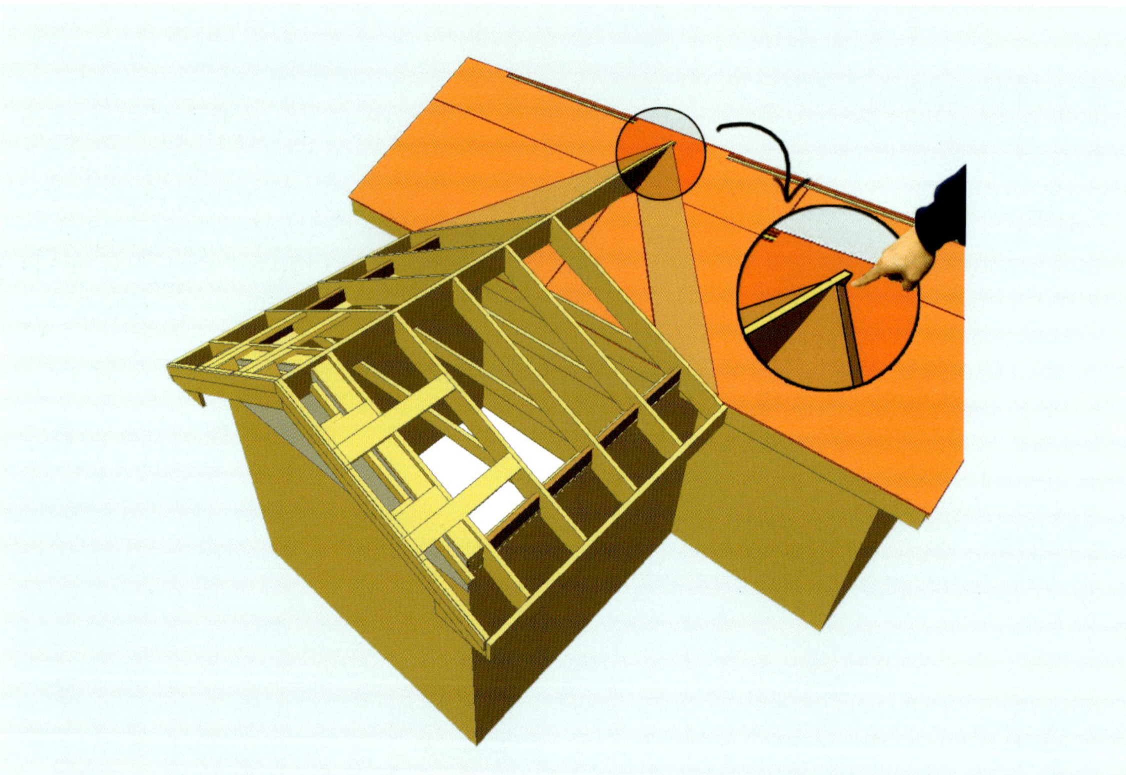

밸리(Valley)의 위쪽은 마룻대(Ridge)와 밸리가 만나는 면이 맞닿아야 한다. 이렇게 설치 해야만 다른

서까래와 밸리에 설치된 서까래 높이가 같아진다.

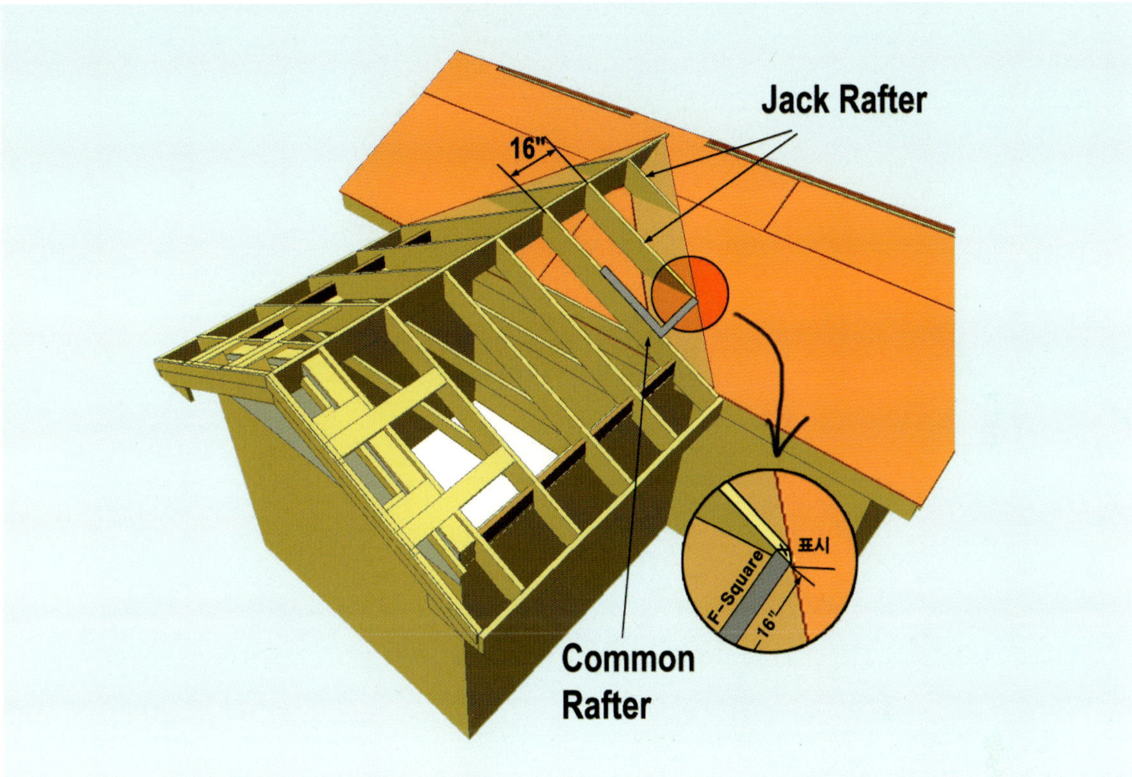

밸리 (Valley)의 잭서까래 (Jack Rafter) 설치

프레이밍 스퀘어(Framing Square)의 한 쪽은 16인치이고, 다른 한 쪽 길이는 24인치인 것을 앞에서 설명한 바 있다.

메인지붕 (Main Roof) : 여러개의 지붕이 만나 형성된 것중 주가되는 지붕

*메인지붕(Main Roof)과 만난 마지막 보통서까래(common rafter)에 프레이밍 스퀘어의 16인치를 맞추고 잭 서까래가 놓여질 부분에 표시를 한다.

그리고 잭 서까래의 마룻대 부분에서 밸리 부분까지의 실제 길이를 재서 제작하면 된다.

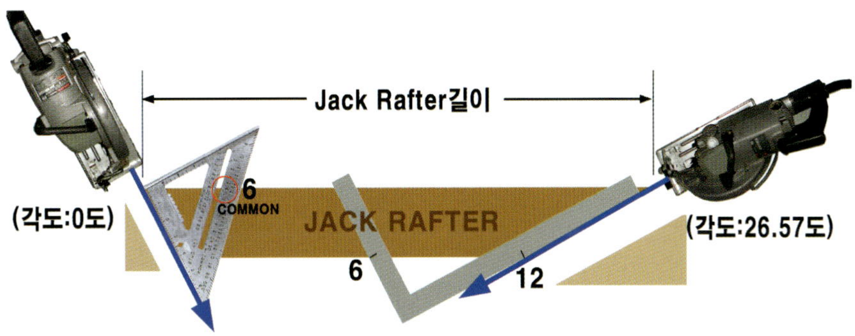

잭 서까래의 마룻대쪽은 스피드 스퀘어로 12:6 경사를 맞추어주고, 밸리쪽은 프레이밍 스퀘어를 이용하여 12:6을 그림과 같이 맞추어 준다. 마룻대쪽은 스킬쏘를 직각으로 맞추어 자르고, 밸리쪽은 메인지붕의 경사가 12:6의 경사를 가지고 있기 때문에 스킬쏘를 26.57도에 맞추고 잘라야 한다.

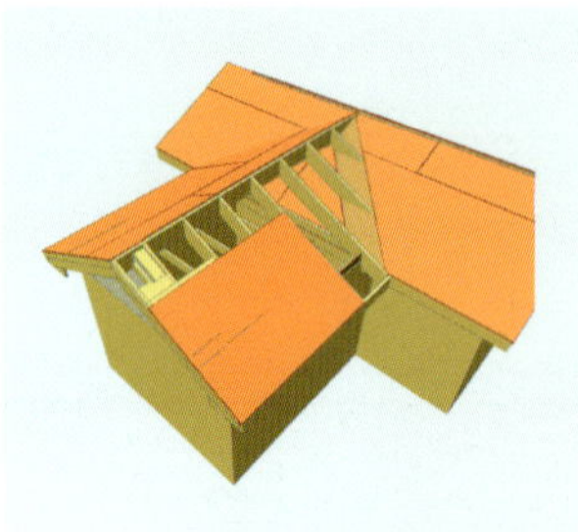

지붕합판 설치

지붕합판을 설치할 때는 교차하는 지붕의 앞쪽에서 설치하기 시작하여, 아래쪽 처마에서 4피트로 양끝을 초크라인으로 표시한 다음 그 선에 합판 끝을 맞추어 설치한다.

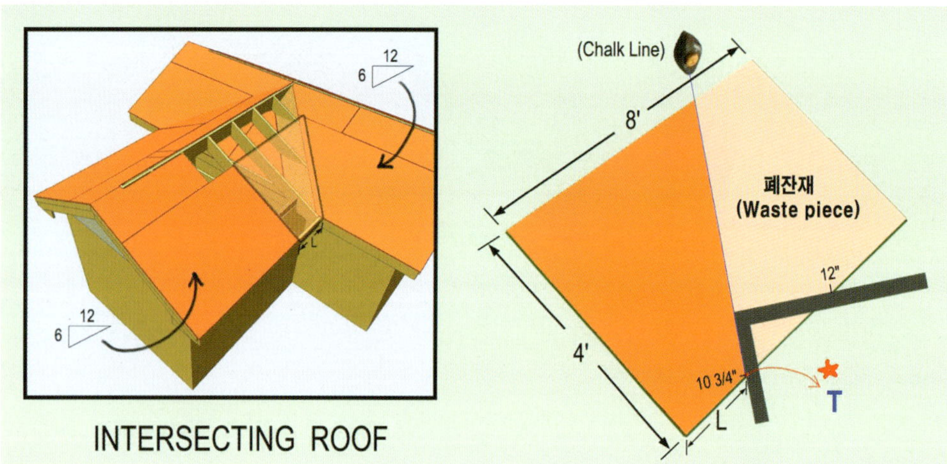

지붕 물매	T(Tongue) 길이	지붕 물매	T(Tongue) 길이
3 : 12 (14.04도)	11 5/8 : 12	8 : 12 (33.69도)	10 : 12
4 : 12 (18.43도)	11 3/8 : 12	9 : 12 (36.87도)	9 5/8 : 12
5 : 12 (22.62도)	11 1/16 : 12	10 : 12 (39.8도)	9 3/16 : 12
6 : 12 (26.57도)	**10 3/4 : 12**	11 : 12 (42.51도)	8 7/8 : 12
7 : 12 (30.26도)	10 3/8 : 12	12 : 12 (45도)	8 1/2 : 12

위의 그림에서처럼 지붕과 지붕이 만나는 곳에 사다리꼴 모양의 합판을 잘라야 한다.

이때, 처마쪽 길이(L)만을 알고도 합판을 자를 수 있다. 오른쪽 그림은 왼쪽 그림에 놓일 합판을 확대한 그림이다.

먼저 L의 길이를 합판에 표시하고, 그 지점에 프레이밍 스퀘어를 10 3/4인치를 맞춘다.(10 3/4인치는 위 표의 12:6지붕 T길이) 그리고 다른 한 쪽은 12인치에 맞추고, 그 경사에 연장선을 초크라인으로 그린 다음 자르면 된다. 이때, 오려붙인 합판이 잘 맞지 않는 경우에는 지붕의 경사가 어느 한쪽이 맞지 않거나 처음 벽체 작업 때부터 오차가 생긴 것이라는 것을 확인할 수 있다.

마룻대 (Ridge) 길이 계산하는 법

교차지붕 1은 어느 한 지붕과 다른지붕이 서로 교차하면서 생긴 지붕이였다.

기존에 설치된 보통 서까래의 마룻대에서 연장선을 이어 밸리(Valley)를 만들었는데, 다음에 소개하는 지붕의 경우는 보통 서까래의 수가 부족하여 연장선을 이어 온다는 것 자체가 오차가 크다고 볼 수 있다.

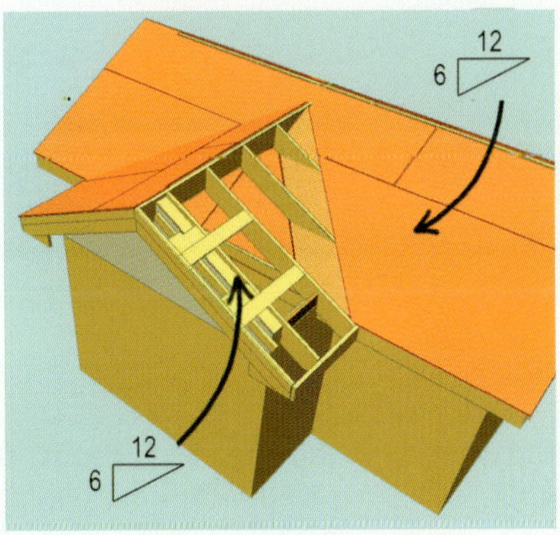

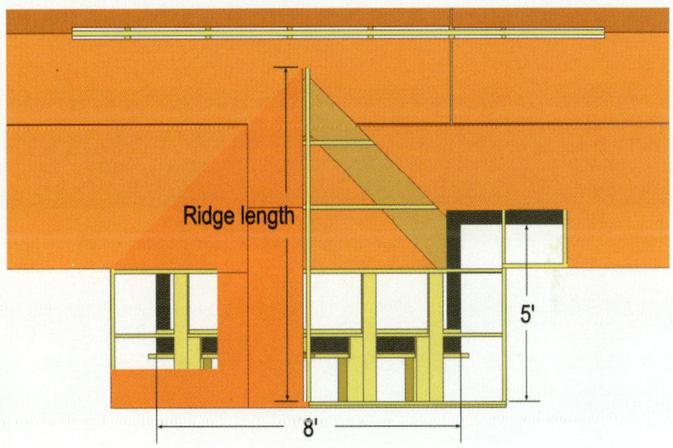

이것을 지붕의 마룻대를 건물 길이와 처마길이만을 가지고 마룻대 길이를 계산해 만들어 보자.

지붕의 건물폭은 8피트 이다.

안쪽의 건물길이는 플라이서까래를 제외한 마룻대 길이 끝에서부터 벽체까지의 길이가 5피트이다.

이러한 마룻대의 길이는 건물폭(8′)을 2로 나누고, 마룻대의 두께를 둘로 나눈 3/4인치를 뺀 다음, 처마 길이와 건물 길이를 더하면 된다.

풀이) 마룻대길이 = (8′÷2) - 3/4″+5′=8′- 11 1/4″

그런데 여기서 짚고 넘어가야 할 것이 있다. 이것은 메인지붕과 만난 것이므로 메인지붕의 합판두께가 포함된 길이이다. 그러면 합판두께를 계산에서 빼 보도록 하자.

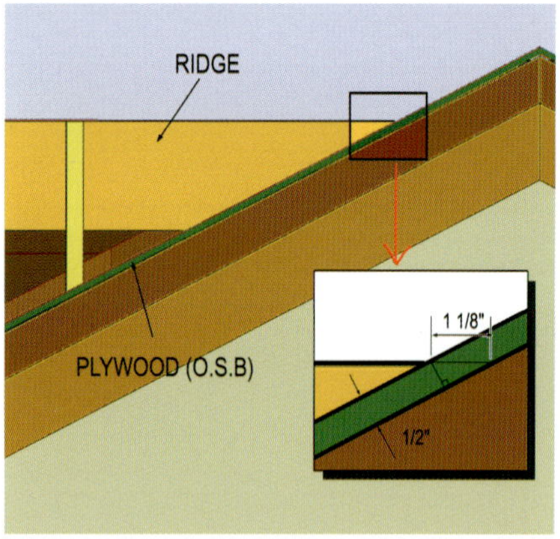

이두 지붕은 12:6의 같은 경사가 만난 지붕이다.

지붕의 합판은 1/2인치 합판을 사용했다. 1/2인치 합판두께가 라이즈일 때, 대각선 길이를 구해야 한다. 앞에서 대각선 구하는 공식을 언급했었는데, 다시 정리해보면,

서까래 길이 = (Run÷12)×13.42 ----- (공식)

위의 공식을 적용하려는데 런(Run)값도 모르고 있다.

그럼 먼저 런(Run)값을 구해보도록 하자.

Run = Rise÷0.5(0.5는 6을 12로 나눈 값)

Run = 1/2″÷0.5 = 1″

런(Run)을 알았으니 합판의 대각선 길이를 구해보자.

합판의 대각선 길이 = 1″(Run)÷12×13.42 = 1 1/8″

앞에서 구한 마룻대 길이에서 합판 대각선 길이를 빼주면,

마룻대길이 = 8′-11 1/4″ - 1 1/8″ = 8′- 10 1/8″이다.

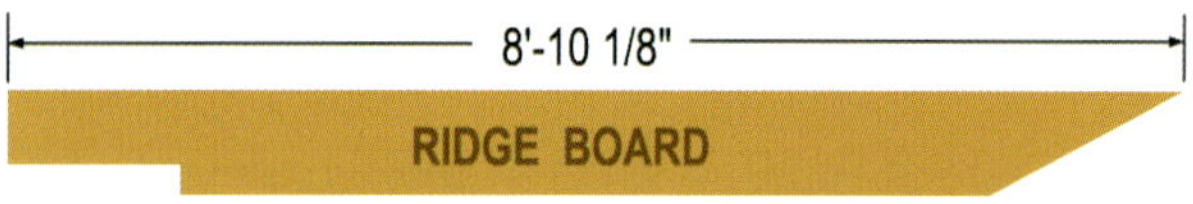

처마부분의 길이를 포함한 마룻대(Ride board) 전체 길이는 8′-10 1/8″이다.

교차지붕 2 (Intersecting Roof 2)

교차지붕 1(Intersecting Roof1)에서는 교차되는 지붕의 서까래가 보통서까래였다. 하지만 우측 그림과 같은 경우는 메인지붕의 서까래가 장선 위에 놓이면서 다른 각도와 길이를 나타내고 있는데 이 서까래의 길이를 구하는 방법에 대해 알아보자.

예제) 건물폭 길이 : 14′

지붕경사 : 12:6

서까래(Rafter) : 2×10

천장장선(Ceiling Joist) : 2×8

위의 서까래 길이를 구하기 위해서는 나열한 번호순서대로 풀어야 한다.

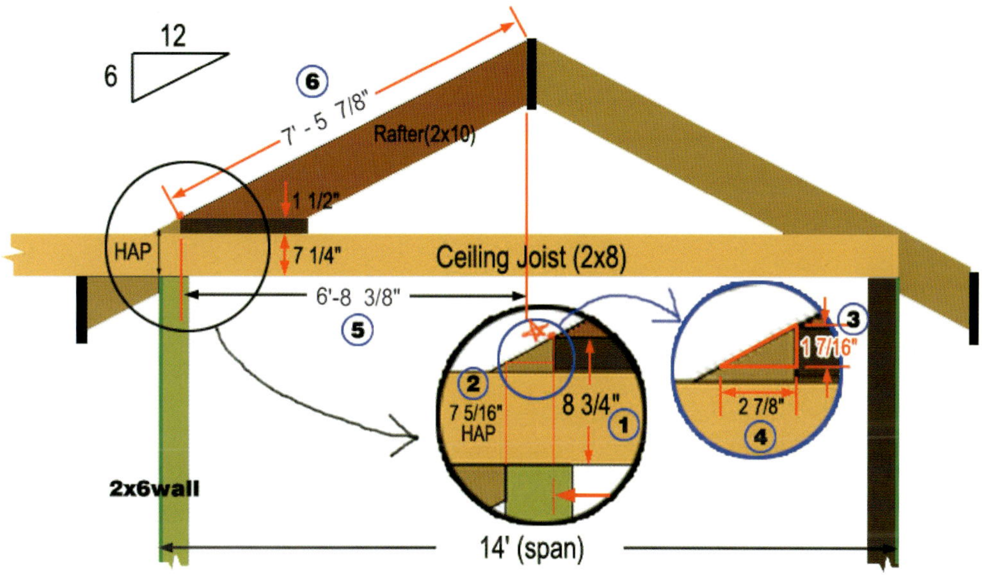

① 천장장선 높이(7 1/4″) + Board두께(1 1/2″) = 8 3/4″

② 벽체가 2×6일 때(Bird′s mouth)의 HAP는 7 5/16″이다.

③ 천장장선과 HAP의 차이에서 생기는 라이즈(Rise) = 8 3/4″ ① - 7 5/16″ ② = 1 7/16″(Rise)

④ 라이즈(Rise)가 1 7/16″ 일 때 런(Run)은?

12 : 6 = χ : 1 7/16″

6χ = 12 3/4″

= 2 7/8″(Run)

지금까지 ① ~ ④은 2 7/8″(Run)의 값을 알아내기 위한 계산이었다. 이 런(Run) 값을 가지고 건물 폭에 적용해서 서까래의 런 값(⑤)을 구해보도록 하자.

⑤ 서까래의 길이를 구하기 위해 건물 폭(Span)을 2로 나누고 마룻대 두께(1 1/2″)의 절반인 3/4″를 뺀 길이에 ④ 번의 계산결과에서 나온 2 7/8″를 뺀 길이가 서까래의 런(Run) 길이가 된다.

(14′÷2) - 3/4″ = 6′- 11 1/4″

6′- 11 1/4″ - 2 7/8″ = 6′- 8 3/8″ (서까래의 런 길이)

⑥ 서까래의 길이는

서까래의 대각선길이 = (Run÷12)×13.42 ---- (공식)

= 6′- 8 3/8″÷ 12× 13.42

= 7′- 5 7/8″

박공지붕이 겹치는 부분의 각도

박공지붕과 박공지붕이 만날 때 다른 한쪽의 각에 대해 알아보자.

이것은 많이 사용되지는 않지만 이 각도에 대해 알지 못하면 미숙하게 처리되는 경우가 많다.

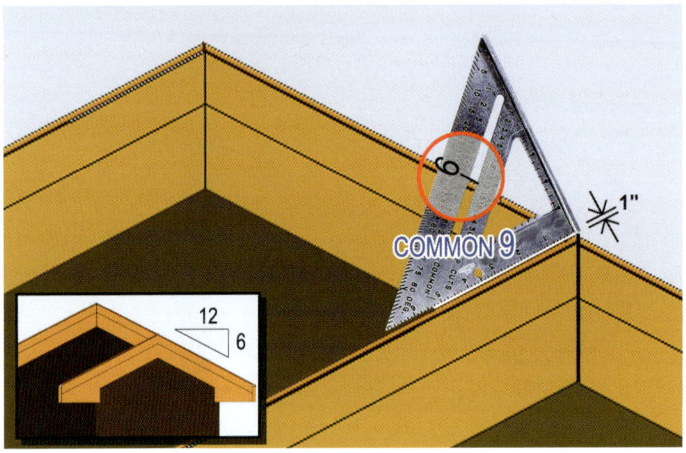

그림에서와 같이 지붕경사가 12:6의 경사진 두 지붕이 만날 때 위에 있는 서까래와 아래의 서까래가 만나는 지점의 각도는 12:9를 나타낸다.

펠트(Felt)지 : 지붕합판과 지붕 마감재 사이에 설치되는 기름성분의 종이

지붕 물매	물매와 만나는 각	지붕 물매	물매와 만나는 각
3 : 12 (14.04도)	22 1/2	8 : 12 (33.69도)	5
4 : 12 (18.43도)	16	9 : 12 (36.87도)	3 1/2
5 : 12 (22.62도)	11 7/8	10 : 12 (39.8도)	2 3/16
6 : 12 (26.57도)	**9**	11 : 12 (42.51도)	1 1/16
7 : 12 (30.26도)	6 13/16	12 : 12 (45도)	0

싱글(Shingle) : 지붕위에 설치되는 지붕 마감재.

[표참고] 아래에 있는 지붕합판 위에 1인치 가량을 띄워야만 지붕작업시 펠트(Felt)지와 싱글(Shingle)을 작업할 수 있으며, 이것을 띄우지 않고 작업할 때에는 누수의 가능성이 높게된다.

처마 골조

소핏골조 (Soffit Frame)

소핏 프레임은 지붕의 처마부분이며, 지붕 공기순환의 역할과 곤충이나 이물질이 들어가지 못하게 하는 기능적역할 외에 미적인 역할도 함께 한다.

처마마감은 외부에 노출되는 것으로 날씨나 기후에 쉽게 변하거나 썩지 않는 목재를 사용해야 하며, 일반적으로 가장 많이 사용되는 것으로는 방부목이나 시다(Cedar) 또는 사이딩(Siding)재를 많이 사용한다.

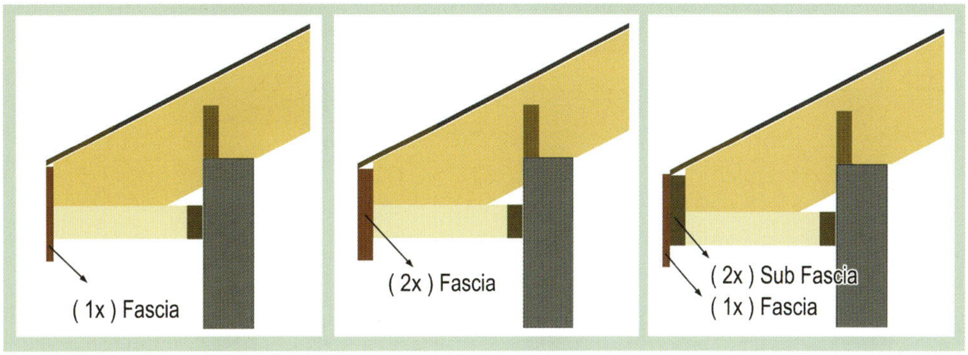

처마마감은 주로 위의 3가지 유형을 가장 많이 사용하고 있다.

처마골조 설치순서

서까래가 설치된 이후의 처마는 페이샤(Fascia)가 먼저 설치되고 안쪽 처마마감 높이를 게신하여 소핏네일러(Soffit Nailer)가 설치된 다음 소핏룩아웃(Soffit Lookout)을 서까래와 소핏네일러 그리고, 페이샤에 못을 박아 고정시킨다.

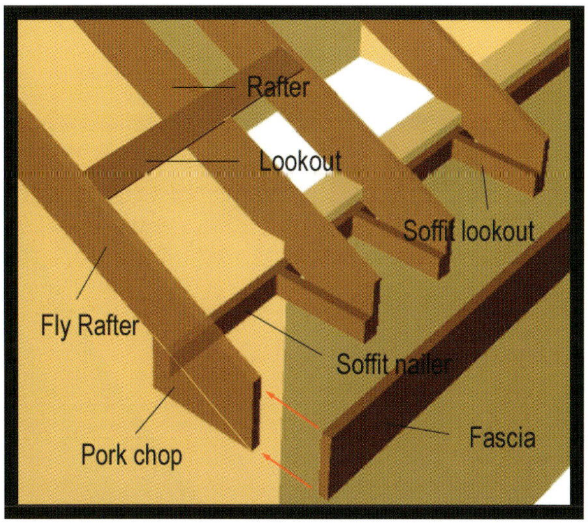

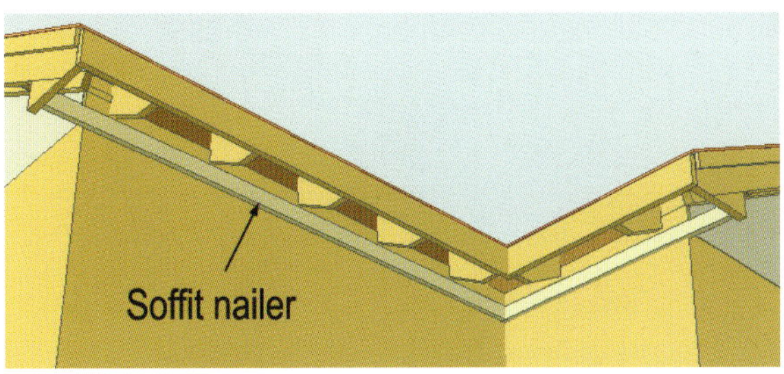

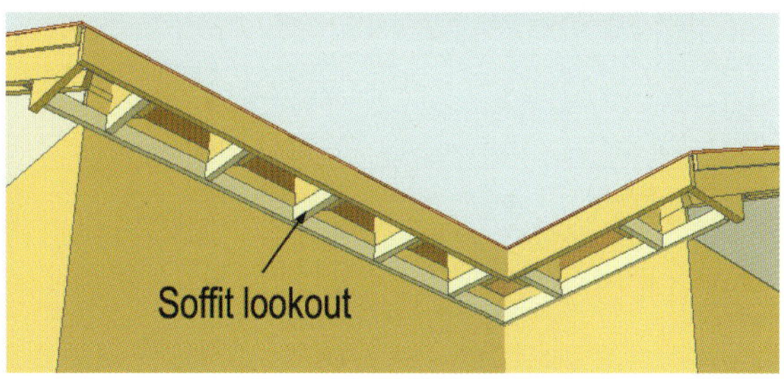

포크찹 (Pork chop)

포크 찹(Pork chop)은 박공지붕에서 플라이서까래(Fly Rafter)의 처마 아래 부분에 부착하는 쐐기모양의 나무조각을 말하며 처마 마감을 매끄럽게 처리하고 외관을 돋보이도록 하기 위해 설치한다.

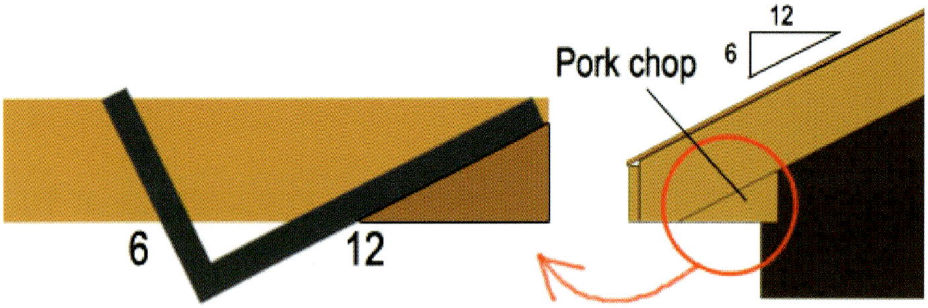

포크 찹은 그림과 같이 프레이밍 스퀘어(Framing Square)로 지붕의 경사와 동일하게 맞추어 제작한다.

지붕합판과 후레싱 (Flashing)

지붕합판 끝과 페이샤(Fascia)와 만나는 부분에는 지붕마감공사를 하기 전에 반드시 후레싱(Flashing) 처리를 해야 하며, 유형은 다음의 두 가지가 있다.

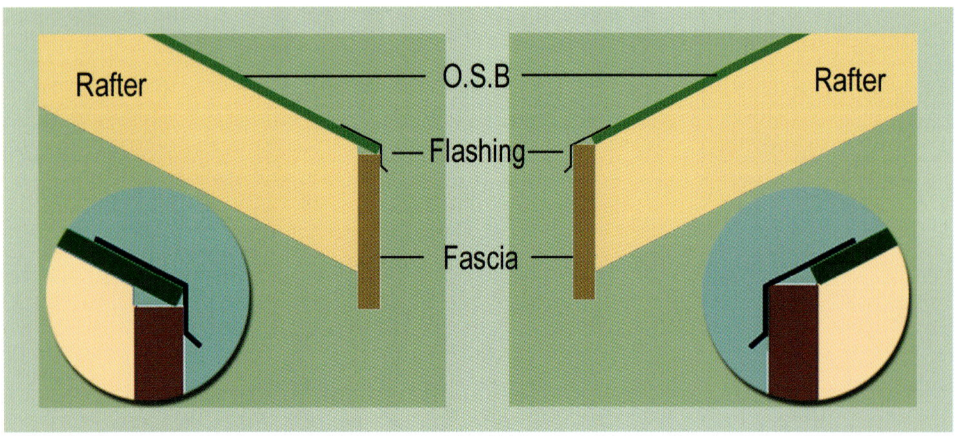

지붕합판을 붙이는 방법에 따라 왼쪽의 방식은 처마마감인 페이샤 (Facia)와 합판이 지붕합판못으로 고정될수 있어 오른쪽방법에 비해 좋다.

굴뚝

굴뚝(Chimney)

굴뚝은 굴뚝이 갖는 기능 외에 미적인 요소로 사용되는 경우도 있다. 이러한 경우를 제외하고는 굴뚝 본연의 기능을 살리기 위해 반드시 정해진 위치에 설치되어야 한다.

굴뚝은 너무 높거나 낮아져 굴뚝으로의 제 역할을 하지 못해 충분한 환기를 제공하지 못하는 경우가 있다.

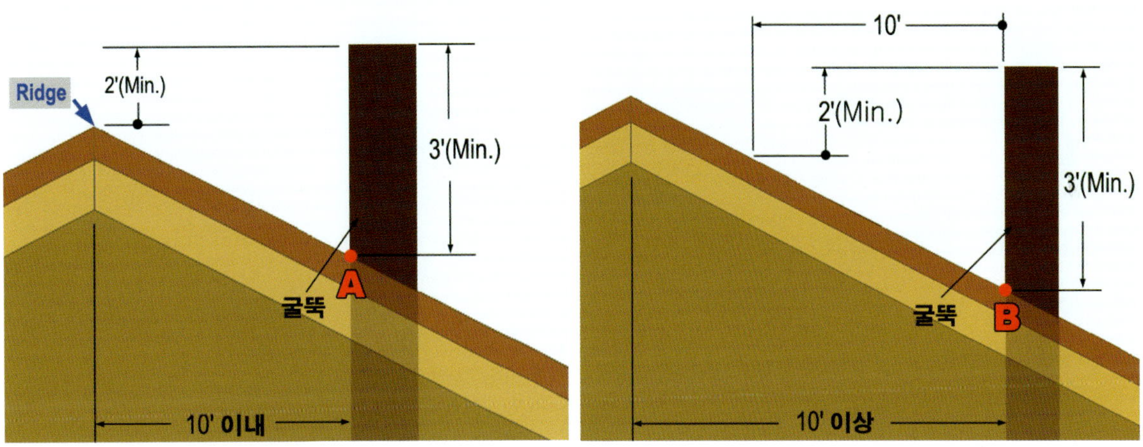

이러한 굴뚝의 제 역할을 하기 위해서는 먼저 굴뚝의 높이를 정확하게 해야 하는 규정이 있다.

지붕 맨 위 마룻대(Ridge) 지점에서 10피트 이내에 굴뚝이 있는 경우에는 마룻대(Ridge) 지점에서 최소 2피트 이상의 높이로 굴뚝을 높여주어야 하며, 이때 굴뚝의 높이는 최소 3피트 이상이어야 한다.(그림 왼쪽)

지붕 맨 위 마룻대(Ridge) 지점에서 10피트가 넘는 지점에 굴뚝이 있는 경우에는 굴뚝과 지붕경사가 만나는 윗 지점(B)에서 마룻대(Ridge) 방향으로 10피트를 수평으로 이동한 지점에서 위로 최소2피트 이상 올라간 높이가 굴뚝높이가 되어야 한다. 이때 굴뚝의 높이는 최소 3피트 이상이여야 한다.(그림 오른쪽)

크리켓 프레임(Cricket Frame)만드는 방법

크리켓(Cricket) : 지붕의 경사와 굴뚝 또는 빗물이 고이는 것을 막기 위해 만든 작은 지붕

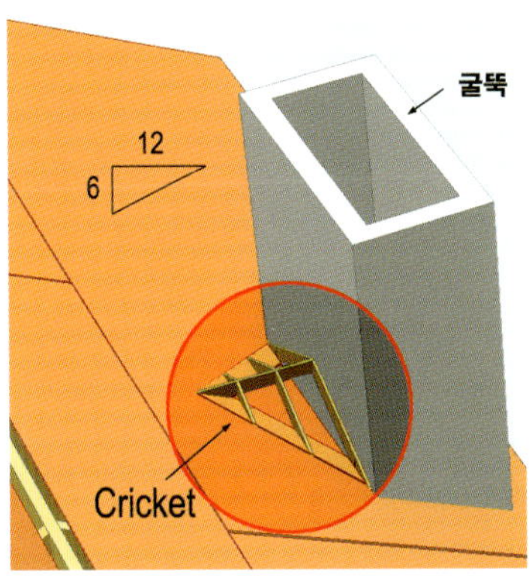

굴뚝 작업시 굴뚝 뒤에는 빗물이나 눈이 고이지 않게 하기 위해 반드시 *크리켓(Cricket)를 만들어 주어야 한다. 지붕골조 작업을 하면서 느끼는 것인데 지붕의 크리켓작업은 작은 것이라도 그것을 만드는 데는 크기와 관계없이 많은 시간이 소요된다.

그리고 크리켓(Cricket)과 같은 경우에는 지붕에 올라가서 직접 만드는 경우가 많아 시간이 많이 걸리고 작업을 하는데도 열악한 작업조건에서 제작해야 한다.

따라서 굴뚝에 폭길이만을 가지고 미리 재단하여 위에서 조립만 하는 손쉬운 방법을 알아보자.

먼저, 굴뚝의 폭을 3피트 4인치라고 하자.

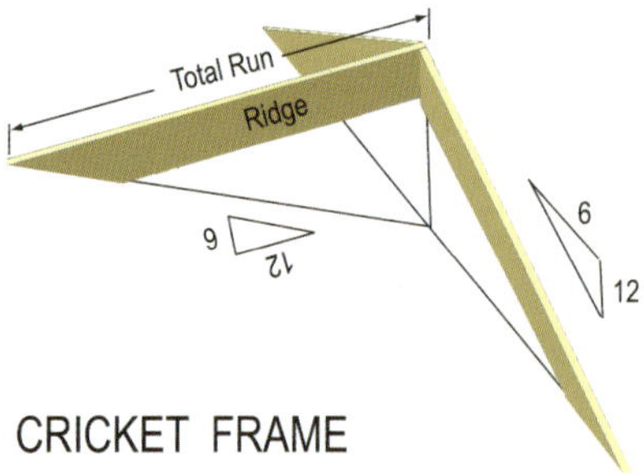

그러면 합판의 경사진 면이 굴뚝보다 길게 바깥으로 튀어 나오는 것을 막기 위해 굴뚝 폭(Span)을 약간 짧은 3피트정도로 한다. 다음은 지붕 서까래를 계산하는 방법과 동일하게 계산을 해서 서까래를 만들면 된다. 여기서 다른 것이 있다면 마룻대 (Ridge)의 길이와 런 (Run)의 길이가 같다는 것이다.

보통서까래(Common Rafter)는 12:6의 경사를 가지고 있고 마룻대(Ridge)는 반대로 메인지붕에서 12:6의 경사를 가지고 있기 때문에 마룻대의 수평길이는 토탈런(Total Run)인 것이다. 그래서 마룻대길이는 1′-6″가 되고, 서까래길이는 1′-7 5/16″이다.

크리켓(Cricket) 모양처럼 생긴 지붕은 위의 계산방법을 적용해 계산한다.

크리켓 프레임 (Cricket Frame)을 이용한 지붕

Tyvek

모임지붕

HIP ROOF

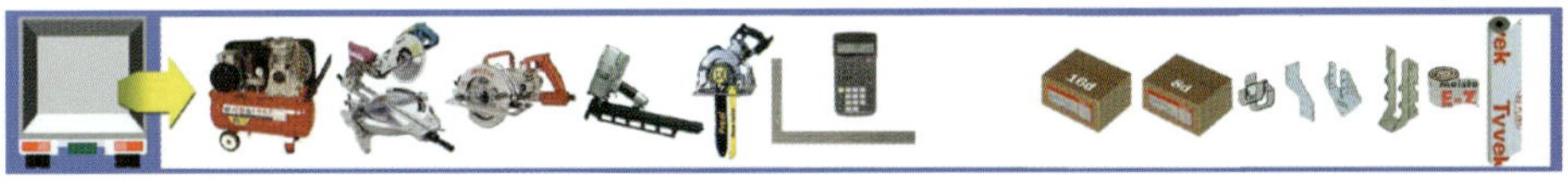

※필요한 공구–Compressor / Miter saw / Skill saw / Framing gun / Beam cutter기 / Framing square / 계산기
※필요한 자재(구조재 제외)–16d / 8d / 합판클립 / 허리케인 타이 / Hanger

모임지붕(HIP ROOF)

지붕골조 공사를 하면서 박공지붕은 쉽고 모임지붕은 어렵다고 생각하는데, 그것은 결코 그렇지 않다. 조금만 숙련된다면 모임지붕이 더욱 더 쉽고, 작업하기가 안전하며, 처마마감인 소핏(Soffit)작업도 쉬우며, 사이딩(Siding) 작업도 박공지붕에 비해 쉽다.

이처럼 쉬운 지붕인데도 전문 서적의 설명 부족으로 어렵다고만 생각하는 경우가 많다. 아직도 숙련된 목수들도 잘 풀지 못하는 것을 현장에서 볼 수 있는데, 지금부터 자세한 그림과 설명으로 그 해답을 구해보자.

지붕골조 용어

■ 힙서까래(Hip rafter) : 모임지붕에서 두 개의 경사진 지붕면이 만나 만들어진 돌출부분의 서까래

■ 잭서까래(Jack rafter) : 지붕골조가 서로 교차되면서 지붕 마룻대(Ridge)까지 연결되거나 또는 이중윗깔도리(Double top plate)에서 힙서까래(Hip rafter)까지 연결하는 짧은 서까래.

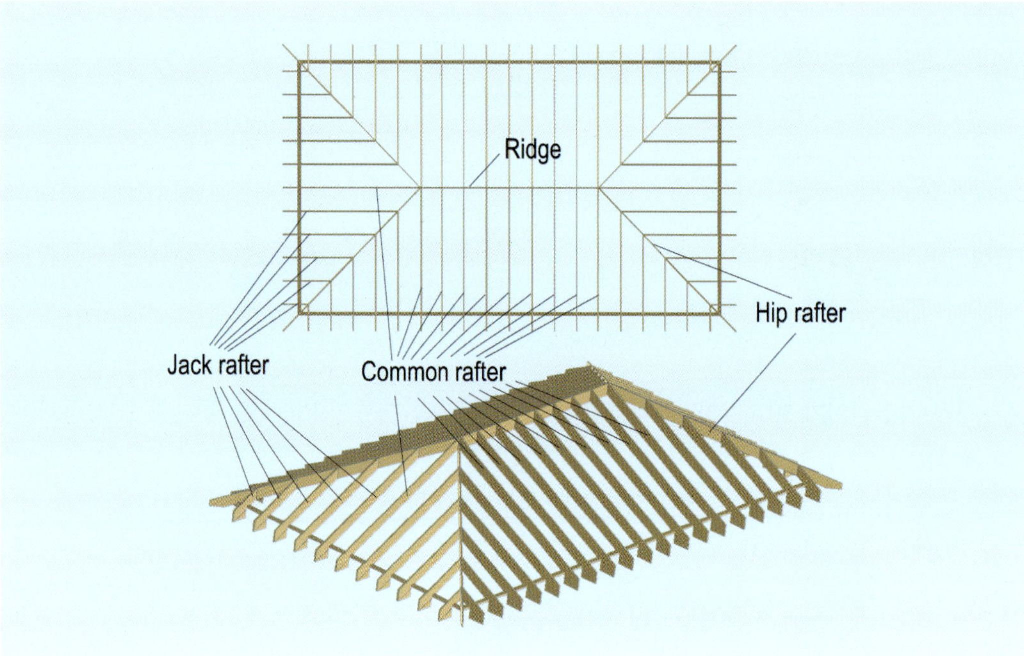

마룻대 (Ridge)

마룻대 (Ridge) 길이 계산하는 방법

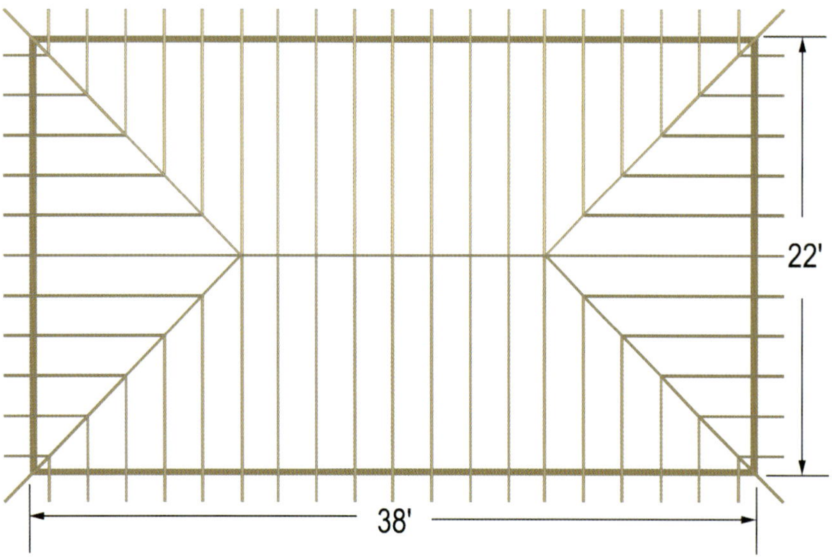

길이와 폭으로 볼 때 건물의 긴 길이에서 폭 길이를 빼주고 마룻대 두께만큼의 길이를 더하면 마룻대의 길이를 구할 수 있다.

마룻대 (Ridge) = 38′ - 22′+1 1/2″ = 16′-1 1/2″

■1 1/2인치를 더하는 이유 : 각각 양쪽의 보통서까래를 지지하는 마룻대의 절반 두께를 양쪽에서 각각 3/4인치씩 더한 길이이다. 만약, 마룻대가 한 개가 아닌 두 개로 겹쳐 설치된다면 3인치를 더해주어야 한다.

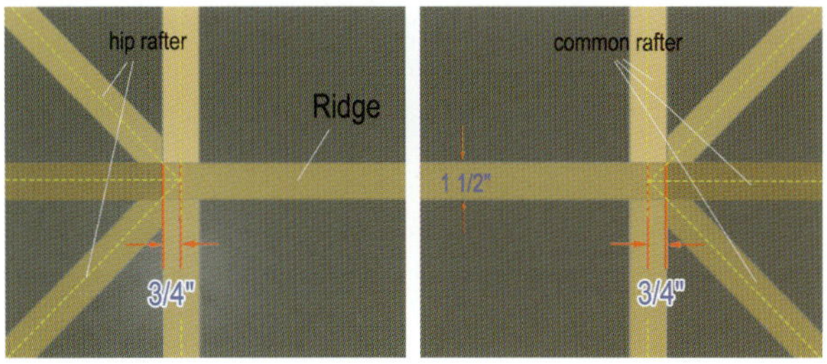

문) 건물 가로길이가 30피트이고, 세로길이가 20피트일때, 마룻대(Ridge)의 두께가 1 1/2인치이다. 이때 마룻대의 길이는 얼마인가?

풀이] 마룻대길이 = 30′- 20′+ 1 1/2″ = 10′- 1 1/2″

답 : 10′- 1 1/2″

힙서까래 (Hip Rafter)

스피드 스퀘어와 프레이밍 스퀘어 사용방법

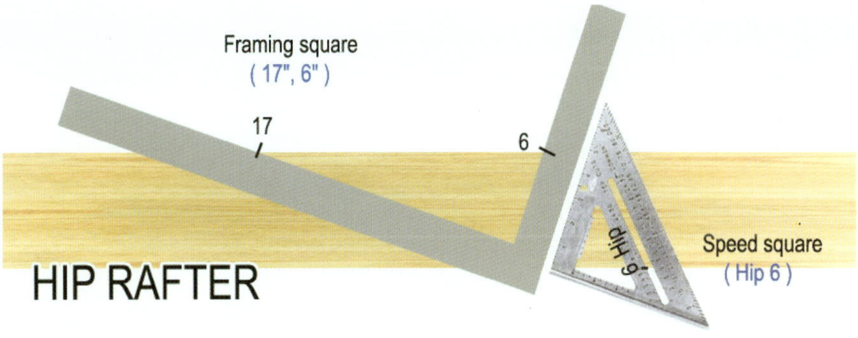

박공지붕에서 프레이밍 스퀘어(Framing square)를 사용할 때 한쪽은 지붕경사에 맞추고 다른 한쪽은 숫자 12에 맞추었는데 모임지붕에서는 17에 맞춘다.

그 이유에 대해 알아보자.

프레이밍 스퀘어(Framing square)를 힙서까래(Hip rafter)에서는 왜 17 : 6으로 하는가?

모임지붕(Hip Roof)에서 17이란 숫자는 정확하게 말하면, 16.97056이다. 이 수치는 가로가 12이고, 세로가 12인 직각삼각형의 대각선의 길이인데 이 길이를 모임지붕에서 적용한 것이다.

17이란 숫자는 규칙적인 모임지붕(Regular Hip Roof)에서 힙서까래에만 적용할 수 있는 수치이고, 불규칙 모임지붕(Irregular Hip Roof)에는 적용할 수 없다.

규칙모임지붕 (Regular Hip Roof)

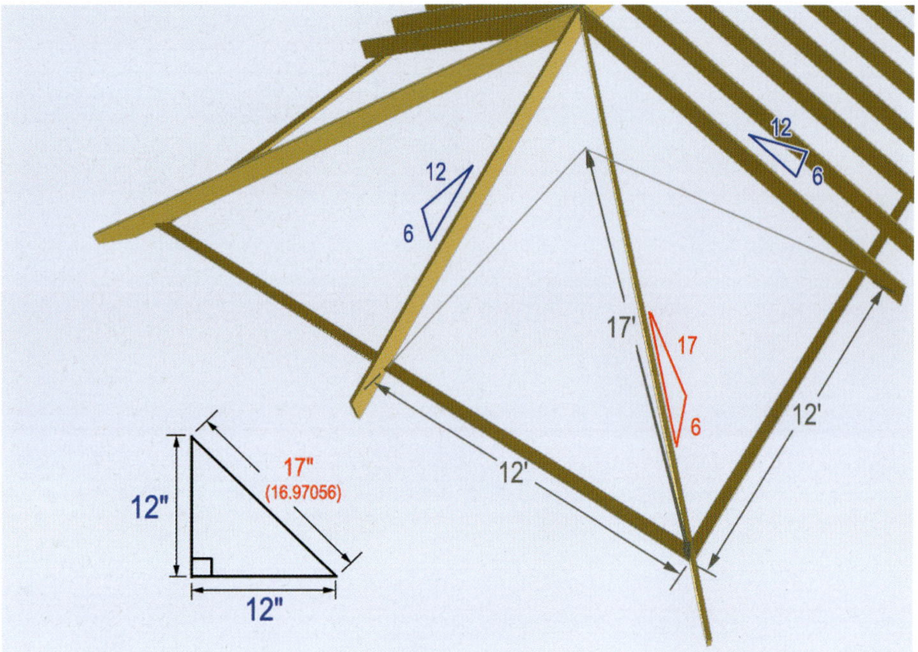

▲모임지붕(Regular Hip Roof)에서의 힙서까래에는 17을 사용한다.

보통서까래와 힙서까래와의 비교.

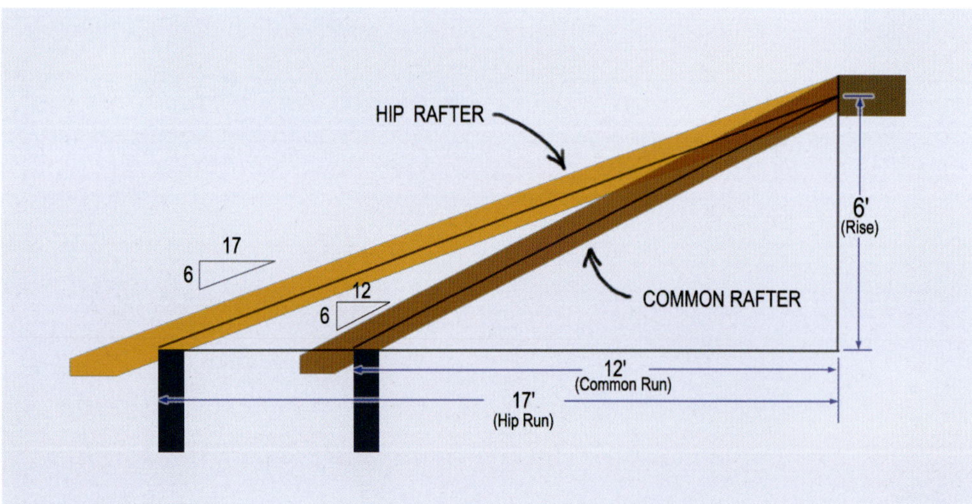

힙서까래는 벽체의 모서리 지점에 설치되어 보통서까래 보다는 경사가 완만하다. 앞에서 설명한 바와 같이 지붕경사가 12:6일때 보통 서까래가 12피트의 런이면 라이즈는 6피트이고 힙 서까래의 라이즈는 보통 서까래와 같은 라이즈의 6피트가 적용되고 런은 17피트가 적용된다.

Framing square 보는 법

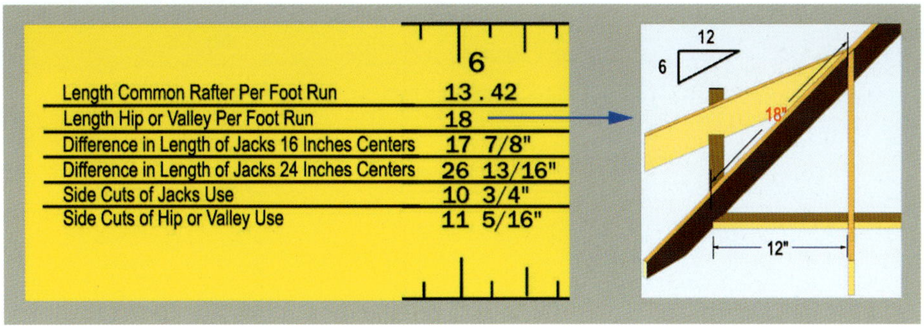

◀지붕경사가 12:6 이고, 12인치의 런(Run)을 갖는 힙서까래의 대각선 길이.

힙서까래 (Hip Rafter) 계산하는 방법

문 1) 지붕경사가 12:6이고, 건물 폭이 22피트일 때, 힙서까래(Hip Rafter)의 길이는?

힙서까래 길이 = (Run÷12)×18

[18을 곱하는 이유 - Framing square보는 법 중 Length Hip or Valley Per foot Run 참고]

= ((22ft ÷ 2) - 3/4″) ÷ 12×18

= 16′- 4 7/8″ (16.40625′)

문 2) 지붕경사가 12:6이고, 오버행(Overhang)길이가 16인치일 때, 서까래의 오버행 대각선 길이는?

힙서까래 길이 = (Run÷12)×18 ----- (공식)

= 16″÷12×18

= 24″

힙서까래 길이는 = 16′- 4 7/8″+ 2′(24inch)

= 18′- 4 7/8″

HAP (Height Above Plate) 구하는 법

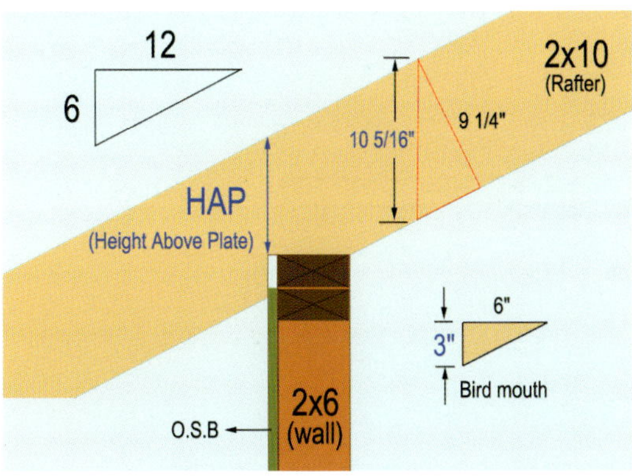

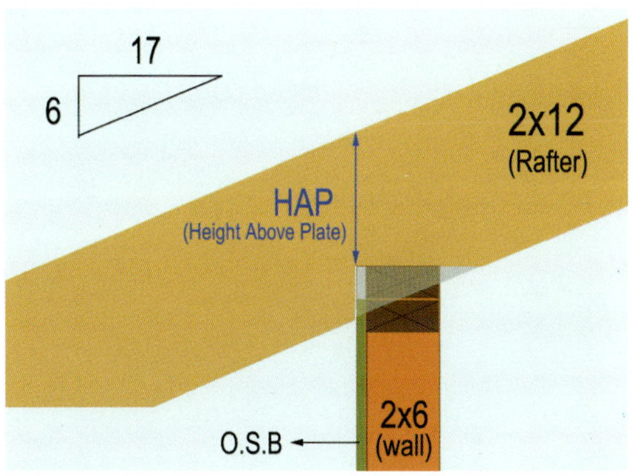

HAP는 서까래의 부재높이를 런 값으로 적용하여 지붕의 경사각만큼의 수직길이를 구하고, 그 길이에 버드마우스의 힐(Heel) 길이 만큼 뺀 길이이다.

HAP. = 10 5/16″- 3″= 7 5/16″

보통 서까래의 HAP 길이(7 5/16″)를 힙 서까래에 똑같이 적용하여 보통서까래와 힙서까래의 HAP 설치 높이가 같도록 맞춰준다. 그런데, 이때 한 가지 더 점검해 볼 것이 있다. HAP의 높이를 같도록 하여 보통서까래와 힙서까래 위에 설치될 합판의 면은 고르게 맞추었으나 서까래 안쪽에 설치될 석고보드 면은 맞지 않는 것을 볼 수 있다.

힙 서까래의 부재가 보통서까래보다 한 치수 큰 이유도 있으나 그 이유보다는 힙서까래는 보통서까래와 경사각이 다르고 벽체의 모서리에 설치되기 때문이다. 그래서 힙 서까래는 모서리 벽체에 설치되는 대각선 길이를 계산하고 나머지는 잘라내어 보통서까래의 안쪽면과 같도록 해야 한다.

Framing square 보는 법

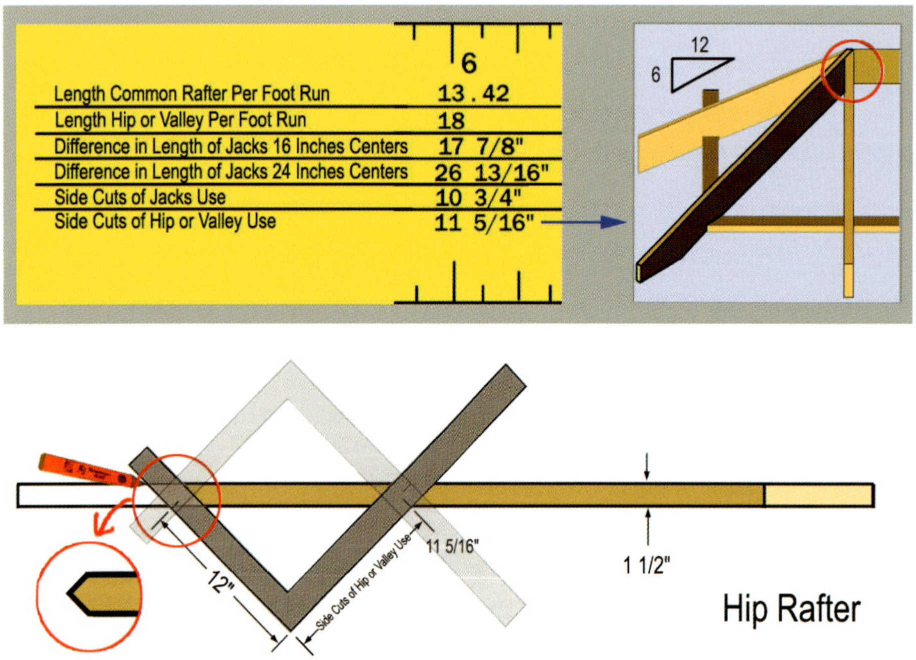

◀지붕경사가 12:6 일때 힙서까래의 마룻대에 설치될 서까래의 각도

힙서까래 (Hip Rafter) 자르는 방법

앞의 풀이에서 나온 힙서까래 길이 16′- 4 7/8″와 Overhang Rafter 길이 2′를 더한 18′- 4 7/8″의 결과값을 잘라보도록 하자.

스피드 스퀘어를 "Hip6"에 맞추고 지붕경사각을 그린다. 힙서까래의 맨 윗부분에는 각도를 주어 경사지게 잘라야하므로 목재 끝을 약간 남겨놓고 표시한다.

스킬쏘를 45도에 맞추고 선을 따라 자른다.

(각도:45도)

(각도:45도)

스킬쏘를 45도에 놓고, 경사지게 자른 부분의 절반을 반대 방향에서 각을 주어 자른다.

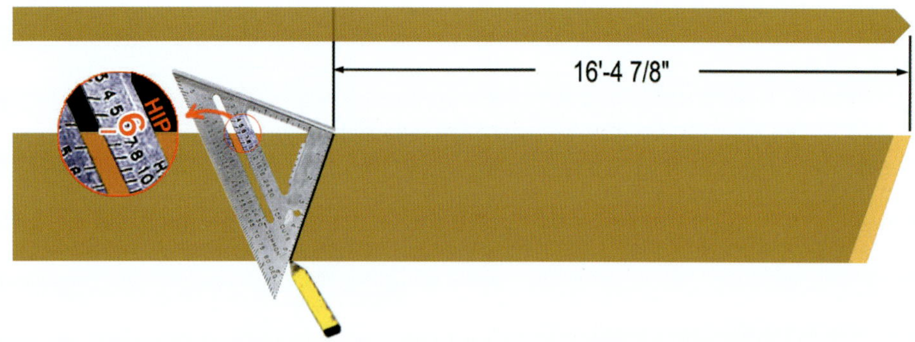

자른 부분에서 버드마우스까지의 길이를 재고, 스피드 스퀘어를 힙 "Hip6"에 맞추고 선을 긋는다.

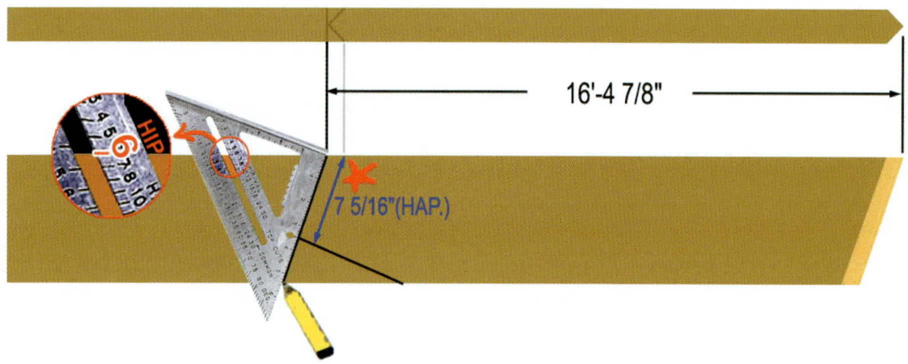

버드마우스까지 잰 길이를 절반으로 나누어 표시하고 그지점에서 45도 각도로 그린다. 45도로 그린 선과 꺾이는 면에서 HAP.의 길이를 표시하고, 그 지점에서 버드마우스 싯(Seat)을 표시한다.

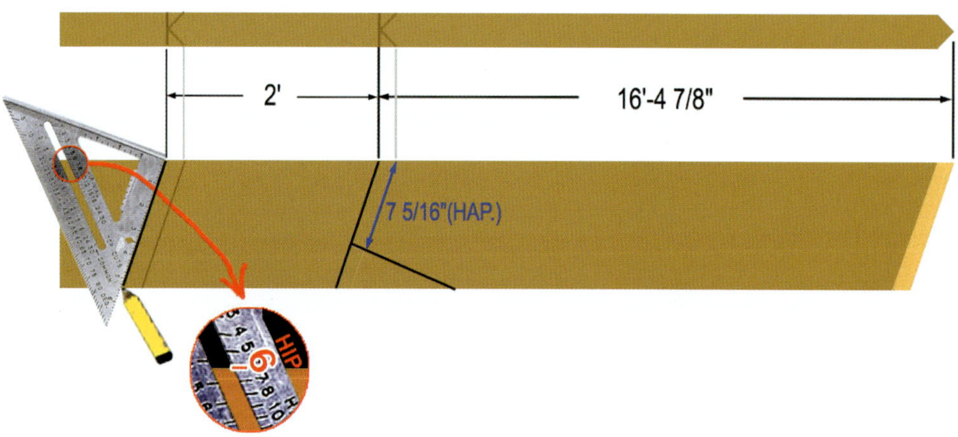

오버행(Overhang)까지의 길이를 표시하고 위쪽을 45도로 표시한 후 스피드 스퀘어를 "Hip6"에 맞추고 선을 그린다.

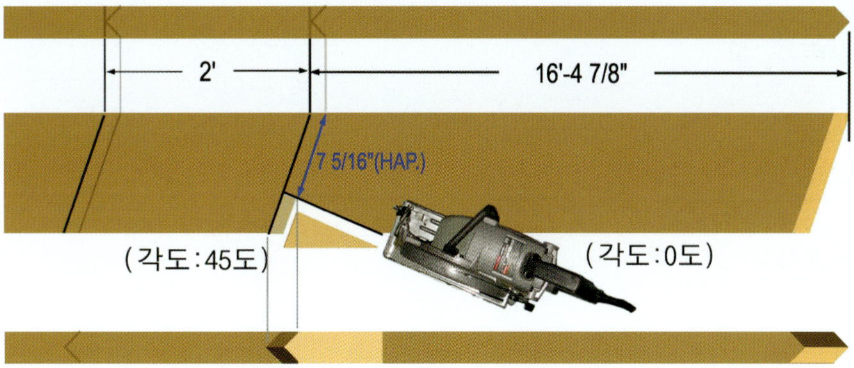

버드마우스 싯(Seat)은 직각으로 자르고, 버드마우스 힐(Heel)은 45도로 잘라 홈을 만든다.

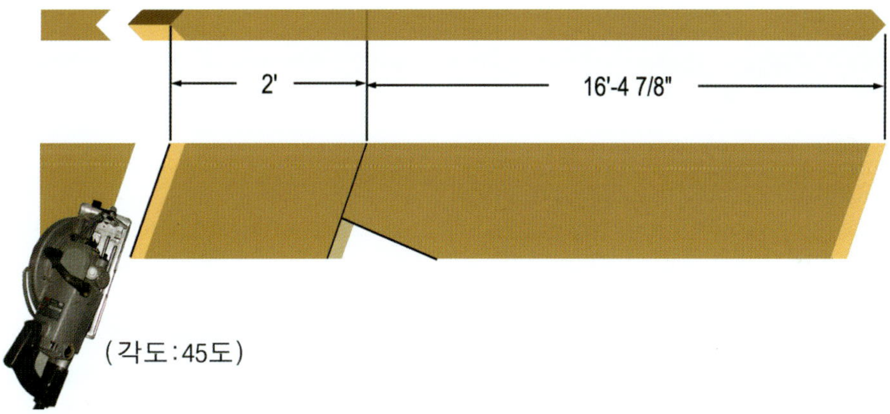

45도로 꺾어 나온 선을 따라 자른다.

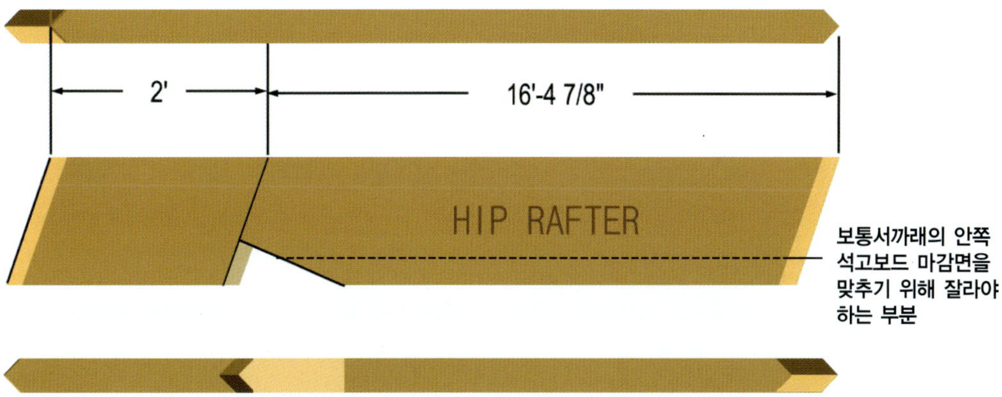

힙서까래 완성모습

Framing square 보는 법

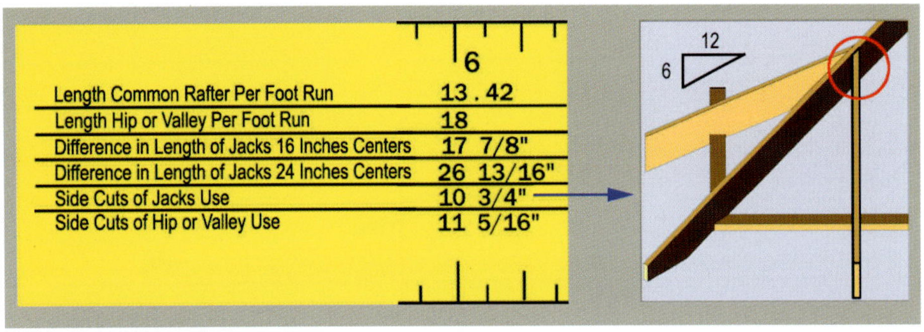

◀지붕경사가 12:6일때 잭서까래가 마룻대에 설치될 서까래의 각도

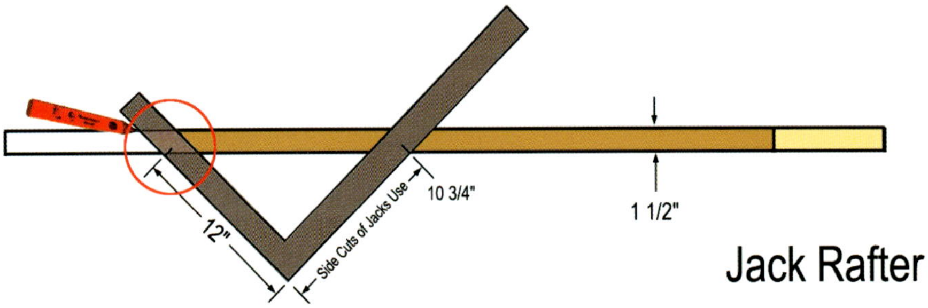

잭서까래 (Jack rafter)

잭 서까래 (Jack rafter) 계산하는 방법 1

초보자가 아니더라도 모임 지붕은 어려워하는 경우가 많다. 그 중에서도 특히 잭서까래(Jack rafter)의 길이가 각각 달라지고 또 천장장선 옆에 놓여져 설치해야 하며, 지붕합판의 간격도 무시할 수 없기 때문일 것이다. 그러나 박공 지붕에 보통서까래를 무리 없이 해결했다면 어렵지 않게 해결할 수 있다. 보통서까래(Common rafter)의 계산 방법과 동일하기 때문이다.

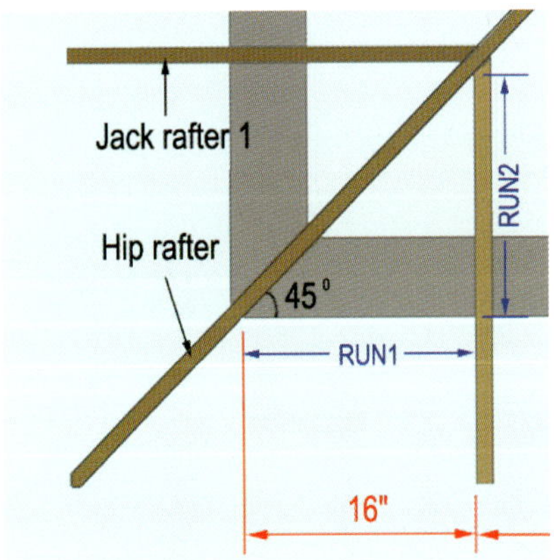

먼저, 잭서까래 하나만을 부분적으로 보도록 하자.

그림에서 RUN 1은 16인치이다. 그러면 RUN 2의 길이도 16인치이다. 그렇다면 잭서까래1의 RUN은 16인치인 것이다. 그래서 잭서까래1의 런은 박공 지붕의 보통서까래의 런과 같다.

다른 것이 있다면 힙서까래에 설치되는 부분이 45도 각이 있는 것외에는 보통서까래(Common rafter)와 같다.

그런데 여기에서 한 가지 더 주의 깊게 보아야 할 부분이 있다. 그림에서 16인치의 시작을 자세히 보자.

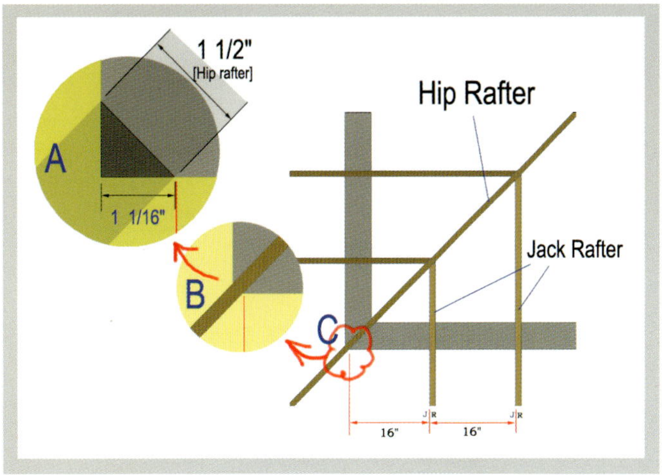

그림 C를 자세히 확대해 보면 그림 A와 같이 생긴 것을 찾아낼 수 있다.

16인치의 시작이 건물 모서리 끝에서 시작한 것이 아니고, 힙 서까래가 설치된 자리를 제외한 부분에서 1 1/16인치를 빼고 16인치 간격을 유지했다는 것을 알 수있다.

이것만 신경을 쓰고 주의하면, 잭 서까래(Jack rafter)의 레이아웃(Layout)을 시작하면서 아무 문제없이 설치할 수 있다. 그렇다면 1 1/16인치라는 것은 어떻게 나온 값인지 알아보자. 위의 그림에서 A부분을 주의 깊게 보면 힙서까래와 벽체가 만나는 곳에 작은 직각 삼각형이 만들어 진다.

두 변의 길이가 같고 빗변의 길이가 1 1/2인치(힙서까래 두께)인 직각 삼각형의 한 변의 길이를 구해보면 다음과 같다.

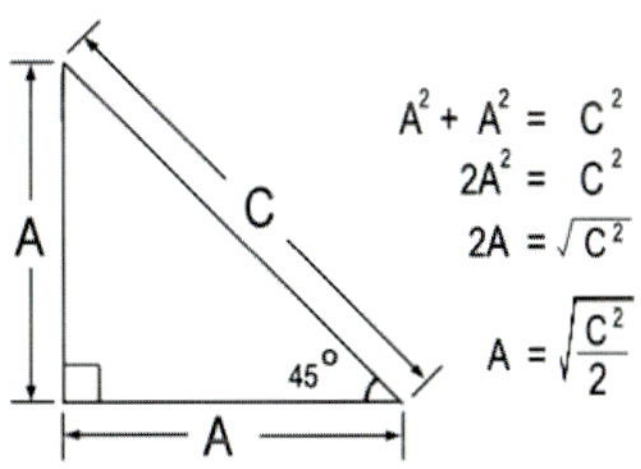

$$(A)^2 + (A)^2 = (1\ 1/2)^2$$

$$2(A)^2 = 2\ 1/4$$

$$(A)^2 = 2\ 1/4 \div 2$$

$$A = 1\ 1/16'' \ (1.06066'')$$

이와 같이 건물의 모서리 부분에서 1 1/16인치를 옮긴 지점부터 잭서까래(Jack rafter)의 레이아웃(Layout)은 시작된다.

■ 정해진 위치에 잭서까래(Jack rafter) 설치

잭 서까래 1의 길이를 구해보자.

잭 서까래 1의 Run이 16인치일 때

Jack rafter 1 길이 = (Run÷12)×13.42 -------- (공식)

= 16″÷12×13.42

= 17 7/8″이다.

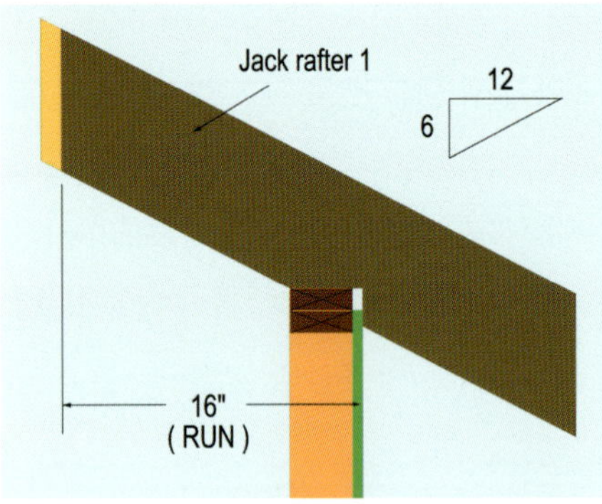

잭서까래 측면그림

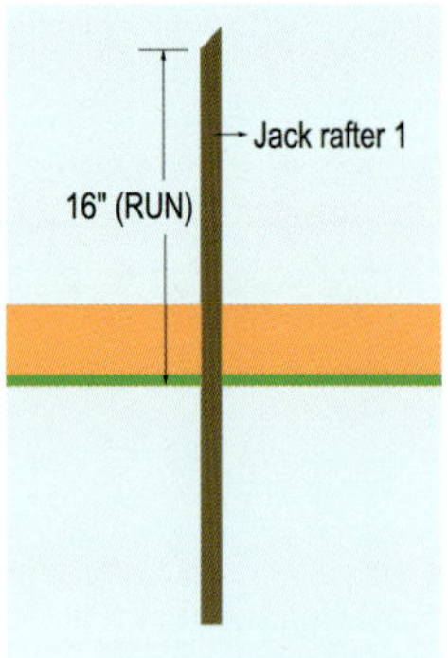

잭서까래 평면그림

그리고, 이 길이는 잭 서까래 1의 버드 마우스(Bird's mouth)까지의 길이이며, 또한 경사진 부분의 짧은 길이부터이다.

정해지지 않은 다른 위치의 잭 서까래 (Jack rafter) 설치

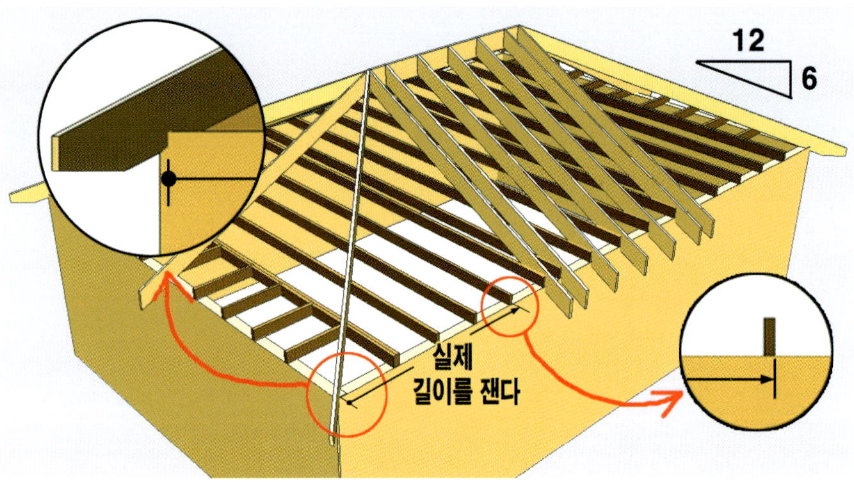

장선이 모서리부터의 레이아웃이 아닌 임의의 한 지점에서 레이아웃이 시작되어 미리 설치되어 있는 경우가 있다. 이 경우에도 방법은 앞과 동일하나 혼동하는 경우가 있으므로 하나의 예제로 알아보도록 하자.

먼저, 벽체의 모서리에 설치된 힙 서까래(Hip rafter)의 버드마우스(Bird' s mouth)에서 설치하고자 하는 위치까지 실제길이를 잰다. 이때, 중요한 것은 벽체의 모서리가 아니고 모서리에서 1 1/16인치를 띄운 지점이란 것을 앞에서도 강조한 바 있다.

이 길이를 8′-4 3/8″이라고 가정을 하자.

이 길이는 박공 지붕의 런(Run) 길이와 같다. 그래서 계산하는 방법 역시 동일하다.

Jack rafter 길이 = (Run÷12)×13.42이다.-------- (공식)

= 8′- 4 3/8″÷12×13.42

= 9′- 4 1/4″

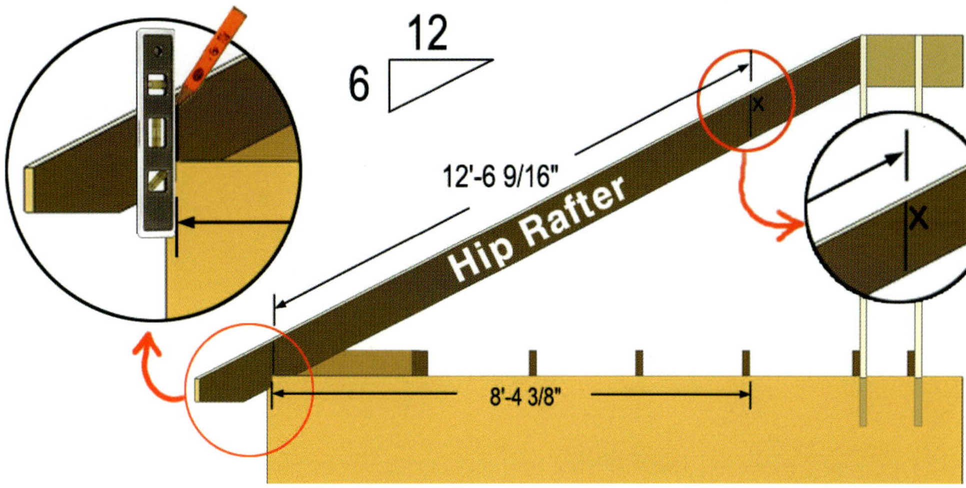

그러나 이 길이를 알았다고 모두 해결되는 것은 아니다. 이 잭 서까래(Jack rafter)가 힙 서까래(Hip rafter)의 어느 부분에 설치되는가가 중요하기 때문이다. 그 위치에 대해 계산해보도록 하자.

힙서까래 대각선 길이 = (Run÷12)×18 --------- (공식)

[18을 곱하는 이유 : Framing square보는 법 중 Length Hip or Valley Per foot Run 참고]

= 8′-4 3/8″÷12×18

= 12′-6 9/16″에 표시를 한다. 이 부분에 잭 서까래를(Jack Rafter)를 설치하면 된다.

잭서까래 (Jack rafter) 자르기

잭 서까래는 보통서까래와 길이가 다르고 힙 서까래에 부착되는 부분에 45도 각도를 갖고 있는 것 외에는 모두 같다. 특히 지붕의 경사가 보통서까래와 같으므로 스피드 스퀘어를 사용할 때는 "COMMON 6"에 맞추어 사용한다.

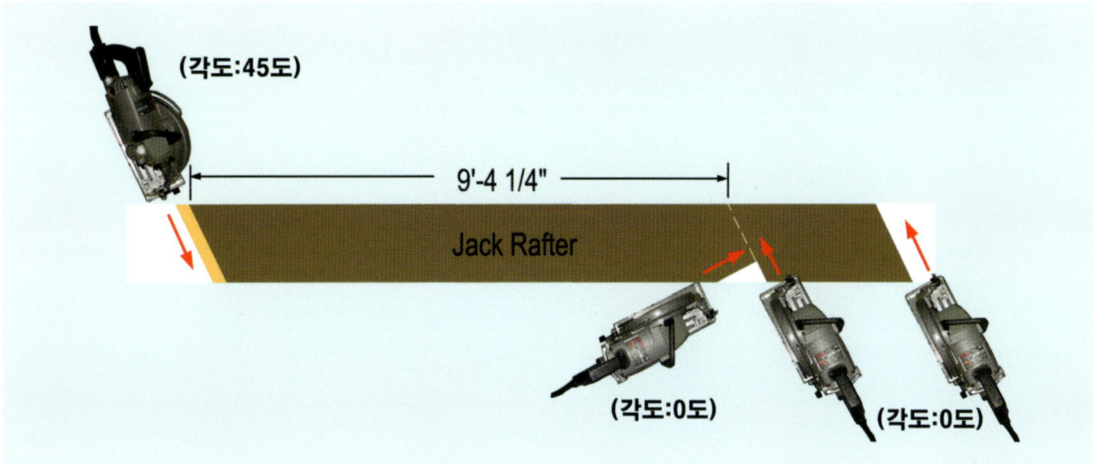

◀계산된 잭서까래 (Jack rafter)를 미리 잘라 놓고 있다.

모임지붕 (Hip Roof) 조립순서

장선레이아웃(Joist Layout)

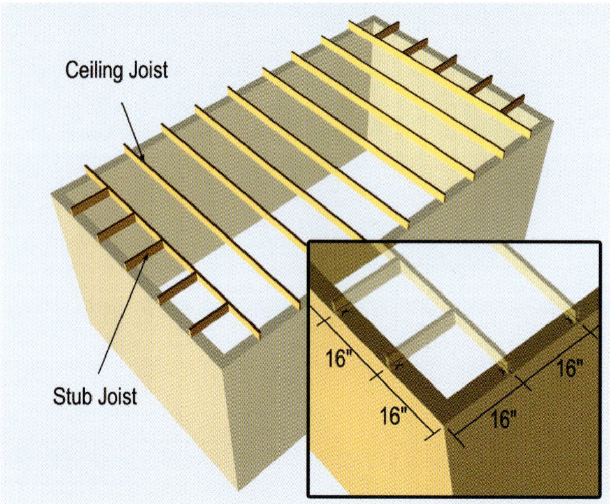

모임지붕을 작업할 때 가장 많이 시간이 소요되는 것이 잭서까래이다. 모든 서까래가 각각 설치되는 방향에 따라 길이가 같고 방향만 같다면 그만큼 시간을 절약할 수 있을 것이다. 그러기 위해서는 장선의 위치부터 미리 정해져야 한다. 장선은 서까래의 옆면에 고정되어야 하므로 장선의 레이아웃부터 신경을 써야 한다.

장선은 벽체가 만나는 코너에서 양방향으로 똑같이 레이아웃이 시작되어야 한다. 그리고 잭서까래가 놓일 위치를 양방향이 같은 길이가 나오도록 표시한다.

그림에서 본다면 벽체모서리를 기준으로 볼 때 우측 벽체 위에는 16인치 왼쪽지점에 장선이 놓이고, 오른쪽에 잭서까래가 놓일 부분이고, 왼쪽 벽체 위에는 16인치의 오른쪽에 장선이 놓이고, 왼쪽에 잭 서까래가 놓일 자리이다. 그러나 주의할 것이 있다. 길이의 시작은 건물의 모서리에서 시작되는 것이 아니고, 힙서까래가 놓일 자리 1 1/16인치 만큼 모서리에서 띄운 곳에서부터의 길이라는 것이고, 이 설명을 앞에서도 설명한 바 있다.

서까래 설치

① 보통서까래 1(Common Rafter 1) 설치

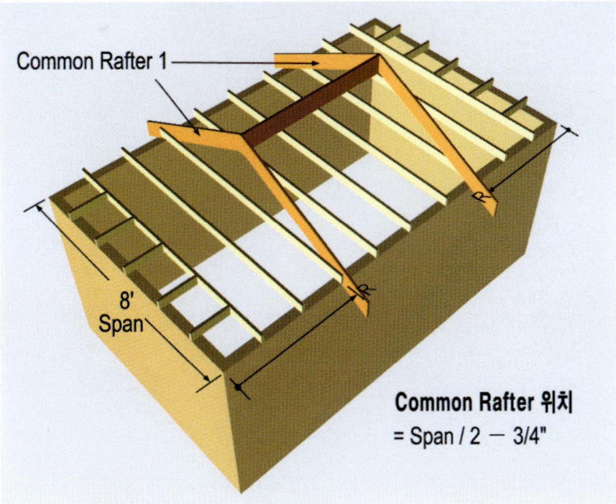

보통서까래의 위치는 그림에서처럼 건물의 좁은쪽 길이(8′)에 의해 정해진다.

먼저, 보통서까래의 위치를 계산하려면 8피트의 건물폭을 반으로 나누고, 나눈 값에 마룻대 두께 3/4인치를 빼주면 그 위치가 보통서까래의 위치(R)이다.

8′÷2 - 3/4″ = 3′- 11 1/4″(R)

② 보통서까래 2(Common Rafter 2) 설치

보통서까래 1과 2는 같다. 길이도 같으며, 코너에서 놓여질 위치도 역시 같다.

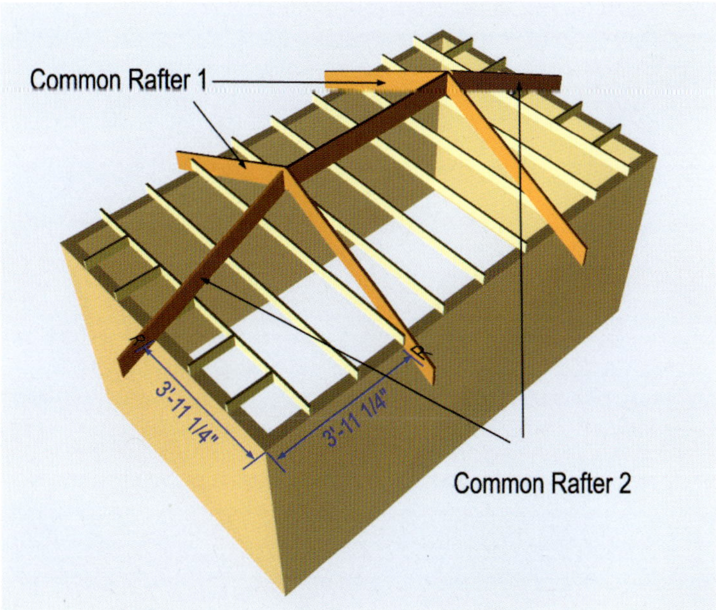

▲ 힙 서까래(Hip Rafter)를 보통 서까래(Common Rafter)사이에 설치하고 있는 모습

▼ 중앙의 보통 서까래(Common Rafter) 양 옆에 힙 서까래(Hip Rafter)가 설치된 모습

③ 힙 서까래(Hip Rafter) 설치

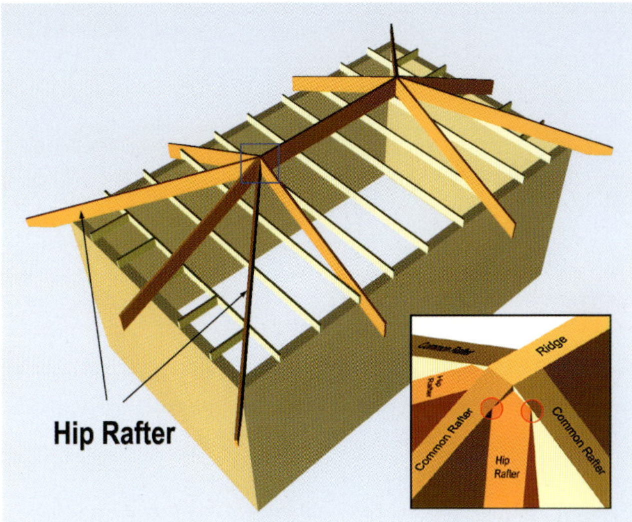

힙서까래는 양 옆의 보통서까래의 꺾여지는 면과 힙서까래의 윗부분 꺾이는 면이 맞닿는 곳에 설치한다. 힙서까래의 가장 뾰족한 부분으로 맞추지 않는 것은 서까래 자체의 두께(1 1/2″)로 인하여 만들어지는 층 때문이다.

만일, 힙서까래의 뾰족한 부분에 맞춘다면 다른 보통서까래보다 위로 올라와 설치되게 되므로 잘못된 위치라고 볼 수 있다. 그러나 힙서까래의 1 1/2인치두께에 의한 것이므로 오차가 크다고는 볼 수 없으나 힙서까래가 두 겹이나 그 이상으로 설치될 때는 그 오차가 점차 커지게 된다.

그러므로 모서리에 뾰족한 부분을 맞추어 시공해서는 안 된다.

④ 힙 서까래(Hip Rafter) 레이아웃(Layout)

힙서까래에 잭서까래가 놓일 자리를 레이아웃 한다. 레이아웃의 시작은 건물과 힙서까래가 만나는 곳부터 시작을 한다.

(그림의 ★ 표시)

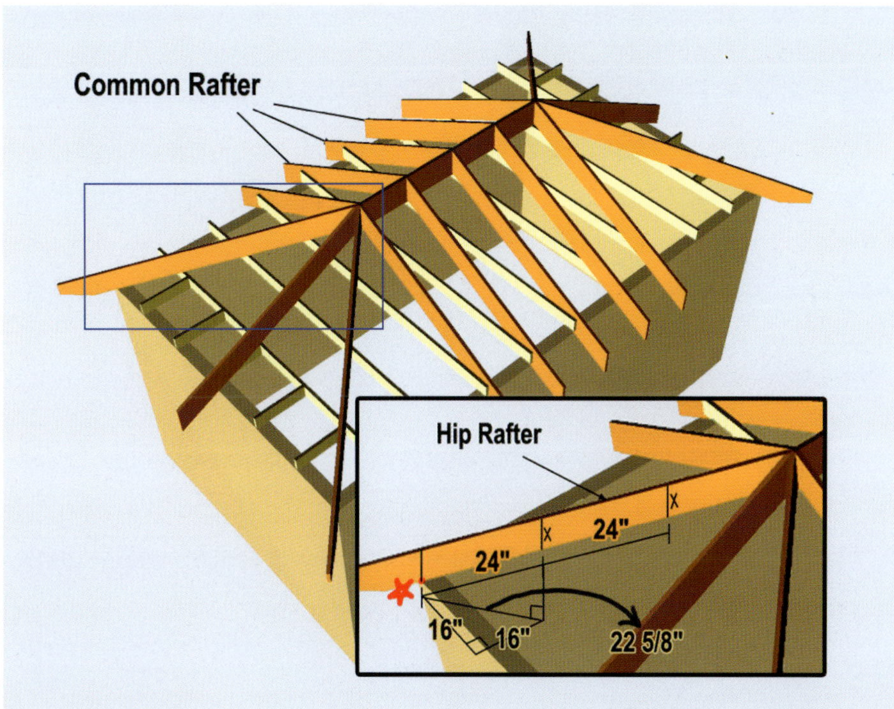

지붕경사가 12:6이고 16인치 지점에 잭서까래를 설치하려고 한다.

16인치가 런일 때 직각삼각형이며 한쪽의 각이 45도이므로 라이즈도 16인치이다.

런(Run)이 16인치이고, 라이즈(Rise)가 16인치일 때, 대각선 길이는

대각선길이 = (Run ÷ 12) × 16.97 (16.97는 12 : 12(45도)의 대각선 값)

= 16″(Run) ÷ 12 × 16.97 = 22 5/8″

22 5/8″가 17:6 경사를 갖는 힙서까래의 런(Run)값이다. 이때 대각선길이는

대각선길이 = (Run ÷ 17) × 18(18은 17:6 의 대각선 값)

= 22 5/8″ ÷ 17 × 18 = 24″

[답이 23 15/16″로 나와 약간의 차이가 생기는 것은 17이 아니고 정확하게는 16.97056이기 때문이다.]

⑤ 잭 서까래(Jack Rafter) 설치

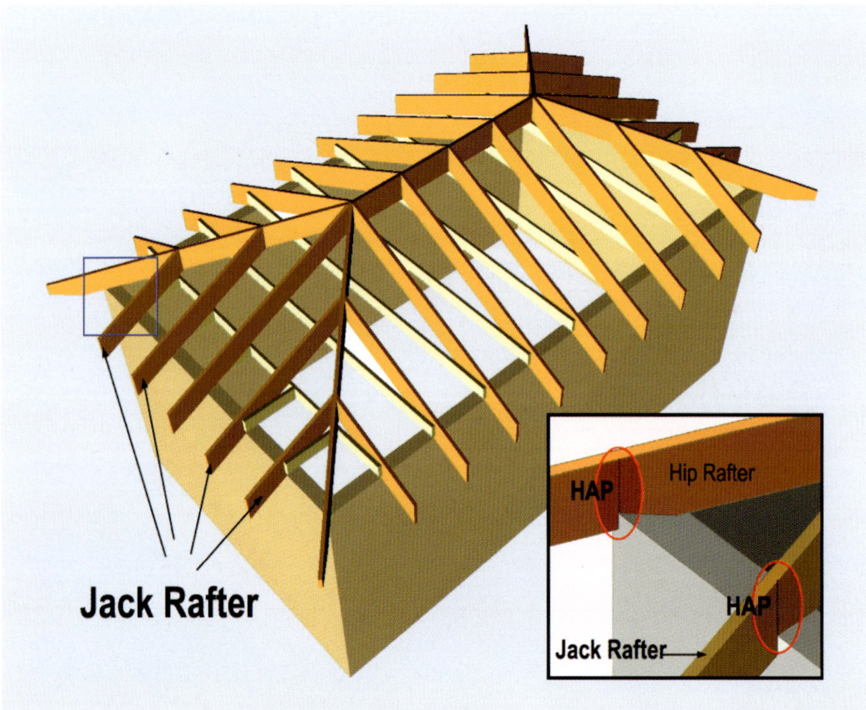

힙서까래와 다른 보통서까래, 그리고 잭 서까래 모두 HAP는 모두 같도록 보통 서까래의 HAP를 기준으로 맞춰져야 하며, 잭 서까래가 장선의 방향과 일치하지 않는 곳에 있는 잭서까래 역시 스터브 장선(Stub Joist) 옆에 설치되어야 한다. 잭서까래를 설치할 때는 힙서까래가 휘어져 있지 않은지 육안으로 확인하고 짧은 잭서까래부터 설치를 하는 것이 작업하기 편리하다.

⑥ 보막이(Blocking) 설치

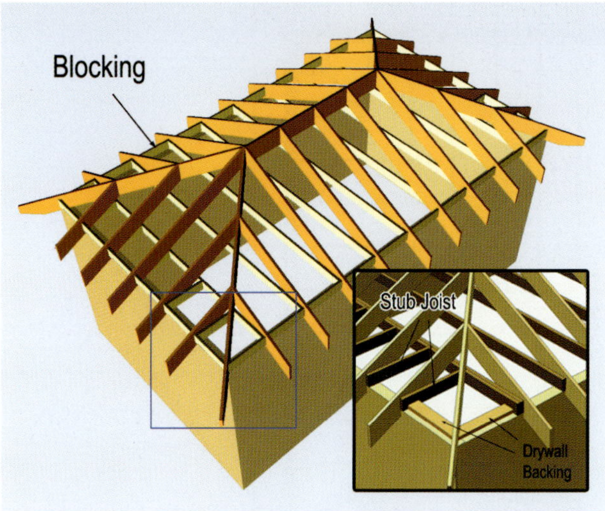

힙서까래의 양 옆 코너 부분에는 석고보드 설치를 위해 석고보드 받침(Drywall backing)을 설치한다.

이렇게 설치된 서까래와 서까래 사이에는 모두 보막이(Blocking)를 설치한다.

⑦ 합판 설치

처마마감을 위한 페이사(Fascia)를 설치하고 지붕합판을 설치하기 위해 서까래 끝에서 4피트 길이를 양끝에 표시한 후 초크라인작업을 한다. 표시된 초크라인 선에 맞추어 지붕합판을 설치한다.

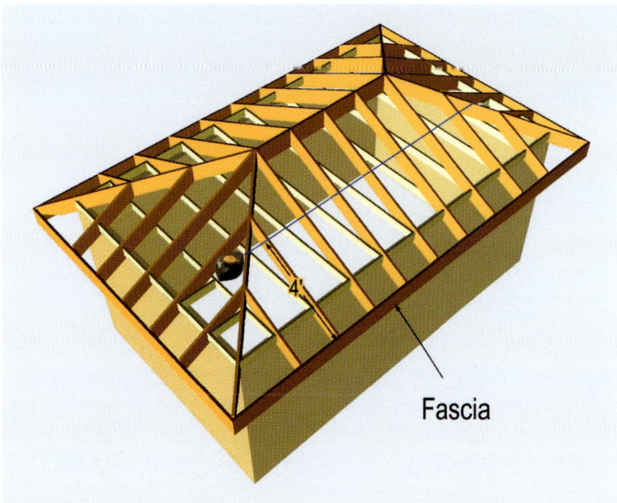

지붕 합판을 설치하는 것은 박공지붕과 동일하며, 합판과 합판사이에는 서까래의 간격이 24인치 간격인 경우에 합판 클립(Panel Clip)을 반드시 설치한다.

모임지붕의 합판은 박공지붕의 합판과 달리 합판을 설치하다보면 힙서까래가 위치한 곳에 사다리꼴 모양이생기는데 지붕의 경사(Pitch)를 이용해서 합판을 자를수도 있다. 그 방법에 대해 알아보자.

지붕경사(Pitch)를 이용한 합판 자르기

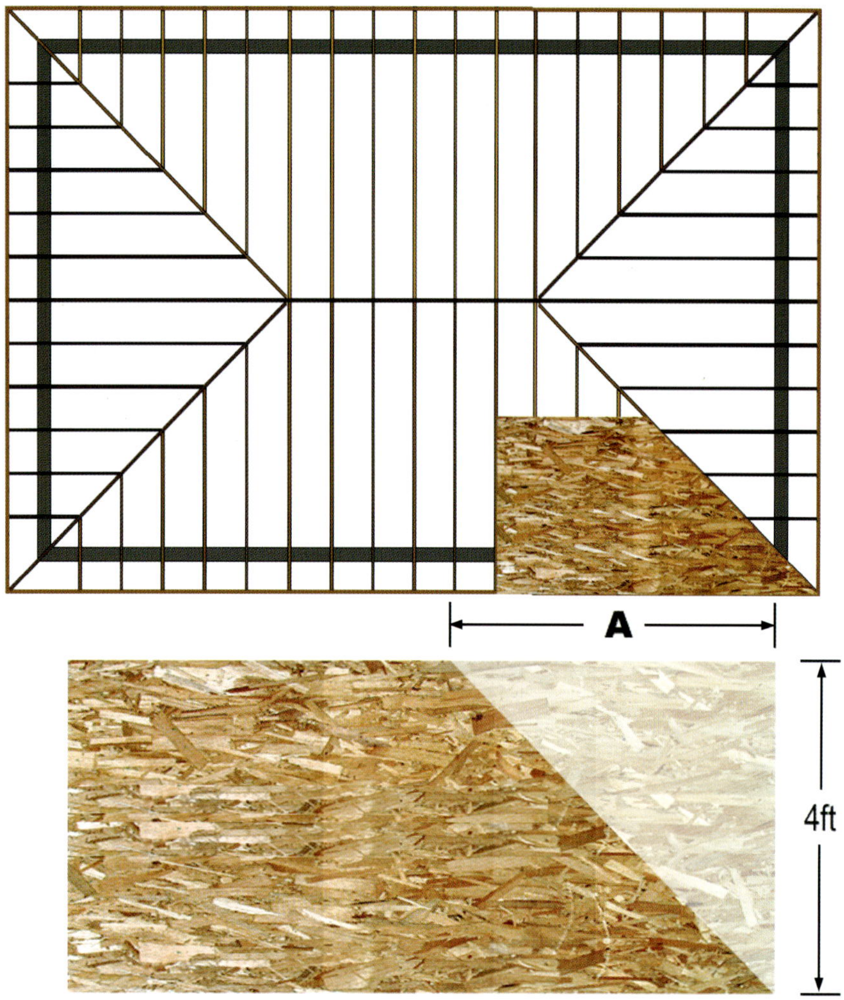

지붕 물매	A길이	지붕 물매	A길이
3 : 12 (14.04도)	3'-10 1/2"	8 : 12 (33.69도)	3'-4"
4 : 12 (18.43도)	3'-9 1/2"	9 : 12 (36.87도)	3'-2 1/2"
5 : 12 (22.62도)	3'-8 1/4"	10 : 12 (39.8도)	3'-0 1/4
6 : 12 (26.57도)	**3'-7"**	11 : 12 (42.51도)	2'-11 1/2"
7 : 12 (30.26도)	3'-5 1/2"	12 : 12 (45도)	2'-10"

예를들어, 모임지붕의 경사가 12:6인 경우에 힙서까래(Hip rafter)의 경사면에 설치할 합판의 길이를 재단하려고 한다. 이때에는 지붕물매가 12:6에 해당하는 A의 길이 3′-7″를 합판에 옮겨 경사지게 자르고 지붕에 설치하면 정확하게 맞는다. 이렇듯 합판의 4피트 길이를 기준으로 적용한 합판 경사를 적용함으로써 현장에서 일일이 길이를 재는 불편함을 줄이고 서까래의 정확한 설치 여부도 재확인할 수 있다.

난이도가 높은 서까래를 현장에서 쉽게 해결하는 방법

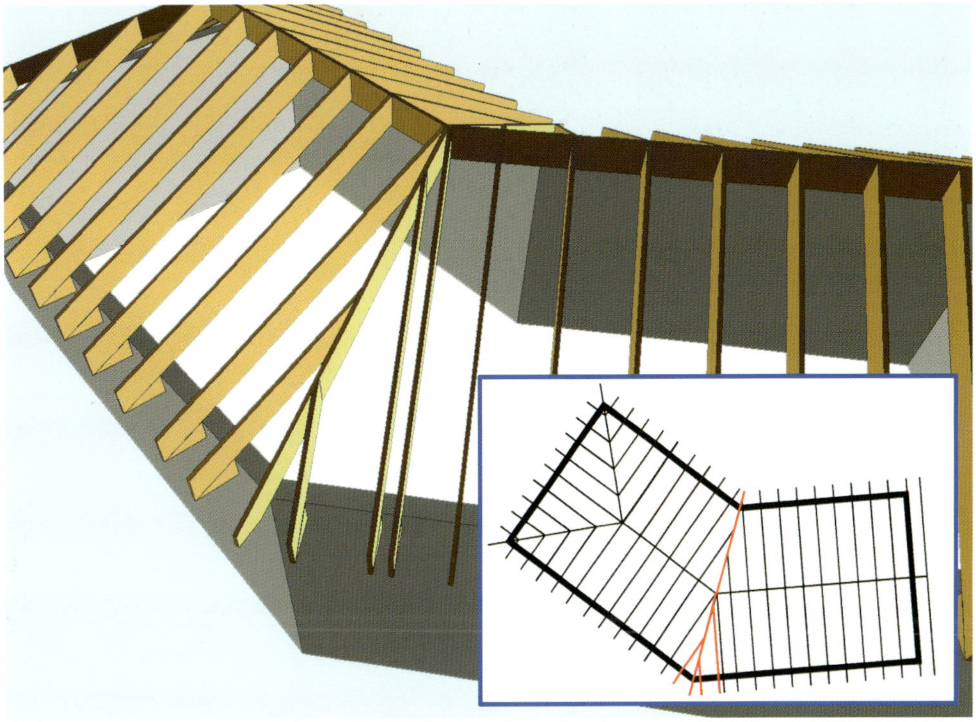

벽체의 각이 직각이 아닌 경우 지붕에서의 서까래는 쉽게 해결하지 못하는 경우가 많다.

위의 그림에서와 같이 지붕과 지붕이 만나는 곳에 생기는 불규칙한 크기의 서까래는 제각기 그 길이와 모양이 다르다.

이런 서까래를 HAP만 알고 있어도 쉽게 제작할 수 있다. 그 방법에 대해 알아보도록 하자.

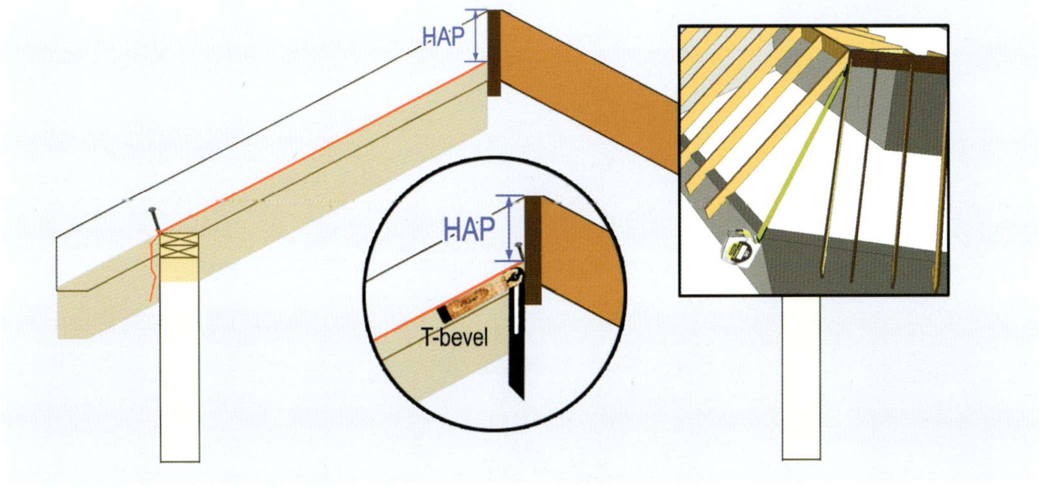

가장 쉽고 빠른 방법은 직접 길이를 재는 방법이다.

먼저, 서까래의 길이는 마룻대에서 HAP의 길이를 낮춘 지점에 벽체의 버드 마우스(Bird' mouth)가 얹혀지는 힐(Heel) 지점까지 직접 자로 재는 것이다.

그 길이는 서까래를 자를 때 적용하고 각도는 마룻대에서 HAP길이 만큼 낮춘 지점에서 버드 마우스(Bird' mouth)가 얹혀지는 지점까지 임시로 못을 박아 실을 건다. 실의 경사각을 T-베벨을 사용해 맞추고 각도를 고정시킨다.

T-베벨(T-Bevel)을 이용해 표시하는 방법

이렇게 해서 나온 실제 각도를 T-베벨(T-bevel)을 사용해 목재에 옮겨 마룻대위치에 각도를 그려주고 실제로 잰 길이를 목재에 옮겨 적용한다.

버드마우스의 위치에 T-베벨을 옮겨 그린후 다른 서까래의 HAP와 동일하게 맞춘다음 잘라내어 설치한다.

이 방법을 사용하여 서까래를 잘라 설치하면 어떤 어려운 서까래도 쉽게 만들 수 있다.

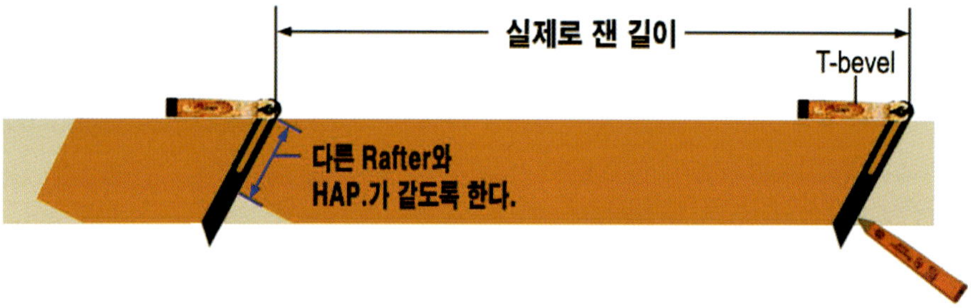

불규칙 모임 지붕(Irregular Hip Roof)

모임지붕의 비교

불규칙 모임지붕은 지붕공사 중 가장 난이도가 높다고 해도 과하지 않을 정도로 어렵다.

먼저, 모임지붕과 불규칙 모임지붕의 차이를 비교해 보면 모임지붕은 지붕평면도상에서 모든 경사각이 같고, 힙서까래(Hip Rafter)의 버드마우스(Bird' s mouth)가 건물의 모서리에 위치하고 있다. 그리고 지붕과 지붕이 만나는 곳의 각은 45도를 이루며 지붕경사와 관계없이 지붕평면도상에서는 45도를 이룬다.

예를 들어 12:6지붕도 평면도상에서 45도이고, 12:8지붕도 45도이며, 12:12지붕도 45도이다. 그러나 불규칙 모임지붕은 지붕평면도에서 경사각이 다른 두지붕이 교차하고, 힙서까래(Hip Rafter)의 버드마우스(Bird' s mouth)의 위치가 경사가 심한 지붕 벽체 위에 놓여진다.

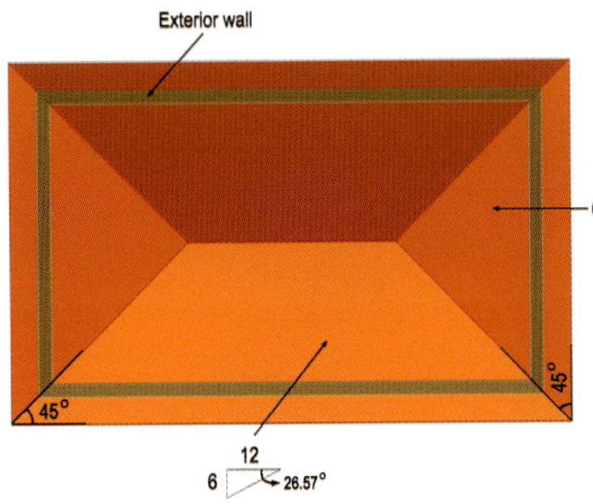

Hip Roof

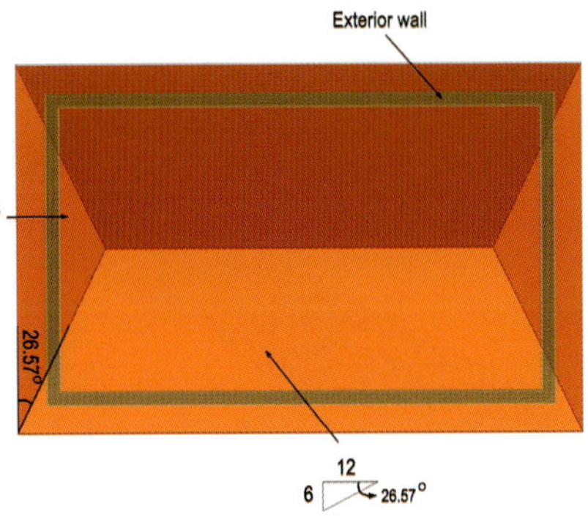

불규칙 Hip Roof

위의 그림은 왼쪽에는 모임지붕이, 오른쪽에는 불규칙 모임지붕이 있다. 모임지붕과 달리 불규칙 모임지붕은 건물의 꺾인 부분에 힙서까래(Hip rafter)를 설치했을 경우 오버행(Overhang)이 짧아지는 것을 볼 수 있다.

12:6의 경사를 갖는 모임지붕은 오버행(Overhang)이 14 1/2인치인데, 불규칙 모임지붕은 오버행(Overhang)이 7 1/4인치이다. 그러면 어떻게 불규칙 모임지붕에서는 7 1/4인치가 나왔는지 알아보도록 하자.

아래 그림 중 오른쪽의 상세 그림을 보면 12:12의 경사를 갖는 지붕이 그보다 낮은 지붕의 경사를 갖는 12:6의 경사각을 가지므로 26.57도이다. 힙서까래의 오버행을 자세히 보면 12:6지붕과 12:12지붕이 만나면서 26.57도(12:6각도)의 각을 갖는 직각삼각형이 만들어지는 것을 볼 수 있다. 이때 밑변 런이 14 1/2인치(12:6 오버행 길이)를 나타낼 때 런(Rise)은 7 1/4인치(12:12의 오버행길이) 이다.

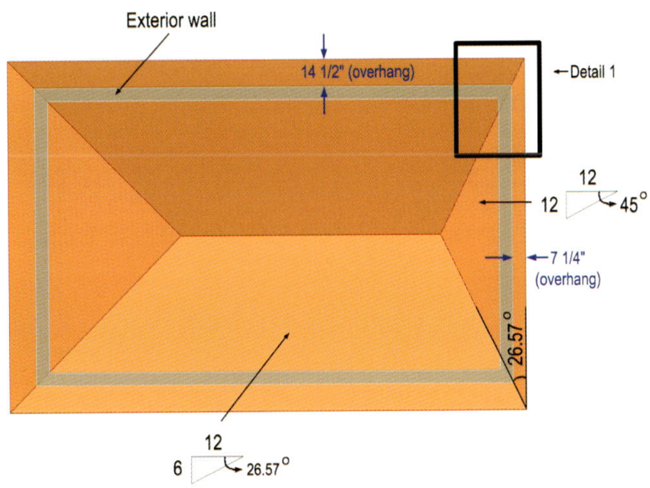

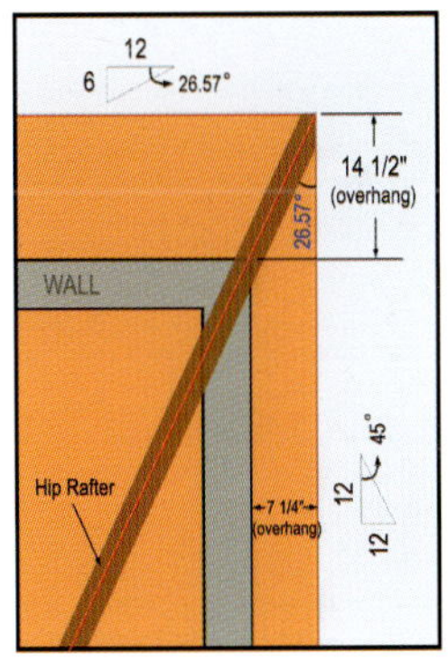

풀이) 각도가 26.57도(12:6각도)이고, 런이 14 1/2인치일 때 라이즈(Rise)는 얼마인가?

공식 : Rise = 0.5×Run

= 0.5×14 1/2″

= 7 1/4″

[참고 : 0.5는 6을 12로 나눈 값이다.]

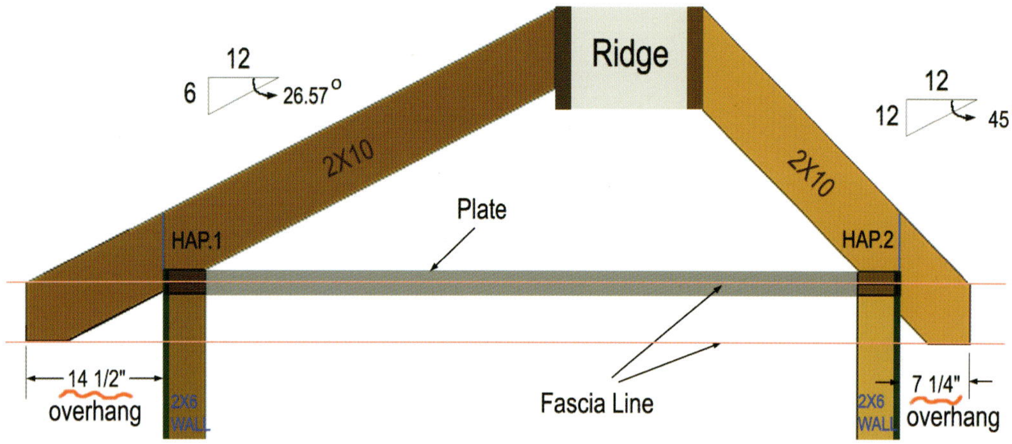

오버행(Overhang) 길이 구하기

이렇게 해서 12:12 지붕의 오버행 길이를 구했는데 문제는 오버행의 길이가 달라 처마마감이 균형이 맞지 않는다는 것이다. 이번에는 오버행의 길이가 같도록 해보자.

아래 그림은 12:6지붕과 12:12지붕 처마길이를 같게 한 것이다.

오른쪽의 상세 그림을 보면 12:12지붕의 오버행이 12:6지붕 오버행과 같아지기 위해 늘어나면서 힙서까래(Hip rafter)도 역시 오른쪽으로 옮겨진 것을 볼 수 있다.

이번에는 12:12지붕쪽의 오버행이 얼마가 늘어났고, 늘어나면서 힙서까래(Hip rafter)가 얼마나 옮겨졌는지 알아보자.

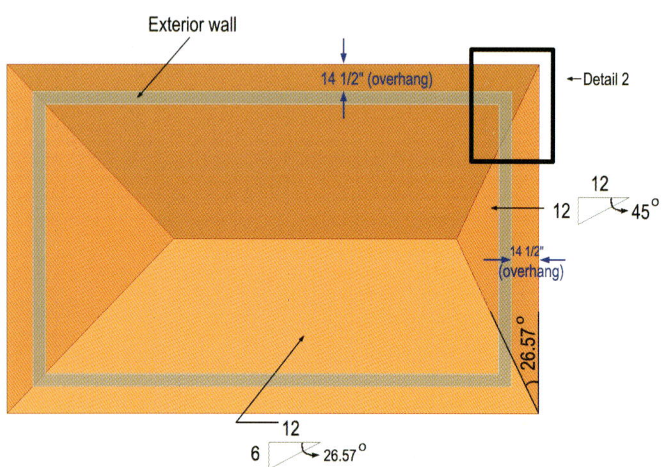

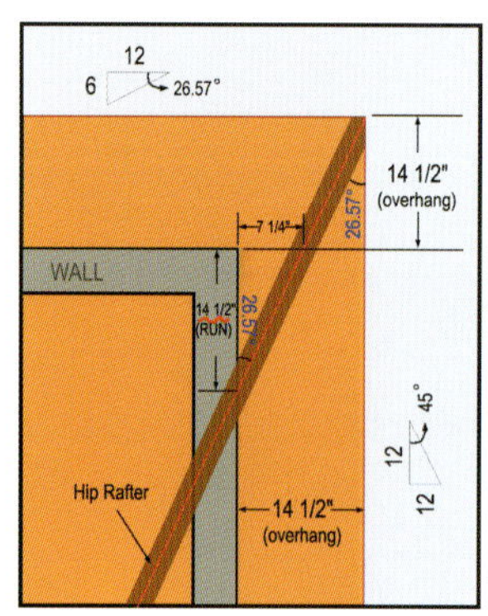

(풀이) 12:12지붕의 오버행(Overhang)은 얼마나 늘어났는가?

14 1/2″(12:6 Overhang길이) - 7 1/4″(옮기기전 12:12 Overhang길이) = 7 1/4″

늘어난 7 1/4인치가 라이즈가 되며, 26.57도를 갖는 직각삼각형이 만들어진다. 여기에서 런값이 힙서까래(Hip rafter)의 버드마우스(Bird' s mouth) 중앙위치인 것이다.

Run = Rise ÷ 0.5 ----- (공식)

[참고 : 0.5는 6을 12로 나눈 값이다.]

= 7 1/4″ ÷ 0.5

= 14 1/2″

계산은 여기에서 끝나는 것이 아니고, 힙서까래(Hip rafter)가 옮겨진 만큼 벽체에서는 멀어지면서 서까래가 허공에 뜨게 된다. 이러한 서까래를 설치하기 위해서는 벽체높이를 구해야 하는데 벽체의 높이를 계산하기 전에 먼저 12:6 서까래의 HAP 1과 12:12 서까래의 HAP 2를 구해야 한다.

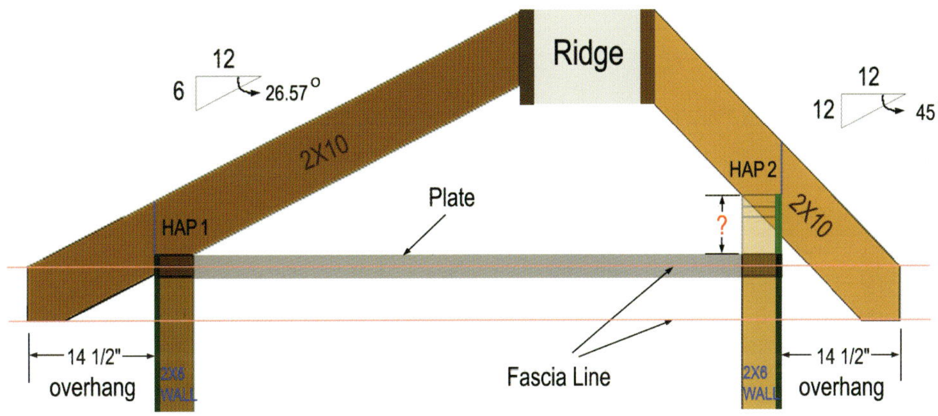

① **HAP 1를 구해보자.**

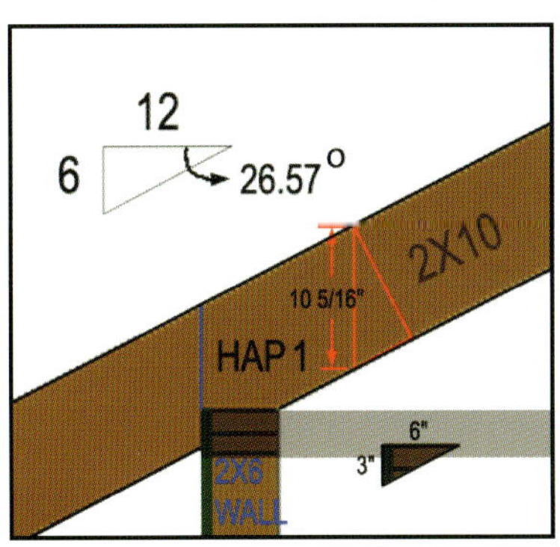

Pitch :12:6(26.57도)

Rafter Size : 2×10 (1 1/2″×9 1/4″)

대각선 = (Run ÷ 12)×13.42 ---- (공식)

= 9 1/4″ ÷ 12×13.42

= 10 5/16″

Bird′s mouth Rise = 0.5× Run

= 0.5× 6″(Bird′s mouth Seat길이)

= 3″

HAP 1 = 10 5/16″(대각선) - 3″(Bird′s mouth Rise)

= 7 5/16″

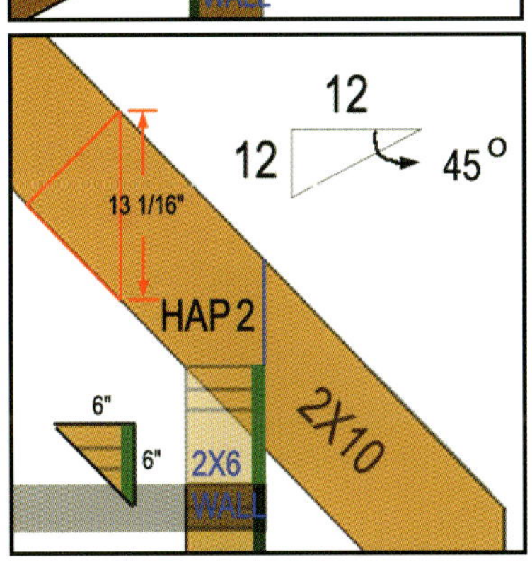

② **HAP 2를 구해보자.**

Pitch : 12:12(45도)

Rafter Size : 2×10(1 1/2″×9 1/4″)

대각선 = (Run ÷ 12)× 16.97

= 9 1/4″ ÷ 12 × 16.97

= 13 1/16″

Bird′s mouth Rise = 1 × Run

= 1 × 6″(Bird′s mouth Seat 길이)

= 6″

HAP 2 = 13 1/16″(대각선) - 6″(Bird′s mouth Rise)

= 7 1/16″

HAP 1과 2를 구했다면 다음의 그림을 이해해야 한다. 서로 다른 경사를 가진 지붕을 페이샤(Fascia)와 지붕합판, 그리고 소핏마감 등을 매끄럽게 마감하기 위해 계산하는 것이다.

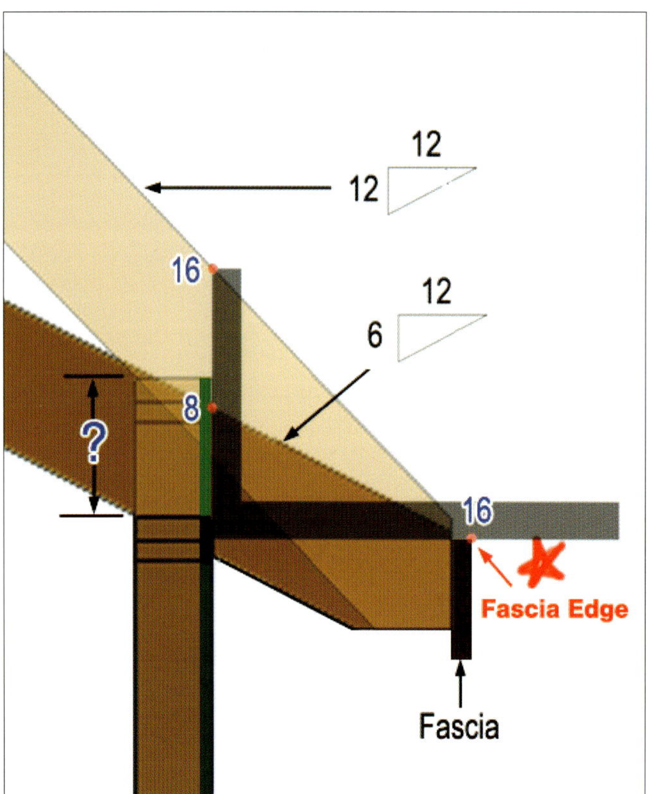

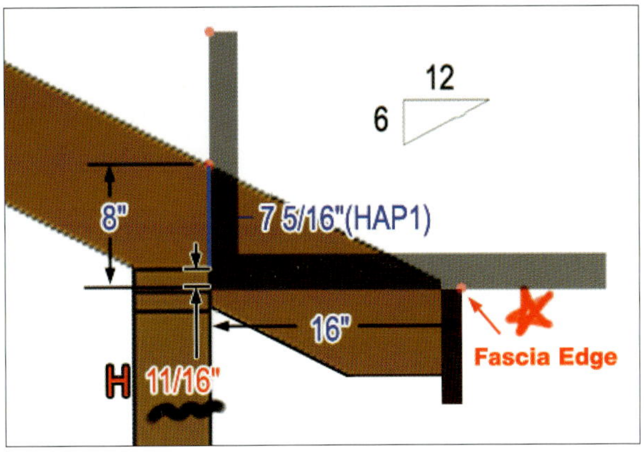

이 중에서도 모든 계산에 있어 기준이 되는 것은 페이샤(Fascia)이다. 페이샤 윗부분의 페이샤 끝(Fascia Edge) 지점은 서로 다른 지붕의 처마마감 높이를 똑같이 시작할 수 있는 기준점이다.

위로는 서까래와 지붕합판을 아래로는 소핏과 페이샤 등을 매끄럽게 처리해주는 시작점이기때문에 기준으로 계산이 되어야 한다. 서까래 끝선을 기준으로 했을 경우에는 페이샤 마감선이 맞지 않기때문이다.

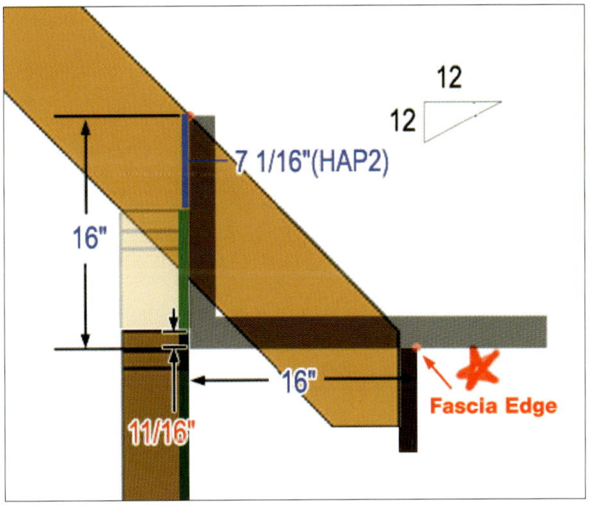

③ 벽체높이 구하기

마지막으로 벽체 높이를 알아내기 위해 한 가지 더 계산해야 할 것이 있다. 페이샤 끝(Fascia Edge)를 수평으로 한 지점에서 이중윗깔도리(Double top plate)까지의 높이(H)를 구해야만 한다.

H = 8″(Rise) - 7 5/16″(HAP1)

= 11/16″

H값을 12:12 값에 적용을 해서 벽체 높이를 구해주면 된다.

벽체 높이 = 16″(Rise) - 7 1/16″(HAP2)

- 11/16″(H) = 8 1/4″

이렇듯 불규칙 모임지붕은 서로 다른 지붕경사가 만나 같은 처마길이를 갖기 위해 힙서까래의 위치가 바뀌고 많은 벽체가 만들어지면서 복잡한 계산을 요구하므로 무엇보다 정확한 작업을 위해 신중을 기해야 한다.

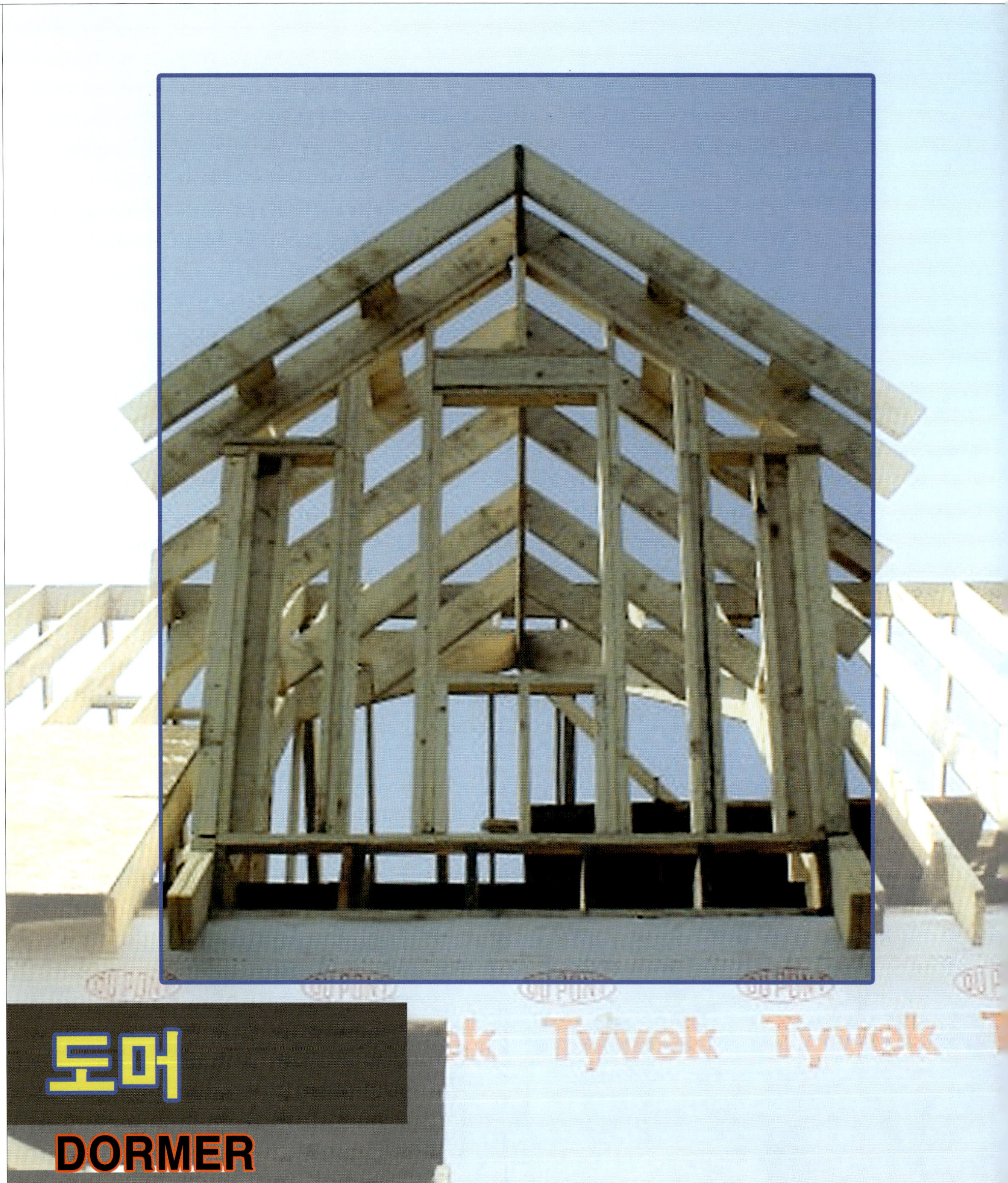

도머

DORMER

도머 (Dormer)

기존의 콘크리트 집에서는 많이 접해보지 못했던 모양이 도머(Dormer)일 것이다. 한 번쯤 동화책에 나오는 집을 꿈꾸었다면 아마도 지붕에 도머를 한 개 이상 넣는 것을 생각하고 있지 않았을까 하는 생각이 들 정도로 지붕의 모양에서 도머가 차지하는 부분은 적지 않다.

도머 (Dormer)의 종류

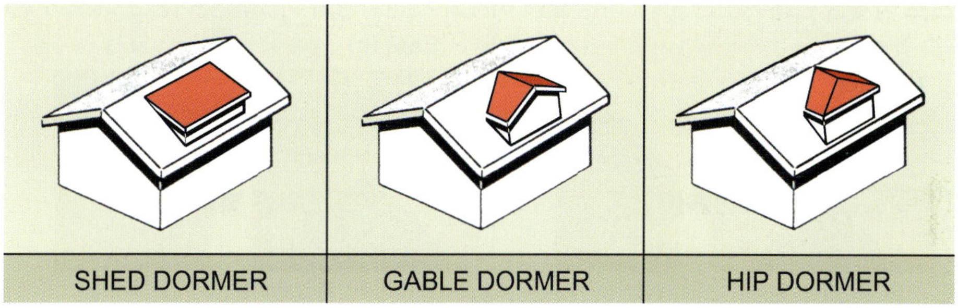

도머의 종류는 지붕모양의 종류에 따라 쉐드(Shed)도머, 박공(Gable)도머, 모임(Hip)도머 3가지로 나누어 볼 수 있다.

앞의 내용에서 박공지붕과 모임지붕을 이해 했다면 도머(Dormer)도 무리없이 해 낼수 있을 것이다. 다만, 도머는 기존에 설치되어 있는 지붕에 설치가 되야 하므로 높이에 제한을 받는 것이 다르다.

일반적으로 가장 많이 선호하는 박공도머(Gable Dormer)를 통해 알아보도록 하자.

박공도머(Gable Dormer)

서까래 (Rafter) 조립순서

대각선 길이는 5′-11 3/16″이다. 이 길이는 도머의 서까래 길이를 메인 서까래에 맞대고 나면 도머의 헤더높이 즉 마룻대 높이와 도머의 벽체높이를 알 수 있다. 이때 점검해야 할 것이 HAP이다.

대각선 길이지점에서 서까래의 HAP높이를 빼 주어야만 건물의 높이이다.

벽체 높이는 HAP를 뺀 높이를 바닥에서부터 직접 재면 된다.(아래사진 참고)

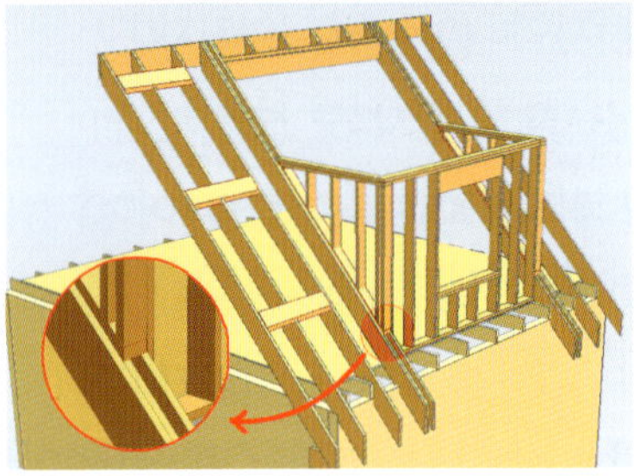

이렇게 알게된 벽체의 높이를 적용해 앞쪽의 벽체를 만들어 세우고 수직을 확인한 다음에 고정시킨다.

양 옆의 삼각형 모양의 벽체를 만든다. 양 옆의 벽체는 윗깔도리(Top Plate)를 먼저 만들어 조립하고, 다음에는 앞쪽의 벽체는 위의 그림에서 보듯이 실측한 벽체 높이를 적용해 만든다.

도머 서까래는 도머건물폭을 나누어 계산한 Run의 값으로 나온 서까래를 설치하면 된다. 위의 사진에서는 이 서까래를 메인 서까래에 적용시켜 헤더 높이와 벽체높이를 구했던 것이였다. 이제 헤더를 설치하고 이 서까래를 도머벽체 위에 설치한 다음 마룻대를 설치한다. 밑깔도리를 (Bottom Plate) 만들어 조립한 다음 스터드를 길이를 직접 재서 만들고 고정시킨다.

마룻대와 보통서까래 설치

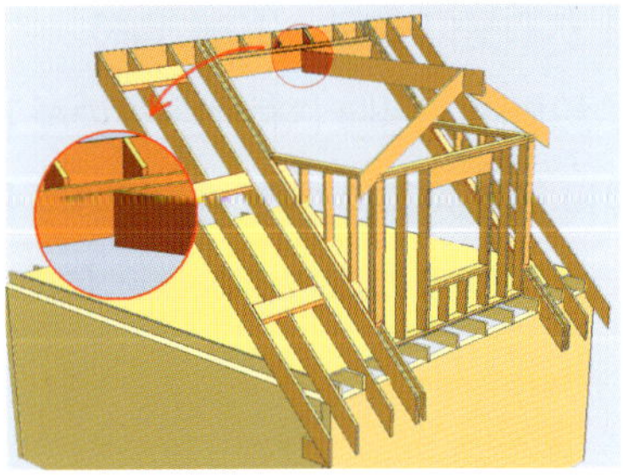

마룻대와 서까래를 잘라 조립한다. 오버행(Overhang)을 제외한 서까래의 길이는 위에서 계산했던 대각선의 길이와 같다.

벨리(Valley) 서까래 설치

벨리서까래 (Valley Rafter) : 골서까래. 지붕골을 따라 만나게 되는 벽체와 마룻대를 잇는 서까래

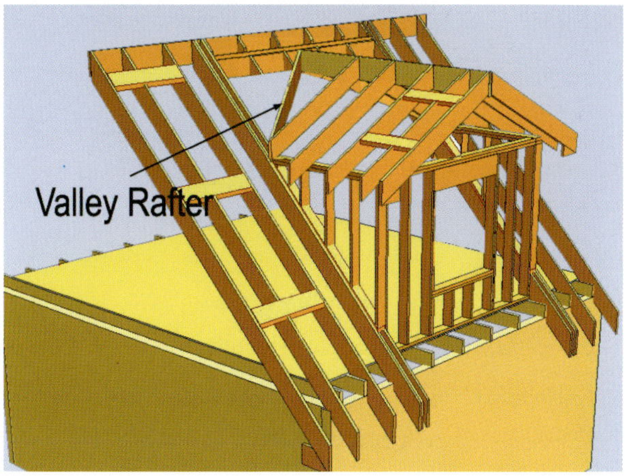

보통서까래를 모두 설치했다면 이제는 벨리서까래(Valley Rafter)이다. 앞에서 다루었던 내용 중에 힙서까래(Hip Rafter)를 이해했다면 밸리서까래 역시 이해하기 쉬울 것이다.

밸리서까래는 힙서까래의 모든 계산방법이 밸리서까래와 같기 때문이다.

지붕평면도에서 런 1(Run1)의 길이에서 벽체의 두께를 뺀길이가 밸리서까래의 런(Run) 길이이다.(벽체 안쪽에서 안쪽까지를 나누어 계산한 값)

4′-11 1/4″(Run1) - 6″(벽체 두께)

= 4′- 5 1/4″(Valley Rafter Run)

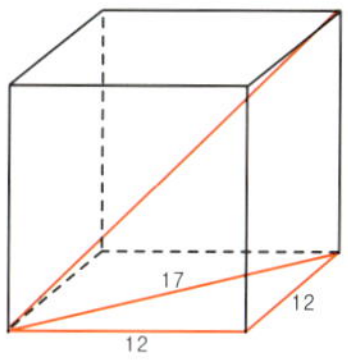

밸리 서까래의 대각선 런 길이는

바닥 대각선길이 = (Run÷12)×16.97 [16.97는 12 : 12 (45도)의 대각선 값]

= 4′-5 1/4″÷12×16.97

= 6′- 3 5/16″는 4′-5 1/4″의 밸리서까래의 런(Run)을 가질 때 바닥 대각선길이이다.

그러면 밸리서까래의 길이는 6′-3 5/16″를 런으로 놓고 계산했을 때 그 값이 나온다.

밸리서까래 길이

= (Run÷17)×18.79 [18.79는 17 : 8의 대각선 값]

= 6′- 3 5/16″÷17×18.79

= 6′-11 1/4″

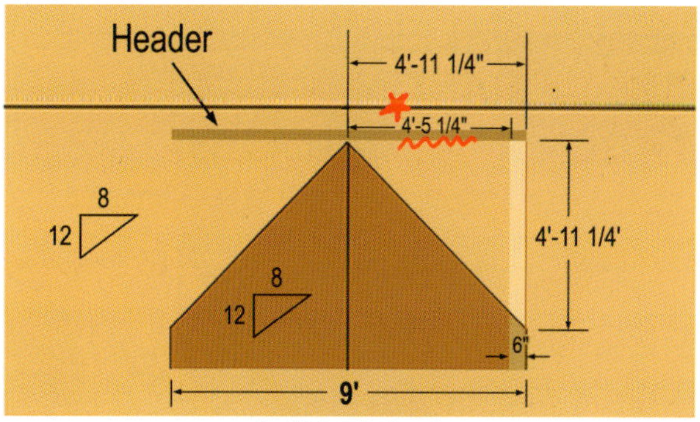

[지붕 평면도]

이제 6′-11 1/4″ 밸리 서까래를 잘라보자.

밸리서까래는 힙서까래와 같다. 스피드 스퀘어를 사용할 때도 "COMMON" 이라고 써 있는 곳의 윗부분에 "HIP-VAL" 라고 써 있는 곳을 사용한다. 여기서 VAL이라고 써 있는 것은 "VALLEY"를 뜻하는 것이다.

도머의 밸리서까래는 오버행(Overhang)이 없다. 그리고 규격은 보통서까래보다 한 치수 큰 규격을 사용하는 것이 일반적인데 열린 공간으로 사용되는 도머의 경우는 내부마감을 고려해 보통서까래와 같은 규격을 사용한다.

밸리서까래가 보통서까래보다 커서 아래로 돌출될 경우에는 골서까래의 튀어나온 부분에 마감이 어렵기 때문이다. 만일, 보통서까래보다 한 치수 크게 사용했는데 아래로 돌출되지 않았다면 더더욱 좋다고 볼 수 있다. 이것은 지붕경사마다 달라진다.

밸리서까래를 설치할 때는 힙서까래와는 다르다.

밸리서까래는 말 그대로 양 옆의 지붕면이 만나 골이 생기는 부분이다. 그래서 보통서까래나 잭서까래보다 낮게 설치되어야 한다. 아래 그림에서 보듯이 위쪽은 마룻대와 헤더가 만나는 지점에 밸리의 중앙부분이 만나 양 옆의 모서리 보다 낮게 설치되어야 하고, 보통서까래나 잭서까래를 설치할 때는 밸리서까래의 중앙에 경사가 만나도록 설치하여야 한다.

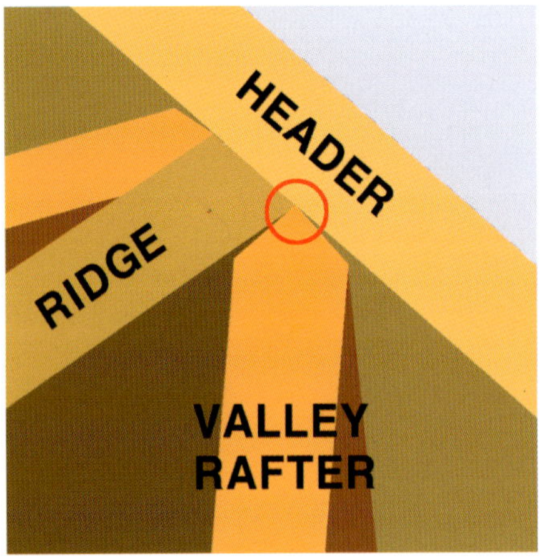

잭서까래와 헤더가 만날때의 경사(위쪽)

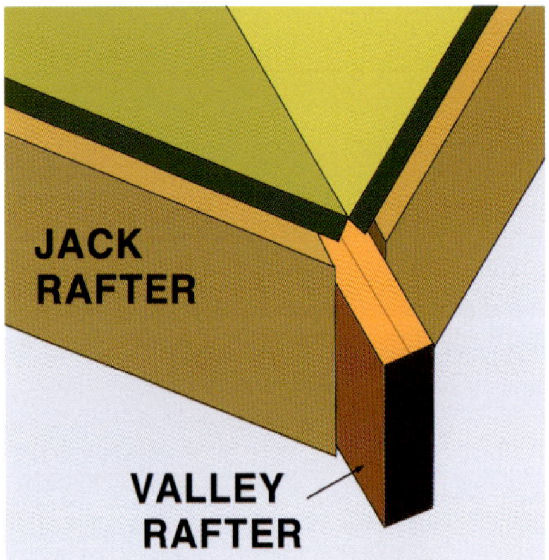

밸리서까래 잭서까래가 만날때의 경사 (아래쪽)

밸리서까래의 아래쪽을 보자. 아래쪽을 설치하려면 길이가 짧게 느껴지는데 이것은 벽체 안쪽을 기준으로 계산했기 때문에 도머 보통서까래 보다는 벽체길이만큼 짧게 만들어 지는 것이다.

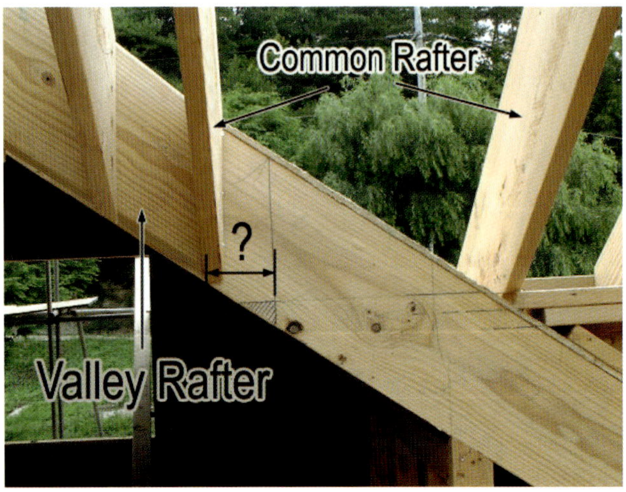

잭서까래 설치

다음은 잭서까래를 설치하자.

이제 이정도의 지붕에 대해 이해를 했다면 잭서까래는 조금 쉽게 생각될 것이다.

잭서까래는 헤더와 마룻데가 만나는 지점에서 부터 Run값을 적용해 모임지붕의 잭서까래와 동일한 계산법으로 하는 방법이 있고, 앞에서 소개했던 프레이밍 스퀘어(Framing Square)를 사용하는 방법이 있는데, 어느 방법을 써도 무관하다.

지붕이라는 것이 콘크리트 기초에서부터 지붕에까지 위로 올라오면서 오차가 전혀 없는 상태로 지어지기란 쉬운 것만은 아니다. 이렇듯 밸리 부분의 잭서까래를 계산할때는 현장 상황에 맞도록 선택해 적용하는 것이 좋다.

※[참고 : 프레이밍 스퀘어로 하는 방법은 앞에 다루었던 교차지붕1(Intersecting Roof1)에서의 방법과 동일하므로 내용을 참고하기 바란다.]

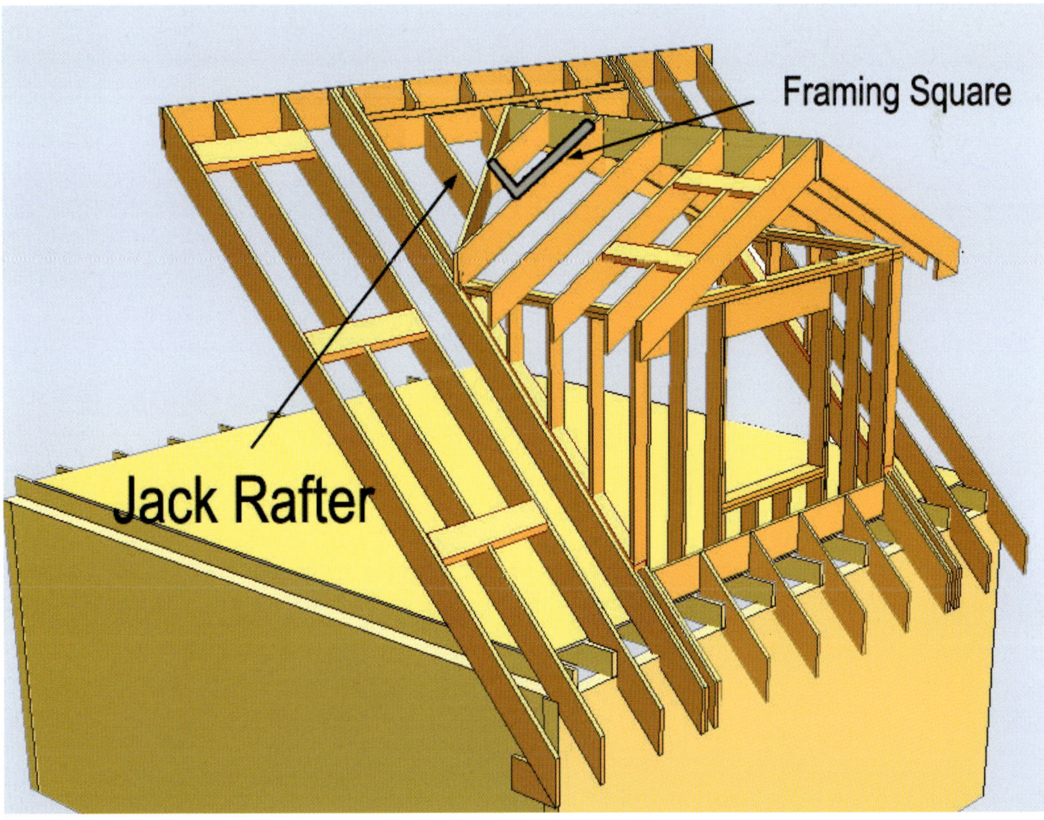

베이창

BAY WINDOW

베이창 (Bay Window)

베이창(Bay Window)은 일반적으로 설치되는 다른 창들과는 달리 벽체면에서 돌출되어 일정한 각도와 폭, 그리고 높이를 가지고 설치되는 데 정확한 개구부의 크기를 알아야만 설치가 가능하다. 창문의 설치는 물론 설치 후에도 삐걱거림이나 창을 여닫기가 힘든 경우가 있는데, 이같은 현상은 베이창의 골조(Frame)를 정확하게 시공하지 않은것에서 그 원인을 찾을 수 있다. 이러한 베이창에 대해 알아보도록 하자.

베이창 (Bay Window) 계산방법

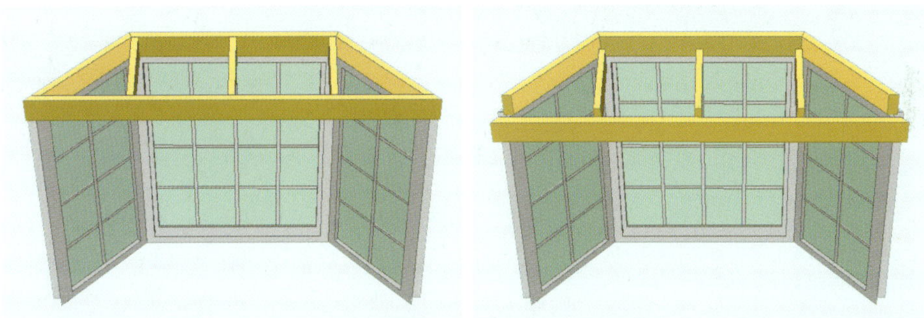

예제) 베이창(Bay Window)의 사이즈가 5040일 때 위쪽에 설치할 프레임(Frame) 길이를 구해보도록 하자.

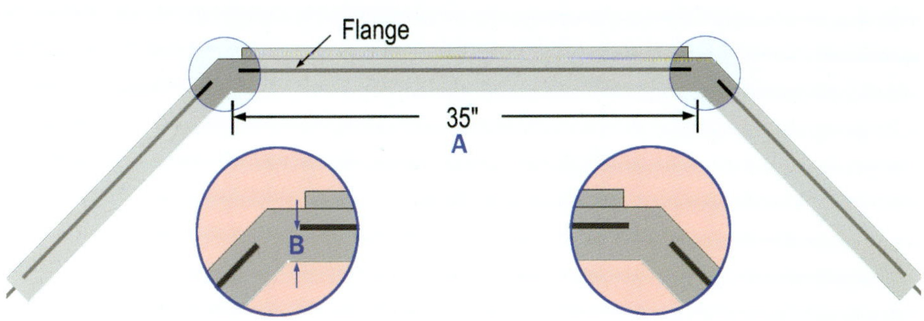

먼저, A의 실제길이를 잰다.(A의 길이를 35″라고 하자.)

그 다음 B의 실제길이를 잰다.(B의 실제길이를 2″라고 하자.)

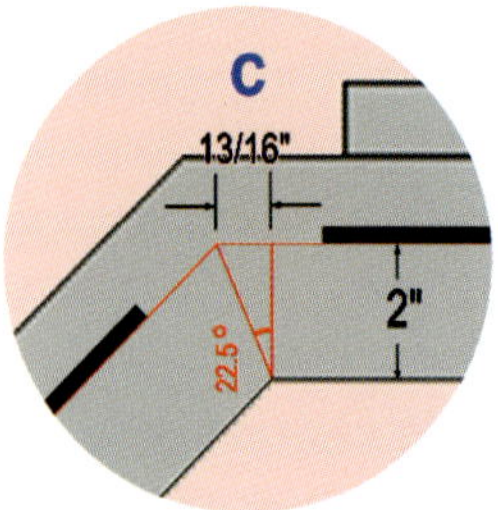

베이 창의 꺾인 각은 22.5도이므로 런(Run)이 2인치일때 라이즈는 13/16″이다.(C)

이것을 A의 양쪽 끝 길이에 더해 주면 전체길이가 된다.

35″ + 13/16″ + 13/16″ = 36 5/8″이다.

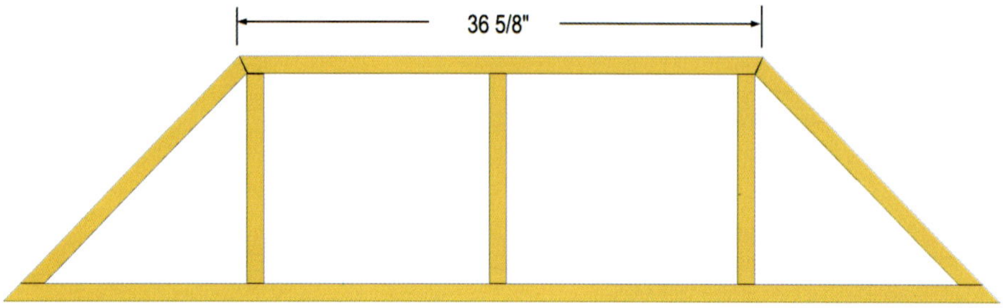

여기서, 한 번 더 생각할 것이 있다. 베이창의 위쪽의 프레임(Frame)과 아래쪽의 프레임은 크기가 약간 다르다.

베이창은 지붕쪽 프레임은 합판두께를 계산에 포함시키지 않지만 창문 아래 부분의 프레임에서는 합판의 두께를 포함해 계산해야 한다.

다음은 양옆의 길이를 계산해 보자.

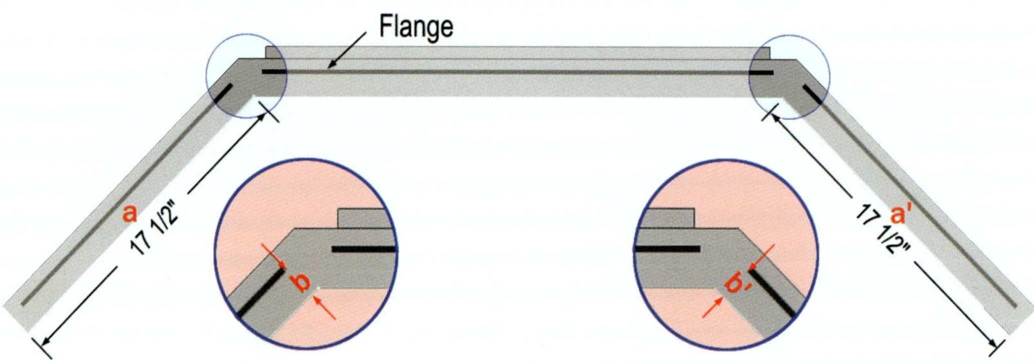

먼저, a 또는 a′의 실제길이를 잰다.

a와 a′의 길이를 17 1/2인치라고 하자.

다음 b의 실제길이를 잰다.

b 와 b′의 실제길이를 2인치라고 하자.

각도가 22.5도이고, 런이 2인치일 때 라이즈는 13/16인치이다.(C)

13/16인치를 위 그림의 a와 a′에 각각 더해주면 된다.

17 1/2인치 + 13/16인치 = 18 5/16″

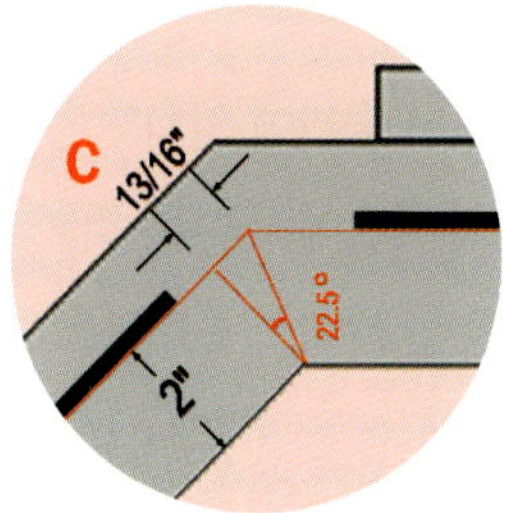

이때, 18 5/16인치에서 2 1/8인치 만큼을 빼 주어야 한다.

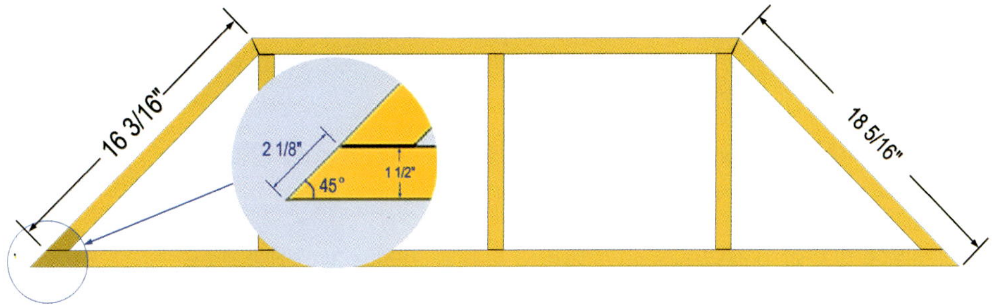

위의 세부적인 그림에서와 같이 각도가 45도이고, 1 1/2인치가 런(Run)일 때 대각선 길이는 2 1/8인치이다.

이 값을 전체길이에서 빼주면 된다.

18 5/16″- 2 1/8″ = 16 3/16″

다음은 맨 아래에 있는 플레이트(Plate)를 계산해 보자.

각도가 45도이고 대각선의 길이가 18 5/16인치일 때 런(Run)의 길이는 12 15/16인치이다.

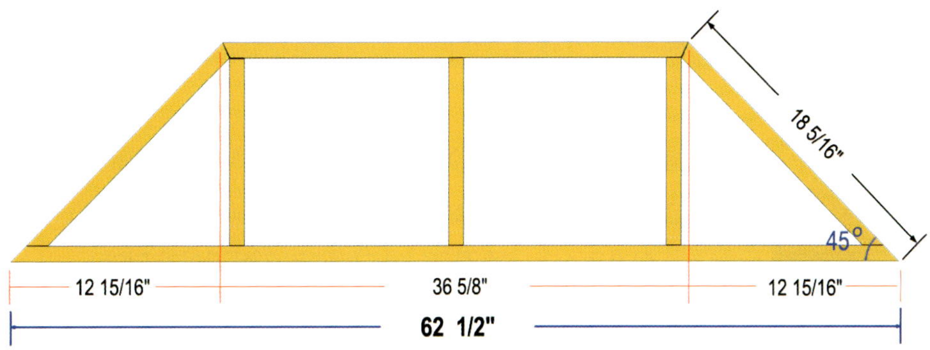

전체길이는 12 15/16″+ 36 5/8″+12 15/16″ = 62 1 /2″이다.

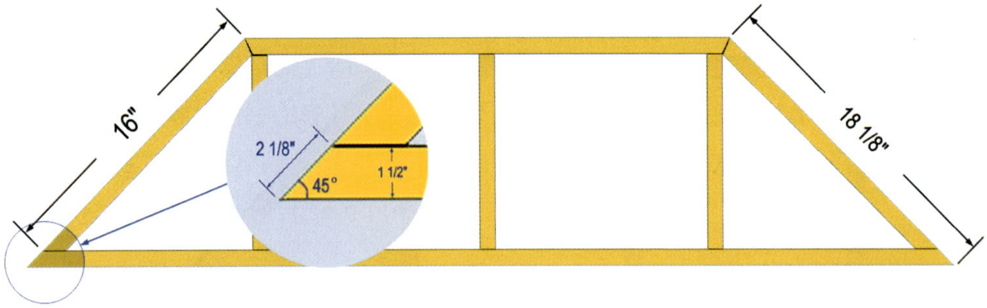

17 1/2″+5/8″- 2 1/8″=16″

다음은 맨 아래에 있는 플레이트(Plate)를 계산해 보자.

각도가 45도이고 대각선의 길이가 18 1/8인치일 때 런(Run)의 길이는 12 13/16인치이다.

전체길이는 = 12 13/16″+36 1/4″+12 13/16″ = 61 7/8″

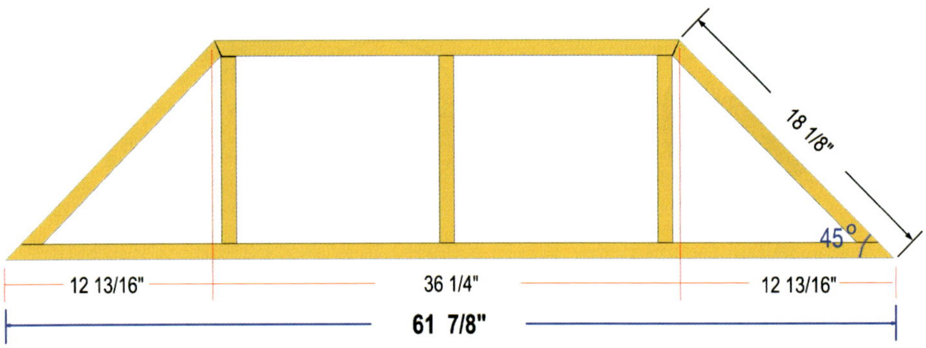

다음은 중간에 들어가는 프레임(Frame)을 계산해 보자.

위의 계산에서 나온 것과 같이 각도가 45도일 때 런과 라이즈는 12 13/16인치이다.

이것을 라이즈 길이에서 위 아래에 각각 1 1/2인치씩을 빼주면 된다.

12 13/16″ - 1 1/2″ - 1 1/2″ = 9 13/16″

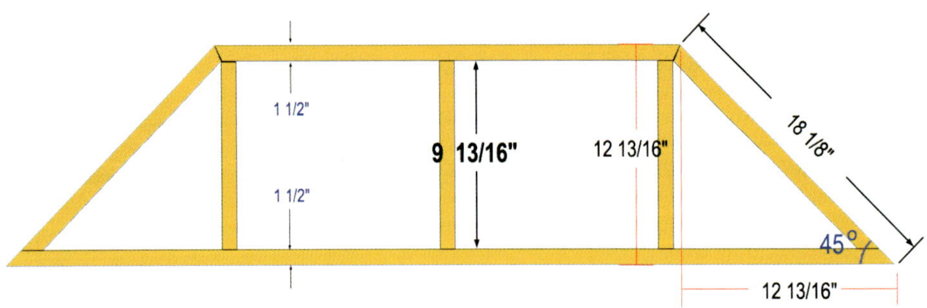

베이창 (Bay Window) 설치방법

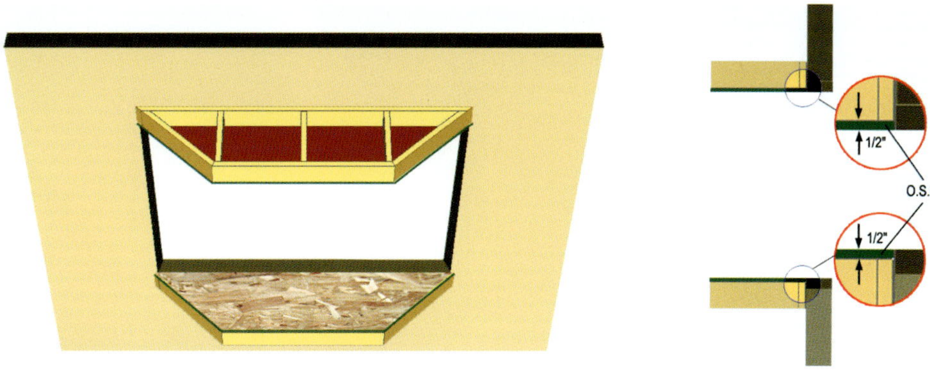

개구부의 위와 아래에 프레임을 설치한다.

이때 프레임과 함께 부착된 합판이 개구부의 윗면과 아랫면에 튀어나오지 않도록 맞추어 고정시킨다.

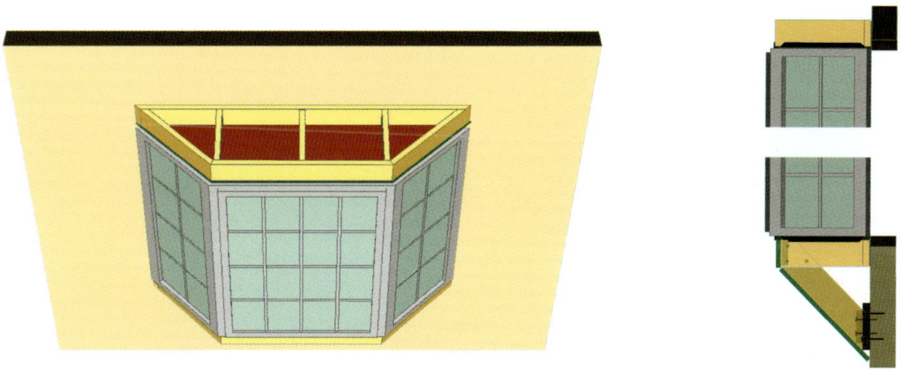

창문을 넣기 전에 창문의 아래를 받질 프레임을 만든 후 창문을 끼워 넣고 고정시킨다.

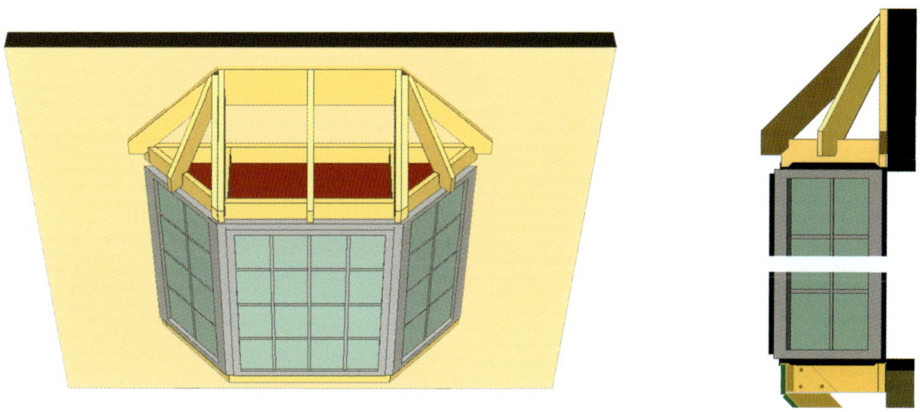

이렇게 창문을 끼워 넣은 다음 창문의 위쪽에 서까래를 설치한다.

Root Windows
Root Windows

■현관문/창문(Entrance Door & Window)

■부록

현관문 / 창문

ENTRANCE DOOR & WINDOW

현관문(Entrance Door)

현관문

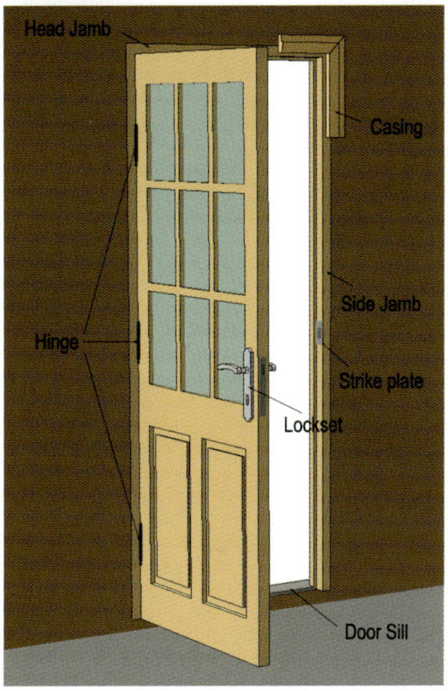

현관문 명칭

■헤드잼(Head Jamb) : 상부 문틀 또는 상부 창문틀과 같이 개구부의 상부에 놓여지는 부재

■사이드잼(Side Jamb) : 문틀 또는 창문틀과 같이 개구부의 좌우에 놓여지는 부재

■힌지(Hinge) : 문을 개폐하기 위해 설치하는 철물

■도어실(Door Sill) : 문의 개구부 아래 부재

■케이싱(Casing) : 문틀 또는 창틀의 둘레를 마감하는 몰딩재

■스트라이크 플레이트(Strike plate) : 문을 닫을 때 자물쇠 볼트가 들어갈 수 있도록 문틀에 부착하는 금속판

■록셋(Lockset) : 문 등을 고정시킬 때 사용하는 잠금장치

설치 순서

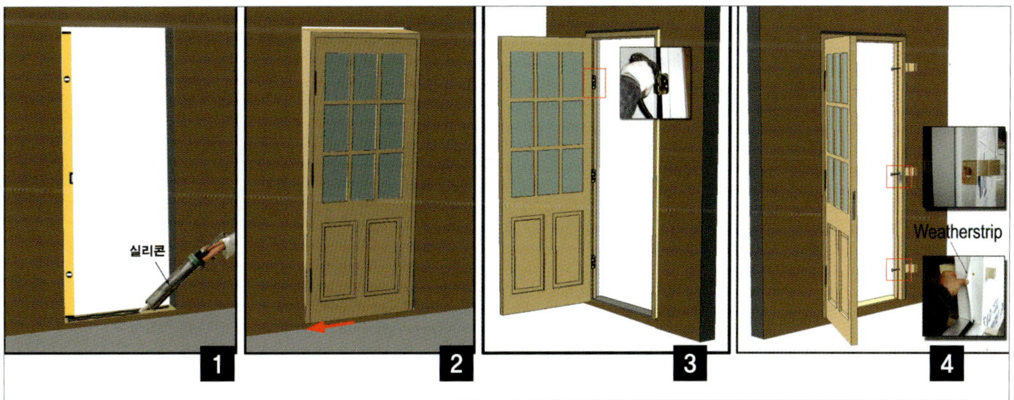

■ 그림 1 : 현관문을 설치할 때는 먼저 개구부의 치수가 맞는지 가로와 세로, 그리고 대각선의 길이를 먼저 확인하고, 수평이 맞는지를 확인한다. 특히, 힌지(Hinge)가 붙는 쪽의 트리머(Trimmer)와 바닥 실(Sill)부분의 수평이 정확한지 확인한다. 그러나 바닥 실부분의 수평이 맞지 않을 때가 있다. 그림에서 보는 바와 같이 힌지(Hinge)가 있는 부분의 도어 실(Door Sill)이 높은 경우(A)와 힌지(Hinge)가 있는 부분의 높이 가 낮은 경우(B)가 있다.

이때는 바닥 실(Sill)부분 중에서도 힌지(Hinge)가 있는 부분쪽의 바닥 실(Sill)을 반대쪽보다 높게 만들어 주어야 한다.

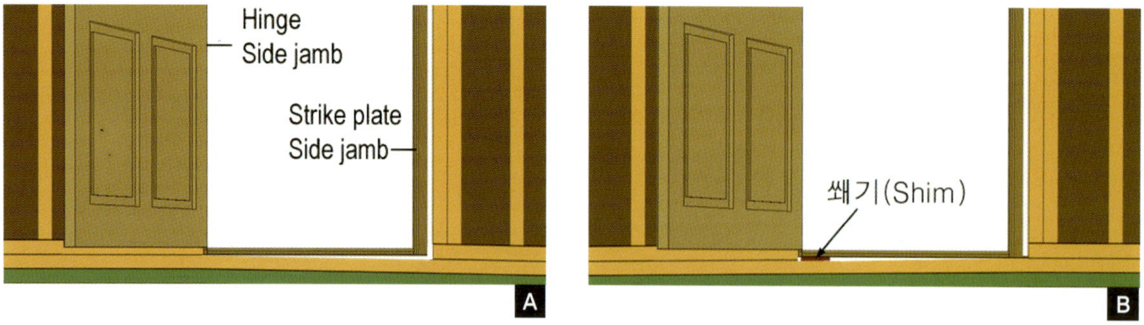

A의 경우에는 힌지(Hinge) 부분의 사이드 잼(Side Jamb)을 먼저 고정시키고, 스트라이크 플레이트(Strike plate)가 있는 사이드 잼(Side Jamb)의 아랫부분 실(Sill)에 쐐기(Shim)를 괴어 문틈 간격을 육안으로 확인하면서 높낮이를 맞춘다.

B의 경우에는 힌지부분의 사이드 잼(Side Jamb)을 고정시키기 전에 반대쪽 사이드 잼보다 아래 실(Sill)부분이 높도록 먼저 쐐기를 고인 후 힌지부분의 사이드 잼을 고정시킨다. 이렇게 쐐기를 고이지 않고 문을 고정하게 되면 스트라이크 플레이트(Strike plate)가 있는 부분이 힌지가 있는 부분보다 높아 문이 일그러지거나 닫히지 않는 경우가 생긴다.

현관문의 도어 실(Door Sill)이 놓일 부분에 실리콘을 두 줄로 발라준다. 이는 외부로부터 들어오는 빗물을 막기 위한 작업이다.

■그림 2 : 현관문은 아래부터 밀어 넣어 맞추는데 이때 힌지가 있는 쪽의 사이드 잼을 트리머(Trimmer)에 밀착시켜 끼워 넣는다.

■ 그림 3 : 현관문을 90도 정도 열어 잡은 후 사이드 잼을 바깥쪽의 합판선에 맞추고 맨 아래 힌지부터 고정을 시키는데 힌지를 자세히 보면 4개의 나사못 중 두 개의 나사못이 없는 것을 볼 수 있다. 이곳에 제품과 함께 동봉된 나사못을 사용하여 트리머에 고정시킨다.

사이드 잼의 두께는 4 1/2인치(2×4벽용), 6 1/2인치(2×6벽용) 두 가지가 있는데, 바깥 외벽 합판두께(1/2″)와 안쪽의 석고보드두께(1/2″)를 모두 더한 두께이다.

■ 그림 4 : 힌지가 있는 반대쪽 사이드 잼에 쐐기를 이용하여 밀어 넣는데, 이때 쐐기의 높이는 힌지의 높이와 같은 높이로 한다. 쐐기가 있는 곳에 나사못을 사용하여 고정시키는데 나사못이 보이면 미관상 좋지 않으므로 웨더스트립(Weatherstrip) 속에 고정시킨다.

스트라이크 플레이트(Strike plate) 자리에는 스트라이크 플레이트를 고정할 나사못자리를 피해 고정시킨다.(그림 참조)

튀어나온 쐐기는 톱으로 자르면 잼(Jamb)에 손상을 입힐 수 있으므로 칼을 사용해 여러번 자른다.

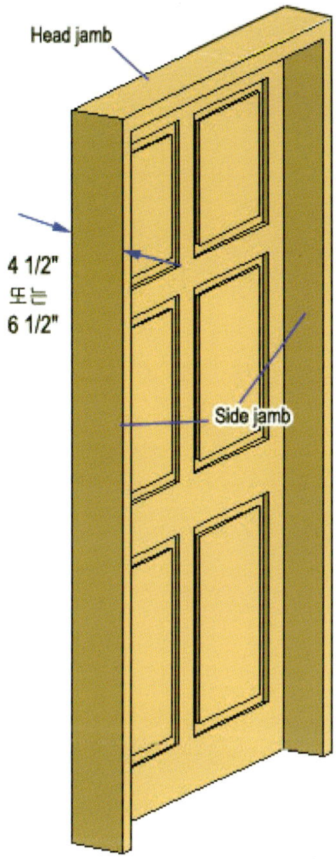

[2×4 벽체일때]

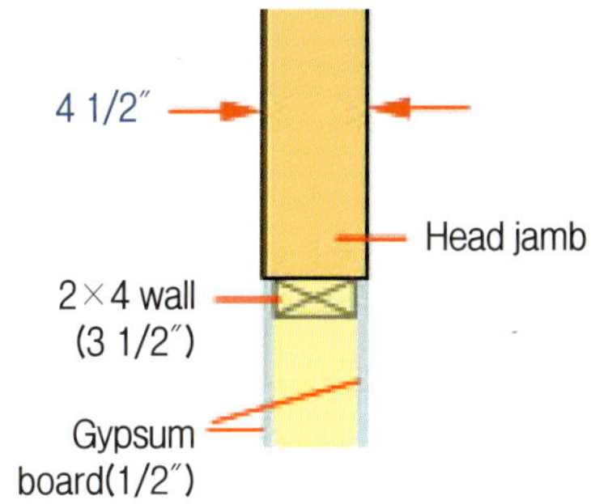

[2×6 벽체일때]

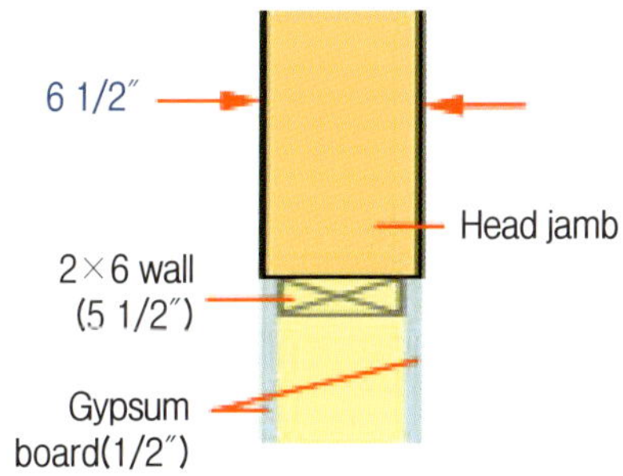

사이드 잼의 폭은 4 1/2인치와 6 1/2인치 두 가지의 폭이 있다.

사이드 잼이 4 1/2인치와 6 1/2인치인 이유는?

기성품으로 나오는 현관문은 사이드 잼의 폭이 4 1/2인치와 6 1/2인치 두 가지가 있는 것을 볼 수 있는데, 이것은 벽체가 2×4벽체인지 2×6벽체인지에 따라 사용할 현관문이 달라져야 한다.

2×4 벽체인 경우에는 스터드(Stud)의 두께가 3 1/2인치이고, 바깥쪽에 설치된 합판두께가 1/2인치이며 안쪽에 설치된 석고보드의 두께가 1/2인치이므로 이 모든 길이를 합치면 4 1/2인치가 되는 것이다.

3 1/2″(Stud)+1/2″(O.S.B)+석고보드(1/2″) = 4 1/2″

2×6 벽체인 경우에는 스터드(Stud)의 두께가 5 1/2인치이고, 바깥쪽에 설치된 합판두께가 1/2인치이며, 안쪽에 설치된 석고보드의 두께가 1/2인치이므로 이 모든 길이를 합치면 6 1/2인치가 되는 것이다.

5 1/2″(Stud)+1/2″(O.S.B)+석고보드(1/2″) = 6 1/2″

창문 (Window)

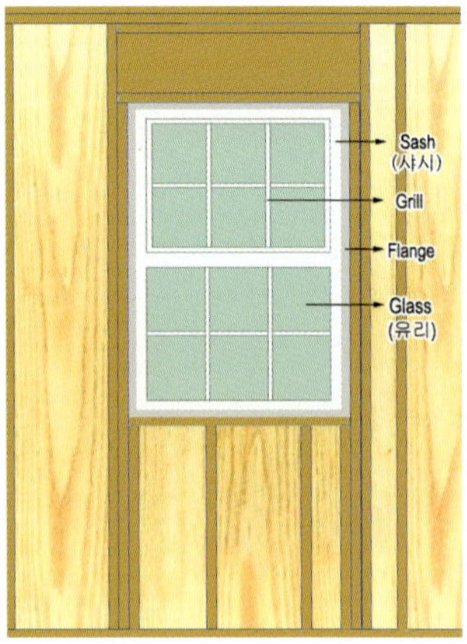

창문 명칭

■ 샤시(Sash) : 창문의 유리를 고정시키고, 열고 닫을 수 있도록 설치된 틀

■ 그릴(Grill) : 창문의 유리 안에 바둑판 모양으로 붙인 창살

■ 플랜지(Flange) : 플랜지 창문과 벽체를 고정시키기 위해 돌출된 테두리

■ 글라스(Glass) : 유리

창문의 종류

슬라이더(Slider)

싱글 헝(Single Hung)

패티오 도어(Patio Door)

들창(Awning)

고정창(Fixed)

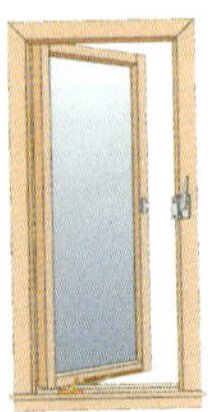
케이스먼트
(Casement)

베이창
(Bay window)

원형창(Full Round)

반원창
(Half Round)

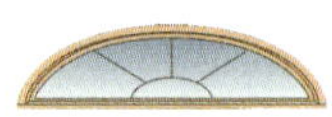
엘립스(Ellipse)

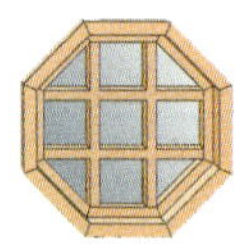
팔각창(Octagon)

① **슬라이더 창(Slider Window)** : 국내에서 가장 많이 사용되고 있는 창으로써 사용하기에 편리하고 안이나 밖으로 열고 닫으며 사용하는 것이 아니므로 내부나 외부공간에 불편함을 주지 않는다. 그러나 창문의 기능상 좌우폭이 좁고 위아래가 큰 창문이 없다는 것과 창문을 열고 닫으며 생기는 마찰력에 의해 오랫동안 사용하다보면 다른 창문에 비해 밀폐가 덜 된다는 단점이 있다.

② **오르내리 창(Vertical Slider Window)** : 오르내리창은 싱글헝(Single Hung)과 더블헝(Double Hung) 이있는데 싱글헝(Single Hung)은 1개의 아래쪽 창이 위로 올리게 만들어져 있고, 더블헝은 2개의 위 아래 창이 모두 움직이도록 만들어졌다. 이 창들은 이제까지 국내에 있는 슬라이더 창문의 형태와는 차이가 있어 서양의 전통적인 창이라는 점에서 주목을 받고 있다. 그리고 창문의 설치가 좌우 폭과 관계없이 위아래의 폭만 확보가 된다면 어디든 쉽게 설치할 수 있다는 장점이 있다.

③ **패티오 도어(Patio Door)** : 개구부가 큰 거실 등에 많이 사용한다.

④ **어닝 창(Awning Window)**

⑤ **고정 창(Fixed Window)** : 고정 창은 다른 창에 비해 가격이 저렴하고, 외부와의 공기가 항시 차단되어 에너지 효율이 상대적으로 높고, 도둑이 침입하기 어려운 반면 내부에 있는 사람도 밖으로 나갈 수 없으므로 화재시에 탈출구로서의 기능이 취약하다.

창문의 에너지 효율

초보자가 수입창의 다양함을 알아 선별하기는 쉽지 않다. 그래서 창문을 자세히 보면 그곳에는 창문을 대표하는 인증기관에서 그 창문에 대해 테스트를 한 결과가 자세히 소개되어 있다. 그 내용에 대해 알고 있다면 전문가의 도움 없이 본인에게 필요한 창이 어떤 것인지를 가격을 비교해 점검해 볼 수 있을 것이다.

창문을 선택할 때는 고려해야 할 몇 가지가 있는데, 그 중 중요한 것은 창문의 에너지 효율이다.

주택에서 열손실이 가장 심한 곳은 외부로 통하는 창문과 문이기 때문이다.

그런 에너지효율에 대해서 NFRC기관에서 검증된 내용에 대해 알아보자.

NFRC(NATIONAL FENESTRATION RATING COUNCIL)의 의미는 창호의 열효율에 대해 객관성 있게 등급 자료를 제시하고, 인증서와 표지에 대한 행정을 담당하는 독립된 실험을 하는 국제적인 기구이나.

NFRC 표지에는 다음과 같은 내용들이 있다.

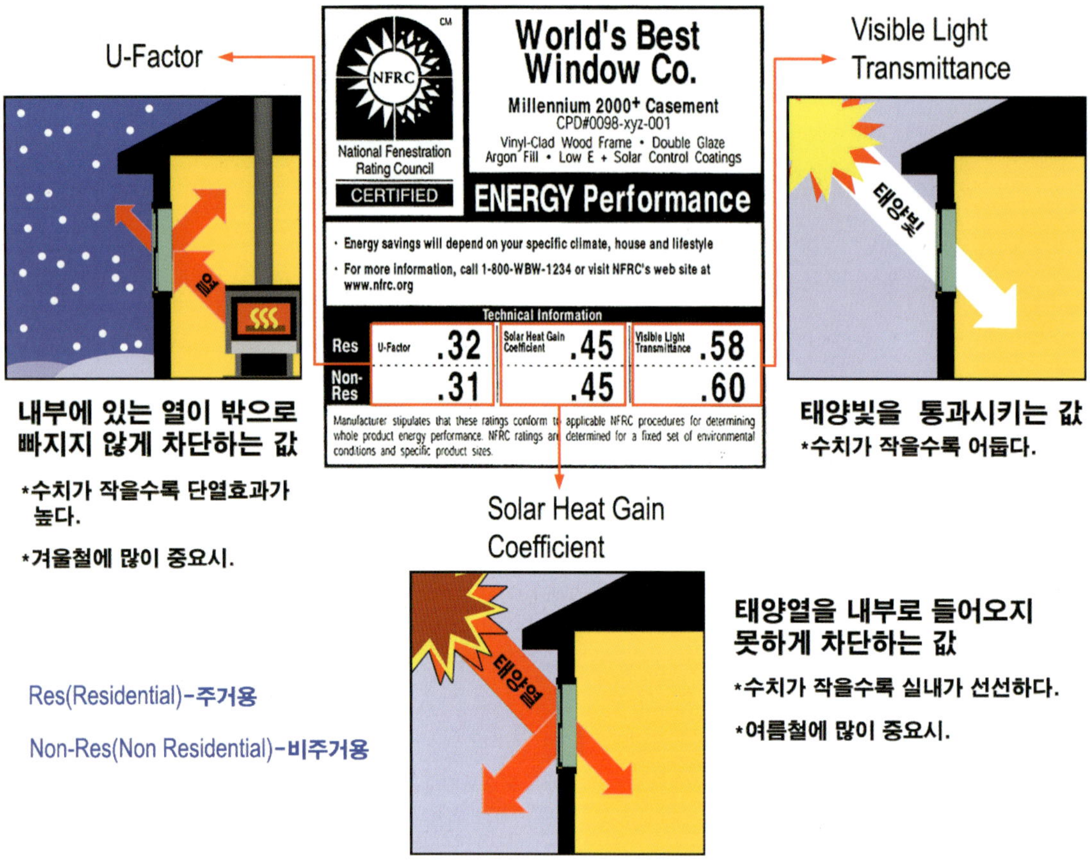

① **열손실률(U-Factor)** : 내부에 있는 열이 밖으로 빠지지 않게 차단하는 값으로 추운지역에서는 0.35 이하의 U-Factor값을 권장하고 있다. 수치가 낮을수록 창문의 단열효과가 높다.

② **태양열 전도 치수(Solar Heat Gain Coefficient : SHGC)** : 창호를 통해 직 · 간접적으로 태양열이 내부로 들어오는 것을 차단하는 값으로 0~1사이의 값으로 나타낸다. 숫자가 "0"에 가까울수록 태양열이 적게 투여되는 것을 나타내며, 더운 지역에서는 0.40 이하의 SHGC값을 권장하고 있다. 높은 SHGC는 추울 때 실내를 따뜻하게 하는데 도움이 되고, 낮은 SHGC는 실내를 선선하게 하는데 도움이 된다.)

③ **가시광선투과(Visible Light Transmittance : VLT)** : 창문의 유리를 통하는 가시광선의 양을 측정하는 것으로 0~1 사이의 값으로 나타난다. 높은 VLT는 실내에 많은 양의 빛을 제공하고, 낮은 VLT는 실내에 적은 양의 빛을 제공한다. 일반적으로 0.5 이상의 수치를 권장하고 있다.

로우-E 글라스 (Low-E Glass)

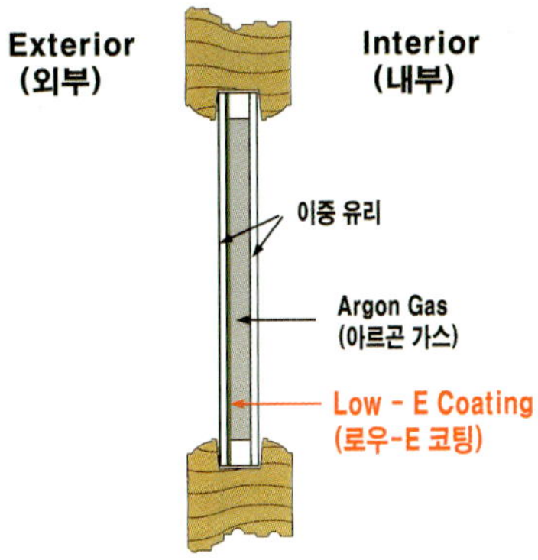

로우-E 글라스란 Low Emissivity의 약자로 창문을 통해 열손실이 발생하는 주 원인인 복사열을 유리에 코팅하여 막아주는 기능을 가진 창을 말한다.

다시 말해 이중유리가 있는 두 개의 유리 속에 외부 방향면에 보이지 않는 금속성의 물질을 코팅함으로써 여름에는 외부의 열을 차단하고, 겨울에는 내부의 열을 바깥으로 나가지 못하게 하는 코팅 시스템이다.

아르곤 가스 (Argon Gas) 주입

아르곤 가스는 이중유리 사이에 주입을 하는데 공기보다 무겁게 가라앉으므로 공기에 의해 쉽게 이동하지 않으며, 공기보다 단열 값도 높다. 이러한 아르곤 가스는 외부의 찬공기를 막고 내부의 따뜻한 공기를 보호해준다.

인증기관

수입창에는 AAMA라고 써 있는 스티커가 붙어 있는데 이것이 무엇인지 알아보자.

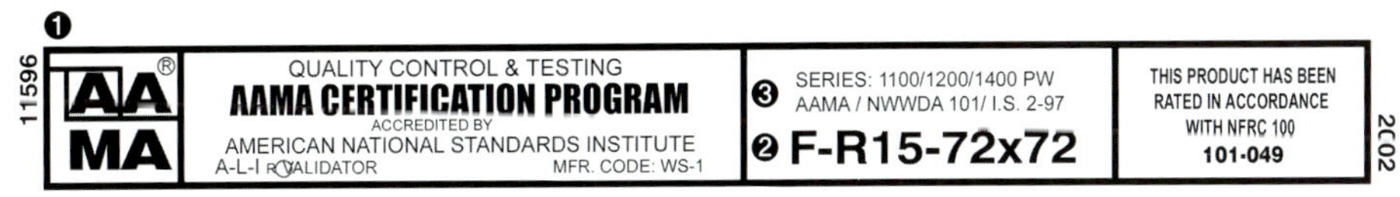

AAMA(American Architectural Manufacturers Association)

미국 건축 관련 제조업자 협회로서, AAMA행정관이 1년에 최소 두 번 이상 통고 없이 제조업체를 불시 방문하여 사전에 제시된 창호와 동일한 수준으로 제품이 생산되고 있는지를 확인하며, 4년마다 재검증을 받도록 규제하고 있고, 디자인을 변경할 때도 상표를 붙이기 전에 검사를 받도록 하고 있다. AAMA가 인증한 창호의 구분은 제품의 종류, 성능분류, 성능등급, 검사된 최대 크기의 4가지 요소로 구분되어 있다.

F-R15-72×72

F : 제품 종류(Fixed Window : 고정창) R : 성능 분류(Residential : 주택용)

25 : 성능 등급 72×72 : 검사된 최대 크기(가로×세로)

AAMA / NWWDA 101 / I.S.2-97(성능등급 분류표)

창호성능분류	성능등급	구조적 안정도	물의 누수도
	(MIN,DESIGN PRESSURE:LB/FT²)	(TEST PRESSURE:LB/FT²)	(TEST PRESSURE:LB/FT²)
주택용(R)	15	22.5	2.86
경상업용(LC)	25	37.5	3.75
상업용(C)	30	45.0	4.50
중상업용(HC)	40	60.0	6.00
특수고층건물용(AW)	40	60.0	8.00

성능상의 창호등급 분류

- 주택용(Residential : R) 단독주택용
- 경상업용(Light Commercial : LC) 저층 다세대 주택 및 사무실, 소규모 호텔용
- 상업용(Commercial : C) 산업용 건물, 공장, 호텔, 백화점용
- 중상업용(Heavy Commercial : HC) 병원, 학교, 공공건물용
- 특수고층건물용(AW) 주로 유리벽 처리된 고층 건물이나 풍압이 심한 지역의 건물용

AAMA에서 검사하는 표준화 과정

- 공기진입에 대한 저항도 - 검사의 첫 단계로 25mph 풍속에 해당하는 1.57psf의 기압에서 공기의 진입량을 측정한다.
- 물의 누수에 대한 저항도 - 시간당 8인치(≒200mm)의 강우량에 해당하는 물을 정확히 계산된 수압으로 창호에 뿌려 측정한다.
- 풍압에 대한 구조적 안정도 - 검사를 원하는 성능 분류에 의해 결정된 압력으로 상당량의 풍하중을 창호의 내 · 외부에 가해 기준치를 측정한다.

부 록

못박기 규정
FASTENING SCHEDULE

못박기 규정

못박기 기준표(IBC-2000 TABLE 2304.9.1 Fastening Schedule) :

접합부에 따른 못의 수, 크기, 못박기 방식 및 못의 간격은 다음의 표와 같다.

접합부	못박기 기준	그림설명
1. 장선을 깔도리나 거더(Girder)에 접합	3-8d common 경사못박기	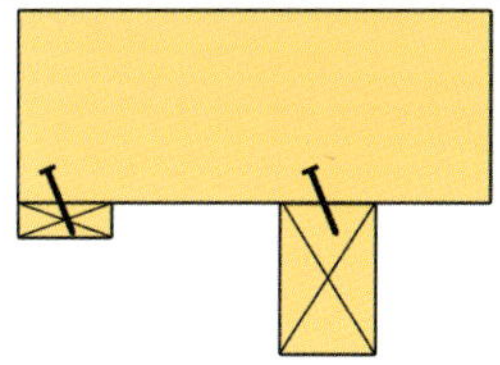
2. 브리징(Bridging)을 장선에 접합	2-8d common 각 끝면에 경사못박기	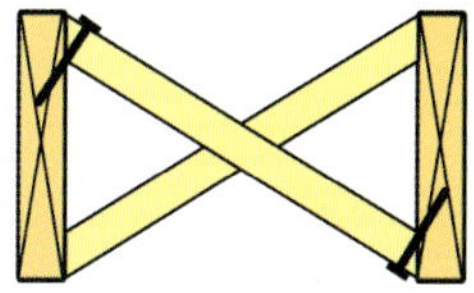
3. 1″× 6″폭 이하의 Subfloor를 각 장선에 접합	2-8d common 표면못박기	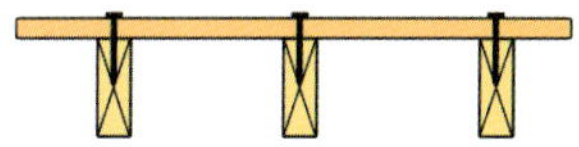
4. 1″× 6″폭 이상의 Subfloor를 각 장선에 접합	3-8d common 표면못박기	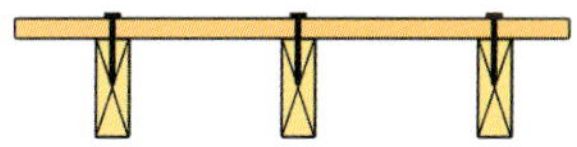
5. 2″바닥합판을 장선이나 거더(Girder)에 접합	2-16d common 표면못박기	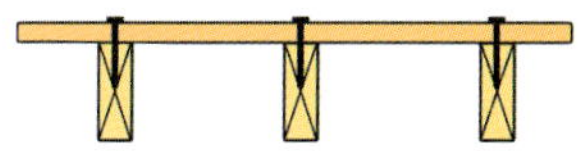
6-1. 밑깔도리를 장선이나 보막이에 접합	16d를 16″ O.C. 표면못박기	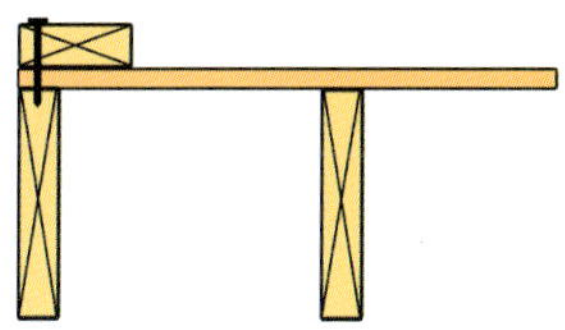
6-2. BWP (Bracing Wall Panel)의 밑깔도리를 장선이나 보막이에 접합	16″ 간격마다 3-16d 표면못박기	

7. 윗깔도리를 스터드에 접합	2-16d common 끝면못박기	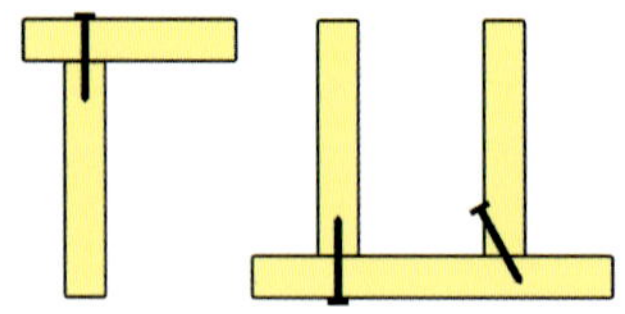
8. 스터드를 밑깔도리에 접합	2-16d common 끝면못박기 또는 4-8d common 경사못박기	
9. 이중스터드 (킹스터드+트리머)	16d 24″ O.C. 표면못박기	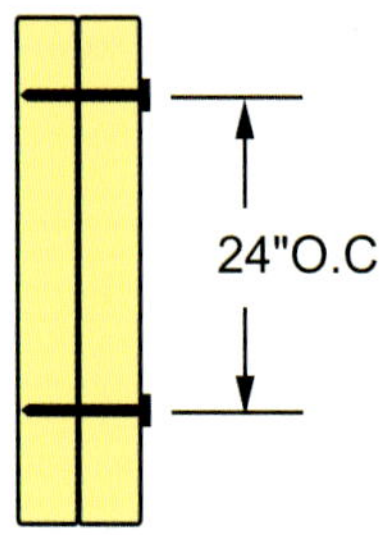
10-1. 이중 윗깔도리	16d를 16″ O.C. 표면못박기	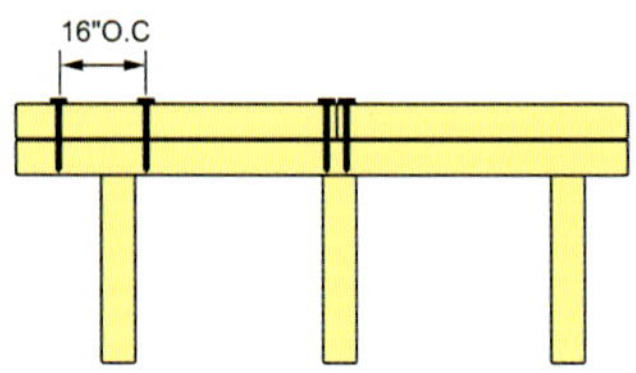
10-2. 이중 윗깔도리 이음부	끊어진 양쪽 끝에 8-16d common 표면못박기	
11. 장선/서까래 사이에 있는 보막이를 윗깔도리에 접합	3-8d common 경사못박기	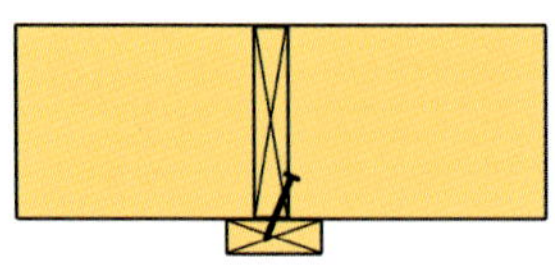
12. 끝막이/옆막이 장선을 윗깔도리에 접합	8d의 못을 6″ 간격마다 경사못박기	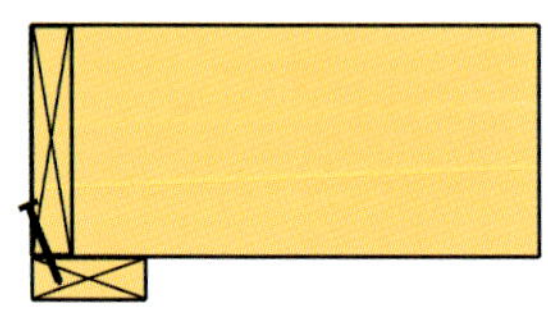

13. 윗깔도리 이음부	2-16d common 표면못박기	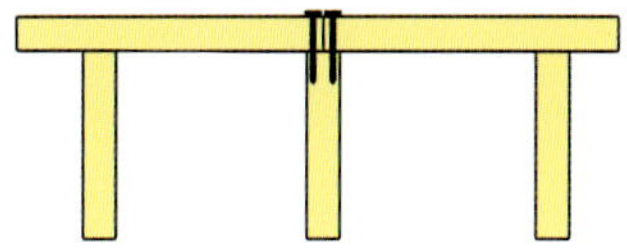
14. 2개의 부재로 된 헤더	16d common 못을 위쪽/아래쪽 끝부분을 따라 16″ O.C. 표면못박기	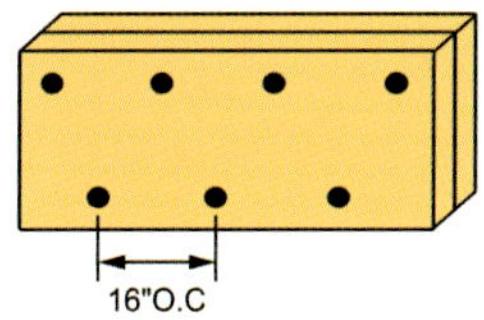
15. 천장 장선을 윗깔도리에 접합	3-8d common 경사못박기	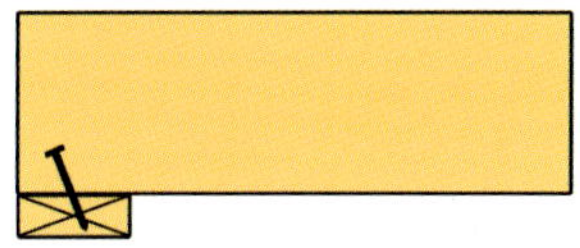
16. 헤더를 스터드에 접합	4-8d common 경사못박기	
17. 실내 간막이벽 위의 천장 장선의 겹침 부위	3-16d common 표면못박기	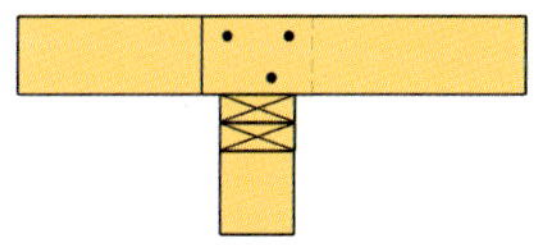
18. 천장 장선을 서까래에 접합	3-16d common 표면못박기	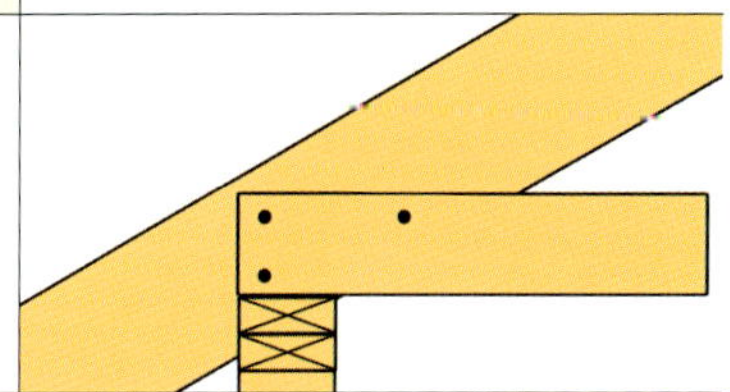
19. 서까래를 스터드와 깔도리에 접합	3-8d common 표면못박기	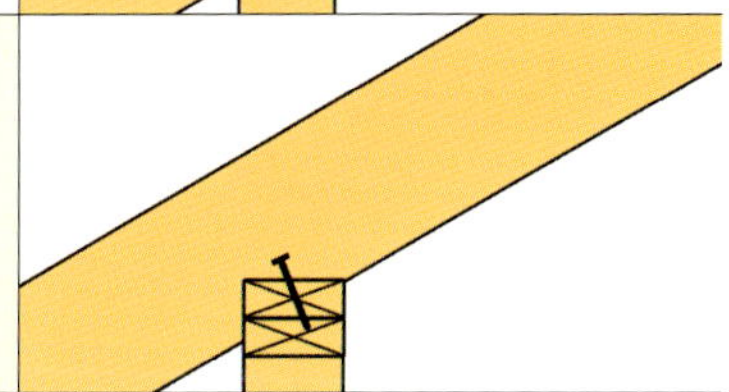
20. 1″가새를 스터드와 깔도리에 접합	2-8d common 표면못박기	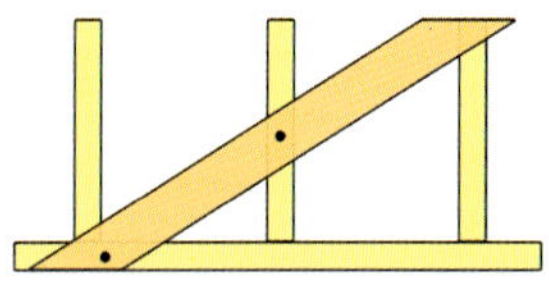

21. 1″×8″덮개를 내력벽에 접합	2-8d common 표면못박기	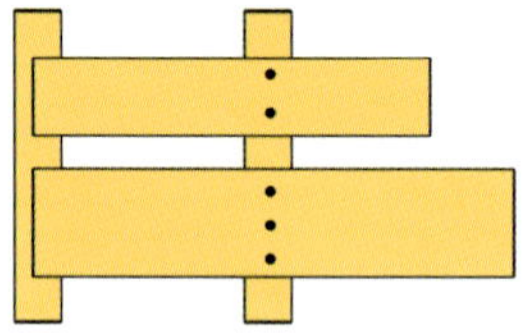
22. 1″×8″보다 큰 덮개를 내력벽에 접합	3-8d common 표면못박기	
23. 벽 모서리 스터드	16d common 못을 24″O.C. 표면못박기	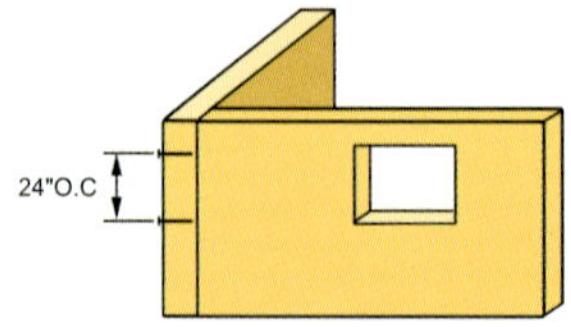
24-1. 거더(Girder)설치 및 빔	20d common 못을 32″O.C. 간격으로 상-하단에 반대쪽에서 교차되게 표면못박기	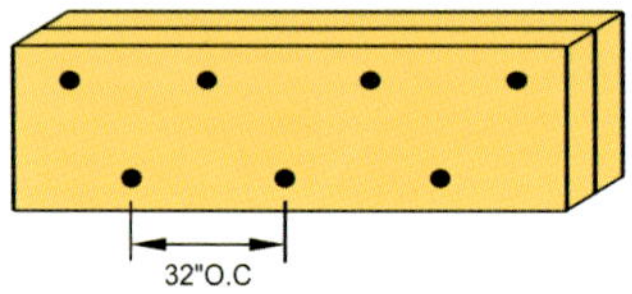
24-2. 거더(Girder)설치 및 빔의 끝부분과 연결부	2-20d common 표면못박기	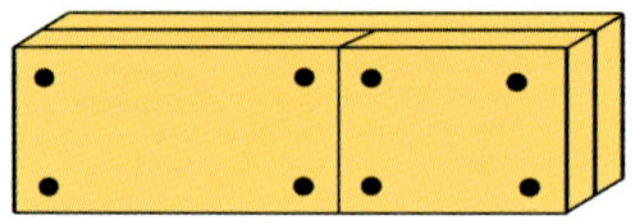
25. 2″플랭크(Plank)	2-16d common을 각 지점에 표면못박기	
26. 조름보(Collar Tie)를 서까래에 접합	3-10d common 표면못박기	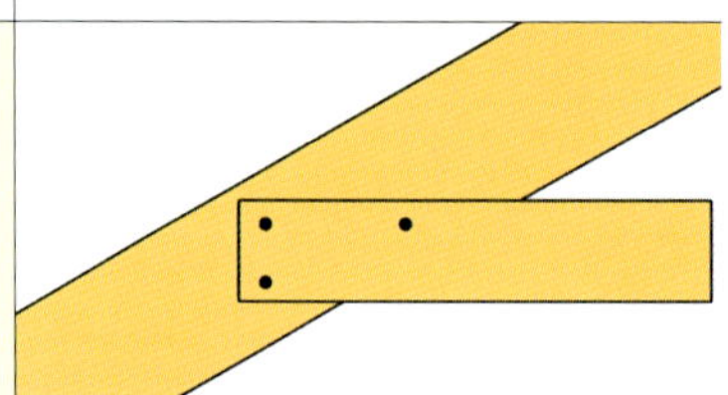
27. 잭(Jack)서까래를 힙(Hip) 서까래에 접합	3-10d common 경사못박기 2-16d common 표면못박기	
28. 서까래를 2x 마루보에 접합	3-16d common 경사못박기 2-16d common 표면못박기	

29. 장선을 끝막이장선에 접합	3–16d common 표면못박기	
30. Ledger Strip	3–16d common 표면못박기	
31. 패널 사이딩을 골조에 접합	▣ 1/2″ 이하의 두께 : 6d 방청못 ▣ 5/8″ 두께 : 8d 방청못	
32–1. 단일 바닥덮개의 목재구조용 패널을 골조에 접합	▣ 3/4″ 이하의 두께 : 6d 나사못 ▣ 7/8″~1 두께 : 8d 나사못 ▣ 1–1/8″~1–1/4″ 두께 : 10d 일반못 / 8d 나사못	
32–2. 바닥밑판, 지붕덮개 및 벽덮개의 목재구조용 패널을 골조에 접합	▣ 1/2″ 이하의 두께 : 6d 일반못 이나 나사못(단 지붕덮개인 경우엔 8d) ▣ 19/32″~3/4″ 두께 : 8d 일반못 / 6d 나사못 ▣ 7/8″~1″ 두께 : 8d 일반못 이나 나사못 ▣ 1 1/8″~1–1/4″ 두께 : 10d 일반못 / 8d 나사못 ▣ 못의 간격은 패널 모서리 골조 부분은 6″간격 중심 골조 부분은 12″간격 (단 골조가 48″ 이상 간격일 경우엔 모든 골조에 6″간격) ▣ 전단벽이나 격판 구조인 경우엔 "측방지지구조설계"를 참조 ▣ 덮개를 골조에 고정할 때 사용되는 못이나 철물의 머리는 덮개의 표면에 평면이 되도록 박아야 한다. 〈내용출처 : Wood University 교재〉	

경간거리표

SPAN TABLE

❶ 바닥장선표

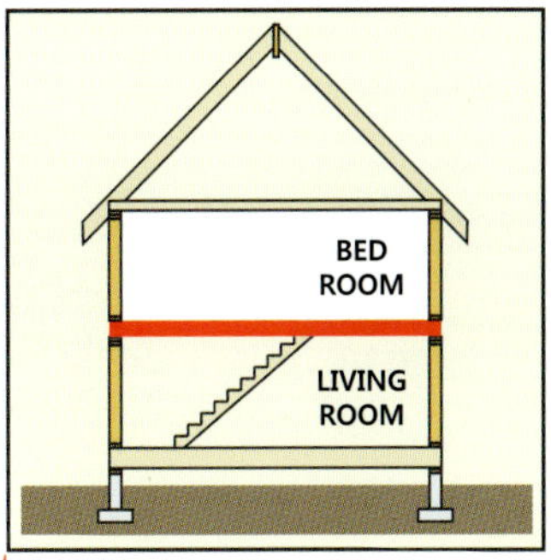

(일반제재목을 사용한 바닥장선용 경간거리)

***Live Load(활하중)**

-건물을사용함으로써 구조물에 발생하는 움직임이나 움직일수 있는 모든 사물이나 사람의 무게를 합한 무게.

***Dead Load(고정하중)**

-수직 아래방향으로 작용하는 구조물 자체 무게와 건물에 영구적으로 고정되는 내외장,마감재의 무게.

live load 30psf(pound per square feet)

-활하중이 1평방피트(가로 1' X세로 1')당 30파운드(13.61kg)의 하중이 작용한다고 가정 했을 때 설계요건.

L/Δ=360(최대처짐허용길이)

-길이(L)을 360으로 나누었을때 처지는 최대허용길이.

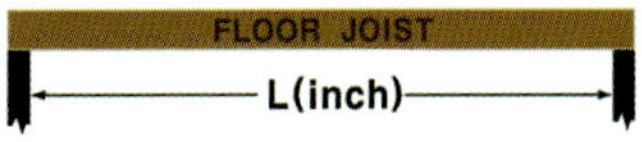

TABLE R502.3.1(1)

FLOOR JOIST SPANS FOR COMMON LUMBER SPECIES

(Residential sleeping areas, live load=30 psf, L/Δ=360)

JOIST SPACING (inches)	SPECIE AND GRADE		DEAD LOAD = 10 psf 2x6	2x8	2x10	2x12	DEAD LOAD = 20 psf 2x6	2x8	2x10	2x12
			Maximum floor joist spans							
			(ft.- in.)	(ft.- in.)	(ft.- in.)	(ft.- in.)	(ft.- in.)	(ft.- in.)	(ft.- in.)	(ft.- in.)
12	Douglas fir-larch	SS	12- 6	16- 6	21- 0	25- 7	12- 6	16- 6	21- 0	25- 7
	Douglas fir-larch	#1	12- 0	15-10	20- 3	24- 8	12- 0	15- 7	19- 0	22- 0
	Douglas fir-larch	#2	11-10	15- 7	19-10	23- 0	11- 6	14- 7	17- 9	20- 7
	Douglas fir-larch	#3	9- 8	12- 4	15- 0	17- 5	8- 8	11- 0	13- 5	15- 7
	Hem-fir	SS	11-10	15- 7	19-10	24- 2	11-10	15- 7	19-10	24- 2
	Hem-fir	#1	11- 7	15- 3	19- 5	23- 7	11- 7	15- 2	18- 6	21- 6
	Hem-fir	#2	11- 0	14- 6	18- 6	22- 6	11- 0	14- 4	17- 6	20- 4
	Hem-fir	#3	9- 8	12- 4	15- 0	17- 5	8- 8	11- 0	13- 5	15- 7
	Southern pine	SS	12- 3	16- 2	20- 8	25- 1	12- 3	16- 2	20- 8	25- 1
	Southern pine	#1	12- 0	15-10	20- 3	24- 8	12- 0	15-10	20- 3	24- 8
	Southern pine	#2	11-10	15- 7	19-10	18- 8	11-10	15- 7	18- 7	21- 9
	Southern pine	#3	10- 5	13- 3	15- 8	18- 8	9- 4	11-11	14- 0	16- 8
	Spruce-pine-fir	SS	11- 7	15- 3	19- 5	23- 7	11- 7	15- 3	19- 5	23- 7
	Spruce-pine-fir	#1	11- 3	14-11	19- 0	23- 0	11- 3	14- 7	17- 9	20- 7
	Spruce-pine-fir	#2	11- 3	14-11	19- 0	23- 0	11- 3	14- 7	17- 9	20- 7
	Spruce-pine-fir	#3	9- 8	12- 4	15- 0	17- 5	8- 8	11- 0	13- 5	15- 7
16	Douglas fir-larch	SS	11- 4	15- 0	19- 1	23- 3	11- 4	15- 0	19- 1	23 0
	Douglas fir-larch	#1	10-11	14- 5	18- 5	21- 4	10- 8	13- 6	16- 5	19- 1
	Douglas fir-larch	#2	10- 9	14- 1	17- 2	19-11	9-11	12- 7	15- 5	17-10
	Douglas fir-larch	#3	8- 5	10- 8	13- 0	15- 1	7- 6	9- 6	11- 8	13- 6
	Hem-fir	SS	10- 9	14- 2	18- 0	21-11	10- 9	14- 2	18- 0	21-11
	Hem-fir	#1	10- 6	13-10	17- 8	20- 9	10- 4	13- 1	16- 0	18- 7
	Hem-fir	#2	10- 0	13- 2	16-10	19- 8	9-10	12- 5	15- 2	17- 7
	Hem-fir	#3	8- 5	10- 8	13- 0	15- 1	7- 6	9- 6	11- 8	13- 6
	Southern pine	SS	11- 2	14- 8	18- 9	22-10	11- 2	14- 8	18- 9	22-10
	Southern pine	#1	10-11	14- 5	18- 5	22- 5	10-11	14- 5	17-11	21- 4
	Southern pine	#2	10- 9	14- 2	18- 0	21- 1	10- 5	13- 6	16- 1	18-10
	Southern pine	#3	9- 0	11- 6	13- 7	16- 2	8- 1	10- 3	12- 2	14- 6
	Spruce-pine-fir	SS	10- 6	13-10	17- 8	21- 6	10- 6	13-10	17- 8	21- 4
	Spruce-pine-fir	#1	10- 3	13- 6	17- 2	19-11	9-11	12- 7	15- 5	17-10
	Spruce-pine-fir	#2	10- 3	13- 6	17- 2	19-11	9-11	12- 7	15- 5	17-10
	Spruce-pine-fir	#3	8- 5	10- 8	13- 0	15- 1	7- 6	9- 6	11- 8	13- 6
19.2	Douglas fir-larch	SS	10- 8	14- 1	18- 0	21-10	10- 8	14- 1	18- 0	21- 0
	Douglas fir-larch	#1	10- 4	13- 7	16- 9	19- 6	9- 8	12- 4	15- 0	17- 5
	Douglas fir-larch	#2	10-1	12-10	15- 8	18- 3	9- 1	11- 6	14- 1	16- 3
	Douglas fir-larch	#3	7- 8	9- 9	11-10	13- 9	6-10	8- 8	10- 7	12- 4
	Hem-fir	SS	10- 1	13- 4	17- 0	20- 8	10- 1	13- 4	17- 0	20- 7
	Hem-fir	#1	9-10	13- 0	16- 4	19- 0	9- 6	12- 0	14- 8	17- 0
	Hem-fir	#2	9- 5	12- 5	15- 6	17-1	8-11	11- 4	13-10	16- 1
	Hem-fir	#3	7- 8	9- 9	11- 10	13- 9	6-10	8- 8	10- 7	12- 4
	Southern pine	SS	10- 6	13-10	17- 8	21- 6	10- 6	13-10	17- 8	21- 6
	Southern pine	#1	10- 4	13- 7	17- 4	21- 1	10- 4	13- 7	16- 4	19- 6
	Southern pine	#2	10- 1	13- 4	16- 5	19- 3	9- 6	12- 4	14- 8	17- 2
	Southern pine	#3	8- 3	10- 6	12- 5	14- 9	7- 4	9- 5	11- 1	13- 2
	Spruce-pine-fir	SS	9- 10	13- 0	16- 7	20- 2	9-10	13- 0	16- 7	19- 6
	Spruce-pine-fir	#1	9- 8	12- 9	15- 8	18- 3	9- 1	11- 6	14- 1	16- 3
	Spruce-pine-fir	#2	9- 8	12- 9	15- 8	18- 3	9- 1	11- 6	14- 1	16- 3
	Spruce-pine-fir	#3	7- 8	9- 9	11-10	13- 9	6-10	8- 8	10- 7	12- 4
24	Douglas fir-larch	SS	9-11	13- 1	16- 8	20- 3	9-11	13- 1	16- 2	18- 9
	Douglas fir-larch	#1	9- 7	12- 4	15- 0	17- 5	8- 8	11- 0	13- 5	15- 7
	Douglas fir-larch	#2	9- 1	11- 6	14- 1	16- 3	8- 1	10- 3	12- 7	14- 7
	Douglas fir-larch	#3	6-10	8- 8	10- 7	12- 4	6- 2	7- 9	9- 6	11- 0
	Hem-fir	SS	9- 4	12- 4	15- 9	19- 2	9- 4	12- 4	15- 9	18- 5
	Hem-fir	#1	9- 2	12- 0	14- 8	17- 0	8- 6	10- 9	13- 1	15- 2
	Hem-fir	#2	8- 9	11- 4	13-10	16- 1	8- 0	10- 2	12- 5	14- 4
	Hem-fir	#3	6-10	8- 8	10- 7	12- 4	6- 2	7- 9	9- 6	11- 0
	Southern pine	SS	9- 9	12-10	16- 5	19-11	9- 9	12-10	16- 5	19-11
	Southern pine	#1	9- 7	12- 7	16- 1	19- 6	9- 7	12- 4	14- 7	17- 5
	Southern pine	#2	9- 4	12- 4	14- 8	17- 2	8- 6	11- 0	13- 1	15- 5
	Southern pine	#3	7- 4	9- 5	11- 1	13- 2	6- 7	8- 5	9-11	11-10
	Spruce-pine-fir	SS	9- 2	12- 1	15- 5	18- 9	9- 2	12- 1	15- 0	17- 5
	Spruce-pine-fir	#1	8-11	11- 6	14- 1	16- 3	8- 1	10- 3	12- 7	14- 7
	Spruce-pine-fir	#2	8-11	11- 6	14- 1	16- 3	8- 1	10- 3	12- 7	14- 7
	Spruce-pine-fir	#3	6-10	8- 8	10- 7	12- 4	6- 2	7- 9	9- 6	11- 0

❷ 바닥장선표

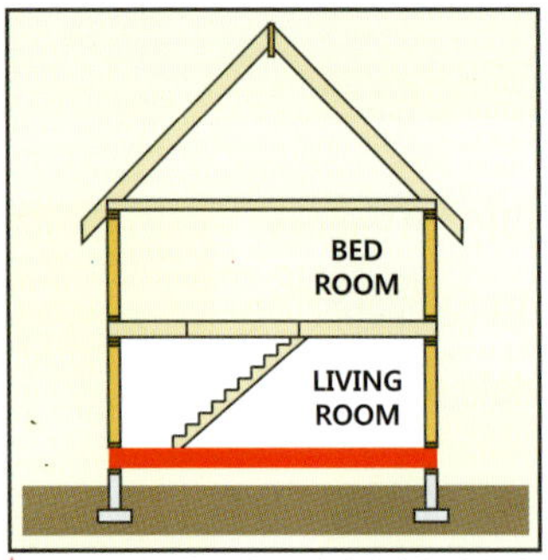

(일반제재목을 사용한 바닥장선용 경간거리)

***Live Load(활하중)**

-건물을사용함으로써 구조물에 발생하는 움직임이나 움직일수 있는 모든 사물이나 사람의 무게를 합한 무게.

***Dead Load(고정하중)**

-수직 아래방향으로 작용하는 구조물 자체 무게와 건물에 영구적으로 고정되는 내외장,마감재의 무게.

live load 40psf(pound per square feet)

-활하중이 1평방피트(가로 1' X세로 1')당 40파운드(18.14kg)의 하중이 작용한다고 가정 했을 때 설계요건.

L/Δ=360(최대처짐허용길이)

-길이(L)을 360으로 나누었을때 처지는 최대허용길이.

TABLE R502.3.1(2)

FLOOR JOIST SPANS FOR COMMON LUMBER SPECIES

(Residential living areas, live load=40 psf, L/Δ=360)

		DEAD LOAD = 10 psf				DEAD LOAD = 20 psf			
		2x6	2x8	2x10	2x12	2x6	2x8	2x10	2x12
		Maximum floor joist spans							
JOIST SPACING (inches)	SPECIE AND GRADE	(ft.- in.)	(ft.- in.)	(ft.- in.)	(ft.- in.)	(ft.- in.)	(ft.- in.)	(ft.- in.)	(ft.- in.)
12	Douglas fir-larch SS	11-4	15-0	19-1	23-3	11-4	15-0	19-1	23-3
	Douglas fir-larch #1	10-11	14-5	18-5	22-0	10-11	14-2	17-4	20-1
	Douglas fir-larch #2	10-9	14-2	17-9	20-7	10-6	13-3	16-3	18-10
	Douglas fir-larch #3	8-8	11-0	13-5	15-7	7-11	10-0	12-3	14-3
	Hem-fir SS	10-9	14-2	18-0	21-11	10-9	14-2	18-0	21-11
	Hem-fir #1	10-6	13-10	17-8	21-6	10-6	13-10	16-11	19-7
	Hem-fir #2	10-0	13-2	16-10	20-4	10-0	13-1	16-0	18-6
	Hem-fir #3	8-8	11-0	13-5	15-7	7-11	10-0	12-3	14-3
	Southern pine SS	11-2	14-8	18-9	22-10	11-2	14-8	18-9	22-10
	Southern pine #1	10-11	14-5	18-5	22-5	10-11	14-5	18-5	22-5
	Southern pine #2	10-9	14-2	18-0	21-9	10-9	14-2	16-11	19-10
	Southern pine #3	9-4	11-11	14-0	16-8	8-6	10-10	12-10	15-3
	Spruce-pine-fir SS	10-6	13-10	17-8	21-6	10-6	13-10	17-8	21-6
	Spruce-pine-fir #1	10-3	13-6	17-3	20-7	10-3	13-3	16-3	18-10
	Spruce-pine-fir #2	10-3	13-6	17-3	20-7	10-3	13-3	16-3	18-10
	Spruce-pine-fir #3	8-8	11-0	13-5	15-7	7-11	10-0	12-3	14-3
16	Douglas fir-larch SS	10-4	13-7	17-4	21-1	10-4	13-7	17-4	21-0
	Douglas fir-larch #1	9-11	13-1	16-5	19-1	9-8	12-4	15-0	17-5
	Douglas fir-larch #2	9-9	12-7	15-5	17-10	9-1	11-6	14-1	16-3
	Douglas fir-larch #3	7-6	9-6	11-8	13-6	6-10	8-8	10-7	12-4
	Hem-fir SS	9-9	12-10	16-5	19-11	9-9	12-10	16-5	19-11
	Hem-fir #1	9-6	12-7	16-0	18-7	9-6	12-0	14-8	17-0
	Hem-fir #2	9-1	12-0	15-2	17-7	8-11	11-4	13-10	16-1
	Hem-fir #3	7-6	9-6	11-8	13-6	6-10	8-8	10-7	12-4
	Southern pine SS	10-2	13-4	17-0	20-9	10-2	13-4	17-0	20-9
	Southern pine #1	9-11	13-1	16-9	20-4	9-11	13-1	16-4	19-6
	Southern pine #2	9-9	12-10	16-1	18-10	9-6	12-4	14-8	17-2
	Southern pine #3	8-1	10-3	12-2	14-6	7-4	9-5	11-1	13-2
	Spruce-pine-fir SS	9-6	12-7	16-0	19-6	9-6	12-7	16-0	19-6
	Spruce-pine-fir #1	9-4	12-3	15-5	17-10	9-1	11-6	14-1	16-3
	Spruce-pine-fir #2	9-4	12-3	15-5	17-10	9-1	11-6	14-1	16-3
	Spruce-pine-fir #3	7-6	9-6	11-8	13-6	6-10	8-8	10-7	12-4
19.2	Douglas fir-larch SS	9-8	12-10	16-4	19-10	9-8	12-10	16-4	19-2
	Douglas fir-larch #1	9-4	12-4	15-0	17-5	8-10	11-3	13-8	15-11
	Douglas fir-larch #2	9-1	11-6	14-1	16-3	8-3	10-6	12-10	14-10
	Douglas fir-larch #3	6-10	8-8	10-7	12-4	6-3	7-11	9-8	11-3
	Hem-fir SS	9-2	12-1	15-5	18-9	9-2	12-1	15-5	18-9
	Hem-fir #1	9-0	11-10	14-8	17-0	8-8	10-11	13-4	15-6
	Hem-fir #2	8-7	11-3	13-10	16-1	8-2	10-4	12-8	14-8
	Hem-fir #3	6-10	8-8	10-7	12-4	6-3	7-11	9-8	11-3
	Southern pine SS	9-6	12-7	16-0	19-6	9-6	12-7	16-0	19-6
	Southern pine #1	9-4	12-4	15-9	19-2	9-4	12-4	14-11	17-9
	Southern pine #2	9-2	12-1	14-8	17-2	8-8	11-3	13-5	15-8
	Southern pine #3	7-4	9-5	11-1	13-2	6-9	8-7	10-1	12-1
	Spruce-pine-fir SS	9-0	11-10	15-1	18-4	9-0	11-10	15-1	17-9
	Spruce-pine-fir #1	8-9	11-6	14-1	16-3	8-3	10-6	12-10	14-10
	Spruce-pine-fir #2	8-9	11-6	14-1	16-3	8-3	10-6	12-10	14-10
	Spruce-pine-fir #3	6-10	8-8	10-7	12-4	6-3	7-11	9-8	11-3
24	Douglas fir-larch SS	9-0	11-11	15-2	18-5	9-0	11-11	14-9	17-1
	Douglas fir-larch #1	8-8	11-0	13-5	15-7	7-11	10-0	12-3	14-3
	Douglas fir-larch #2	8-1	10-3	12-7	14-7	7-5	9-5	11-6	13-4
	Douglas fir-larch #3	6-2	7-9	9-6	11-0	5-7	7-1	8-8	10-1
	Hem-fir SS	8-6	11-3	14-4	17-5	8-6	11-3	14-4	16-10[a]
	Hem-fir #1	8-4	10-9	13-1	15-2	7-9	9-9	11-11	13-10
	Hem-fir #2	7-11	10-2	12-5	14-4	7-4	9-3	11-4	13-1
	Hem-fir #3	6-2	7-9	9-6	11-0	5-7	7-1	8-8	10-1
	Southern pine SS	8-10	11-8	14-11	18-1	8-10	11-8	14-11	18-1
	Southern pine #1	8-8	11-5	14-7	17-5	8-8	11-3	13-4	15-11
	Southern pine #2	8-6	11-0	13-1	15-5	7-9	10-0	12-0	14-0
	Southern pine #3	6-7	8-5	9-11	11-10	6-0	7-8	9-1	10-9
	Spruce-pine-fir SS	8-4	11-0	14-0	17-0	8-4	11-0	13-8	15-11
	Spruce-pine-fir #1	8-1	10-3	12-7	14-7	7-5	9-5	11-6	13-4
	Spruce-pine-fir #2	8-1	10-3	12-7	14-7	7-5	9-5	11-6	13-4
	Spruce-pine-fir #3	6-2	7-9	9-6	11-0	5-7	7-1	8-8	10-1

❶ 천장장선표

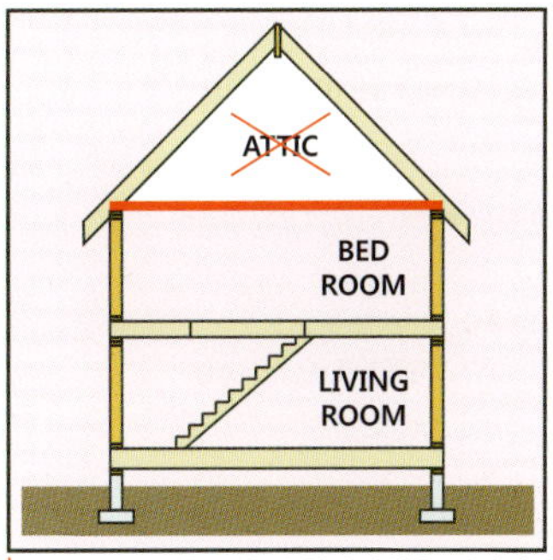

(일반제재목을 사용한 천장장선용 경간거리)

***Live Load(활하중)**

-건물을사용함으로써 구조물에 발생하는 움직임이나 움직일수 있는 모든 사물이나 사람의 무게를 합한 무게.

***Dead Load(고정하중)**

-수직 아래방향으로 작용하는 구조물 자체 무게와 건물에 영구적으로 고정되는 내외장,마감재의 무게.

live load 10psf(pound per square feet)

-활하중이 1평방피트(가로 1' X세로 1')당 10파운드(4.54kg)의 하중이 작용한다고 가정 했을 때 설계요건.

L/Δ=240(최대처짐허용길이)
-길이(L)을 240으로 나누었을때 처지는 최대허용길이.

TABLE R802.4(1)
CEILING JOIST SPANS FOR COMMON LUMBER SPECIES
(Uninhabitable attics without storage, live load=10 psf, L/Δ = 240)

CEILING JOIST SPACING (inches)	SPECIE AND GRADE	DEAD LOAD = 5 psf			
		2x4	2x6	2x8	2x10
		Maximum ceiling joist spans			
		(feet - inches)	(feet - inches)	(feet - inches)	(feet - inches)
12	Douglas fir-larch SS	13-2	20-8	Note[a]	Note[a]
	Douglas fir-larch #1	12-8	19-11	Note[a]	Note[a]
	Douglas fir-larch #2	12-5	19-6	25-8	Note[a]
	Douglas fir-larch #3	10-10	15-10	20-1	24-6
	Hem-fir SS	12-5	19-6	25-8	Note[a]
	Hem-fir #1	12-2	19-1	25-2	Note[a]
	Hem-fir #2	11-7	18-2	24-0	Note[a]
	Hem-fir #3	10-10	15-10	20-1	24-6
	Southern pine SS	12-11	20-3	Note[a]	Note[a]
	Southern pine #1	12-8	19-11	Note[a]	Note[a]
	Southern pine #2	12-5	19-6	25-8	Note[a]
	Southern pine #3	11-6	17-0	21-8	25-7
	Spruce-pine-fir SS	12-2	19-1	25-2	Note[a]
	Spruce-pine-fir #1	11-10	18-8	24-7	Note[a]
	Spruce-pine-fir #2	11-10	18-8	24-7	Note[a]
	Spruce-pine-fir #3	10-10	15-10	20-1	24-6
16	Douglas fir-larch SS	11-11	18-9	24-8	Note[a]
	Douglas fir-larch #1	11-6	18-1	23-10	Note[a]
	Douglas fir-larch #2	11-3	17-8	23-0	Note[a]
	Douglas fir-larch #3	9-5	13-9	17-5	21-3
	Hem-fir SS	11-3	17-8	23-4	Note[a]
	Hem-fir #1	11-0	17-4	22-10	Note[a]
	Hem-fir #2	10-6	16-6	21-9	Note[a]
	Hem-fir #3	9-5	13-9	17-5	21-3
	Southern pine SS	11-9	18-5	24-3	Note[a]
	Southern pine #1	11-6	18-1	23-1	Note[a]
	Southern pine #2	11-3	17-8	23-4	Note[a]
	Southern pine #3	10-0	14-9	18-9	22- 2
	Spruce-pine-fir SS	11-0	17-4	22-10	Note[a]
	Spruce-pine-fir #1	10-9	16-11	22- 4	Note[a]
	Spruce-pine-fir #2	10-9	16-11	22- 4	Note[a]
	Spruce-pine-fir #3	9-5	13-9	17-5	21-3
19.2	Douglas fir-larch SS	11-3	17-8	23-3	Note[a]
	Douglas fir-larch #1	10-10	17-0	22-5	Note[a]
	Douglas fir-larch #2	10-7	16-7	21-0	25-8
	Douglas fir-larch #3	8-7	12-6	15-10	19-5
	Hem-fir SS	10-7	16-8	21-11	Note[a]
	Hem-fir #1	10-4	16-4	21-6	Note[a]
	Hem-fir #2	9-11	15-7	20-6	25-3
	Hem-fir #3	8-7	12-6	15-10	19-5
	Southern -pine SS	11-0	17-4	22-10	Note[a]
	Southern pine #1	10-10	17-0	22-5	Note[a]
	Southern pine #2	10-7	16-8	21-11	Note[a]
	Southern pine #3	9-1	13-6	17-2	20-3
	Spruce-pine-fir SS	10-4	16-4	21-6	Note[a]
	Spruce-pine-fir #1	10-2	15-11	21-0	25-8
	Spruce-pine-fir #2	10-2	15-11	21-0	25-8
	Spruce-pine-fir #3	8-7	12-6	15-10	19-5
24	Douglas fir-larch SS	10-5	16-4	21-7	Note[a]
	Douglas fir-larch #1	10-0	15-9	20-1	24-6
	Douglas fir-larch #2	9-10	14-10	18-9	22-11
	Douglas fir-larch #3	7-8	11-2	14-2	17-4
	Hem-fir SS	9-10	15-6	20-5	Note[a]
	Hem-fir #1	9-8	15-2	19-7	23-11
	Hem-fir #2	9-2	14-5	18-6	22-7
	Hem-fir #3	7-8	11-2	14-2	17-4
	Southern pine SS	10-3	16-1	21-2	Note[a]
	Southern pine #1	10-0	15-9	20-10	Note[a]
	Southern pine #2	9-10	15-6	20-1	23-11
	Southern pine #3	8-2	12-0	15-4	18-1
	Spruce-pine-fir SS	9-8	15-2	19-11	25-5
	Spruce-pine-fir #1	9-5	14-9	18-9	22-11
	Spruce-pine-fir #2	9-5	14-9	18-9	22-11
	Spruce-pine-fir #3	7-8	11-2	14-2	17-4

❷ 천장장선표

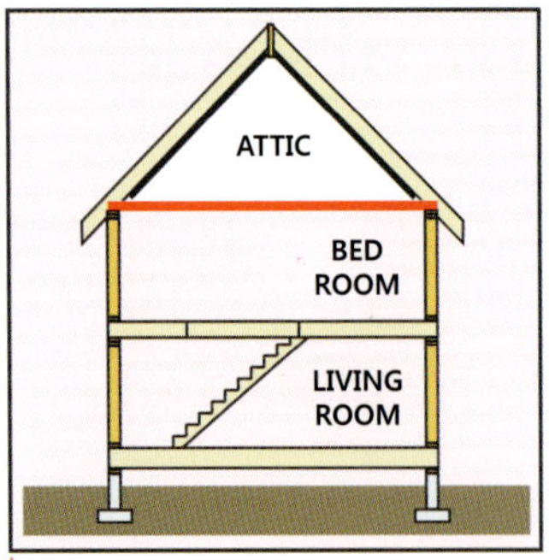

(일반제재목을 사용한 천장장선용 경간거리)

•Live Load(활하중)

-건물을사용함으로써 구조물에 발생하는 움직임이나 움직일수 있는 모든 사물이나 사람의 무게를 합한 무게.

•Dead Load(고정하중)

-수직 아래방향으로 작용하는 구조물 자체 무게와 건물에 영구적으로 고정되는 내외장,마감재의 무게.

live load 20psf(pound per square feet)

-활하중이 1평방피트(가로 1' X세로 1')당 20파운드(9.08kg)의 하중이 작용한다고 가정 했을 때 설계요건.

L/Δ=240(최대처짐허용길이)

-길이(L)을 240으로 나누었을때 처지는 최대허용길이.

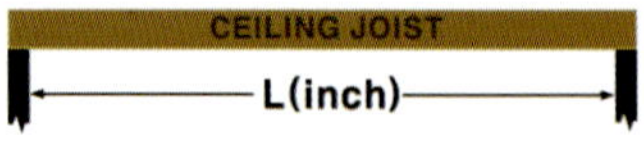

TABLE R802.4(2)
CEILING JOIST SPANS FOR COMMON LUMBER SPECIES
(Uninhabitable attics with limited storage, live load = 20 psf, L/Δ = 240)

CEILING JOIST SPACING (inches)	SPECIE AND GRADE	DEAD LOAD = 10 psf			
		2x4	2x6	2x8	2x10
		Maximum ceiling joist spans			
		(feet - inches)	(feet - inches)	(feet - inches)	(feet - inches)
12	Douglas fir-larch SS	10-5	16-4	21-7	Note[a]
	Douglas fir-larch #1	10-0	15-9	20-1	24-6
	Douglas fir-larch #2	9-10	14-10	18-9	22-11
	Douglas fir-larch #3	7-8	11-2	14-2	17-4
	Hem-fir SS	9-10	15-6	20-5	Note[a]
	Hem-fir #1	9-8	15-2	19-7	23-11
	Hem-fir #2	9-2	14-5	18-6	22-7
	Hem-fir #3	7-8	11-2	14-2	17-4
	Southern pine SS	10-3	16-1	21-2	Note[a]
	Southern pine #1	10-0	15-9	20-10	Note[a]
	Southern pine #2	9-10	15-6	20-1	23-11
	Southern pine #3	8-2	12-0	15-4	18-1
	Spruce-pine-fir SS	9-8	15-2	19-11	25-5
	Spruce-pine-fir #1	9-5	14-9	18-9	22-11
	Spruce-pine-fir #2	9-5	14-9	18-9	22-11
	Spruce-pine-fir #3	7-8	11-2	14-2	17-4
16	Douglas fir-larch SS	9-6	14-11	19-7	25-0
	Douglas fir-larch #1	9-1	13-9	17-5	21-3
	Douglas fir-larch #2	8-9	12-10	16-3	19-10
	Douglas fir-larch #3	6-8	9-8	12-4	15-0
	Hem-fir SS	8-11	14-1	18-6	23-8
	Hem-fir #1	8-9	13-5	16-10	20-8
	Hem-fir #2	8-4	12-8	16-0	19-7
	Hem-fir #3	6-8	9-8	12-4	15-0
	Southern pine SS	9-4	14-7	19-3	24-7
	Southern pine #1	9-1	14-4	18-11	23-1
	Southern pine #2	8-11	13-6	17-5	20-9
	Southern pine #3	7-1	10-5	13-3	15-8
	Spruce-pine-fir SS	8-9	13-9	18-1	23-1
	Spruce-pine-fir #1	8-7	12-10	16-3	19-10
	Spruce-pine-fir #2	8-7	12-10	16-3	19-10
	Spruce-pine-fir #3	6-8	9-8	12-4	15-0
19.2	Douglas fir-larch SS	8-11	14-0	18-5	23-4
	Douglas fir-larch #1	8-7	12-6	15-10	19-5
	Douglas fir-larch #2	8-0	11-9	14-10	18-2
	Douglas fir-larch #3	6-1	8-10	11-3	13-8
	Hem-fir SS	8-5	13-3	17-5	22-3
	Hem-fir #1	8-3	12-3	15-6	18-11
	Hem-fir #2	7-10	11-7	14-8	17-10
	Hem-fir #3	6-1	8-10	11-3	13-8
	Southern pine SS	8-9	13-9	18-1	23-1
	Southern pine #1	8-7	13-6	17-9	21-1
	Southern pine #2	8-5	12-3	15-10	18-11
	Southern pine #3	6-5	9-6	12-1	14-4
	Spruce-pine-fir SS	8-3	12-11	17-1	21-8
	Spruce-pine-fir #1	8-0	11-9	14-10	18-2
	Spruce-pine-fir #2	8-0	11-9	14-10	18-2
	Spruce-pine-fir #3	6-1	8-10	11-3	13-8
24	Douglas fir-larch SS	8-3	13-0	17-1	20-11
	Douglas fir-larch #1	7-8	11-2	14-2	17-4
	Douglas fir-larch #2	7-2	10-6	13-3	16-3
	Douglas fir-larch #3	5-5	7-11	10-0	12-3
	Hem-fir SS	7-10	12-3	16-2	20-6
	Hem-fir #1	7-6	10-11	13-10	16-11
	Hem-fir #2	7-1	10-4	13-1	16-0
	Hem-fir #3	5-5	7-11	10-0	12-3
	Southern pine SS	8-1	12-9	16-10	21-6
	Southern pine #1	8-0	12-6	15-10	18-10
	Southern pine #2	7-8	11-0	14-2	16-11
	Southern pine #3	5-9	8-6	10-10	12-10
	Spruce-pine-fir SS	7-8	12-0	15-10	19-5
	Spruce-pine-fir #1	7-2	10-6	13-3	16-3
	Spruce-pine-fir #2	7-2	10-6	13-3	16-3
	Spruce-pine-fir #3	5-5	7-11	10-0	12-3

❶ 서까래표

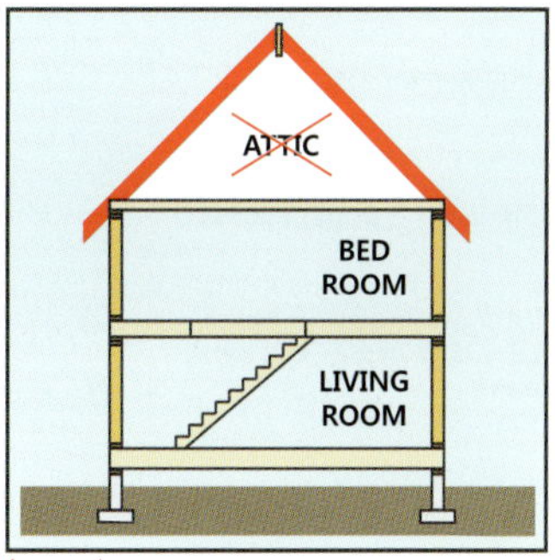

(일반제재목을 사용한 서까래용 경간거리)

***Live Load(활하중)**

-건물을사용함으로써 구조물에 발생하는 움직임이나 움직일수 있는 모든 사물이나 사람의 무게를 합한 무게.

***Dead Load(고정하중)**

-수직 아래방향으로 작용하는 구조물 자체 무게와 건물에 영구적으로 고정되는 내외장,마감재의 무게.

Roof live load = 20psf(pound per square feet)

-지붕활하중이 1평방피트(가로 1' X세로 1')당 20파운드(9.07kg)의 하중이 작용한다고 가정 했을 때 설계요건.

L/Δ=180(최대처짐허용길이)

-길이(L)을 180으로 나누었을때 처지는 최대허용길이.

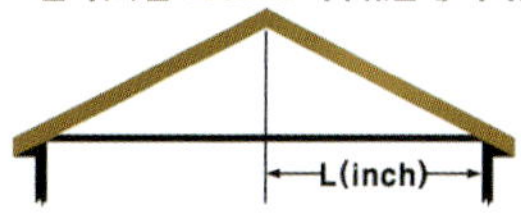

TABLE R802.5.1(1)
RAFTER SPANS FOR COMMON LUMBER SPECIES
(Roof live load=20 psf, ceiling not attached to rafters, L/Δ=180)

RAFTER SPACING (inches)	SPECIE AND GRADE		DEAD LOAD = 10 psf					DEAD LOAD = 20 psf				
			2x4	2x6	2x8	2x10	2x12	2x4	2x6	2x8	2x10	2x12
			Maximum rafter spans[a]									
			(feet - inches)	(feet - inches)	(feet - inches)	(feet - inches)	(feet - inches)	(feet - inches)	(feet - inches)	(feet - inches)	(feet - inches)	(feet - inches)
12	Douglas fir-larch	SS	11-6	18-0	23-9	Note[b]	Note[b]	11-6	18-0	23-5	Note[b]	Note[b]
	Douglas fir-larch	#1	11-1	17-4	22-5	Note[b]	Note[b]	10-6	15-4	19-5	23-9	Note[b]
	Douglas fir-larch	#2	10-10	16-7	21-0	25-8	Note[b]	9-10	14-4	18-2	22-3	25-9
	Douglas fir-larch	#3	8-7	12-6	15-10	19-5	22-6	7-5	10-10	13-9	16-9	19-6
	Hem-fir	SS	10-10	17-0	22-5	Note[b]	Note[b]	10-10	17-0	22-5	Note[b]	Note[b]
	Hem-fir	#1	10-7	16-8	21-10	Note[b]	Note[b]	10-3	14-11	18-11	23-2	Note[b]
	Hem-fir	#2	10-1	15-11	20-8	25-3	Note[b]	9-8	14-2	17-11	21-11	25-5
	Hem-fir	#3	8-7	12-6	15-10	19-5	22-6	7-5	10-10	13-9	16-9	19-6
	Southern pine	SS	11-3	17-8	23-4	Note[b]	Note[b]	11-3	17-8	23-4	Note[b]	Note[b]
	Southern pine	#1	11-1	17-4	22-11	Note[b]	Note[b]	11-1	17-3	21-9	25-10	Note[b]
	Southern pine	#2	10-10	17-0	22-5	Note[b]	Note[b]	10-6	15-1	19-5	23-2	Note[b]
	Southern pine	#3	9-1	13-6	17-2	20-3	24-1	7-11	11-8	14-10	17-6	20-11
	Spruce-pine-fir	SS	10-7	16-8	21-11	Note[b]	Note[b]	10-7	16-8	21-9	Note[b]	Note[b]
	Spruce-pine-fir	#1	10-4	16-3	21-0	25-8	Note[b]	9-10	14-4	18-2	22-3	25-9
	Spruce-pine-fir	#2	10-4	16-3	21-0	25-8	Note[b]	9-10	14-4	18-2	22-3	25-9
	Spruce-pine-fir	#3	8-7	12-6	15-10	19-5	22-6	7-5	10 10	13-9	16-9	19-6
16	Douglas fir-larch	SS	10-5	16-4	21-7	Note[b]	Note[b]	10-5	16-0	20-3	24-9	Note[b]
	Douglas fir-larch	#1	10-0	15-4	19-5	23-9	Note[b]	9-1	13-3	16-10	20-7	23-10
	Douglas fir-larch	#2	9-10	14-4	18-2	22-3	25-9	8-6	12-5	15-9	19-3	22-4
	Douglas fir-larch	#3	7-5	10-10	13-9	16-9	19-6	6-5	9-5	11-11	14-6	16-10
	Hem-fir	SS	9-10	15-6	20-5	Note[b]	Note[b]	9-10	15-6	19-11	24-4	Note[b]
	Hem-fir	#1	9-8	14-11	18-11	23-2	Note[b]	8-10	12-11	16-5	20-0	23-3
	Hem-fir	#2	9-2	14-2	17-11	21-11	25-5	8-5	12-3	15-6	18-11	22-0
	Hem-fir	#3	7-5	10-10	13-9	16-9	19-6	6-5	9-5	11-11	14-6	16-10
	Southern pine	SS	10-3	16-1	21-2	Note[b]	Note[b]	10-3	16-1	21-2	Note[b]	Note[b]
	Southern pine	#1	10-0	15-9	20-10	25-10	Note[b]	10-0	15-0	18-10	22-4	Note[b]
	Southern pine	#2	9-10	15-1	19-5	23-2	Note[b]	9-1	13-0	16-10	20-1	23-7
	Southern pine	#3	7-11	11-8	14-10	17-6	20-11	6-10	10-1	12-10	15-2	18-1
	Spruce-pine-fir	SS	9-8	15-2	19-11	25-5	Note[b]	9-8	14-10	18-10	23-0	Note[b]
	Spruce-pine-fir	#1	9 5	14-4	18-2	22-3	25-9	8-6	12-5	15-9	19-3	22-4
	Spruce-pine-fir	#2	9-5	14-4	18-2	22-3	25-9	8-6	12-5	15-9	19-3	22-4
	Spruce-pine-fir	#3	7-5	10-10	13-9	16-9	19-6	6-5	9-5	11-11	14-6	16-10
19.2	Douglas fir-larch	SS	9-10	15-5	20-4	25-11	Note[b]	9-10	14-7	18-6	22-7	Note[b]
	Douglas fir-larch	#1	9-5	14-0	17-9	21-8	25-2	8-4	12-2	15-4	18-9	21- 9
	Douglas fir-larch	#2	8-11	13-1	16-7	20-3	23-6	7-9	11-4	14-4	17-7	20- 4
	Douglas fir-larch	#3	6-9	9-11	12-7	15-4	17-9	5-10	8-7	10-10	13-3	15- 5
	Hem-fir	SS	9-3	14-7	19-2	24-6	Note[b]	9-3	14-4	18-2	22-3	25- 9
	Hem-fir	#1	9-1	13-8	17-4	21-1	24-6	8-1	11-10	15-0	18-4	21- 3
	Hem-fir	#2	8-8	12-11	16-4	20-0	23-2	7-8	11-2	14-2	17-4	20- 1
	Hem-fir	#3	6-9	9-11	12-7	15-4	17-9	5-10	8-7	10-10	13-3	15- 5
	Southern pine	SS	9-8	15-2	19-11	25-5	Note[b]	9-8	15-2	19-11	25-5	Note[b]
	Southern pine	#1	9-5	14-10	19-7	23-7	Note[b]	9-3	13-8	17-2	20-5	24- 4
	Southern pine	#2	9-3	13-9	17-9	21-2	24-10	8-4	11-11	15-4	18-4	21- 6
	Southern pine	#3	7-3	10-8	13-7	16-0	19-1	6-3	9-3	11-9	13-10	16- 6
	Spruce-pine-fir	SS	9-1	14-3	18-9	23-11	Note[b]	9-1	13-7	17-2	21-0	24- 4
	Spruce-pine-fir	#1	8-10	13-1	16-7	20-3	23-6	7-9	11-4	14-4	17-7	20- 4
	Spruce-pine-fir	#2	8-10	13-1	16-7	20-3	23-6	7-9	11-4	14-4	17-7	20- 4
	Spruce-pine-fir	#3	6-9	9-11	12-7	15-4	17-9	5-10	8-7	10-10	13-3	15- 5
24	Douglas fir-larch	SS	9-1	14-4	18-10	23-4	23-4	8-11	13-1	16-7	20-3	23-5
	Douglas fir-larch	#1	8-7	12-6	15-10	19-5	19-5	7-5	10-10	13-9	16-9	19-6
	Douglas fir-larch	#2	8-0	11-9	14-10	18-2	18-2	6-11	10-2	12-10	15-8	18-3
	Douglas fir-larch	#3	6-1	8-10	11-3	13-8	13-8	5-3	7-8	9-9	11-10	13-9
	Hem-fir	SS	8-7	13-6	17-10	22-9	22-9	8-7	12-10	16-3	19-10	23-0
	Hem-fir	#1	8-4	12-3	15-6	18-11	18-11	7-3	10-7	13-5	16-4	19-0
	Hem-fir	#2	7-11	11-7	14-8	17-10	17-10	6-10	10-0	12-8	15-6	17-11
	Hem-fir	#3	6-1	8-10	11-3	13-8	13-8	5-3	7-8	9-9	11-10	13-9
	Southern pine	SS	8-11	14-1	18-6	23-8	23-8	8-11	14-1	18-6	22-11	Note[b]
	Southern pine	#1	8-9	13-9	17-9	21-1	21-1	8-3	12-3	15-4	18-3	21-9
	Southern pine	#2	8-7	12-3	15-10	18-11	18-11	7-5	10-8	13-9	16-5	19-3
	Southern pine	#3	6-5	9-6	12-1	14-4	14-4	5-7	8-3	10-6	12-5	14-9
	Spruce-pine-fir	SS	8-5	13-3	17-5	21-8	21-8	8-4	12-2	15-4	18-9	21-9
	Spruce-pine-fir	#1	8-0	11-9	14-10	18-2	18-2	6-11	10-2	12-10	15-8	18-3
	Spruce-pine-fir	#2	8-0	11-9	14-10	18-2	18-2	6-11	10-2	12-10	15-8	18-3
	Spruce-pine-fir	#3	6-1	8-10	11-3	13-8	13-8	5-3	7-8	9-9	11-10	13-9

❷ 서까래표

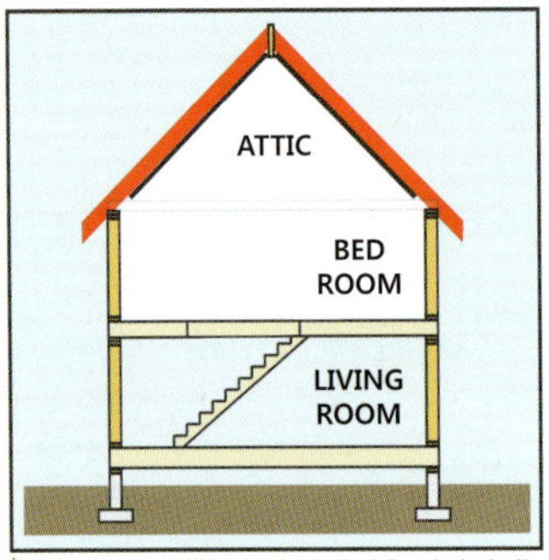

(일반제재목을 사용한 서까래용 경간거리)

***Live Load(활하중)**

-건물을사용함으로써 구조물에 발생하는 움직임이나 움직일수 있는 모든 사물이나 사람의 무게를 합한 무게.

***Dead Load(고정하중)**

-수직 아래방향으로 작용하는 구조물 자체 무게와 건물에 영구적으로 고정되는 내외장,마감재의 무게.

Roof live load = 20psf(pound per square feet)

-지붕활하중이 1평방피트(가로 1' X세로 1')당 20파운드(9.07kg)의 하중이 작용한다고 가정 했을 때 설계요건.

L/Δ=240(최대처짐허용길이)

-길이(L)을 240으로 나누었을때 처지는 최대허용길이.

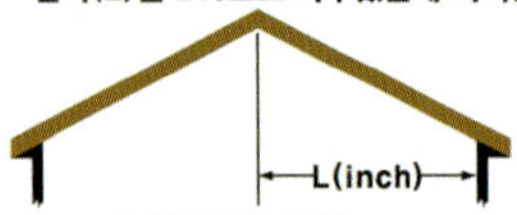

TABLE R802.5.1(2)
RAFTER SPANS FOR COMMON LUMBER SPECIES
(Roof live load=20 psf, ceiling attached to rafters, L/Δ=240)

RAFTER SPACING (inches)	SPECIE AND GRADE	DEAD LOAD = 10 psf					DEAD LOAD = 20 psf				
		2x4	2x6	2x8	2x10	2x12	2x4	2x6	2x8	2x10	2x12
		Maximum rafter spans[a]									
		(feet - inches)	(feet - inches)	(feet - inches)	(feet - inches)	(feet - inches)	(feet - inches)	(feet - inches)	(feet - inches)	(feet - inches)	(feet - inches)
12	Douglas fir-larch SS	10-5	16-4	21-7	Note[b]	Note[b]	10-5	16-4	21-7	Note[b]	Note[b]
	Douglas fir-larch #1	10-0	15-9	20-10	Note[b]	Note[b]	10-0	15-4	19-5	23-9	Note[b]
	Douglas fir-larch #2	9-10	15-6	20-5	25-8	Note[b]	9-10	14-4	18-2	22-3	25-9
	Douglas fir-larch #3	8-7	12-6	15-10	19-5	22-6	7-5	10-10	13-9	16-9	19-6
	Hem-fir SS	9-10	15-6	20-5	Note[b]	Note[b]	9-10	15-6	20-5	Note[b]	Note[b]
	Hem-fir #1	9-8	15-2	19-11	25-5	Note[b]	9-8	14-11	18-11	23-2	Note[b]
	Hem-fir #2	9-2	14-5	19-0	24-3	Note[b]	9-2	14-2	17-11	21-11	25-5
	Hem-fir #3	8-7	12-6	15-10	19-5	22-6	7-5	10-10	13-9	16-9	19-6
	Southern pine SS	10-3	16-1	21-2	Note[b]	Note[b]	10-3	16-1	21-2	Note[b]	Note[b]
	Southern pine #1	10-0	15-9	20-10	Note[b]	Note[b]	10-0	15-9	20-10	25-10	Note[b]
	Southern pine #2	9-10	15-6	20-5	Note[b]	Note[b]	9-10	15-1	19-5	23-2	Note[b]
	Southern pine #3	9-1	13-6	17-2	20-3	24-1	7-11	11-8	14-10	17-6	20-11
	Spruce-pine-fir SS	9-8	15-2	19-11	25-5	Note[b]	9-8	15-2	19-11	25-5	Note[b]
	Spruce-pine-fir #1	9-5	14-9	19-6	24-10	Note[b]	9-5	14-4	18-2	22-3	25-9
	Spruce-pine-fir #2	9-5	14-9	19-6	24-10	Note[b]	9-5	14-4	18-2	22-3	25-9
	Spruce-pine-fir #3	8-7	12-6	15-10	19-5	22-6	7-5	10-10	13-9	16-9	19-6
16	Douglas fir-larch SS	9-6	14-11	19-7	25-0	Note[b]	9-6	14-11	19-7	24-9	Note[b]
	Douglas fir-larch #1	9-1	14-4	18-11	23-9	Note[b]	9-1	13-3	16-10	20-7	23-10
	Douglas fir-larch #2	8-11	14-1	18-2	22-3	25-9	8-6	12-5	15-9	19-3	22-4
	Douglas fir-larch #3	7-5	10-10	13-9	16-9	19-6	6-5	9-5	11-11	14-6	16-10
	Hem-fir SS	8-11	14-1	18-6	23-8	Note[b]	8-11	14-1	18-6	23-8	Note[b]
	Hem-fir #1	8-9	13-9	18-1	23-1	Note[b]	8-9	12-11	16-5	20-0	23-3
	Hem-fir #2	8-4	13-1	17-3	21-11	25-5	8-4	12-3	15-6	18-11	22-0
	Hem-fir #3	7-5	10-10	13-9	16-9	19-6	6-5	9-5	11-11	14-6	16-10
	Southern pine SS	9-4	14-7	19-3	24-7	Note[b]	9-4	14-7	19-3	24-7	Note[b]
	Southern pine #1	9-1	14-4	18-11	24-1	Note[b]	9-1	14-4	18-10	22-4	Note[b]
	Southern pine #2	8-11	14-1	18-6	23-2	Note[b]	8-11	13-0	16-10	20-1	23-7
	Southern pine #3	7-11	11-8	14-10	17-6	20-11	6-10	10-1	12-10	15-2	18-1
	Spruce-pine-fir SS	8-9	13-9	18-1	23-1	Note[b]	8-9	13-9	18-1	23-0	Note[b]
	Spruce-pine-fir #1	8-7	13-5	17-9	22-3	25-9	8-6	12-5	15-9	19-3	22-4
	Spruce-pine-fir #2	8-7	13-5	17-9	22-3	25-9	8-6	12-5	15-9	19-3	22-4
	Spruce-pine-fir #3	7-5	10-10	13-9	16-9	19-6	6-5	9-5	11-11	14-6	16-10
19.2	Douglas fir-larch SS	8-11	14-0	18-5	23-7	Note[b]	8-11	14-0	18-5	22-7	Note[b]
	Douglas fir-larch #1	8-7	13-6	17-9	21-8	25-2	8-4	12-2	15-4	18-9	21-9
	Douglas fir-larch #2	8-5	13-1	16-7	20-3	23-6	7-9	11-4	14-4	17-7	20-4
	Douglas fir-larch #3	6-9	9-11	12-7	15-4	17-9	5-10	8-7	10-10	13-3	15-5
	Hem-fir SS	8-5	13-3	17-5	22-3	Note[b]	8-5	13-3	17-5	22-3	25-9
	Hem-fir #1	8-3	12-11	17-1	21-1	24-6	8-1	11-10	15-0	18-4	21-3
	Hem-fir #2	7-10	12-4	16-3	20-0	23-2	7-8	11-2	14-2	17-4	20-1
	Hem-fir #3	6-9	9-11	12-7	15-4	17-9	5-10	8-7	10-10	13-3	15-5
	Southern pine SS	8-9	13-9	18-1	23-1	Note[b]	8-9	13-9	18-1	23-1	Note[b]
	Southern pine #1	8-7	13-6	17-9	22-8	Note[b]	8-7	13-6	17-2	20-5	24-4
	Southern pine #2	8-5	13-3	17-5	21-2	24-10	8-4	11-11	15-4	18-4	21-6
	Southern pine #3	7-3	10-8	13-7	16-0	19-1	6-3	9-3	11-9	13-10	16-6
	Spruce-pine-fir SS	8-3	12-11	17-1	21-9	Note[b]	8-3	12-11	17-1	21-0	24-4
	Spruce-pine-fir #1	8-1	12-8	16-7	20-3	23-6	7-9	11-4	14-4	17-7	20-4
	Spruce-pine-fir #2	8-1	12-8	16-7	20-3	23-6	7-9	11-4	14-4	17-7	20-4
	Spruce-pine-fir #3	6-9	9-11	12-7	15-4	17-9	5-10	8-7	10-10	13-3	15-5
24	Douglas fir-larch SS	8-3	13-0	17-2	21-10	Note[b]	8-3	13-0	16-7	20-3	23-5
	Douglas fir-larch #1	8-0	12-6	15-10	19-5	22-6	7-5	10-10	13-9	16-9	19-6
	Douglas fir-larch #2	7-10	11-9	14-10	18-2	21-0	6-11	10-2	12-10	15-8	18-3
	Douglas fir-larch #3	6-1	8-10	11-3	13-8	15-11	5-3	7-8	9-9	11-10	13-9
	Hem-fir SS	7-10	12-3	16-2	20-8	25-1	7-10	12-3	16-2	19-10	23-0
	Hem-fir #1	7-8	12-0	15-6	18-11	21-11	7-3	10-7	13-5	16-4	19-0
	Hem-fir #2	7-3	11-5	14-8	17-10	20-9	6-10	10-0	12-8	15-6	17-11
	Hem-fir #3	6-1	8-10	11-3	13-8	15-11	5-3	7-8	9-9	11-10	13-9
	Southern pine SS	8-1	12-9	16-10	21-6	Note[b]	8-1	12-9	16-10	21-6	Note[b]
	Southern pine #1	8-0	12-6	16-6	21-1	25-2	8-0	12-3	15-4	18-3	21-9
	Southern pine #2	7-10	12-3	15-10	18-11	22-2	7-5	10-8	13-9	16-5	19-3
	Southern pine #3	6-5	9-6	12-1	14-4	17-1	5-7	8-3	10-6	12-5	14-9
	Spruce-pine-fir SS	7-8	12-0	15-10	20-2	24-7	7-8	12-0	15-4	18-9	21-9
	Spruce-pine-fir #1	7-6	11-9	14-10	18-2	21-0	6-11	10-2	12-10	15-8	18-3
	Spruce-pine-fir #2	7-6	11-9	14-10	18-2	21-0	6-11	10-2	12-10	15-8	18-3
	Spruce-pine-fir #3	6-1	8-10	11-3	13-8	15-11	5-3	7-8	9-9	11-10	13-9

❸ 서까래표

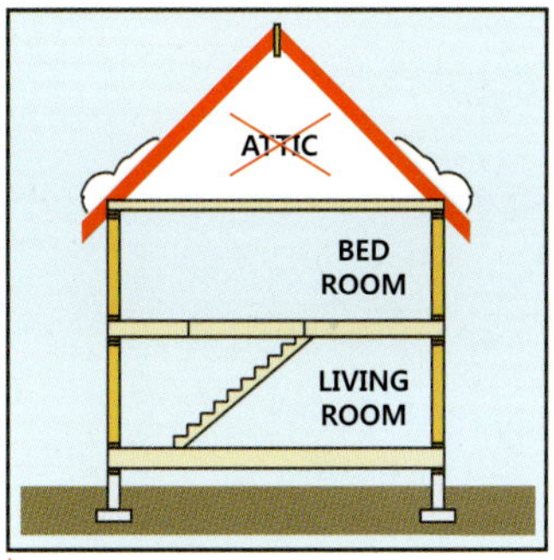

(일반제재목을 사용한 서까래용 경간거리)

•Live Load(활하중)

-건물을사용함으로써 구조물에 발생하는 움직임이나 움직일수 있는 모든 사물이나 사람의 무게를 합한 무게.

•Dead Load(고정하중)

-수직 아래방향으로 작용하는 구조물 자체 무게와 건물에 영구적으로 고정되는 내외장,마감재의 무게.

Ground snow load = 30psf(pound per square feet)

-지붕눈하중이 1평방피트(가로 1' X세로 1')당 30파운드(13.61kg)의 하중이 작용한다고 가정 했을 때 설계요건.

L/Δ=180(최대처짐허용길이)

-길이(L)을 180으로 나누었을때 처지는 최대허용길이.

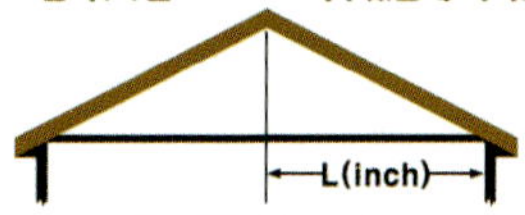

TABLE R802.5.1(3)
RAFTER SPANS FOR COMMON LUMBER SPECIES
(Ground snow load=30 psf, ceiling not attached to rafters, L/Δ=180)

RAFTER SPACING (inches)	SPECIE AND GRADE		DEAD LOAD = 10 psf					DEAD LOAD = 20 psf				
			2x4	2x6	2x8	2x10	2x12	2x4	2x6	2x8	2x10	2x12
			Maximum rafter spans[a]									
			(feet - inches)	(feet - inches)	(feet - inches)	(feet - inches)	(feet - inches)	(feet - inches)	(feet - inches)	(feet - inches)	(feet - inches)	(feet - inches)
12	Douglas fir-larch	SS	10-0	15-9	20-9	Note[b]	Note[b]	10-0	15-9	20-1	24-6	Note[b]
	Douglas fir-larch	#1	9-8	14-9	18-8	22-9	24-8	9-0	13-2	16-8	20-4	23-7
	Douglas fir-larch	#2	9-5	13-9	17-5	21-4	18-8	8-5	12-4	15-7	19-1	22-1
	Douglas fir-larch	#3	7-1	10-5	13-2	16-1	Note[b]	6-4	9-4	11-9	14-5	16-8
	Hem-fir	SS	9-6	14-10	19-7	25-0	25-9	9-6	14-10	19-7	24-1	Note[b]
	Hem-fir	#1	9-3	14-4	18-2	22-2	24-4	8-9	12-10	16-3	19-10	23-0
	Hem-fir	#2	8-10	13-7	17-2	21-0	18-8	8-4	12-2	15-4	18-9	21-9
	Hem-fir	#3	7-1	10-5	13-2	16-1	Note[b]	6-4	9-4	11-9	14-5	16-8
	Southern pine	SS	9-10	15-6	20-5	Note[b]	Note[b]	9-10	15-6	20-5	Note[b]	Note[b]
	Southern pine	#1	9-8	15-2	20-0	24-9	Note[b]	9-8	14-10	18-8	22-2	Note[b]
	Southern pine	#2	9-6	14-5	18-8	22-3	20-0	9-0	12-11	16-8	19-11	23-4
	Southern pine	#3	7-7	11-2	14-3	16-10	Note[b]	6-9	10-0	12-9	15-1	17-11
	Spruce-pine-fir	SS	9-3	14-7	19-2	24-6	24-8	9-3	14-7	18-8	22-9	Note[b]
	Spruce-pine-fir	#1	9-1	13-9	17-5	21-4	24-8	8-5	12-4	15-7	19-1	22-1
	Spruce-pine-fir	#2	9-1	13-9	17-5	21-4	18-8	8-5	12-4	15-7	19-1	22-1
	Spruce-pine-fir	#3	7-1	10-5	13-2	16-1		6-4	9-4	11-9	14-5	16-8
16	Douglas fir-larch	SS	9-1	14-4	18-10	23-9	Note[b]	9-1	13-9	17-5	21-3	24-8
	Douglas fir-larch	#1	8-9	12-9	16-2	19-9	22-10	7-10	11-5	14-5	17-8	20-5
	Douglas fir-larch	#2	8-2	11-11	15-1	18-5	21-5	7-3	10-8	13-6	16-6	19-2
	Douglas fir-larch	#3	6-2	9-0	11-5	13-11	16-2	5-6	8-1	10-3	12-6	14-6
	Hem-fir	SS	8-7	13-6	17-10	22-9	Note[b]	8-7	13-6	17-1	20-10	24-2
	Hem-fir	#1	8-5	12-5	15-9	19-3	22-3	7-7	11-1	14-1	17-2	19-11
	Hem-fir	#2	8-0	11-9	14-11	18-2	21-1	7-2	10-6	13-4	16-3	18-10
	Hem-fir	#3	6-2	9-0	11-5	13-11	16-2	5-6	8-1	10-3	12-6	14-6
	Southern pine	SS	8-11	14-1	18-6	23-8	Note[b]	8-11	14-1	18-6	23-8	Note[b]
	Southern pine	#1	8-9	13-9	18-1	21-5	25-7	8-8	12-10	16-2	19-2	22-10
	Southern pine	#2	8-7	12-6	16-2	19-3	22-7	7-10	11-2	14-5	17-3	20-2
	Southern pine	#3	6-7	9-8	12-4	14-7	17-4	5-10	8-8	11-0	13-0	15-6
	Spruce-pine-fir	SS	8-5	13-3	17-5	22-1	25-7	8-5	12-9	16-2	19-9	22-10
	Spruce-pine-fir	#1	8-2	11-11	15-1	18-5	21-5	7-3	10-8	13-6	16-6	19-2
	Spruce-pine-fir	#2	8-2	11-11	15-1	18-5	21-5	7-3	10-8	13-6	16-6	19-2
	Spruce-pine-fir	#3	6-2	9-0	11-5	13-11	16-2	5-6	8-1	10-3	12-6	14-6
19.2	Douglas fir-larch	SS	8-7	13-6	17-9	21-8	25-2	8-7	12-6	15-10	19-5	22-6
	Douglas fir-larch	#1	7-11	11-8	14-9	18-0	20-11	7-1	10-5	13-2	16-1	18-8
	Douglas fir-larch	#2	7-5	10-11	13-9	16-10	19-6	6-8	9-9	12-4	15-1	17-6
	Douglas fir-larch	#3	5-7	8-3	10-5	12-9	14-9	5-0	7-4	9-4	11-5	13-2
	Hem-fir	SS	8-1	12-9	16-9	21-4	24-8	8-1	12-4	15-7	19-1	22-1
	Hem-fir	#1	7-9	11-4	14-4	17-7	20-4	6-11	10-2	12-10	15-8	18-2
	Hem-fir	#2	7-4	10-9	13-7	16-7	19-3	6-7	9-7	12-2	14-10	17-3
	Hem-fir	#3	5-7	8-3	10-5	12-9	14-9	5-0	7-4	9-4	11-5	13-2
	Southern pine	SS	8-5	13-3	17-5	22-3	Note[b]	8-5	13-3	17-5	22-0	25-9
	Southern pine	#1	8-3	13-0	16-6	19-7	23-4	7-11	11-9	14-9	17-6	20-11
	Southern pine	#2	7-11	11-5	14-9	17-7	20-7	7-1	10-2	13-2	15-9	18-5
	Southern pine	#3	6-0	8-10	11-3	13-4	15-10	5-4	7-11	10-1	11-11	14-2
	Spruce-pine-fir	SS	7-11	12-5	16-5	20-2	23-4	7-11	11-8	14-9	18-0	20-11
	Spruce-pine-fir	#1	7-5	10-11	13-9	16-10	19-6	6-8	9-9	12-4	15-1	17-6
	Spruce-pine-fir	#2	7-5	10-11	13-9	16-10	19-6	6-8	9-9	12-4	15-1	17-6
	Spruce-pine-fir	#3	5-7	8-3	10-5	12-9	14-9	5-0	7-4	9-4	11-5	13-2
24	Douglas fir-larch	SS	7-11	12-6	15-10	19-5	22-6	7-8	11-3	14-2	17-4	20-1
	Douglas fir-larch	#1	7-1	10-5	13-2	16-1	18-8	6-1	9-4	11-9	14-5	16-8
	Douglas fir-larch	#2	6-8	9-9	12-4	15-1	17-6	5-11	8-8	11-0	13-6	15-7
	Douglas fir-larch	#3	5-0	7-4	9-4	11-5	13-2	4-6	6-7	8-4	10-2	11-10
	Hem-fir	SS	7-6	11-10	15-7	19-1	22-1	7-6	11-0	13-11	17-0	19-9
	Hem-fir	#1	6-11	10-2	12-10	15-8	18-2	6-2	9-1	11-6	14-0	16-3
	Hem-fir	#2	6-7	9-7	12-2	14-10	17-3	5-10	8-7	10-10	13-3	15-5
	Hem-fir	#3	5-0	7-4	9-4	11-5	13-2	4-6	6-7	8-4	10-2	11-10
	Southern pine	SS	7-10	12-3	16-2	20-8	25-1	7-10	12-3	16-2	19-8	23-0
	Southern pine	#1	7-8	11-9	14-9	17-6	20-11	7-1	10-6	13-2	15-8	18-8
	Southern pine	#2	7-1	10-2	13-2	15-9	18-5	6-4	9-2	11-9	14-1	16-6
	Southern pine	#3	5-4	7-11	10-1	11-11	14-2	4-9	7-1	9-0	10-8	12-8
	Spruce-pine-fir	SS	7-4	11-7	14-9	18-0	20-11	7-1	10-5	13-2	16-1	18-8
	Spruce-pine-fir	#1	6-8	9-9	12-4	15-1	17-6	5-11	8-8	11-0	13-6	15-7
	Spruce-pine-fir	#2	6-8	9-9	12-4	15-1	17-6	5-11	8-8	11-0	13-6	15-7
	Spruce-pine-fir	#3	5-0	7-4	9-4	11-5	13-2	4-6	6-7	8-4	10-2	11-10

④ 서까래표

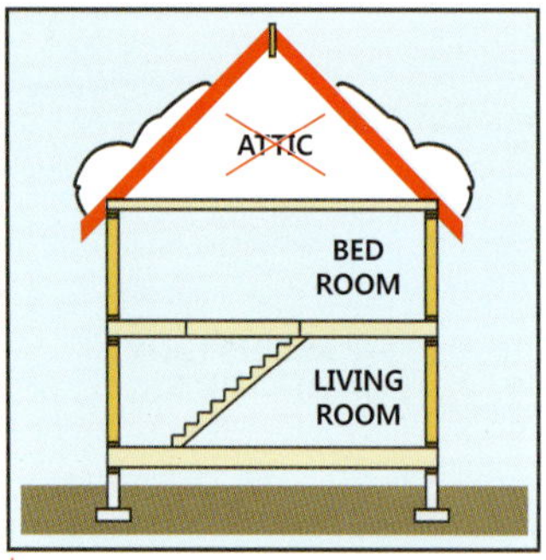

(일반제재목을 사용한 서까래용 경간거리)

***Live Load(활하중)**

-건물을사용함으로써 구조물에 발생하는 움직임이나 움직일수 있는 모든 사물이나 사람의 무게를 합한 무게.

***Dead Load(고정하중)**

-수직 아래방향으로 작용하는 구조물 자체 무게와 건물에 영구적으로 고정되는 내외장,마감재의 무게.

Ground snow load = 50psf(pound per square feet)

-지붕눈하중이 1평방피트(가로 1' X세로 1')당 50파운드(22.68kg)의 하중이 작용한다고 가정 했을 때 설계요건.

L/Δ=180(최대처짐허용길이)

-길이(L)을 180으로 나누었을때 처지는 최대허용길이.

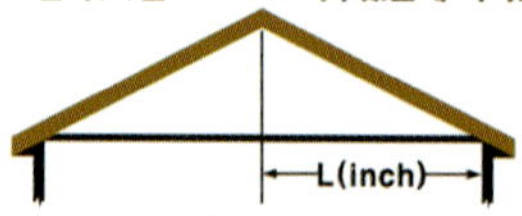

TABLE R802.5.1(4)
RAFTER SPANS FOR COMMON LUMBER SPECIES
(Ground snow load=50 psf, ceiling not attached to rafters, L/Δ=180)

RAFTER SPACING (inches)	SPECIE AND GRADE	DEAD LOAD = 10 psf					DEAD LOAD = 20 psf				
		2x4	2x6	2x8	2x10	2x12	2x4	2x6	2x8	2x10	2x12
		Maximum rafter spans[a]									
		(feet - inches)	(feet - inches)	(feet - inches)	(feet - inches)	(feet - inches)	(feet - inches)	(feet - inches)	(feet - inches)	(feet - inches)	(feet - inches)
12	Douglas fir-larch SS	8- 5	13- 3	17- 6	22- 4	26- 0	8- 5	13- 3	17- 0	20- 9	24- 0
	Douglas fir-larch #1	8- 2	12- 0	15- 3	18- 7	21- 7	7- 7	11- 2	14- 1	17- 3	20- 0
	Douglas fir-larch #2	7- 8	11- 3	14- 3	17- 5	20- 2	7- 1	10- 5	13- 2	16- 1	18- 8
	Douglas fir-larch #3	5-10	8- 6	10- 9	13- 2	15- 3	5- 5	7-10	10- 0	12- 2	14- 1
	Hem-fir SS	8- 0	12- 6	16- 6	21- 1	25- 6	8- 0	12- 6	16- 6	20- 4	23- 7
	Hem-fir #1	7-10	11- 9	14-10	18- 1	21- 0	7- 5	10-10	13- 9	16- 9	19- 5
	Hem-fir #2	7- 5	11- 1	14- 0	17- 2	19-11	7- 0	10- 3	13- 0	15-10	18- 5
	Hem-fir #3	5-10	8- 6	10- 9	13- 2	15- 3	5- 5	7-10	10- 0	12- 2	14- 1
	Southern pine SS	8- 4	13- 0	17- 2	21-11	Note[b]	8- 4	13- 0	17- 2	21-11	Note[b]
	Southern pine #1	8- 2	12-10	16-10	20- 3	24- 1	8- 2	12- 6	15- 9	18- 9	22- 4
	Southern pine #2	8- 0	11- 9	15- 3	18- 2	21- 3	7- 7	10-11	14- 1	16-10	19- 9
	Southern pine #3	6- 2	9- 2	11- 8	13- 9	16- 4	5- 9	8- 5	10- 9	12- 9	15- 2
	Spruce-pine-fir SS	7-10	12- 3	16- 2	20- 8	24- 1	7-10	12- 3	15- 9	19- 3	22- 4
	Spruce-pine-fir #1	7- 8	11- 3	14- 3	17- 5	20- 2	7- 1	10- 5	13- 2	16- 1	18- 8
	Spruce-pine-fir #2	7- 8	11- 3	14- 3	17- 5	20- 2	7- 1	10- 5	13- 2	16- 1	18- 8
	Spruce-pine-fir #3	5-10	8- 6	10- 9	13- 2	15- 3	5- 5	7-10	10- 0	12- 2	14- 1
16	Douglas fir-larch SS	7- 8	12- 1	15-10	19- 5	22- 6	7- 8	11- 7	14- 8	17-11	20-10
	Douglas fir-larch #1	7- 1	10- 5	13- 2	16- 1	18- 8	6- 7	9- 8	12- 2	14-11	17- 3
	Douglas fir-larch #2	6- 8	9- 9	12- 4	15- 1	17- 6	6- 2	9- 0	11- 5	13-11	16- 2
	Douglas fir-larch #3	5- 0	7- 4	9- 4	11- 5	13- 2	4- 8	6-10	8- 8	10- 6	12- 3
	Hem-fir SS	7- 3	11- 5	15- 0	19- 1	22- 1	7- 3	11- 5	14- 5	17- 8	20- 5
	Hem-fir #1	6-11	10- 2	12-10	15- 8	18- 2	6- 5	9- 5	11-11	14- 6	16-10
	Hem-fir #2	6- 7	9- 7	12- 2	14-10	17- 3	6- 1	8-11	11- 3	13- 9	15-11
	Hem-fir #3	5- 0	7- 4	9- 4	11- 5	13- 2	4- 8	6-10	8- 8	10- 6	12- 3
	Southern pine SS	7- 6	11-10	15- 7	19-11	24- 3	7- 6	11-10	15- 7	19-11	23-10
	Southern pine #1	7- 5	11- 7	14- 9	17- 6	20-11	7- 4	10-10	13- 8	16- 2	19- 4
	Southern pine #2	7- 1	10- 2	13- 2	15- 9	18- 5	6- 7	9- 5	12- 2	14- 7	17- 1
	Southern pine #3	5- 4	7-11	10- 1	11-11	14- 2	4-11	7- 4	9- 4	11- 0	13- 1
	Spruce-pine-fir SS	7- 1	11- 2	14- 8	18- 0	20-11	7- 1	10- 9	13- 8	15-11	19- 4
	Spruce-pine-fir #1	6- 8	9- 9	12- 4	15- 1	17- 6	6- 2	9- 0	11- 5	13-11	16- 2
	Spruce-pine-fir #2	6- 8	9- 9	12- 4	15- 1	17- 6	6- 2	9- 0	11- 5	13-11	16- 2
	Spruce-pine-fir #3	5- 0	7- 4	9- 4	11- 5	13- 2	4- 8	6-10	8- 8	10- 6	12- 3
19.2	Douglas fir-larch SS	7- 3	11- 4	14- 6	17- 8	20- 6	7- 3	10- 7	13- 5	16- 5	19- 0
	Douglas fir-larch #1	6- 6	9- 6	12- 0	14- 8	17- 1	6- 0	8-10	11- 2	13- 7	15- 9
	Douglas fir-larch #2	6- 1	8-11	11- 3	13- 9	15-11	5- 7	8- 3	10- 5	12- 9	14- 9
	Douglas fir-larch #3	4- 7	6- 9	8- 6	10- 5	12- 1	4- 3	6- 3	7-11	9- 7	11- 2
	Hem-fir SS	6-10	10- 9	14- 2	17- 5	20- 2	6-10	10- 5	13- 2	16- 1	18- 8
	Hem-fir #1	6- 4	9- 3	11- 9	14- 4	16- 7	5-10	8- 7	10-10	13- 3	15- 5
	Hem-fir #2	6- 0	8- 9	11- 1	13- 7	15- 9	5- 7	8- 1	10- 3	12- 7	14- 7
	Hem-fir #3	4- 7	6- 9	8- 6	10- 5	12- 1	4- 3	6- 3	7-11	9- 7	11- 2
	Southern pine SS	7- 1	11- 2	14- 8	18- 9	22-10	7- 1	11- 2	14- 8	18- 7	21- 9
	Southern pine #1	7- 0	10- 8	13- 5	16- 0	19- 1	6- 8	9-11	12- 5	14-10	17- 8
	Southern pine #2	6- 6	9- 4	12- 0	14- 4	16-10	6- 0	8- 8	11- 2	13- 4	15- 7
	Southern pine #3	4-11	7- 3	9- 2	10-10	12-11	4- 6	6- 8	8- 6	10- 1	12- 0
	Spruce-pine-fir SS	6- 8	10- 6	13- 5	16- 5	19- 1	6- 8	9-10	12- 5	15- 3	17- 8
	Spruce-pine-fir #1	6- 1	8-11	11- 3	13- 9	15-11	5- 7	8- 3	10- 5	12- 9	14- 9
	Spruce-pine-fir #2	6-1	8-11	11-3	13-9	15-11	5-7	8-3	10-5	12-9	14-9
	Spruce-pine-fir #3	4- 7	6- 9	8- 6	10- 5	12- 1	4- 3	6- 3	7-11	9- 7	11- 2
24	Douglas fir-larch SS	6- 8	10- 3	13- 0	15-10	18- 4	6- 6	9- 6	12- 0	14- 8	17- 0
	Douglas fir-larch #1	5-10	8- 6	10- 9	13- 2	15- 3	5- 5	7-10	10- 0	12- 2	14- 1
	Douglas fir-larch #2	5- 5	7-11	10- 1	12- 4	14- 3	5- 0	7- 4	9- 4	11- 5	13- 2
	Douglas fir-larch #3	4- 1	6- 0	7- 7	9- 4	10- 9	3-10	5- 7	7- 1	8- 7	10- 0
	Hem-fir SS	6- 4	9-11	12- 9	15- 7	18- 0	6- 4	9- 4	11- 9	14- 5	16- 8
	Hem-fir #1	5- 8	8- 3	10- 6	12-10	14-10	5- 3	7- 8	9- 9	11-10	13- 9
	Hem-fir #2	5- 4	7-10	9-11	12- 1	14- 1	4-11	7- 3	9- 2	11- 3	13- 0
	Hem-fir #3	4- 1	6- 0	7- 7	9- 4	10- 9	3-10	5- 7	7- 1	8- 7	10- 0
	Southern pine SS	6- 7	10- 4	13- 8	17- 5	21- 0	6- 7	10- 4	13- 8	16- 7	19- 5
	Southern pine #1	6- 5	9- 7	12- 0	14- 4	17- 1	6- 0	8-10	11- 2	13- 3	15- 9
	Southern pine #2	5-10	8- 4	10- 9	12-10	15- 1	5- 5	7- 9	10- 0	11-11	13-11
	Southern pine #3	4- 4	6- 5	8- 3	9- 9	11- 7	4- 1	6- 0	7- 7	9- 0	10- 8
	Spruce-pine-fir SS	6- 2	9- 6	12- 0	14- 8	17- 1	6- 0	8-10	11- 2	13- 7	15- 9
	Spruce-pine-fir #1	5- 5	7-11	10- 1	12- 4	14- 3	5- 0	7- 4	9- 4	11- 5	13- 2
	Spruce-pine-fir #2	5- 5	7-11	10- 1	12- 4	14- 3	5- 0	7- 4	9- 4	11- 5	13- 2
	Spruce-pine-fir #3	4- 1	6- 0	7- 7	9- 4	10- 9	3-10	5- 7	7- 1	8- 7	10- 0

❺ 서까래표

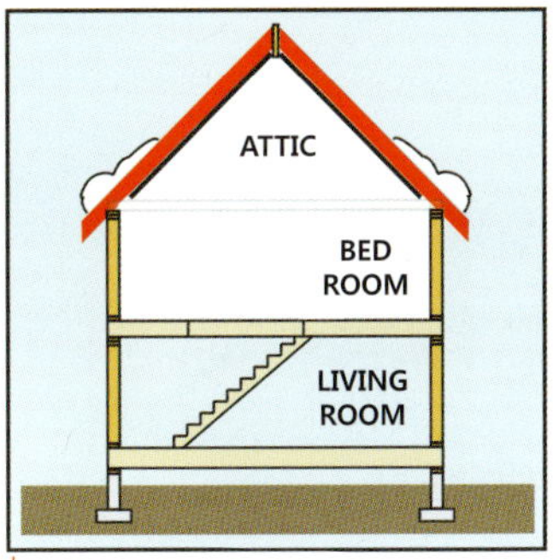

(일반제재목을 사용한 서까래용 경간거리)

***Live Load(활하중)**

-건물을사용함으로써 구조물에 발생하는 움직임이나 움직일수 있는 모든 사물이나 사람의 무게를 합한 무게.

***Dead Load(고정하중)**

-수직 아래방향으로 작용하는 구조물 자체 무게와 건물에 영구적으로 고정되는 내외장,마감재의 무게.

Ground snow load = 30psf(pound per square feet)

-지붕눈하중이 1평방피트(가로 1' X세로 1')당 30파운드(13.61kg)의 하중이 작용한다고 가정 했을 때 설계요건.

L/△=240(최대처짐허용길이)

-길이(L)을 240으로 나누었을때 처지는 최대허용길이.

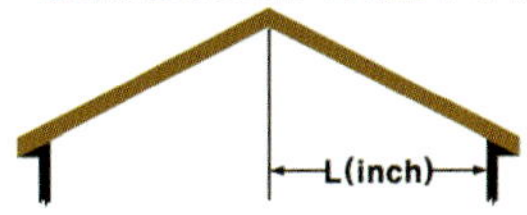

TABLE R802.5.1(5)
RAFTER SPANS FOR COMMON LUMBER SPECIES
(Ground snow load=30 psf, ceiling attached to rafters, L/△=240)

RAFTER SPACING (inches)	SPECIE AND GRADE	DEAD LOAD = 10 psf					DEAD LOAD = 20 psf				
		2x4	2x6	2x8	2x10	2x12	2x4	2x6	2x8	2x10	2x12
		Maximum rafter spans[a]									
		(feet - inches)	(feet - inches)	(feet - inches)	(feet - inches)	(feet - inches)	(feet - inches)	(feet - inches)	(feet - inches)	(feet - inches)	(feet - inches)
12	Douglas fir-larch SS	9- 1	14- 4	18-10	24- 1	Note[b]	9- 1	14- 4	18-10	24- 1	Note[b]
	Douglas fir-larch #1	8- 9	13- 9	18- 2	22- 9	Note[b]	8- 9	13- 2	16- 8	20- 4	23- 7
	Douglas fir-larch #2	8- 7	13- 6	17- 5	21- 4	24- 8	8- 5	12- 4	15- 7	19- 1	22- 1
	Douglas fir-larch #3	7- 1	10- 5	13- 2	16- 1	18- 8	6- 4	9- 4	11- 9	14- 5	16- 8
	Hem-fir SS	8- 7	13- 6	17-10	22- 9	Note[b]	8- 7	13- 6	17-10	22- 9	Note[b]
	Hem-fir #1	8- 5	13- 3	17- 5	22- 2	25- 9	8- 5	12-10	16- 3	19-10	23- 0
	Hem-fir #2	8- 0	12- 7	16- 7	21- 0	24- 4	8- 0	12- 2	15- 4	18- 9	21- 9
	Hem-fir #3	7- 1	10- 5	13- 2	16- 1	18- 8	6- 4	9- 4	11- 9	14- 5	16- 8
	Southern pine SS	8-11	14- 1	18- 6	23- 8	Note[b]	8-11	14- 1	18- 6	23- 8	Note[b]
	Southern pine #1	8- 9	13- 9	18- 2	23- 2	Note[b]	8- 9	13- 9	18- 2	22- 2	Note[b]
	Southern pine #2	8- 7	13- 6	17-10	22- 3	Note[b]	8- 7	12-11	16- 8	19-11	23- 4
	Southern pine #3	7- 7	11- 2	14- 3	16-10	20- 0	6- 9	10- 0	12- 9	15- 1	17-11
	Spruce-pine-fir SS	8- 5	13- 3	17- 5	22- 3	Note[b]	8- 5	13- 3	17- 5	22- 3	Note[b]
	Spruce-pine-fir #1	8- 3	12-11	17- 0	21- 4	24- 8	8- 3	12- 4	15- 7	19- 1	22- 1
	Spruce-pine-fir #2	8- 3	12-11	17- 0	21- 4	24- 8	8- 3	12- 4	15- 7	19- 1	22- 1
	Spruce-pine-fir #3	7- 1	10- 5	13- 2	16- 1	18- 8	6- 4	9- 4	11- 9	14- 5	16- 8
16	Douglas fir-larch SS	8- 3	13- 0	17- 2	21-10	Note[b]	8- 3	13- 0	17- 2	21- 3	24- 8
	Douglas fir-larch #1	8- 0	12- 6	16- 2	19- 9	22-10	7-10	11- 5	14- 5	17- 8	20- 5
	Douglas fir-larch #2	7-10	11-11	15- 1	18- 5	21- 5	7- 3	10- 8	13- 6	16- 6	19- 2
	Douglas fir-larch #3	6- 2	9- 0	11- 5	13-11	16- 2	5- 6	8- 1	10- 3	12- 6	14- 6
	Hem-fir SS	7-10	12- 3	16- 2	20- 8	25- 1	7-10	12- 3	16- 2	20- 8	24- 2
	Hem-fir #1	7- 8	12- 0	15- 9	19- 3	22- 3	7- 7	11- 1	14- 1	17- 2	19-11
	Hem-fir #2	7- 3	11- 5	14-11	18- 2	21- 1	7- 2	10- 6	13- 4	16- 3	18-10
	Hem-fir #3	6- 2	9- 0	11- 5	13-11	16- 2	5- 6	8- 1	10- 3	12- 6	14- 6
	Southern pine SS	8- 1	12- 9	16-10	21- 6	Note[b]	8- 1	12- 9	16-10	21- 6	Note[b]
	Southern pine #1	8- 0	12- 6	16- 6	21- 1	25- 7	8- 0	12- 6	16- 2	19- 2	22-10
	Southern pine #2	7-10	12- 3	16- 2	19- 3	22- 7	7-10	11- 2	14- 5	17- 3	20- 2
	Southern pine #3	6- 7	9- 8	12- 4	14- 7	17- 4	5-10	8- 8	11- 0	13- 0	15- 6
	Spruce-pine-fir SS	7- 8	12- 0	15-10	20- 2	24- 7	7- 8	12- 0	15-10	19- 9	22-10
	Spruce-pine-fir #1	7- 6	11- 9	15- 1	18- 5	21- 5	7- 3	10- 8	13- 6	16- 6	19- 2
	Spruce-pine-fir #2	7- 6	11- 9	15- 1	18- 5	21- 5	7- 3	10- 8	13- 6	16- 6	19- 2
	Spruce-pine-fir #3	6- 2	9- 0	11- 5	13-11	16- 2	5- 6	8- 1	10- 3	12- 6	14- 6
19.2	Douglas fir-larch SS	7- 9	12- 3	16- 1	20- 7	25- 0	7- 9	12- 3	15-10	19- 5	22- 6
	Douglas fir-larch #1	7- 6	11- 8	14- 9	18- 0	20-11	7- 1	10- 5	13- 2	16- 1	18- 8
	Douglas fir-larch #2	7- 4	10-11	13- 9	16-10	19- 6	6- 8	9- 9	12- 4	15- 1	17- 6
	Douglas fir-larch #3	5- 7	8- 3	10- 5	12- 9	14- 9	5- 0	7- 4	9- 4	11- 5	13- 2
	Hem-fir SS	7- 4	11- 7	15- 3	19- 5	23- 7	7- 4	11- 7	15- 3	19- 1	22- 1
	Hem-fir #1	7- 2	11- 4	14- 4	17- 7	20- 4	6-11	10- 2	12-10	15- 8	18- 2
	Hem-fir #2	6-10	10- 9	13- 7	16- 7	19- 3	6- 7	9- 7	12- 2	14-10	17- 3
	Hem-fir #3	5- 7	8- 3	10- 5	12- 9	14- 9	5- 0	7- 4	9- 4	11- 5	13- 2
	Southern pine SS	7- 8	12- 0	15-10	20- 2	24- 7	7- 8	12- 0	15-10	20- 2	24- 7
	Southern pine #1	7- 6	11- 9	15- 6	19- 7	23- 4	7- 6	11- 9	14- 9	17- 6	20-11
	Southern pine #2	7- 4	11- 5	14- 9	17- 7	20- 7	7- 1	10- 2	13- 2	15- 9	18- 5
	Southern pine #3	6- 0	8-10	11- 3	13- 4	15-10	5- 4	7-11	10- 1	11-11	14- 2
	Spruce-pine-fir SS	7- 2	11- 4	14-11	19- 0	23- 1	7- 2	11- 4	14- 9	18- 0	20-11
	Spruce-pine-fir #1	7- 0	10-11	13- 9	16-10	19- 6	6- 8	9- 9	12- 4	15- 1	17- 6
	Spruce-pine-fir #2	7- 0	10-11	13- 9	16-10	19- 6	6- 8	9- 9	12- 4	15- 1	17- 6
	Spruce-pine-fir #3	5- 7	8- 3	10- 5	12- 9	14- 9	5- 0	7- 4	9- 4	11- 5	13- 2
24	Douglas fir-larch SS	7- 3	11- 4	15- 0	19- 1	22- 6	7- 3	11- 3	14- 2	17- 4	20- 1
	Douglas fir-larch #1	7- 0	10- 5	13- 2	16- 1	18- 8	6- 4	9- 4	11- 9	14- 5	16- 8
	Douglas fir-larch #2	6- 8	9- 9	12- 4	15- 1	17- 6	5-11	8- 8	11- 0	13- 6	15- 7
	Douglas fir-larch #3	5- 0	7- 4	9- 4	11- 5	13- 2	4- 6	6- 7	8- 4	10- 2	11-10
	Hem-fir SS	6-10	10- 9	14- 2	18- 0	21-11	6-10	10- 9	13-11	17- 0	19- 9
	Hem-fir #1	6- 8	10- 2	12-10	15- 8	18- 2	6- 2	9- 1	11- 6	14- 0	16- 3
	Hem-fir #2	6- 4	9- 7	12- 2	14-10	17- 3	5-10	8- 7	10-10	13- 3	15- 5
	Hem-fir #3	5- 0	7- 4	9- 4	11- 5	13- 2	4- 6	6- 7	8- 4	10- 2	11-10
	Southern pine SS	7- 1	11- 2	14- 8	18- 9	22-10	7- 1	11- 2	14- 8	18- 9	22-10
	Southern pine #1	7- 0	10-11	14- 5	17- 6	20-11	7- 0	10- 6	13- 2	15- 8	18- 8
	Southern pine #2	6-10	10- 2	13- 2	15- 9	18- 5	6- 4	9- 2	11- 9	14- 1	16- 6
	Southern pine #3	5- 4	7-11	10- 1	11-11	14- 2	4- 9	7- 1	9- 0	10- 8	12- 8
	Spruce-pine-fir SS	6- 8	10- 6	13-10	17- 8	20-11	6- 8	10- 5	13- 2	16- 1	18- 8
	Spruce-pine-fir #1	6- 6	9- 9	12- 4	15- 1	17- 6	5-11	8- 8	11- 0	13- 6	15- 7
	Spruce-pine-fir #2	6- 6	9- 9	12- 4	15- 1	17- 6	5-11	8- 8	11- 0	13- 6	15- 7
	Spruce-pine-fir #3	5- 0	7- 4	9- 4	11- 5	13- 2	4- 6	6- 7	8- 4	10- 2	11-10

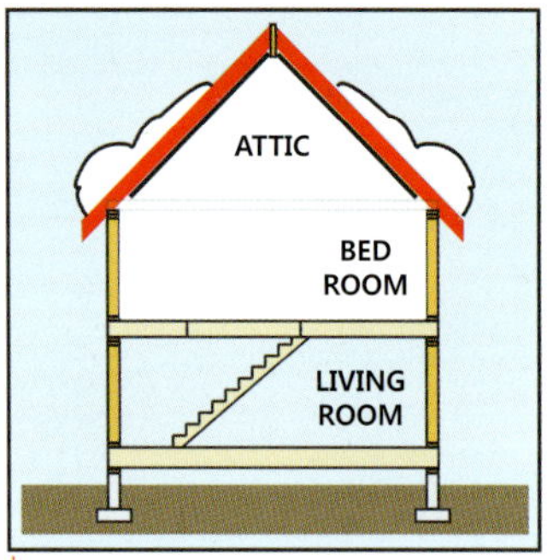

(일반제재목을 사용한 서까래용 경간거리)

⑥ 서까래표

***Live Load(활하중)**

-건물을사용함으로써 구조물에 발생하는 움직임이나 움직일수 있는 모든 사물이나 사람의 무게를 합한 무게.

***Dead Load(고정하중)**

-수직 아래방향으로 작용하는 구조물 자체 무게와 건물에 영구적으로 고정되는 내외장,마감재의 무게.

Ground snow load = 50psf(pound per square feet)

-지붕눈하중이 1평방피트(가로 1' X세로 1')당 50파운드(22.68kg)의 하중이 작용한다고 가정 했을 때 설계요건.

L/Δ=240(최대처짐허용길이)

-길이(L)을 240으로 나누었을때 처지는 최대허용길이.

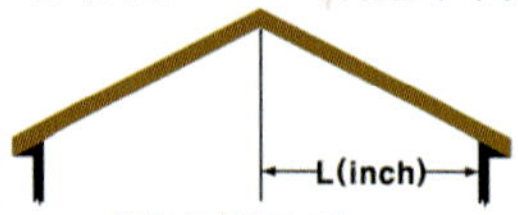

TABLE R802.5.1(6)
RAFTER SPANS FOR COMMON LUMBER SPECIES
(Ground snow load=50 psf, ceiling attached to rafters, L/Δ=240)

RAFTER SPACING (inches)	SPECIE AND GRADE	DEAD LOAD = 10 psf					DEAD LOAD = 20 psf				
		2x4	2x6	2x8	2x10	2x12	2x4	2x6	2x8	2x10	2x12
		Maximum rafter spans[a]									
		(feet - inches)	(feet - inches)	(feet - inches)	(feet - inches)	(feet - inches)	(feet - inches)	(feet - inches)	(feet - inches)	(feet - inches)	(feet - inches)
12	Douglas fir-larch SS	7- 8	12- 1	15-11	20- 3	24- 8	7- 8	12- 1	15-11	20- 3	24- 0
	Douglas fir-larch #1	7- 5	11- 7	15- 3	18- 7	21- 7	7- 5	11- 2	14- 1	17- 3	20- 0
	Douglas fir-larch #2	7- 3	11- 3	14- 3	17- 5	20- 2	7- 1	10- 5	13- 2	16- 1	18- 8
	Douglas fir-larch #3	5-10	8- 6	10- 9	13- 2	15- 3	5- 5	7-10	10- 0	12- 2	14- 1
	Hem-fir SS	7- 3	11- 5	15- 0	19- 2	23- 4	7- 3	11- 5	15- 0	19- 2	23- 4
	Hem-fir #1	7- 1	11- 2	14- 8	18- 1	21- 0	7- 1	10-10	13- 9	16- 9	19- 5
	Hem-fir #2	6- 9	10- 8	14- 0	17- 2	19-11	6- 9	10- 3	13- 0	15-10	18- 5
	Hem-fir #3	5-10	8- 6	10- 9	13- 2	15- 3	5- 5	7-10	10- 0	12- 2	14- 1
	Southern pine SS	7- 6	11-10	15- 7	19-11	24- 3	7- 6	11-10	15- 7	19-11	24- 3
	Southern pine #1	7- 5	11- 7	15- 4	19- 7	23- 9	7- 5	11- 7	15- 4	18- 9	22- 4
	Southern pine #2	7- 3	11- 5	15- 0	18- 2	21- 3	7- 3	10-11	14- 1	16-10	19- 9
	Southern pine #3	6- 2	9- 2	11- 8	13- 9	16- 4	5- 9	8- 5	10- 9	12- 9	15- 2
	Spruce-pine-fir SS	7- 1	11- 2	14- 8	18- 9	22-10	7- 1	11- 2	14- 8	18- 9	22- 4
	Spruce-pine-fir #1	6-11	10-11	14- 3	17- 5	20- 2	6-11	10- 5	13- 2	16- 1	18- 8
	Spruce-pine-fir #2	6-11	10-11	14- 3	17- 5	20- 2	6-11	10- 5	13- 2	16- 1	18- 8
	Spruce-pine-fir #3	5-10	8- 6	10- 9	13- 2	15- 3	5- 5	7-10	10- 0	12- 2	14- 1
16	Douglas fir-larch SS	7- 0	11- 0	14- 5	18- 5	22- 5	7- 0	11- 0	14- 5	17-11	20-10
	Douglas fir-larch #1	6- 9	10- 5	13- 2	16- 1	18- 8	6- 7	9- 8	12- 2	14-11	17- 3
	Douglas fir-larch #2	6- 7	9- 9	12- 4	15- 1	17- 6	6- 2	9- 0	11- 5	13-11	16- 2
	Douglas fir-larch #3	5- 0	7- 4	9- 4	11- 5	13- 2	4- 8	6-10	8- 8	10- 6	12- 3
	Hem-fir SS	6- 7	10- 4	13- 8	17- 5	21- 2	6- 7	10- 4	13- 8	17- 5	20- 5
	Hem-fir #1	6- 5	10- 2	12-10	15- 8	18- 2	6- 5	9- 5	11-11	14- 6	16-10
	Hem-fir #2	6- 2	9- 7	12- 2	14-10	17- 3	6- 1	8-11	11- 3	13- 9	15-11
	Hem-fir #3	5- 0	7- 4	9- 4	11- 5	13- 2	4- 8	6-10	8- 8	10- 6	12- 3
	Southern pine SS	6-10	10- 9	14- 2	18- 1	22- 0	6-10	10- 9	14- 2	18- 1	22- 0
	Southern pine #1	6- 9	10- 7	13-11	17- 6	20-11	6- 9	10- 7	13- 8	16- 2	19- 4
	Southern pine #2	6- 7	10- 2	13- 2	15- 9	18- 5	6- 7	9- 5	12- 2	14- 7	17- 1
	Southern pine #3	5- 4	7-11	10- 1	11-11	14- 2	4-11	7- 4	9- 4	11- 0	13- 1
	Spruce-pine-fir SS	6- 5	10- 2	13- 4	17- 0	20- 9	6- 5	10- 2	13- 4	16- 8	19- 4
	Spruce-pine-fir #1	6- 4	9- 9	12- 4	15- 1	17- 6	6- 2	9- 0	11- 5	13-11	16- 2
	Spruce-pine-fir #2	6- 4	9- 9	12- 4	15- 1	17- 6	6- 2	9- 0	11- 5	13-11	16- 2
	Spruce-pine-fir #3	5- 0	7- 4	9- 4	11- 5	13- 2	4- 8	6-10	8- 8	10- 6	12- 3
19.2	Douglas fir-larch SS	6- 7	10- 4	13- 7	17- 4	20- 6	6- 7	10- 4	13- 5	16- 5	19- 0
	Douglas fir-larch #1	6- 4	9- 6	12- 0	14- 8	17- 1	6- 0	8-10	11- 2	13- 7	15- 9
	Douglas fir-larch #2	6- 1	8-11	11- 3	13- 9	15-11	5- 7	8- 3	10- 5	12- 9	14- 9
	Douglas fir-larch #3	4- 7	6- 9	8- 6	10- 5	12- 1	4- 3	6- 3	7-11	9- 7	11- 2
	Hem-fir SS	6- 2	9- 9	12-10	16- 5	19-11	6- 2	9- 9	12-10	16- 1	18- 8
	Hem-fir #1	6- 1	9- 3	11- 9	14- 4	16- 7	5-10	8- 7	10-10	13- 3	15- 5
	Hem-fir #2	5- 9	8- 9	11- 1	13- 7	15- 9	5- 7	8- 1	10- 3	12- 7	14- 7
	Hem-fir #3	4- 7	6- 9	8- 6	10- 5	12- 1	4- 3	6- 3	7-11	9- 7	11- 2
	Southern pine SS	6- 5	10- 2	13- 4	17- 0	20- 9	6- 5	10- 2	13- 4	17- 0	20- 9
	Southern pine #1	6- 4	9-11	13- 1	16- 0	19- 1	6- 4	9-11	12- 5	14-10	17- 8
	Southern pine #2	6- 2	9- 4	12- 0	14- 4	16-10	6- 0	8- 8	11- 2	13- 4	15- 7
	Southern pine #3	4-11	7- 3	9- 2	10-10	12-11	4- 6	6- 8	8- 6	10- 1	12- 0
	Spruce-pine-fir SS	6- 1	9- 6	12- 7	16- 0	19- 1	6- 1	9- 6	12- 5	15- 3	17- 8
	Spruce-pine-fir #1	5-11	8-11	11- 3	13- 9	15-11	5- 7	8- 3	10- 5	12- 9	14- 9
	Spruce-pine-fir #2	5-11	8-11	11-3	13-9	15-11	5-7	8-3	10-5	12-9	14-9
	Spruce-pine-fir #3	4- 7	6- 9	8- 6	10- 5	12- 1	4- 3	6- 3	7-11	9- 7	11- 2
24	Douglas fir-larch SS	6- 1	9- 7	12- 7	15-10	18- 4	6- 1	9- 6	12- 0	14- 8	17- 0
	Douglas fir-larch #1	5-10	8- 6	10- 9	13- 2	15- 3	5- 5	7-10	10- 0	12- 2	14- 1
	Douglas fir-larch #2	5- 5	7-11	10- 1	12- 4	14- 3	5- 0	7- 4	9- 4	11- 5	13- 2
	Douglas fir-larch #3	4- 1	6- 0	7- 7	9- 4	10- 9	3-10	5- 7	7- 1	8- 7	10- 0
	Hem-fir SS	5- 9	9- 1	11-11	15- 2	18- 0	5- 9	9- 1	11- 9	14- 5	15-11
	Hem-fir #1	5- 8	8- 3	10- 6	12-10	14-10	5- 3	7- 8	9- 9	11-10	13- 9
	Hem-fir #2	5- 4	7-10	9-11	12- 1	14- 1	4-11	7- 3	9- 2	11- 3	13- 0
	Hem-fir #3	4- 1	6- 0	7- 7	9- 4	10- 9	3-10	5- 7	7- 1	8- 7	10- 0
	Southern pine SS	6- 0	9- 5	12- 5	15-10	19- 3	6- 0	9- 5	12- 5	15-10	19- 3
	Southern pine #1	5-10	9- 3	12- 0	14- 4	17- 1	5-10	8-10	11- 2	13- 3	15- 9
	Southern pine #2	5- 9	8- 4	10- 9	12-10	15- 1	5- 5	7- 9	10- 0	11-11	13-11
	Southern pine #3	4- 4	6- 5	8- 3	9- 9	11- 7	4- 1	6- 0	7- 7	9- 0	10- 8
	Spruce-pine-fir SS	5- 8	8-10	11- 8	14- 8	17- 1	5- 8	8-10	11- 2	13- 7	15- 9
	Spruce-pine-fir #1	5- 5	7-11	10- 1	12- 4	14- 3	5- 0	7- 4	9- 4	11- 5	13- 2
	Spruce-pine-fir #2	5- 5	7-11	10- 1	12- 4	14- 3	5- 0	7- 4	9- 4	11- 5	13- 2
	Spruce-pine-fir #3	4- 1	6- 0	7- 7	9- 4	10- 9	3-10	5- 7	7- 1	8- 7	10- 0

헤더 표

외벽(내력벽)에 대한 헤더(Header) 경간거리표(Span Table)

수종(군) : Douglas fir-Larch / Hem-fir / Southern pine / Spruce-Pine-Fir 등급 : No.2

헤더(Header) 지지조건	헤더크기 (수량-목재크기)	지상적설하중 (psf) 30Lbs/sq.ft 건물폭 길이(Feet) 20 Feet 헤더길이	30Lbs/sq.ft 20 Feet 트리머개수	30Lbs/sq.ft 28 Feet 헤더길이	30Lbs/sq.ft 28 Feet 트리머개수	30Lbs/sq.ft 36 Feet 헤더길이	30Lbs/sq.ft 36 Feet 트리머개수	50Lbs/sq.ft 20 Feet 헤더길이	50Lbs/sq.ft 20 Feet 트리머개수	50Lbs/sq.ft 28 Feet 헤더길이	50Lbs/sq.ft 28 Feet 트리머개수	50Lbs/sq.ft 36 Feet 헤더길이	50Lbs/sq.ft 36 Feet 트리머개수
	2-2x4	3'-6"	1	3'-2"	1	2'-10"	1	3'-2"	1	2'-9"	1	2'-6"	1
	2-2x6	5'-5"	1	4'-8"	1	4'-2"	1	4'-8"	1	4'-1"	1	3'-8"	2
	2-2x8	6'-10"	1	5'-11"	2	5'-4"	2	5'-11"	2	5'-2"	2	4'-7"	2
	2-2x10	8'-5"	2	7'-3"	2	6'-6"	2	7'-3"	2	6'-3"	2	5'-7"	2
	2-2x12	9'-9"	2	8'-5"	2	7'-6"	2	8'-5"	2	7'-3"	2	6'-6"	2
	3-2x8	8'-4"	1	7'-5"	1	6'-8"	1	7'-5"	1	6'-5"	2	5'-9"	2
	3-2x10	10'-6"	1	9'-1"	2	8'-2"	2	9'-1"	2	7'-10"	2	7'-0"	2
	3-2x12	12'-2"	2	10'-7"	2	9'-5"	2	10'-7"	2	9'-2"	2	8'-2"	2
	4-2x8	9'-2"	1	8'-4"	1	7'-8"	1	8'-4"	1	7'-5"	1	6'-8"	1
	4-2x10	11'-8"	1	10'-6"	1	9'-5"	2	10'-6"	1	9'-1"	2	8'-2"	2
	4-2x12	14'-1"	1	12'-2"	2	10'-11"	2	12'-2"	2	10'-7"	2	9'-5"	2
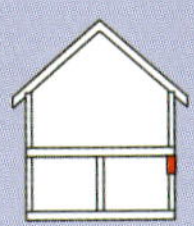	2-2x4	3'-1"	1	2'-9"	1	2'-5"	1	2'-9"	1	2'-5"	1	2'-2"	1
	2-2x6	4'-6"	1	4'-0"	1	3'-7"	2	4'-1"	1	3'-7"	2	3'-3"	2
	2-2x8	5'-9"	2	5'-0"	2	4'-6"	2	5'-2"	2	4'-6"	2	4'-1"	2
	2-2x10	7'-0"	2	6'-2"	2	5'-6"	2	6'-4"	2	5'-6"	2	5'-0"	2
	2-2x12	8'-1"	2	7'-1"	2	6'-5"	2	7'-4"	2	6'-5"	2	5'-9"	3
	3-2x8	7'-2"	1	6'-3"	2	5'-8"	2	6'-5"	2	5'-8"	2	5'-1"	2
	3-2x10	8'-9"	2	7'-8"	2	6'-11"	2	7'-11"	2	6'-11"	2	6'-3"	2
	3-2x12	10'-2"	2	8'-11"	2	8'-0"	2	9'-2"	2	8'-0"	2	7'-3"	2
	4-2x8	8'-1"	1	7'-3"	1	6'-7"	1	7'-5"	1	6'-6"	1	5'-11"	2
	4-2x10	10'-1"	1	8'-10"	2	8'-0"	2	9'-1"	2	8'-0"	2	7'-2"	2
	4-2x12	11'-9"	2	10'-3"	2	9'-3"	2	10'-7"	2	9'-3"	2	8'-4"	2
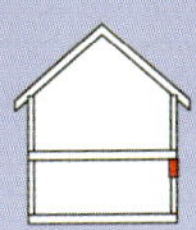	2-2x4	2'-8"	1	2'-4"	1	2'-1"	1	2'-7"	1	2'-3"	1	2'-0"	1
	2-2x6	3'-11"	1	3'-5"	2	3'-0"	2	3'-10"	2	3'-4"	2	3'-0"	2
	2-2x8	5' 0"	?	4'4"	2	3'-10"	2	4'-10"	2	4'-2"	2	3'-9"	2
	2-2x10	6'-1"	2	5'-3"	2	4'-8"	2	5'-11"	2	5'-1"	2	4'-7"	3
	2-2x12	7'-1"	2	6'-1"	3	5'-5"	3	6'-10"	2	5'-11"	3	5'-4"	3
	3-2x8	6'-3"	2	5'-5"	2	4'-10"	2	6'-1"	2	5'-3"	2	4'-8"	2
	3-2x10	7'-7"	2	6'-7"	2	5'-11"	2	7'-5"	2	6'-5"	2	5'-9"	2
	3-2x12	8'-10"	2	7'-8"	2	6'-10"	2	8'-7"	2	7'-5"	2	6'-8"	2
	4-2x8	7'-2"	1	6'-3"	2	5'-7"	2	7'-0"	1	6'-1"	2	5'-5"	2
	4-2x10	8'-9"	2	7'-7"	2	6'-10"	2	8'-7"	2	7'-5"	2	6'-7"	2
	4-2x12	10'-2"	2	8'-10"	2	7'-11"	2	9'-11"	2	8'-7"	2	7'-8"	2

내벽(내력벽)에 대한 헤더(Header) 경간거리표(Span Table)

수종(군) : Douglas fir-Larch / Hem-fir / Southern pine / Spruce-Pine-Fir 등급 : No.2

헤더(Header) 지지조건	헤더크기 (수량-목재크기)	건물폭 길이(Feet) 20 Feet 헤더길이	20 Feet 트리머개수	28 Feet 헤더길이	28 Feet 트리머개수	36 Feet 헤더길이	36 Feet 트리머개수
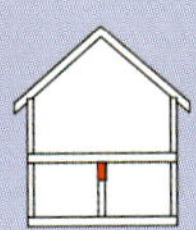	2-2x4	3'-1"	1	2'-8"	1	2'-5"	1
	2-2x6	4'-6"	1	3'-11"	1	3'-6"	1
	2-2x8	5'-9"	1	5'-0"	2	4'-5"	2
	2-2x10	7'-0"	2	6'-1"	2	5'-5"	2
	2-2x12	8'-1"	2	7'-0"	2	6'-3"	2
	3-2x8	7'-2"	1	6'-3"	1	5'-7"	2
	3-2x10	8'-9"	1	7'-7"	2	6'-9"	2
	3-2x12	10'-2"	2	8'-10"	2	7'-10"	2
	4-2x8	5'-10"	1	5'-1"	2	4'-6"	2
	4-2x10	10'-1"	1	8'-9"	1	7'-10"	2
	4-2x12	11'-9"	1	10'-2"	2	9'-1"	2

지역별 지상적설하중(Ground Snow Load)

지역별 지상적설하중	지역	서울,수원,이천,서산,청주,대전,포항,군산,대구,전주,울산,광주,부산,충무,목포,여수,춘천, 추풍령,제주,서귀포,진주,울진	11psf
		인천	17psf
		속초	42psf
		강릉	63psf
		울릉도, 대관령	147psf

컬라타이 표

지붕경사에 의한 서까래와 컬라타이(Collar Tie) 연결 못 수량

서까래 경사	컬라타이 간격 (inch)	지상적설하중 (단위:psf) 30 Lbs/sq.ft 12	20	28	36	50 Lbs/sq.ft 12	20	28	36	70 Lbs/sq.ft 12	20	28	36
		서까래와 컬라타이를 연결하는 못(16d) 수량											
3:12	12	4	6	8	11	5	8	12	15	6	11	15	20
	16	5	8	11	14	6	11	15	20	8	14	20	26
	24	7	11	16	21	9	16	23	30	12	21	30	39
4:12	12	3	3	6	8	4	6	9	11	5	8	12	15
	16	4	6	8	11	5	8	12	15	6	11	15	20
	24	5	9	12	16	7	12	17	22	9	16	23	29
5:12	12	3	3	5	3	3	5	7	9	4	7	9	12
	16	3	3	7	3	4	7	9	12	5	9	12	16
	24	4	4	10	4	4	10	14	18	7	13	18	23
6:12 7:12	12	3	3	4	3	3	4	5	7	3	5	7	9
	16	3	4	5	3	3	5	7	9	3	6	9	11
	24	3	5	7	3	3	7	10	13	3	9	13	17
8:12 9:12	12	3	3	3	3	3	3	4	5	3	4	5	7
	16	3	3	4	3	3	4	5	7	3	5	7	9
	24	3	4	6	3	3	6	8	10	4	7	10	13
10:12 11:12 12:12	12	3	3	3	3	3	3	3	4	3	3	4	5
	16	3	3	3	3	3	3	4	5	3	4	5	7
	24	3	3	4	3	3	4	6	8	3	6	8	10

[지역별 지상적설 하중]

지상적설하중	지역		
		서울,수원,이천,서산,청주,대전,포항,군산,대구,전주,울산,광주,부산,충무,목포,여수,춘천,추풍령,진주,울진,서귀포,제주	11psf
		인천	17psf
		속초	42psf
		강릉	63psf
		울릉도, 대관령	147psf

컬라타이(Collar Tie)를 설치해야 하는 경우

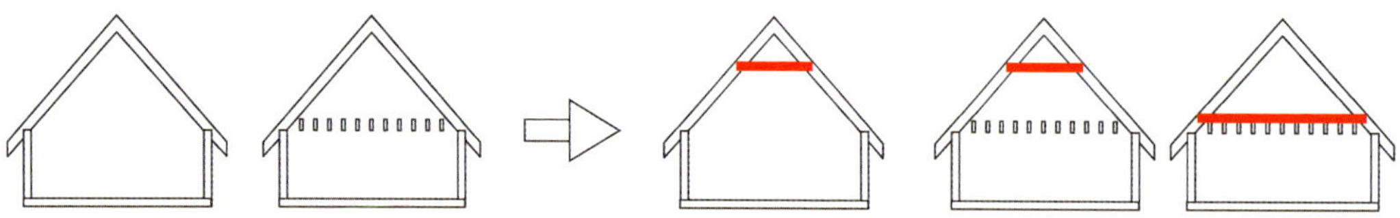

컬라타이(Collar Tie)를 설치하지 않아도 되는 경우

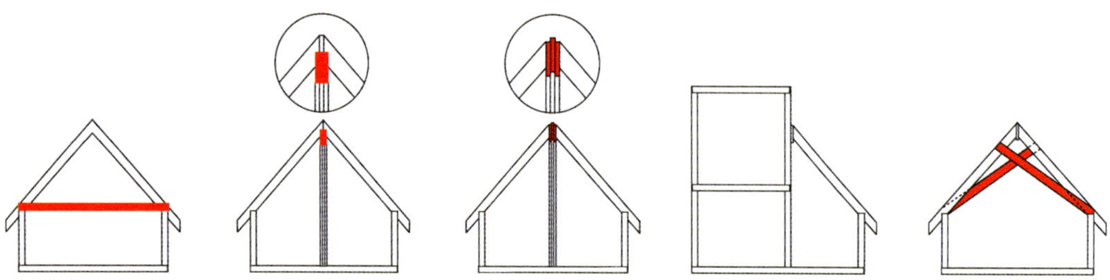

동결선 표

관련 규준 :
건설부에서 제정한 구조물 기초설계기준 (1987년)에 의한 동결심도 관련 규준을 살펴보면 이설계기준은 1997년 개정되었는데, 이후 관련 규준이 없기에 1987년 동결심도에 준한 자료이다.

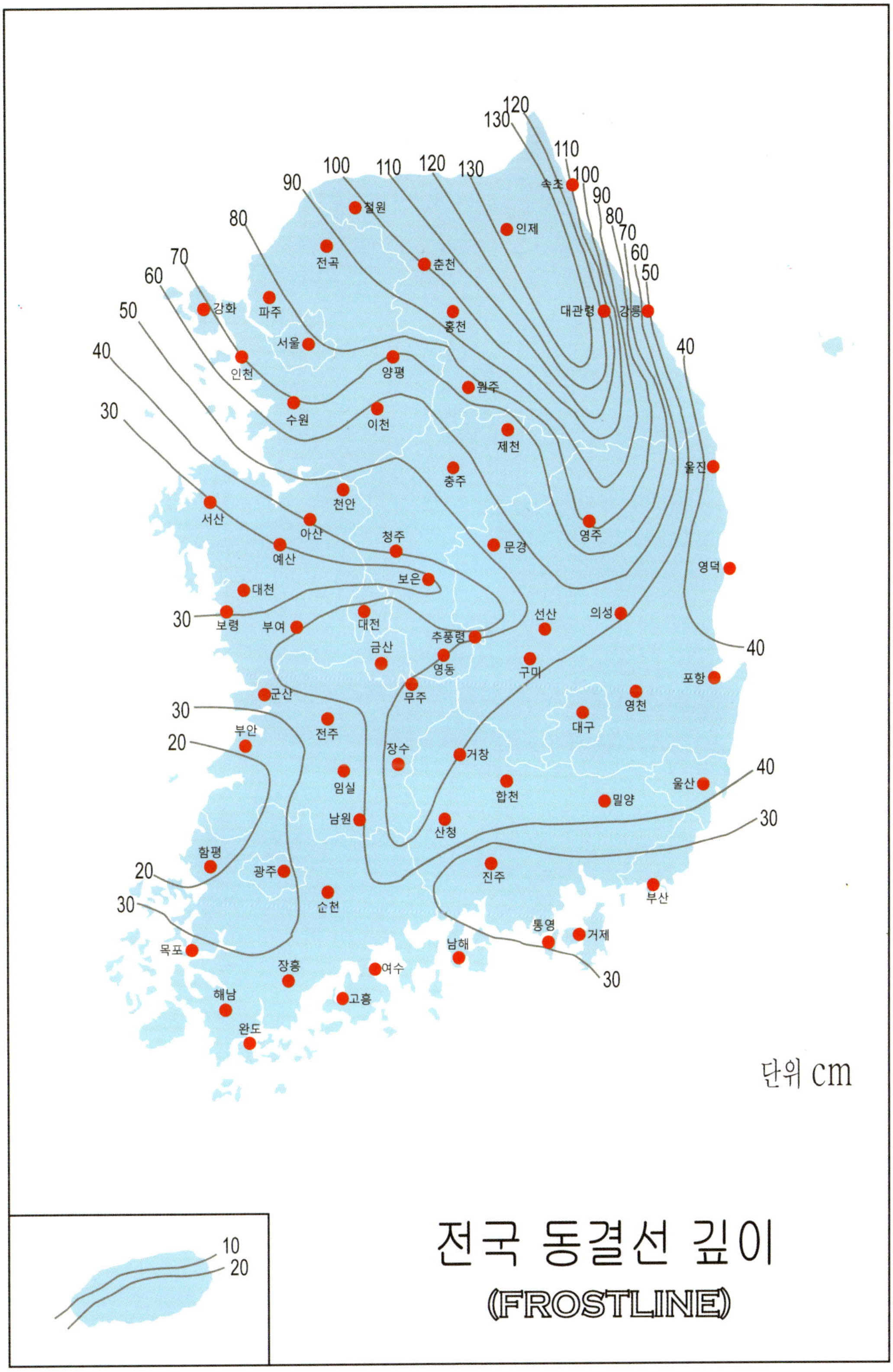

전국 동결선 깊이
(FROSTLINE)

* 동결선 - 겨울철에 어는 땅의 최대 깊이

찾아보기

index

목조주택 시공실무 [원제 : 경량 목구조 주택 시공실무]

최현기

1968년생
단국대학교 건축학과 중퇴
단국대학교 건축학과 겸임교수 역임
(현)마스터빌더 대표
(현)최현기의 목조건축 학교 원장

저 서

목조주택 시공실무(문화관광부 우수학술도서 선정)

집필중인 도서

목조주택 데크
목조주택 자재산출
목조주택 체크리스트
목조주택 설계 디테일
내손으로 내집짓는 메뉴얼 하우스

현장경력(1994년 1월부터~현재)

제주도 해안동 1차단지 28채
삼성 쉐르빌 목조주택단지 신축공사
미국임산물협회 전시장 공사
2001 JCWP [지미카터 프로젝트] 20동 공사
캐나다 바이스로이 8채 공사
그외 개인주택 다수

교육/경력

(사)한국목조건축협회 강사 역임
인하공전 목조주택 강의
대구대학교 목조주택과 데크 강의
(주) SK D&D 전직원 목조주택 강의
단국대학교 건축학과 목구조 강의
삼육대학교/공주관광대학/대덕대학교 특강
(산림청) 산림교육원 강사

캐나다 BCIT 수료
2005년 (산림청) 자연휴양림 심의의원

[목조주택 전문 교육]
주소 : 경기도 용인시 기흥구 마북동 502-144
[홈우드 아카데미]
책임강사 : 최현기
전화 : 031-284-5885

2006년 1월 15일 1판 1쇄 발행
2007년 3월 30일 2판 1쇄 발행
2009년 4월 15일 3판 1쇄 발행
2023년 8월 1일 3판 16쇄 발행

저 자 최 현 기
발 행 인 강 해 작
발 행 처 기 문 당
주 소 서울시 성동구 무학봉28길 4-1
전 화 02) 2295-6171(代)~5
팩 스 02) 6971-8188
출판등록 1976. 10. 7(1-44)
홈페이지 http://www.kimoondang.com
I S B N 978-89-6225-148-7 93540

정 가 28,000원